国产软件应用系列教材

计算机基础

——基于国产化软件

主　编　唐作莉　刘　蕊　郭顶龙
副主编　尹德龙　蒋　娥　张　军
易　丹　黄中英

西安电子科技大学出版社

内 容 简 介

本书分为基础知识和国产化软件两个部分，共 9 章。其中，基础知识部分包括计算机概述、计算机组成原理、计算机网络基础知识、多媒体技术等内容，国产化软件部分包括银河麒麟桌面操作系统 V10、永中文字处理、永中电子表格应用、简报制作和数科 OFD 文档处理软件等内容。通过对本书的学习，读者可掌握计算机基础知识，并能熟练应用国产化办公软件。

本书可作为高等学校普及计算机基础的教学用书，也可供国产化软件用户参考。

图书在版编目(CIP)数据

计算机基础：基于国产化软件 / 唐作莉，刘蕊，郭顶龙主编. --西安：西安电子科技大学出版社，2024.1
ISBN 978 - 7 - 5606 - 6976 - 2

Ⅰ.①计…　Ⅱ.①唐…　②刘…　③郭…　Ⅲ….①电子计算机—基础知识　Ⅳ.①TP3

中国国家版本馆 CIP 数据核字(2023)第 145676 号

策　　划　刘玉芳　刘统军
责任编辑　刘玉芳
出版发行　西安电子科技大学出版社(西安市太白南路 2 号)
电　　话　(029)88202421　88201467　邮　　编　710071
网　　址　www.xduph.com　电子邮箱　xdupfxb001@163.com
经　　销　新华书店
印刷单位　咸阳华盛印务有限责任公司
版　　次　2024 年 1 月第 1 版　2024 年 1 月第 1 次印刷
开　　本　787 毫米×1092 毫米　1/16　印张 20
字　　数　475 千字
定　　价　49.00 元
ISBN 978 – 7 – 5606 – 6976 – 2 / TP
XDUP 7278001–1

前言

随着科学技术的迅速发展，我国计算机相关企业快速成长起来，开发出了很多优秀软件，如中标麒麟、达梦数据库等。本书旨在助力推广国产优秀软件的应用。

本书共9章。第1章为计算机概述，介绍了计算机发展的相关知识，并对大数据相关知识进行了介绍；第2章为计算机组成原理，介绍了计算机系统组成、计算原理、计算机中的信息表示等知识；第3章为计算机网络基础知识，阐述了计算机在网络化情景中的应用以及相关联的基础术语、概念；第4章为多媒体技术，介绍了多媒体的基本概念和知识点，包括图像、视频、音频的概念和应用；第5章为银河麒麟桌面操作系统V10，详细介绍了银河麒麟桌面操作系统的相关概念及应用；第6章为永中文字处理，通过典型操作阐述了文字处理的相关概念及具体操作步骤以及永中文字处理软件的应用；第7章为永中电子表格应用，通过对电子表格的概念、基本操作的介绍，使读者掌握运用电子表格软件进行数据录入、分析等操作；第8章为简报制作，基于永中办公软件介绍了演示简报的制作要领和流程，旨在通过演示的方式让读者了解永中办公软件的相关操作，为以后应用做好铺垫；第9章为数科OFD文档处理软件，介绍了电子公文的生成、加工、阅读、签批、盖章、管控、归档、发布等业务环节，为实际应用提供相应技术支撑。

本书得到了贵州警察学院安防工程研究中心的资助，在此表示衷心感谢；同时也感谢麒麟软件有限公司、永中软件股份有限公司、数科网维技术有限责任公司提供的支持。

因编者水平有限，书中难免有疏漏之处，恳请广大读者批评指正。

编　者

2023年8月

目录
CONTENTS

第一部分 基础知识

第 1 章　计算机概述 2
1.1　计算机发展概述 2
1.2　计算机的特点和分类 3
1.2.1　计算机的特点 3
1.2.2　计算机的分类 4
1.3　信息科学与信息技术 5
1.3.1　信息科学 5
1.3.2　信息技术 5
1.4　计算机应用概述 6
1.4.1　计算机应用领域 6
1.4.2　计算机最新应用简述 7
1.5　计算机病毒与恶意软件 8
1.5.1　计算机病毒 8
1.5.2　恶意软件 10
1.6　计算思维简述 11
1.6.1　计算思维的基本概念 11
1.6.2　计算思维的特征 12
1.6.3　计算思维运用实例 12
1.7　“大数据”和“互联网+”简介 13
1.7.1　大数据 13
1.7.2　“互联网+” 14
第 2 章　计算机组成原理 17
2.1　计算机系统组成 17
2.1.1　计算机系统的基本组成 17
2.1.2　计算机的基本工作原理 18
2.2　微型计算机的结构 20
2.2.1　微型计算机的主机结构 20
2.2.2　微型计算机的外部设备 22
2.3　计算原理 24
2.4　计算机中的信息表示 26
2.4.1　信息的表示与存储 26
2.4.2　计算机中数据的单位 26
2.4.3　字符的编码 27
第 3 章　计算机网络基础知识 30
3.1　计算机网络的基本概念 30
3.1.1　计算机网络 30
3.1.2　数据通信 30
3.1.3　计算机网络的组成 31
3.1.4　计算机网络的分类 31
3.1.5　计算机网络的功能 32
3.1.6　网络的拓扑结构 33
3.1.7　网络硬件 34
3.1.8　网络软件 34
3.1.9　无线局域网 35
3.2　互联网的基本概念及其应用 36
3.2.1　互联网的基本概念 36
3.2.2　TCP/IP 协议的工作原理 36
3.2.3　IP 地址和域名 37
3.2.4　Internet 提供的服务 39
3.2.5　新一代 Internet 40
3.3　常用的网络通信设备 41
3.3.1　网络传输介质 41
3.3.2　网络互联设备 42
第 4 章　多媒体技术 44

4.1 多媒体技术概述 44
4.1.1 多媒体 44
4.1.2 多媒体计算机系统 45
4.1.3 多媒体的基本元素 45
4.2 常用图像、音频、视频文件格式 46
4.2.1 图像软件环境及应用 46
4.2.2 图像文件格式 47
4.2.3 音频文件格式 49
4.2.4 视频文件格式 50
4.3 多媒体的采集与处理 50
4.3.1 文本素材的采集与编辑软件 50
4.3.2 音频素材的采集与制作软件 51
4.3.3 图像素材的获取与创作 51
4.3.4 视频素材的获取与创作 52

第二部分 国产化软件

第 5 章 银河麒麟桌面操作系统 V10 54
5.1 系统桌面 54
5.2 【开始】菜单 55
5.2.1 应用程序 55
5.2.2 关机菜单 55
5.3 控制面板 57
5.3.1 系统配置 58
5.3.2 硬件配置 61
5.4 输入法 67
5.5 文件管理 68
5.5.1 基础知识 68
5.5.2 文件浏览器的组成要素 70
5.5.3 文件浏览器的主要功能 70
5.6 软件的安装与卸载 73
5.7 系统默认软件 75
5.7.1 办公应用 75
5.7.2 图像应用 77
5.7.3 休闲娱乐应用 79
5.7.4 网络应用 81
5.7.5 开发应用 88
5.7.6 系统应用 89
5.8 特色应用 100
5.8.1 麒麟备份还原工具 100
5.8.2 生物特征管理工具 106
5.8.3 安全管理 107
5.8.4 安卓兼容运行环境(ARM 平台) 108
第 6 章 永中文字处理 110
6.1 永中 Office 应用界面 110
6.1.1 功能区与选项卡 111
6.1.2 上下文选项卡 112
6.1.3 实时预览与屏幕提示 113
6.1.4 快速访问工具栏 113
6.1.5 后台视图 114
6.1.6 应用组件之间的集成应用 115
6.1.7 永中 Office 与微软 Office 的兼容 117
6.1.8 帮助的使用 117
6.2 文字处理应用 119
6.2.1 创建并编辑文档 119
6.2.2 美化并充实文档 137
6.2.3 长文档的编辑与管理 172
6.2.4 文档修订与共享 199
第 7 章 永中电子表格应用 209
7.1 永中电子表格制表基础 209
7.2 电子表格文档与工作表的操作 210
7.2.1 电子表格文档的基本操作 210
7.2.2 电子表格文档的保护 212
7.2.3 工作表的基本操作 213
7.2.4 工作表的保护 215
7.2.5 同时对多张工作表进行操作 218
7.2.6 工作窗口的视图控制 219
7.3 数据分析与处理 221

7.3.1 合并计算......222
7.3.2 简单排序......223
7.3.3 多条件复杂排序......223
7.3.4 按自定义列表进行排序......224
7.3.5 筛选数据......225
7.3.6 高级筛选......226
7.3.7 分类汇总......227
7.3.8 数据透视表......228
7.3.9 模拟分析和运算......232
7.4 公式和函数......233
7.4.1 公式的基本使用方法......233
7.4.2 定义与引用名称......235
7.4.3 函数的基本使用方法......237
7.4.4 重要函数的应用......240
7.4.5 公式返回错误值的常见问题......246
7.5 输入和编辑数据......248
7.5.1 输入简单数据......248
7.5.2 自动填充数据......248
7.5.3 修改、删除数据......251
7.5.4 数据的有效性验证......251
7. 6 整理和修饰表......252
7.6.1 选中单元格或单元格区域......252
7.6.2 行列操作......253
7.6.3 设置字体及对齐方式......254
7.6.4 设置数字格式......255
7.6.5 设置边框和底纹......257
7.6.6 自动套用预置样式......258
7.6.7 应用条件格式......261
7.7 创建图表......263
7.7.1 绘制函数图像......263
7.7.2 创建图表......264
7.7.3 修饰与编辑图表......267
7.7.4 打印图表......271
7.8 打印输出工作表......272
第 8 章 简报制作......274
8.1 新建简报及选择模板......274
8.2 控制简报的播放顺序......276
8.2.1 使用超链接......276
8.2.2 使用动作按钮......278
8.2.3 使用自定义播放......279
8.3 图文并茂的简报......280
8.3.1 应用幻灯片母版......280
8.3.2 在幻灯片中插入图片、多媒体等对象......282
8.4 简报的输出......283
8.4.1 打印幻灯片......283
8.4.2 输出为 PDF 格式文档......287
第 9 章 数科 OFD 文档处理软件......288
9.1 使用入门......288
9.1.1 安装和卸载......288
9.1.2 界面介绍......289
9.1.3 软件注册......291
9.1.4 阅读操作......291
9.1.5 保存、关闭文件及退出、导出......294
9.2 查看文档......295
9.2.1 多文档浏览......296
9.2.2 阅读模式......296
9.2.3 文档视图......298
9.2.4 文档翻阅......299
9.2.5 文档导览......300
9.3 批注......303
9.3.1 撤销和恢复......304
9.3.2 文本注释......304
9.3.3 文本批注......305
9.3.4 签批......309
9.4 安全......310
9.5 打印......311
参考文献......312

第一部分

基 础 知 识

第1章 计算机概述

计算机全称是电子计算机，是一种能够按照程序运行，自动、高速处理海量数据的现代化智能电子设备。计算机由硬件和软件组成，没有安装任何软件的计算机称为裸机，不具备任何功能。计算机常见的形式有台式计算机、笔记本计算机、大型计算机等，还在研发阶段较先进的计算机有生物计算机、光子计算机、量子计算机等。

1.1 计算机发展概述

计算机是20世纪伟大的科学技术发明之一，对人类的生产活动和社会活动产生了极其重要的影响，并以强大的生命力飞速发展。计算机的应用领域从最初的军事科研应用扩展到目前社会的各个领域，已形成规模巨大的计算机产业，带动了全球范围的技术进步，由此引发了深刻的社会变革。

世界上第一台计算机ENIAC(Electronic Numerical Integrator And Computer，电子数字积分计算机)于1946年2月诞生于美国宾夕法尼亚大学。它使用了大约18 000个电子管、10 000只电容和70 000个电阻，占地约170 m^2，重达30 t，耗电150 kW，每秒可进行5000次加减法运算，价值40万美元，最初是为美国陆军弹道实验室解决弹道特性的计算问题而设计的。虽然ENIAC无法同现今的计算机相比，但在当时它可将计算一条发射弹道的时间缩短到30 s以下。计算机的发明使工程设计人员从繁重的计算工作中解放出来，开创了计算机的新时代。

从第一台计算机诞生以来，计算机每隔数年在软硬件方面就会有一次重大的突破，至今计算机的发展已经历了4代。

1. 第一代计算机(1946—1955年)

1946—1955年的计算机是第一代计算机，其主要元件是电子管，所以也称为电子管计算机。其特征是使用电子管作为逻辑元件，内存储器使用水银延迟线和静电存储器，外存储器使用纸带、卡片、磁带等元件，运算速度可达几千次到几万次每秒。第一代计算机体积都较庞大，造价高，运算速度低，主要用于科学计算。

2. 第二代计算机(1956—1964年)

由贝尔实验室发明的第一台晶体管计算机TRADIC，揭开了第二代计算机的序幕。第二代计算机的主要特征为全部使用晶体管，用磁芯作主存储器，用磁盘或磁带作外存储器，运算速度可达几十万次每秒。程序设计语言也在这一时期取得了较大发展，如ALGOL60、

FORTRAN、COBOL 等都相继投入使用。这一时期程序的编制方便了，计算机的通用性也增强了，因而计算机的应用也扩展到了事务管理及工业控制等方面。

3. 第三代计算机(1965—1970 年)

第三代计算机的特征是使用中、小规模集成电路代替分立的晶体管元件；内存开始使用半导体，使得存储器存储速度和计算机运行速度可达到几十万次到几百万次每秒，个别的可以达到一千万次每秒，内存容量可达到兆字节。这一时期对计算机的设计提出了系列化、通用化和标准化的思想。例如，将系列机扩展到大、中、小型，以适应不同层次的需要；在硬件设计中采用标准的半导体存储芯片和输入/输出接口部件；在软件设计中提倡模块化和结构化设计。这样，计算机不但成本降低，而且还扩大了应用范围。

4. 第四代计算机(1971 年至今)

1971 年，英特尔(Intel)公司制成了第一代微处理器。它集成了 2250 个晶体管组成的电路，标志着计算机的发展已进入大规模集成电路的应用时代。大规模集成电路的应用是第四代计算机的基本特征，在这一代计算机上采用了集成度更高的半导体芯片作存储器，使得计算机的运行速度可达到几百万次到数十亿次每秒。计算机的操作系统不断完善，应用软件层出不穷，在计算机系统结构方面发展了分布式计算机、并行处理技术和计算机网络等。这一时期，计算机的发展进入了以计算机网络为特征的时代。

我国自 1956 年开始研制计算机，第一台计算机于 1958 年研制成功。我国自行研制的第一台晶体管计算机于 1964 年问世，1971 年又研制成功了集成电路计算机。1983 年研制成功运算速度上亿次每秒的银河-Ⅰ巨型机，这是我国高速计算机研制的一个重要里程碑。1985 年，我国研制出第一台 IBM PC 兼容微机。2001 年，我国第一款通用 CPU——“龙芯”芯片研制成功。2002 年，我国推出了完全具有自主知识产权的“龙腾”服务器。2003 年，数据处理速度达百万亿次每秒的超级服务器曙光 4000L 通过国家验收，再一次刷新国产超级服务器的历史纪录，使得国产高性能产业再上新台阶。2014 年，在国际组织 TOP500 公布的全球超级计算机 500 强排行榜中，中国的“天河二号”超级计算机以比第二名美国“泰坦”超级计算机快近一倍的速度，连续第三次获得冠军，峰值计算速度达到 5.49 亿次每秒，持续计算速度达到 3.39 亿次每秒，成为全球最快的超级计算机。2022 年，TOP500 发布了 2022 年上半年榜单，“神威·太湖之光”超级计算机位列第六。它安装了 40 960 个中国自主研发的“申威 26010”众核处理器，该众核处理器采用 64 位自主申威指令系统，峰值性能为 12.5 亿亿次每秒，持续性能为 9.3 亿亿次每秒。

1.2 计算机的特点和分类

1.2.1 计算机的特点

计算机的特点如下。

1. 运算速度快

运算速度快是人们发明及使用计算机的主要原因。现代计算机的运算速度已达到几百

亿次至千万亿次每秒，许多以前无法做到的事情，现在利用高速计算机就可以实现。

2. 计算精度高

在科学研究和工程设计中，对计算结果的精确度要求很高。一般的计算工具只能达到几位有效数字，而计算机对数据处理结果的精确度可以达到十几位、几十位有效数字，根据需要甚至可以达到任意的精度。由于计算机采用二进制数字运算，因此计算精度可通过增加二进制数的位数来获得。

3. 具有记忆和逻辑判断能力

计算机的存储器不仅能存放原始数据和计算结果，更重要的是能存放用户编制好的程序。

计算机还具有逻辑判断能力，例如，判断一个条件是真还是假，并且根据判断结果自动确定下一步该怎么做。

4. 可靠性高，通用性强

现代计算机采用超大规模集成电路，具有非常高的可靠性，可用于如银行这种要求高可靠性的行业。计算机具有的计算和逻辑判断等功能，使得计算机具有很强的通用性，如可进行数值计算，还可对非数据信息进行处理(如图形图像处理、文字编辑、语音识别和信息检索等)。

1.2.2 计算机的分类

计算机的分类方法很多，按计算机的原理可将其分为数字计算机、模拟计算机和混合式计算机三大类，按用途可将其分为通用机和专用机两大类。这里按照计算机的体积大小、结构复杂程度、功率消耗、性能指标、数据存储容量、指令系统以及设备和软件配置等的不同，将计算机分为巨型机、大中型机、小型机、微型机及单片机等，现分别介绍如下。

1. 巨型机

巨型机的运算速度很高，每秒可执行几亿条指令，数据存储容量很大，同时规模大且结构复杂，价格昂贵，主要用于大型科学计算。巨型机一般用在国防和尖端科学领域。目前，巨型机主要用于战略武器(如核武器和反导弹武器)的设计、空间技术、石油勘探、天气预报等领域，是衡量国家科技发展水平和综合国力的重要标志。

我国自行研制的银河-Ⅰ(每秒运算 1 亿次以上)、银河-Ⅱ(每秒运算 10 亿次以上)和银河-III(每秒运算 100 亿次以上)都是巨型机。银河系列巨型计算机代表着我国计算机的最高水平。

2. 大中型机

大中型机也具有很高的运算速度和很大的存储容量，并且允许多用户同时使用。大中型机在结构上比巨型机简单，运算速度没有巨型机快，价格也比巨型机便宜，一般只有大中型企事业单位使用它处理事务、管理信息与进行数据通信等。20 世纪 60 年代的 IBM 360、70 年代和 80 年代的 IBM 370、90 年代的 IBM S/390 系列都是大型机的代表。

3. 小型机

小型机的规模和运算速度比大中型机要差，但仍能支持十几个用户同时使用。小型机具有体积小、价格低、性价比高等优点，适合中小企业、事业单位用于工业控制、数据采集、分析计算、企业管理以及科学计算等，也可作为巨型机或大中型机的辅助机。

典型的小型机是美国 DEC 公司的 PDP 系列计算机、IBM 公司的 AS/400 系列计算机、我国的 DJS-130 计算机等。

4. 微型机

微型机的出现与发展掀起了计算机普及的浪潮，利用 4 位微处理器 Intel 4004 组成的 MCS-4 是世界上第一台微型机。人们现在工作、学习、生活中使用的 PC 就是微型机。

5. 单片机

单片机是一种集成电路芯片，是采用超大规模集成电路技术把具有数据处理能力的 CPU、随机存取存储器(Random Access Memory，RAM)、只读存储器(Read-Only Memory，ROM)、多种 I/O 接口和中断系统、定时器/计时器等集成到一块硅片上而构成的一个小巧而完善的微型计算机系统。单片机体积小、功耗低、使用方便，但存储容量较小，多用于工业控制、家用电器等领域。

1.3　信息科学与信息技术

1.3.1　信息科学

信息，又称音讯、信号、消息、情报等，是通信系统传输和处理的对象，泛指人类社会传播的一切内容。信息同物质、能源一样，是人类生存和社会发展的三大基本资源之一。

信息科学是研究信息及其运动规律的科学，包括对信息的描述和测度、信息传递理论、信息再生理论、信息调节理论、信息组织理论和信息认识理论等内容。它研究信息提供、信息识别、信息变换、信息传递、信息存储、信息检索和信息处理等一系列问题和过程。

从信息科学的角度看，信息的载体是数据。数据可以是文字、图像和声音等多种形式的，数据是信息的具体表现形式。

1.3.2　信息技术

信息技术(Information Technology，IT)是管理和处理信息所采用的各种技术的总称。更准确地说，信息技术是指利用电子计算机和现代通信手段实现获取信息、传递信息、存储信息、处理信息、显示信息和分配信息等的相关技术。

信息技术主要包括以下几个方面：

(1) 感测与识别技术。感测技术的作用是扩展人获取信息的感觉器官功能。这类技术总称为传感技术，包括信息识别、信息提取和信息检测等技术。传感技术、测量技术与通信技术相结合而产生的遥感技术，使人感知信息的能力得到进一步的加强。

信息识别包括文字识别、语音识别和图像识别等，通常采用模式识别的方法。

(2) 信息传递技术。其主要功能是实现信息快速、可靠和安全传输。各种通信技术都属于这个范畴，广播技术也是一种传递信息的技术。

(3) 信息处理与再生技术。信息处理包括对信息的编码、压缩和加密等；信息的再生是指利用已有的信息来产生信息的过程。

(4) 信息实施利用技术。信息实施利用技术是信息处理过程的最后环节，主要包括控制技术、显示技术等。

1.4 计算机应用概述

计算机是20世纪科学技术的卓越成就之一，它的诞生引发了一场伟大的技术革命。计算机在科学技术、工农业生产及国防等各个领域得到了广泛应用，推动着社会的发展。

1.4.1 计算机应用领域

1. 科学与工程计算

科学与工程计算一直是计算机的重要应用领域之一，如数学、物理、天文、原子能和生物学等基础学科以及导弹设计、飞机设计和石油勘探等方面大量、复杂的计算都需用到计算机。利用计算机进行数值计算，可以节省大量的时间、人力和物力。

有些科技问题的计算工作量实在太大，以至于人工根本无法实现；还有一些问题是人工计算太慢，等到计算结果出来已失去了实际意义。例如天气预报，由于计算量大，时效性强，对于大范围地区的天气预报，采用计算机计算几分钟就能得到结果；若采用人工计算则需用几个星期的时间，这时“预报”就失去了意义。

另外，有些问题用人工计算很难选出最佳方案。现代工程技术往往投资大、周期长，因此设计方案的选择非常关键。为了选择一个理想的方案，往往需要详细计算几十个至上百个方案，从中选优，而只有计算机才可能做到这一点。

2. 信息管理

人类在科学研究、生产实践、经济活动和日常生活中获得了大量的信息。为了更全面、更深入、更精确地认识和掌握这些信息所反映的问题，需要对大量信息进行分析加工和管理。随着计算机应用技术的不断推广和使用，信息管理工作中自然而然地开始应用起计算机技术。随着计算机应用技术在对信息管理中的不断深入应用和发展，信息管理的种类和内容得到很大程度的丰富和发展，而处理各类信息的效率和质量也得到了有效的提高。

目前，计算机在档案管理、行政管理、财务管理和采购管理等方面获得了广泛应用。随着社会信息化的发展，信息管理的应用范围还在不断扩大。

3. 电子商务

电子商务是依靠计算机及相关电子设备和网络技术进行商业行为的商业模式。在Internet环境下，电子商务基于浏览器/服务器的应用方式，买卖双方可在线上进行各种商贸活动，以实现消费者的网上购物、商户之间的网上交易和在线电子支付，以及各种商务活动、交易活动、金融活动和相关的综合服务活动，是一种新型的商业运营模式。随着电子商务的高速发展，它已不再局限于购物的主要内涵，还包括物流配送等服务。电子商务包括电子货币交换、供应链管理、电子交易市场、网络营销、在线事务处理、电子数据交换(Electronic Data Interchange，EDI)、存货管理和自动数据收集系统。在电子商务过程中利用的信息技术包括互联网、外联网、电子邮件、数据库、电子目录和移动电话等。

4. 人工智能

人工智能是计算机学科的一个分支，是研究使计算机模拟人的某些思维过程和智能行为(如学习、推理、思考、规划)等的学科。人工智能的主要目的是用计算机模拟人的智能。人工智能的研究领域包括模式识别、景物分析、自然语言理解与生成、博弈、专家系统和机器人等。在工业上，人工智能专家已研制出工业机器人和智能机器人，以便完成单调、危险及困难的工作，使人类解放出来，从而把时间用于创造性的研究、设计以及人们之间的相互交往等人类特有的活动中。在医学和其他高级科学技术领域，人工智能使得那些离开计算机就解决不了的难题正获得解决。

5. 计算机辅助系统

计算机辅助系统包括计算机辅助设计(Computer Aided Design，CAD)、计算机辅助制造(Computer Aided Manufacturing，CAM)和计算机辅助教学(Computer Aided Instruction，CAI)。

(1) CAD 利用计算机的图形处理能力进行设计工作。随着图形输入/输出设备及软件的发展，该技术已广泛应用于飞行器、建筑工程、水利水电工程、服装和大规模集成电路等的设计中，许多设计院现已完全实现了计算机出图。

(2) CAM 利用计算机进行生产设备的管理、控制和操作。CAM 技术用于制造业企业，可以提高其产品质量、降低成本和缩短生产周期。

将 CAD 与 CAM 技术集成起来，实现设计生产自动化的系统称为计算机集成制造系统。

(3) CAI 利用多媒体计算机的图、文、声等功能实施教学，是随着多媒体技术的发展而迅猛发展的一个领域，是未来教学的发展趋势。

1.4.2　计算机最新应用简述

1. 高性能计算

高性能计算(High Performance Computing，HPC)是计算机科学的一个分支，它研究并行算法和开发相关软件。高性能计算的基础是高性能计算机，高性能计算机主要以计算速度(尤其是浮点运算速度)作为衡量标准。目前最常见的是由多台计算机组成的计算机集群系统，它通过各种互联技术将多个计算机系统连接在一起，利用所有被连接系统的综合计算能力来处理大型计算问题。高性能计算机是信息领域的前沿技术，在保障国家安全、推动国防科技进步、促进尖端武器发展方面具有直接推动作用，是衡量一个国家综合国力的重要标志之一。随着信息化社会的飞速发展，人类对信息处理能力的要求越来越高，不仅石油勘探、气象预报、航天国防和科学研究等领域需要高性能计算机，而且金融、政府信息化、教育、企业和网络游戏等领域对高性能计算的需求也在迅猛增长。

2. 网格计算

网格计算(Grid Computing)是一种分布式计算，它利用互联网上计算机 CPU 的闲置处理能力来解决大型计算问题。网格计算的思路是聚合分布资源，支持虚拟组织，提供高层次的服务。网格计算主要面向科学研究领域，支持大型集中式应用。网格计算不需要专门的组件和专有资源，它基于标准的机器和操作系统，对环境没有严格控制，只需应用软件支持网格功能即可。

3. 云计算

云计算是分布式计算(Distributed Computing)、并行计算(Parallel Computing)和网格计算的发展。云计算的资源相对集中，主要以数据为中心提供底层资源的使用。云计算一开始就是针对商业应用的，因此商业模型比较清晰。云计算是以相对集中的资源，运行分散的应用，即大量分散的应用在若干大的中心执行，由少数商家提供云资源，多数人申请专有资源进行使用。2012 年 3 月，在国务院政府工作报告中，将云计算作为国家战略性新兴产业，并给出了定义：云计算是基于互联网的服务的增加、使用和交付模式，通常涉及通过互联网来提供动态易扩展且经常是虚拟化的资源。云计算是传统计算机和网络技术发展融合的产物，它意味着计算能力也可作为一种商品通过互联网进行流通。

云计算的定义中肯定了互联网在云计算中的地位，没有互联网，就没有云计算。基于互联网“使用”和“交付”服务，将深刻地影响技术研发模式、产业交付模式和市场推广模式。云计算将成为信息产业在进入网络时代后又一次重大的变革。云计算在产业模式上的变化正好给我国信息产业提供了前所未有的发展机会，而且云计算的资源是通过整合提供给应用的，单个资源的能力不再是影响云计算服务能力的决定性因素。云计算模式在思路上的变化使我国的芯片产业、核心系统软件产业获得了宝贵的发展时间和市场空间。

云计算本质上是一种模式，但模式的实现是需要技术提供支持的，因此云计算的实现技术对云计算模式的实现具有重要的意义。没有技术的支持，模式的实现就无从谈起。

1.5 计算机病毒与恶意软件

1.5.1 计算机病毒

计算机病毒是一种小程序，能够自我复制，并会将自己的代码依附在其他程序上，通过其他程序的执行伺机传播。计算机病毒有一定潜伏期，一旦条件成熟，便进行各种破坏活动，影响计算机的使用。就像生物病毒一样，计算机病毒有独特的复制能力。计算机病毒可以很快地蔓延，又常常难以根除。它们能把自身附着在各种类型的文件上，当文件被复制或从一个用户传送到另一个用户时，它们就随同文件一起蔓延开来。

计算机病毒有广义和狭义之分。

广义定义：能够引起计算机故障，破坏计算机数据的程序统称为计算机病毒。

狭义定义：病毒程序通过修改(操作)而传染其他程序，即修改其他程序，使之含有病毒自身的精确版本或可能演化的版本、变种或其他病毒繁衍体。

根据《中华人民共和国计算机信息系统安全保护条例》第 28 条，我国的计算机病毒定义为：计算机病毒是指编制或者在计算机程序中插入的破坏计算机功能或者毁坏数据，影响计算机使用，并能自我复制的一组计算机指令或者程序代码。

现在流行的病毒是人为故意编写的，多数病毒可以找到作者信息和产地信息。

1. 计算机病毒的类型

常见的计算机病毒有以下几种：

(1) 引导区病毒。引导区病毒隐藏在硬盘或软盘的引导区，当计算机从感染了引导区病毒的硬盘或软盘启动，或当计算机从受感染的软盘中读取数据时，引导区病毒就开始发作。一旦它们将自己复制到机器的内存中，就会感染其他磁盘的引导区并且通过网络传播到其他计算机上。

(2) 文件型病毒。文件型病毒寄生在其他文件中，常常通过对它们的编码加密或使用其他技术来隐藏自己。文件型病毒劫夺用来启动主程序的可执行命令，用作自身的运行命令；同时还经常将控制权还给主程序，伪装计算机系统正常运行。一旦运行被感染了病毒的程序文件，病毒便被激发，执行大量的操作，并进行自我复制；同时，附着在用户系统其他可执行文件上伪装自身，并留下标记，以后不再重复感染。

(3) 宏病毒。宏病毒是一种特殊的文件型病毒。一些软件开发商在产品研发中引入宏语言，并允许这些产品在生成载有宏的数据文件之后出现。宏的功能十分强大，却也给宏病毒留下了可乘之机。

(4) 脚本病毒。脚本病毒依赖一种特殊的脚本语言(如 VBScript、JavaScript 等)起作用，同时需要主软件或应用环境能够正确识别和翻译这种脚本语言中嵌套的命令。脚本病毒在某方面与宏病毒类似，但脚本病毒可以在多个产品环境中运行，还能在其他所有可以识别和翻译它的产品中运行。脚本语言比宏语言更具有开放终端的趋势，这就使得病毒制造者对感染脚本病毒的机器可以有更多的控制力。

(5) “网络蠕虫”程序。“网络蠕虫”程序是一种通过间接方式复制自身的非感染型病毒。有些“网络蠕虫”拦截 E-mail 系统向世界各地发送自己的复制品，有些则出现在高速下载站点中并同时使用多种方法与其他技术传播自身。它的传播速度相当惊人，大量的病毒感染会造成众多邮件服务器先后崩溃，给用户带来难以弥补的损失。

(6) “特洛伊木马”程序。“特洛伊木马”程序通常是指伪装成合法软件的非感染型病毒，但它不进行自我复制。有些木马病毒可以模仿运行环境，收集所需的信息，最常见的如试图窃取用户名和密码的木马病毒，以及试图从众多的 Internet 服务器提供商(Internet Server Provider，ISP)那里盗窃用户的注册信息和账号信息的木马病毒。

2. 计算机病毒的特点

计算机病毒的主要特点如下：

(1) 传染性。传染性是计算机病毒的一个重要特点。计算机病毒可以在计算机与计算机之间、程序与程序之间和网络与网络之间进行传染。计算机病毒一旦夺取了系统的控制权(占用了 CPU)，就把自身复制到存储器中，甚至感染所有文件，而网络中的病毒可传染给联网的所有计算机系统。被病毒感染的计算机将成为病毒新的培养基和传染源。

(2) 破坏性。计算机病毒的破坏性是多方面的，主要表现为无限制地占用系统资源，使系统不能正常运行；对数据或程序造成不可恢复的破坏；有的恶性病毒甚至能毁坏计算机的硬件系统，使计算机瘫痪。总之，病毒会对计算机系统的安全造成重大危害。

(3) 潜伏性。计算机病毒并不是每时每刻都在发作，只有在满足触发条件(如日期、时间、某个文件的使用次数等)时才“原形毕露”，表现出其特有的破坏性。有的病毒伪装巧妙，隐藏很深，潜伏时间长，在发作条件满足前并无任何症状，不影响系统的正常运行。这就是病毒的潜伏性。

(4) 寄生性。计算机病毒程序是一段精心编制的可执行代码，一般不独立存在，它的载体(称为宿主)通常是磁盘系统区和程序文件，这即病毒的寄生性。正是由于病毒的寄生性及上述的潜伏性，因此计算机病毒一般难以被觉察和检测到。

(5) 可触发性。计算机病毒一般有一个或者几个触发条件，一旦满足其触发条件，即会激活病毒，使之进行传染或者激活病毒的表现部分和破坏部分。触发的实质是一种条件的控制，病毒程序可以依据设计者的要求，在一定条件下实施攻击。这个条件可以是输入特定字符、使用特定文件、某个特定日期或特定时刻，或者是病毒内置的计数器达到一定数目等。

(6) 针对性。网络病毒并非一定会对网络上所有的计算机进行攻击，而是具有某种针对性。例如，有的网络病毒只能感染 IBM PC 及兼容机，有的却只能感染 Macintosh 计算机，有的病毒则专门感染使用 UNIX 操作系统的计算机。

1.5.2 恶意软件

中国互联网协会对恶意软件的定义为：在未明确提示用户或未经用户许可的情况下，在用户计算机或其他终端上安装运行，侵害用户合法权益的软件。网络用户在浏览一些不安全的站点或从该站点下载游戏或其他程序时，往往会将一些恶意程序一并带入自己的计算机，而用户本人对此毫不知情，直到有恶意广告不断弹出或非法网站自动出现时，用户才发觉计算机有问题。在恶意软件未被发现的这段时间，用户计算机上的所有敏感资料都有可能被盗走，如银行账户信息、信用卡密码等。

恶意软件其本身可能是一种病毒、后门或漏洞攻击脚本，它通过动态地改变攻击代码，从而逃避入侵检测系统的特征检测。

1. 恶意软件的特征

(1) 强制安装：在没有明确提示用户或未经用户许可的情况下，在用户计算机或其他终端上安装软件的行为。

(2) 难以卸载：不提供通用的卸载方式，或在不受其他软件影响、人为破坏的情况下卸载后仍然有活动程序的行为。

(3) 浏览器劫持：未经用户许可，修改用户浏览器或其他相关设置，迫使用户访问特定网站或导致用户无法正常上网的行为。

(4) 广告弹出：未明确提示用户或未经用户许可，利用安装在用户计算机或其他终端上的软件弹出广告的行为。

(5) 恶意收集用户信息：未明确提示用户或未经用户许可，恶意收集用户信息的行为。

(6) 恶意卸载：未明确提示用户、未经用户许可，或误导、欺骗用户卸载其他软件的行为。

(7) 恶意捆绑：在软件中捆绑已被认定为恶意软件的行为。

(8) 其他侵害用户软件安装、使用和卸载知情权、选择权的恶意行为。

2. 恶意软件的防御

由于恶意软件一直在变化，即使是被侦察到，它们也会自动调整和变化，因此依靠单一的技术根本难以防范。恶意软件威胁网络和系统漏洞的方式也在改变。例如，过去依靠邮件附件传播，而现在使用社交网络引诱下载被感染的文件和应用程序，或是直接让用户点击恶意网站下载恶意软件到用户的系统中。恶意软件对智能手机、Windows 和其他操作环境的用户系统都会造成侵害。

因为恶意软件的威胁有多种，所以需要采取多种方法和技术来保护系统。例如，采用防火墙过滤潜在的破坏性代码，采用垃圾邮件过滤器、入侵检测系统和入侵防御系统等加固网络，加强对破坏性代码的防御能力。

作为一种强大的反恶意软件的防御工具，反病毒程序可以保护计算机免受病毒的威胁。近几年来，反病毒软件的开发商已经逐渐将垃圾邮件和间谍软件等威胁的防御功能集成到其产品中。恶意软件的防范中最薄弱的一个环节就是用户，因此除了这些技术手段之外，各单位还应当采取一些管理措施来防止恶意软件在其网络内传播。

1.6 计算思维简述

计算思维是当前国际计算机界广为关注的一个重要概念，也是当前计算机教育需要重点研究的重要课题。为便于了解，人们还对计算思维在计算机科学、自然科学、数学、社会科学、语言艺术、美术和生命科学等学科领域的经典论文进行了分类。美国卡内基·梅隆大学计算机科学系的周以真(Jeannette M. Wing)教授是最早提出“计算思维”概念的学者，她认为计算思维应是每个人必备的基本技能，不仅仅属于计算机科学家，应当在培养孩子解析能力时不仅让他们掌握阅读、写作和算术(Reading，wRiting，and aRithmetic，3R)的能力，还要掌握计算思维的能力。犹如印刷出版促进了 3R 的普及，计算和计算机也正以类似的方式促进着计算思维的传播。

1.6.1 计算思维的基本概念

理论科学、实验科学和计算科学作为科学发现的三大支柱，正推动着人类文明的进步和科技发展。科学思维不仅是一切科学研究和技术发展的起点，而且始终贯穿于科学研究和技术发展的全过程，是创新的灵魂。科学思维概括起来又可分为理论思维、实验思维和计算思维三大类。

2006 年 3 月，美国卡内基·梅隆大学计算机科学系主任周以真教授在美国计算机权威期刊上发表了题为“Computational Thinking”的论文。她在文中将计算思维定义为：计算思维是运用计算机科学的基础概念进行问题求解、系统设计以及人类行为理解等涵盖计算机科学之广度的一系列思维活动。

计算思维最根本的内容，即其本质是抽象(Abstraction)和自动化(Automation)。计算思维中的抽象完全超越物理的时空观，并完全用符号来表示，其中的数字抽象只是一类特例。

抽象的过程包括选择正确的抽象方法、同时处理在多个层面的抽象、定义层与层之间的关系。自动化是将抽象、抽象层以及它们之间的关系机械化。

计算是抽象方法的自动化处理过程；计算思维则是先进行正确的抽象，再选择正确的“计算机”完成任务。

与数学和物理科学相比，计算思维中的抽象显得更为丰富，也更为复杂。数学抽象的最大特点是抛开现实事物的物理、化学和生物学等特性，仅保留其量的关系和空间的形式，而计算思维中的抽象却不仅如此。

1.6.2 计算思维的特征

计算思维有如下特征。

(1) 抽象的多层次思维。计算思维不能等同于计算机编程，它不是只能为计算机编程，而是围绕计算机科学广义范畴的思维活动，需要在抽象的多个层次上思维。

(2) 人与计算机的思维方式。计算思维是人类求解问题的一条途径，但绝非要使人类像计算机那样思考。计算机枯燥且沉闷，人类聪颖且富有想象力。配置了计算设备，人们就能用自己的智慧解决那些在计算时代之前不敢尝试的问题，实现“只有想不到，没有做不到”的境界。

(3) 数学和工程思维的互补与融合。计算机科学在本质上源自数学思维，因为像所有的科学一样，其形式化基础建筑于数学之上。计算机科学又从本质上源自工程思维，因为人们建造的是能够与实际世界互动的系统，基本计算设备的限制迫使计算机科学家必须计算性地思考，不能只是数学性地思考。构建虚拟世界的自由使人们能够设计超越物理世界的各种系统。

(4) 是思想，不是人造物。不只是人们生产的软件、硬件等人造物将以物理形式到处呈现并时时刻刻影响人们的生活，更重要的是还将产生用以接近和求解问题、管理日常生活、与他人交流和互动的计算概念，而且面向所有人、所有地方。当计算思维真正融入人类活动的整体以至于不再表现为一种显式之哲学时，它就会成为一种现实。

1.6.3 计算思维运用实例

计算思维建立在计算过程的能力和限制之上，由人和机器执行。计算方法和模型使人们敢于进行那些原本无法由任何个人独自完成的问题求解和系统设计。

近年来，计算机科学家们对生物科学越来越感兴趣，因为他们坚信生物学家能够从计算思维中获益。计算机科学对生物学的贡献绝不限于其能够在海量序列数据中搜寻模式规律的能力，而是最终希望数据结构和算法能够以其体现自身功能的方式来表示蛋白质的结构。计算生物学正在改变生物学家的思考方式。类似地，计算博弈理论正在改变经济学家的思考方式，纳米计算正在改变化学家的思考方式，量子计算正在改变物理学家的思考方式。

目前，在自然科学、工程及社会科学领域已经有很多计算思维的运用实例。

许多人将计算机科学等同于计算机编程，认为计算机科学的基础研究已经完成，剩下的只是工程问题。当人们开始改变这一领域的社会形象时，计算思维就是一个引导着计算机教育家、研究者和实践者的宏大愿景。因此，特别需要向尚未进入大学的听众，包括老师、父母和学生，向他们传递下面两个主要信息：智力上的挑战和引人入胜的科学问题依旧亟待理解和解决，这些问题及其解答仅仅受限于我们自己的好奇心和创造力。一个人可以主修英语或者数学，接着从事各种各样的职业；计算机科学也一样，一个人可以主修计算机科学，接着从事医学、法律、商业、政治以及任何类型的科学和工程，甚至艺术工作。

1.7 “大数据”和“互联网+”简介

1.7.1 大数据

大数据(Big Data)是一个宽泛的概念，它又称巨量资料，是指涉及的资料量规模巨大，以至于通过目前主流的软件工具，无法在合理时间内达到撷取、管理、处理并整理使之成为帮助企业经营决策的信息的目的。

麦肯锡(美国首屈一指的咨询公司)在其报告“Big Data：The next frontier for Innoration，Competition，and Productivity”中给出的大数据定义是：大数据是大小超出常规的数据库工具获取、存储、管理和分析能力的数据集。

亚马逊(全球最大的电子商务公司)的大数据科学家 John Rauser 对大数据给出了一个简单的定义：大数据是任何超过了一台计算机处理能力的数据量。

不论大数据的定义怎样，它都具有以下几个特征：海量的数据规模(Volume)、快速的数据流转、动态的数据体系(Velocity)、多样的数据类型(Variety)和巨大的数据价值(Value)，也称为 4V 特征。

1. 大数据的价值特征

随着信息化技术的高速发展，数据开始爆发性增长。大数据中的数据不再以 GB 或 TB 为单位来衡量，而是以 PB、EB 或 ZB 为计量单位。大数据背后潜藏的价值巨大，但由于大数据中有价值的数据所占比例很小，而大数据真正的价值体现在从大量不相关的各类型的数据中找出有用的数据，希望通过数据挖掘找出对未来趋势与模式预测分析有价值的数据，并运用机器学习方法、人工智能方法或数据挖掘方法进行深度分析，在农业、金融、医疗等各个领域创造更大的价值。

2. 大数据的应用

大数据的应用越来越广泛，应用的行业也会越来越多，它已和人们的生活息息相关，帮助解决人们生活中的一系列问题，并且能够更好地服务于人们的生产生活。

(1) 理解客户、满足客户服务需求。理解客户、满足客户服务需求方面的应用主要是如何应用大数据更好地了解客户，以获知他们的爱好和行为。例如，通过大数据的应用，电信公司可以更好地预测流失的客户，沃尔玛可以更加精准地预测哪个产品会大卖，汽车保险行业会了解客户的需求和驾驶水平。

(2) 改善医疗条件。大数据的分析应用能力可以在几分钟内就解码整个 DNA，帮助人们制定最新的治疗方案，以便更好地理解和预测疾病。大数据技术目前已经在医院应用，通过监视早产婴儿和患病婴儿，以及记录和分析婴儿心跳，医生就能针对婴儿身体可能出现的不适症状作出预测，帮助医生更好地救助患病婴儿。

(3) 改善安全和执法情况。大数据现在已经广泛应用到安全执法过程当中。美国国家安全局利用大数据进行恐怖主义打击行动，甚至监控人们的日常生活；企业则应用大数据技术防御网络攻击；警察应用大数据工具抓捕罪犯；信用卡公司应用大数据工具拦截欺诈性交易。

(4) 金融交易。大数据在金融行业中主要应用于金融交易。高频交易(Hight Frequency Trading，HFT)是大数据应用比较多的领域，其中的大数据算法应用于交易决定。现在很多股权的交易都是利用大数据算法来进行的，这些算法越来越多地通过考虑社交媒体和网站新闻来决定在未来几秒内是买进还是卖出。

随着大数据应用的普及，大数据还会出现很多新的应用领域。

1.7.2 "互联网 +"

"互联网 +"将互联网作为当前信息化发展的核心特征提取出来并与工业、商业、金融业等全面融合。通俗地说，"互联网+"就是"互联网 + 各个传统行业"，但这并不是将两者简单地相加，而是利用信息通信技术以及互联网平台，让互联网与传统行业进行深度融合，创造新的发展生态。它代表一种新的社会形态，即充分发挥互联网在社会资源配置中的优化和集成作用，将互联网的创新成果深度融合于经济、社会各领域之中，提升全社会的创新力和生产力，形成更广泛的以互联网为基础设施和实现工具的经济发展新形态。

1. "互联网+"的主要特征

"互联网+"有六大特征，具体如下。

(1) 跨界融合。"+"就是跨界，就是变革，就是开放，就是重塑融合。敢于跨界了，创新的基础就更坚实；融合协同了，群体智能才会实现，从研发到产业化的路径才会更垂直。融合本身也指代身份的融合，客户消费转化为投资，伙伴参与创新等。

(2) 创新驱动。中国粗放的资源驱动型增长方式早就难以为继，必须转变到创新驱动发展这条道路上来。这正是互联网的特质，用互联网思维来求变、自我革命，也更能发挥创新的力量。

(3) 重塑结构。信息革命、全球化、互联网业已打破了原有的社会结构、经济结构、地缘结构、文化结构、权力和议事规则，话语权在不断发生变化。"互联网 + 社会治理、虚拟社会治理"将会重塑新的结构。

(4) 尊重人性。人性的光辉是推动科技进步、经济增长、社会进步、文化繁荣的最根本的力量，互联网的强大力量来源于对人性最大限度的尊重、对人的体验的敬畏和对人的创造性发挥的重视。

(5) 开放生态。关于"互联网 +"，生态是非常重要的特征，而生态本身就是开放的。推进"互联网+"，其中一个重要的方向就是化解过去制约创新的环节，把孤岛式创新连接起来，让创业者有机会实现价值。

(6) 连接一切。连接是有层次的，可连接性有差异，连接的价值相差很大，但是连接一切是"互联网+"的目标。

2. "互联网+"的应用

"互联网+"借助互联网等通信基础设施，以新的技术进行融合，将实现无穷无尽的创新，在各行各业的应用将是无止境的。

1) 工业方面的应用

传统制造业企业采用移动互联网、云计算、大数据和物联网等信息通信技术，改造原

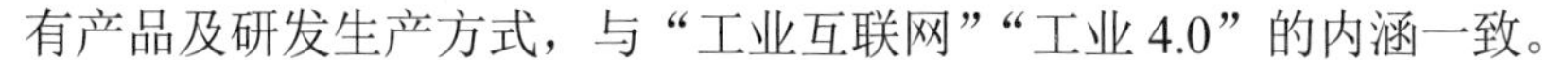

有产品及研发生产方式，与“工业互联网”“工业 4.0”的内涵一致。

2) 金融方面的应用

从组织形式上看，这种结合至少有 3 种方式：第 1 种是互联网公司做金融，第 2 种是金融机构的互联网化，第 3 种是互联网公司和金融机构合作。

3) 商贸方面的应用

在零售、电子商务等领域，过去这几年都可以看到它们和互联网的结合，这是对传统行业的升级换代，而不是颠覆传统行业。从其中又可以看到特别是移动互联网对原有的传统行业起到了很大的升级换代的作用。

4) 智慧城市建设方面的应用

智慧城市作为推动城镇化发展、解决超大城市病及城市群合理建设的新型城市形态，“互联网 +”正是解决资源分配不合理、重新构造城市机构和推动公共服务均等化等问题的利器。例如，在推动教育、医疗等公共服务均等化方面，基于互联网思维，搭建开放、互动、参与和融合的公共新型服务平台，通过互联网与教育、医疗和交通等领域的融合，推动了传统行业的升级与转型，从而实现了资源的统一协调与共享。“互联网 +”作为智慧城市的本质特征，将形成面向知识社会的用户创新、开放创新、大众创新和协同创新，推动形成有利于创新涌现的创新生态。

5) 通信方面的应用

在通信领域，有了“互联网 + 通信”，就有了即时通信，几乎人人在用即时通信 App 进行语音、文字甚至视频交流。然而，传统运营商在面对微信这类即时通信 App 时简直如临大敌，因为这样一来，语音和短信收入会大幅下滑；但随着互联网的发展，来自数据流量业务的收入已经大大超过了语音收入。可以看出，互联网的出现并没有彻底颠覆通信行业，反而是促进了运营商进行相关业务的变革升级。

6) 交通方面的应用

“互联网 + 交通”已经在交通运输领域产生了“化学效应”，如大家经常使用的打车软件、网上购买火车票和飞机票、出行导览系统等。从国外的 Uber、Lyft 到国内的滴滴打车、快的打车，移动互联网催生了一批打车、拼车和专车软件。它们把移动互联网和传统的交通出行相结合，改善了人们的出行方式，增加了车辆的使用率，推动了互联网共享经济的发展，提高了效率，减少了尾气排放，对环境保护也作出了贡献。

7) 民生方面的应用

在民生领域，用户可以在各级政府的公众账号享受服务，移动电子政务成为推进国家治理体系的工具。

8) 旅游方面的应用

“互联网 + 旅游”应用创新十分广泛，如微信应用就可以实现微信购票、景区导览和规划路线等功能。游客在景区门口不用排队，只要在景区扫一扫微信二维码，即可实现微信支付。购票后，微信将根据市民的购票信息进行智能线路推送。另外，微信电子二维码门票自助扫码过闸机，无须人工检票入园。

9) 医疗方面的应用

现实中存在“看病难”“看病贵”等难题，业内人士认为，“互联网＋移动医疗”有望从根本上改善这一医疗生态。具体来讲，互联网将优化传统的诊疗模式，为患者提供“一条龙”的健康管理服务。而通过互联网医疗，患者有望从移动医疗数据端监测自身健康数据，做好事前防范；在诊疗服务中，依靠移动医疗实现网上挂号、询诊、购买、支付，节约了时间和经济成本，提升了事中体验并可依靠互联网在事后与医生沟通。

10) 教育方面的应用

一个教育专用网，一部移动终端，几百万学生，学校任你挑，老师由你选。“互联网＋教育”的结果，将会使未来的一切教与学活动都围绕互联网进行，老师在互联网上教，学生在互联网上学，信息在互联网上流动，知识在互联网上成形，线下活动成为线上活动的补充与拓展。“互联网＋教育”不会取代传统教育，而是会让传统教育焕发出新的活力。

11) 政务方面的应用

一些地方政府已经悄然开始了与互联网巨头的合作，试图通过互联网提升政府效率，增加行政透明度，向服务型政府转型。

12) 农业方面的应用

“互联网＋农业”的潜力巨大。农业是中国最传统的基础产业，必须用数字技术提升农业生产效率，通过信息技术对地块的土壤、肥力和气候等进行大数据分析，并据此提供种植、施肥相关的解决方案，能大大提升农业生产效率。互联网时代的新农民不仅可以利用互联网获取先进的技术信息，而且可以通过大数据掌握最新的农产品价格走势，从而决定农业生产重点。农业电商通过互联网交易平台减少了农产品买卖的中间环节，增加了农民收益。面对万亿元以上的农资市场以及4.91亿(2022年国家统计局数据)的农村人口，农业电商拥有巨大的市场空间。

13) 语言方面的应用

“互联网＋语言”代表了一种新的文化形态，即充分发挥互联网在语言传播中的作用，增强语言影响力，提升语言软实力，形成更广泛的、以互联网为载体和技术手段的语言发展新形态。“互联网＋语言”作为一种新的语言传播模式，如何充分利用它来增强语言影响力，无疑是一个值得人们认真思考和深入研究的问题。“互联网＋语言”将成为增强语言影响力的有效途径。

以上介绍的只是“互联网＋”的部分应用领域。从现状来看，“互联网＋”尚处于初级阶段，各领域对“互联网＋”都还在探索之中，特别是那些非常传统的行业，它们正努力借助互联网平台实现自身利益。在“全民创业”的常态下，企业与互联网相结合的项目越来越多，它诞生之初便具有了“互联网＋”的形态，因此不需要再像传统企业一样转型与升级。“互联网＋”正是要促进更多互联网创业项目的诞生，从而无须再耗费人力、物力及财力去研究与实施行业转型。“互联网＋”的发展趋势则是大量“互联网＋”模式的爆发，以及传统企业的破与立。

第 2 章　计算机组成原理

经过多年的发展，计算机的功能不断增强，应用不断扩展，计算机系统也变得越来越复杂。但无论系统多么复杂，它们的基本组成及其工作原理都是基本相同的。

2.1　计算机系统组成

计算机系统指的是能够发挥计算机计算及处理能力，完成特定的工作任务，解决实际问题的完整结构。该结构不仅包括由各种高速电子元件及装置组成的机器系统，还包括由指令、程序、数据组成的软件系统。通常所说的“计算机”，其准确的名称应该是计算机系统。

2.1.1　计算机系统的基本组成

一个完整的计算机系统包括两大部分，即硬件系统和软件系统。其基本组成如图 2-1 所示。

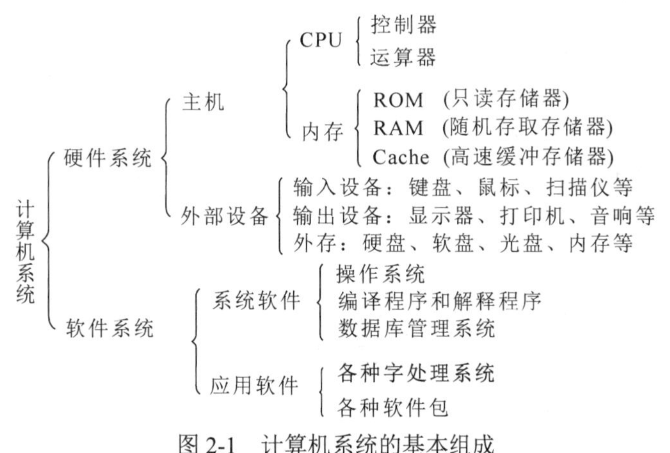

图 2-1　计算机系统的基本组成

1. 计算机硬件系统

计算机硬件系统是指构成计算机的物理装置，看得见、摸得着，是一些实实在在的有形实体。从硬件体系结构来看，计算机硬件系统采用的基本上还是计算机的经典结构——冯·诺依曼结构，即由运算器、控制器、存储器、输入设备和输出设备五大部分组成，采用总线结构将各部分连接起来。其中，运算器和控制器构成了计算机的核心部件——中央处理器(Center Process Unit，CPU)。

运算器用来对数据进行各种算术运算和逻辑运算；控制器是 CPU 的指挥中心，它能翻译指令的含义，控制并协调计算机的各个部件完成指令指定的操作；存储器是具有记忆功能的部件，用于存放程序和数据；输入设备是把程序和数据输入计算机的硬件装置，常用的有键盘、鼠标、扫描仪、条形码阅读器等；输出设备负责将运算结果输出，常用的有显示器、打印机、绘图仪等。

2. 计算机软件系统

只有硬件而没有任何软件支持的计算机称为裸机，裸机几乎是不能工作的。要使计算机能正常工作，必须要有相应的软件作为支撑。计算机的程序、要处理的数据及其有关的文档统称为软件。计算机功能的强弱不仅取决于它的硬件构成，也取决于软件配备的丰富程度。

计算机软件分为系统软件和应用软件两大类。

系统软件是计算机系统的必备软件，主要功能是管理、控制和维护计算机软、硬件资源，由计算机厂商或软件公司提供。系统软件包括操作系统、各种语言处理程序、数据库管理系统、网络管理软件等。操作系统是系统软件中最重要的部分，其功能是对计算机系统的全部硬件和软件资源进行统一管理、统一调度、统一分配。操作系统为用户提供了一个操作方便的环境，是用户与计算机的接口；同时，它又是用户进行软件开发的基础，其他的系统软件和应用软件必须在操作系统的支持下才能正常工作。

应用软件是为解决某个实际问题而由软件公司或用户自己编写的程序，一般有文字处理软件、表格处理软件、图形处理软件、计算机辅助软件(CAD、CAM、CAI)等。

2.1.2 计算机的基本工作原理

1. 存储程序和程序控制原理

冯·诺依曼是美籍匈牙利数学家，现代电子计算机的奠基人之一。他在 1949 年提出了关于计算机组成和工作方式的基本设想，即“存储程序和程序控制”。几十年来，尽管计算机制造技术已经发生了极大的变化，但是就其体系结构而言，仍然是根据冯·诺依曼的设计思想制造的，这样的计算机称为冯·诺依曼结构计算机，如图 2-2 所示。

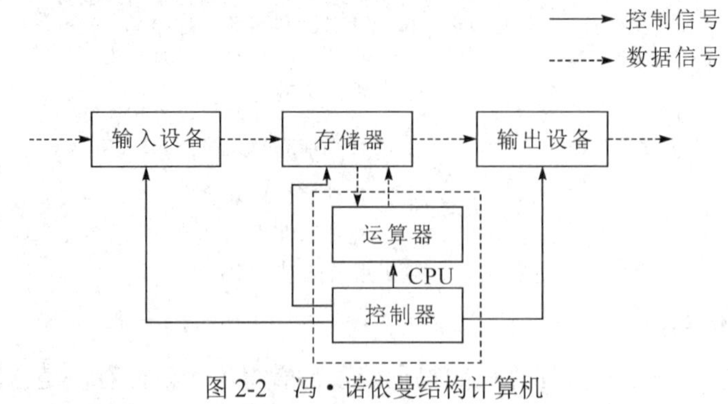

图 2-2 冯·诺依曼结构计算机

冯·诺依曼体系结构的思想可以概括为以下几点：

(1) 由运算器、控制器、存储器、输入设备和输出设备等五大基本部分组成计算机系统，并规定了这五部分的基本功能。

(2) 计算机内部采用二进制编码方式来表示数据和指令。

(3) 将程序和数据存入内部存储器中，计算机在工作时可以自动并逐条取出指令来执行。

计算机能够自动完成各种数值运算和复杂的信息处理过程的基础就是存储程序和程序控制原理。

2. 指令和程序

计算机之所以能自动、正确地按人们的意图工作，是由于人们事先已把计算机如何工作的程序和原始数据通过输入设备送到了它的存储器中。当计算机执行指令时，控制器就把程序中的命令一条接一条地从存储器中取出来，加以翻译，并按命令的要求进行相应的操作。

当人们需要计算机完成某项任务时，首先要将任务分解为若干个基本操作的集合。计算机所要执行的基本操作命令是指令，指令是对计算机进行程序控制的最小单位，是一种采用二进制表示的命令语言。一个 CPU 能够执行的全部指令的集合就称为该 CPU 的指令系统，不同 CPU 的指令系统是不同的；指令系统的功能是否强大、指令类型是否丰富，决定了计算机的能力，也影响着计算机的硬件结构。

每条指令都要求计算机完成一定的操作，它告诉计算机进行什么操作、从什么地址取数、结果送到什么地方等信息。计算机的指令系统一般应包括数据传送指令、算术运算指令、逻辑运算指令、转移指令、输入/输出指令和处理机控制指令等。

一条指令通常由两部分组成，即操作码和操作数。其中，操作码用来规定指令应进行什么操作，而操作数用来指明该操作处理的数据或数据所在存储单元的地址。指令格式如图 2-3 所示。

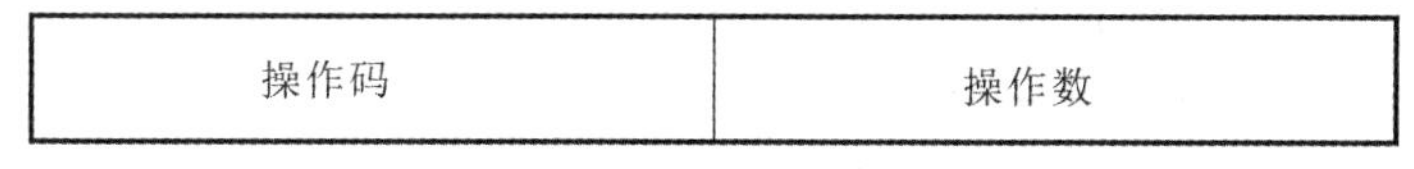

图 2-3 指令格式

为实现特定目标或解决特定问题而用计算机语言编写的一系列指令的集合称为程序(Program)。

3. 计算机的工作过程

按照存储程序和程序控制原理，计算机的工作过程如图 2-4 所示。

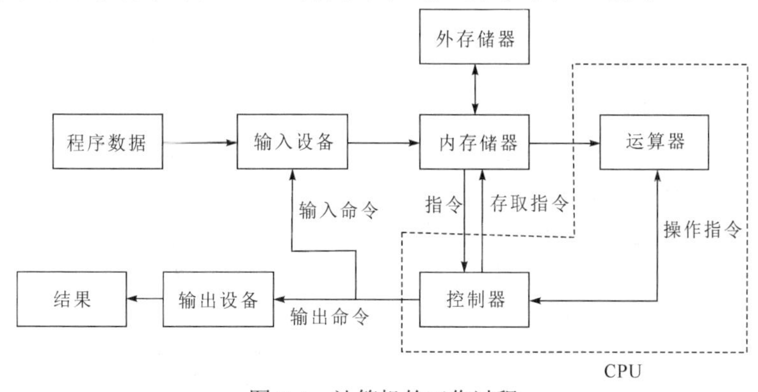

图 2-4 计算机的工作过程

计算机在执行程序的过程中，首先将程序通过输入设备送入内存，在控制器的控制下，将程序中的语句翻译成计算机能够识别的机器指令，再根据机器指令顺序逐条执行。执行一条指令的过程如下：

(1) 取指令：从内存储器中取出要执行的指令，送到 CPU 内部的指令寄存器暂存。

(2) 分析指令：将指令寄存器中的指令送到译码器，获得该指令对应的操作。

(3) 执行指令：CPU 向各个部件发出相应的控制信号，完成指令规定的操作。

早期的计算机系统中，指令的执行是以线性顺序方式进行的，如图 2-5 所示。

取指令 1	分析指令 1	执行指令 1	…	取指令 *n*	分析指令 *n*	执行指令 *n*

图 2-5　指令的线性顺序执行方式

2.2　微型计算机的结构

2.2.1　微型计算机的主机结构

1. 微型计算机主机的逻辑结构

微型计算机系统是 20 世纪 70 年代开始出现的面向个人的一种计算机系统。它的特点是体积小、灵活性大、价格便宜、使用方便等。

微型计算机采用冯 • 诺依曼结构，其硬件系统由运算器、存储器、控制器、输入设备、输出设备五部分组成。运算器和控制器利用大规模集成电路技术集成在一块半导体芯片上，构成 CPU。各不同部件之间通过总线系统相互连接，传送数据，协调工作。

2. 微型计算机主机的物理构成

前面从逻辑功能的角度介绍了计算机的主要组成，对于用户来说，更重要的是微型计算机的实际物理结构，即组成微型计算机的各个部件。

1) CPU

CPU 是整个计算机系统的核心。CPU 工作频率很高，会产生大量热量，通常在 CPU 上需要安装散热风扇，否则会导致 CPU 过热而损坏。

微型计算机 CPU 的主要性能指标有主频、外频、前端总线(Front Side Bus，FSB)、字长和位数、核心数量、制作工艺等。

(1) 主频。主频是指 CPU 的时钟频率或工作频率(单位为 Hz)。一般来说，一个时钟周期内执行的指令数是固定的，所以主频越高，运算处理速度也就越快。目前，微型计算机 CPU 主频多数在 2～3 GHz，最高可达 3.8 GHz 以上。

(2) 外频。外频是指系统级总线的时钟频率或工作频率，是 CPU 到芯片组之间的总线速度。目前，CPU 外频可达 400 MHz 左右。CPU 在工作时需要与芯片组相互协调。

(3) 前端总线。前端总线是 CPU 与北桥芯片之间的连接总线，是 CPU 与外界交换数据的唯一通道(注：北桥芯片又名主桥，是主板芯片组中起主导作用的芯片部分。北桥芯片在芯片组中主要包括内存控制器、图形接口控制器、前端总线控制器和南北桥总线控制器等四个逻辑组成，分别负责同内存、显卡、CPU 和南桥芯片的通信工作)。前端总线的数据传输能力对计算机的性能影响很大，如果没有高速的前端总线，CPU 即使性能再好也不能获得很高的整机性能。

前端总线的工作频率一般是外频的某一倍数，即在一个时钟周期内前端总线可以传输数据若干次。

(4) 字长和位数。计算机的字长是指作为一个整体参加运算、处理与传输的二进制位串的最大长度。例如，32 位机中，作为一个整体参加运算的二进制位串为 4 字节。计算机的字长越长，其处理能力也就越强。

(5) 核心数量。CPU 提高性能有两种途径，早期是通过不断提高主频来获得高性能，然而主频越高，CPU 发热量越大，会造成工作不稳定等种种问题；第二种途径是采用多核芯片，即在一个芯片上集成多个功能相同的处理器核心，从而提高性能。目前有 4 核、10 核、12 核、24 核等多核 CPU。多核技术既提高了性能，也较好地解决了 CPU 的发热问题。

(6) 制造工艺。制造工艺指的是制造 CPU 的大规模集成电路工艺。CPU 集成度越高，则体积越小，功耗越低，性能越好。

2) 主板

微型计算机的核心部件大多集成在主机箱内的一块电路板上，这块电路板称为主板，如图 2-6 所示。

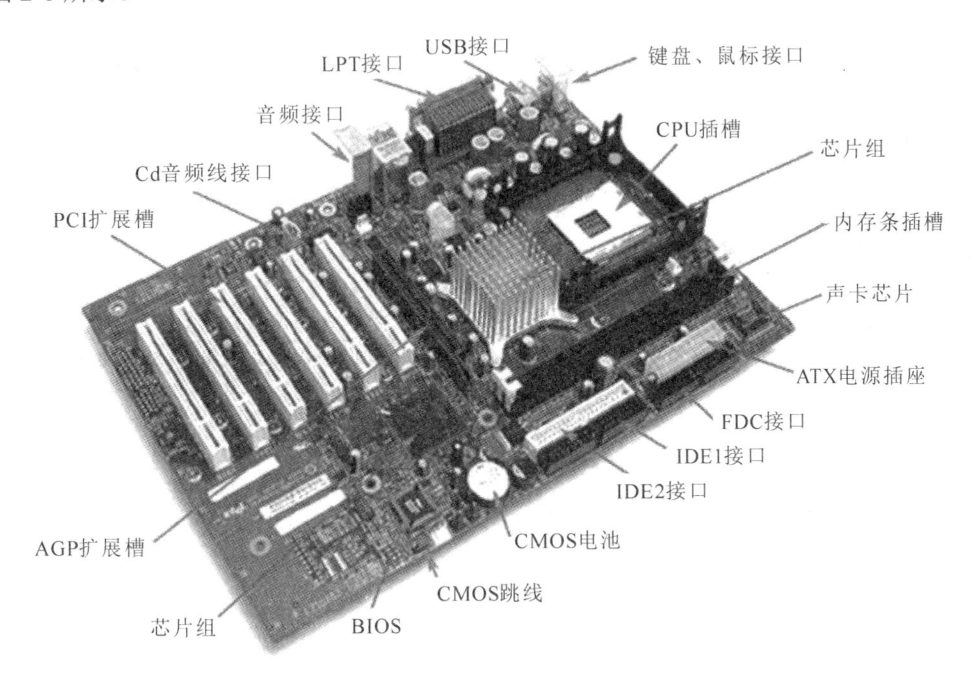

图 2-6　主板

主板上的部件主要包括插槽/接口和芯片两部分。插槽/接口主要有 CPU 插槽、内存条插槽、PCI 扩展槽、AGP 扩展槽、IDE 接口、SATA 接口、键盘/鼠标接口、USB 接口、并行口、串行口等；芯片主要有北桥芯片、南桥芯片、BIOS 芯片等，有的主板还集成了显示卡、声卡、网卡等芯片部件。主板总是与 CPU 相配套的，如安装 Intel Core CPU 的主板与安装 AMD Phenom CPU 的主板就不一样。

3) 存储器

计算机系统使用了多种存储器类型，并建立起了合理的存储层次体系。整个存储器系统包括主存储器(内存)和辅助存储器(外存)。内存是 CPU 能够直接访问的存储器，用于存放正在运行的程序和数据。内存有 3 种类型：随机存储器(RAM)、只读存储器(ROM)和高速缓冲存储器(Cache)。人们通常所说的内存指的是 RAM。对于一台微型计算机来说，其内存容量越大，则性能越好。

4) 软盘、硬盘、光盘驱动器

软盘、硬盘、光盘驱动器是微机系统中最主要的外部(辅助)存储设备，它们是系统装置中重要的组成部分，通过主板上的软、硬盘适配器与主板相连接。

5) 各种接口适配器

各种接口适配器用于沟通主板与各种外部设备。通常配置的适配器有显示卡、声卡、调制解调器卡、SCSI 卡、网卡等。由于这些适配器都具有标准的电器接口，因此用户可以根据需要进行配置和扩充。

6) 电源

电源是安装在一个金属壳内的独立部件，它的作用是为组成系统的各个部件和键盘提供工作所需的电源。显示器和打印机有自己独立的电源系统，不需要系统装置的电源供电。

7) 主机箱

主机箱由金属体和塑料面板组成，通常有卧式和立式两种，如图 2-7 所示。上述组成系统的所有部件均安装在主机箱内部。

图 2-7 主机箱

2.2.2 微型计算机的外部设备

微型计算机的外部设备即输入/输出设备，它是计算机系统的重要组成部分，主要完成数据输入和结果输出。外部设备种类繁多，本节仅简单介绍微型计算机的基本输入/输出设备。

1. 基本输入设备

微型计算机的基本输入设备有键盘、鼠标、触摸屏等。

1) 键盘和鼠标

键盘和鼠标是普通微型计算机的标准配置。键盘和鼠标通常连接在 PS/2 接口或 USB 接口上，现在也有利用蓝牙技术的无线键盘和鼠标。

2) 触摸屏

触摸屏是一种新型的输入设备，是目前最简单、最方便的一种人—机交互方式，可以完全代替鼠标和键盘的功能，应用范围非常广。触摸屏一般由透明材料制成，安装在显示器前端，通过手指触摸来选择功能，进行各种操作。即使是对计算机一无所知的人，也能立即使用，从而使计算机展现出更大的魅力。

2. 基本输出设备

微型计算机的基本输出设备有显示器和打印机。

1) 显示器

显示器是微型计算机的必备输出设备，常用的显示器有阴极射线管(Cathode Ray Tube,

CRT)显示器、液晶显示器(Liquid Crystal Display，LCD)、LED 显示器和等离子显示器(Plasma Display Panel，PDP)等。显示器的主要技术指标有分辨率、颜色数量以及刷新频率。

2) 打印机

打印机是常用的输出设备之一，用于打印各种文档、图形等。打印机的主要技术指标有打印速度(单位为 ppm，即每分钟打印页数)、分辨率(单位为 dpi，即每英寸的点数)、打印幅面、打印缓冲存储器等。打印机主要通过并行接口和 USB 接口与计算机进行连接。

打印机种类很多，按照工作原理，可以分为针式、喷墨和激光打印机三大类。

3. 外存储器

外存储器简称外存，是一种辅助存储设备，用于存放需长期保存的程序或数据。外存上的程序和数据以文件的形式存储，当需要执行外存中的程序或处理外存中的数据时，必须将程序和数据调入 RAM 中。和内存相比，外存具有容量大、速度慢、成本低、持久存储等特点。

外存的种类很多，以下介绍几种常见的外存技术。

1) 软盘

软盘是早期使用的存储技术之一。软盘是一张圆形聚酯薄膜塑料片，表面涂有磁性材料，封装在护套内。软盘在使用前必须进行格式化。

软盘曾经在相当长时期内被广泛应用，但由于其存取速度慢、容量小、可靠性低，现已被 U 盘所取代。

2) 硬盘

硬盘是计算机的主要存储设备。绝大多数微型计算机以及许多数字设备(如数字摄像机)配有硬盘。硬盘具有容量大、存取速度快、稳定耐用、价格便宜等优点，但携带不如软盘和 U 盘方便。

世界上第一块硬盘在 1956 年由 IBM 公司制造。1973 年，IBM 提出了“温彻斯特”技术，即在硬盘高速旋转的过程中，磁头与磁盘表面形成一层极薄的气体间隙，使磁头漂浮在磁盘表面。用这种技术制作的磁盘，就是今天看到的在微型计算机上广泛应用的“温彻斯特硬盘”。

硬盘是两面涂有磁性材料的铝合金或玻璃圆盘。将多个盘片固定在一根轴上，盘片可以随轴转动，称为一个盘组。硬盘存储器的盘体往往由一个盘组或多个盘组组成。

硬盘在首次使用时，要按照使用说明书进行格式化操作。在使用过程中，不要冲击和震荡硬盘。

3) 光盘技术

光盘是 20 世纪 90 年代中期开始广泛应用的外存，具有存储容量大、可靠性高、存取速度快等优点，近年来发展十分迅速。光盘是通过在有机塑料基底上加上各种镀膜制作而成的，数据通过激光刻在盘片上。光盘的金属镀膜层上布满了许多极小的凹坑或非凹坑，聚焦的激光光束照射在光盘上，凹坑和非凹坑对激光的反射强度不同，利用这种差别即可读出所存储的信息。

光盘有以下 3 种类型：

(1) 只读型光盘(CD-ROM)。CD-ROM 存储的内容是在光盘生产时写入的，盘片一旦生成，其内容就不可更改。CD-ROM 的读出速度比硬盘稍慢，一张盘片的容量大约为 650 MB，常作为电子出版物、素材库的存储载体。

(2) 追记型光盘(WORM)。WORM 只能写入一次，之后可以任意多次读取，主要用于档案等原始数据的存储。

(3) 可擦写型光盘(E-R/W)。E-R/W 像磁盘一样可任意读写数据。

4) 移动存储器

光盘为人们提供了一种大容量、携带方便的存储选择，但是光盘的读写，特别是刻录极不方便。移动存储设备的兴起为人们带来了更大的方便，常用的移动存储设备有 U 盘和移动硬盘。它们的共同特点是可以反复存取数据，不需要额外的驱动设备，一般使用 USB 接口，在 Windows 等操作系统中可以即插即用。

U 盘体积小巧，携带方便，可靠性高。移动硬盘体积要比 U 盘大一些，但是其容量更大。

2.3 计算原理

计算机最基本的功能是对数据进行计算和加工处理。一个问题要用计算机来求解，包含 5 个递进层次的内容：可计算、复杂度、算法、软件和硬件实现。现代计算机是基于二进制来进行运算的，二进制是计算机计算功能的基础。

在日常生活中，经常会遇到不同的计数方法，如最普遍的十进制、表示月份的十二进制、表示时间的六十进制、表示星期的七进制等。二进制是特殊的计数方法，看似与日常生活没有太直接的关系，但其发展、演变与人们的生活有着密切的联系。

1. 进位计数制

对于任何一种数制表示的数，都可以写成按位权展开的多项式之和，其一般形式为

$$N = d_{n-1}b^{n-1} + d_{n-2}b^{n-2} + \cdots + d_1 b^1 + d_0 b^0 + d_{-1}b^{-1} + \cdots + d_{-m}b^{-m}$$

式中，n 为整数的总位数；m 为小数的总位数；d_i 为该位的数码；b 为进位制的基数；b^i 为该位的位权。

表 2-1 列出了计算机中常用的进位计数制。

表 2-1 计算机中常用的进位计数制

进位制	二进制	八进制	十进制	十六进制
规则	逢二进一	逢八进一	逢十进一	逢十六进一
基数	2	8	10	16
基本符号	0，1	0，1，…，7	0，1，…，9	0，1，…，9，A，B,…，F
位权	2^i	8^i	10^i	16^i
代表符号	B	O	D	H

例 2.1 十进制数 725.68 可表示为

$$(725.68)_{10} = 7 \times 10^2 + 2 \times 10^1 + 5 \times 10^0 + 6 \times 10^{-1} + 8 \times 10^{-2}$$

二进制数 1101.11 可表示为

$$(1101.11)_2 = 1 \times 2^3 + 1 \times 2^2 + 0 \times 2^1 + 1 \times 2^0 + 1 \times 2^{-1} + 1 \times 2^{-2}$$

2. 不同进制数之间的转换

(1) r 进制数转换为十进制数。按照多项式，r 进制数展开后累加，即可得到该 r 进制数相对应的十进制数。

例 2.2 分别将下列二、八、十六进制数转换成十进制数。

$$\begin{aligned}(1101.101)_2 &= 1 \times 2^3 + 1 \times 2^2 + 0 \times 2^1 + 1 \times 2^0 + 1 \times 2^{-1} + 0 \times 2^{-2} + 1 \times 2^{-3}\\ &= 8 + 4 + 0 + 1 + 0.5 + 0 + 0.125\\ &= (13.625)_{10}\end{aligned}$$

$$\begin{aligned}(326.52)_8 &= 3 \times 8^2 + 2 \times 8^1 + 6 \times 8^0 + 5 \times 8^{-1} + 2 \times 8^{-2}\\ &= 192 + 16 + 6 + 0.625 + 0.03125\\ &= (214.65625)_{10}\end{aligned}$$

$$\begin{aligned}(72A3.C69)_{16} &= 7 \times 16^3 + 2 \times 16^2 + 10 \times 16^1 + 3 \times 16^0 + 12 \times 16^{-1} + 6 \times 16^{-2} + 9 \times 16^{-3}\\ &= 28672 + 512 + 160 + 3 + 0.75 + 0.046875 + 0.002197265625\\ &= (29347.79907265625)_{10}\end{aligned}$$

(2) 十进制数转换为 r 进制数。将十进制数转换为 r 进制数时，可将此数分成整数与小数两部分分别进行转换，然后合并即可。

整数部分：用除 r 取余法(规则是“先余为低位，后余为高位”)。

小数部分：用乘 r 取整法(规则是“先整为高位，后整为低位”)。

例 2.3 求$(35.6875)_{10} = (?)_2$。

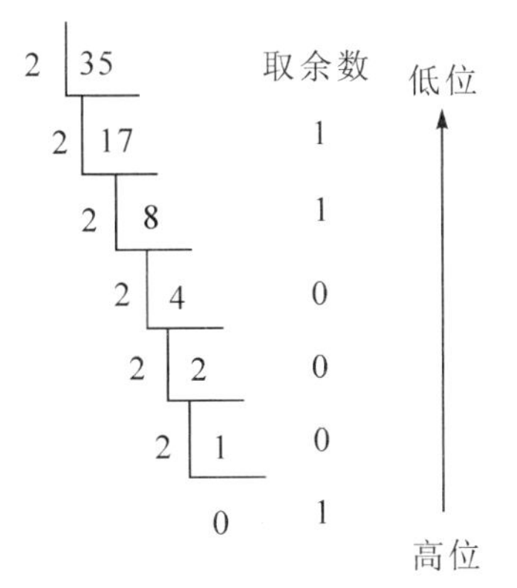

	0.6875	取整数	
×	2		高位
	1.375	1	↓
×	2		
	0.75	0	
×	2		
	1.5	1	
×	2		
	1.00	1	低位

所以，$(35.6875)_{10} = (100011.1011)_2$。

(3) 二进制数与八、十六进制数间的转换。每位八进制数均可用 3 位二进制数表示，每位十六进制数均可用 4 位二进制数表示，如表 2-2 和表 2-3 所示。

表 2-2 二进制数与八进制数转换表

八进制	0	1	2	3	4	5	6	7
二进制	000	001	010	011	100	101	110	111

表 2-3 二进制数与十六进制数转换表

十六进制	0	1	2	3	4	5	6	7
二进制	0000	0001	0010	0011	0100	0101	0110	0111
十六进制	8	9	A	B	C	D	E	F
二进制	1000	1001	1010	1011	1100	1101	1110	1111

例 2.4 求$(11011011.1101)_2 = (?)_8 = (?)_{16}$。

$(11011011.1101)_2 = 011011011.110100 = (333.64)_8 = 11011011.1101 = (DB.D)_{16}$

例 2.5 求$(76.7)_8 = (?)_2$，$(D3A.2E)_{16} = (?)_2$。

$$(76.7)_8 = (111110.111)_2$$

$$(D3A.2E)_{16} = (110100111010.0010111)_2$$

2.4 计算机中的信息表示

2.4.1 信息的表示与存储

计算机科学研究的内容主要包括信息采集、存储、处理和传输，而这些都与信息的量化和表示密切相关。本节将从信息的定义出发，对数据的表示、处理、存储方法进行论述，从而得出计算机对信息的处理方法。

1. 数据与信息

数据是对客观事物的符号表示。数值、文字、语言、图形、图像等都是不同形式的数据。信息(Information)是现代生活和计算机科学中一个非常流行的词汇。一般来说，信息是对各种事物变化和特征的反映，是经过加工处理并对人类客观行为产生影响的数据的表现形式。计算机科学中的信息通常被认为是能够用计算机处理的有意义的内容或消息，它们以数据的形式出现。

2. 计算机中的数据

ENIAC(电子数字积分计算机)开始时采用十进制，用 10 个真空管表示一位十进制数。冯·诺依曼在研究 ENIAC 时发现，这种十进制的表示和实现方式十分麻烦，故提出了二进制的表示方法，从此改变了整个计算机的发展历史。

二进制中只有 0 和 1 两个数字，相对十进制而言，采用二进制表示不但运算简单，易于物理实现，通用性强，更重要的是所占用的空间和所消耗的能量小得多，机器可靠性高。

计算机内部均用二进制数表示各种信息，但计算机与外部交流时仍采用人们熟悉和便于阅读的形式，如十进制数据、文字显示以及图形描述等，其间的转换则由计算机系统的硬件和软件来实现。

2.4.2 计算机中数据的单位

计算机中数据的最小单位是位(bit)，存储容量的基本单位是字节(Byte)，8 个二进制位称为 1 字节，此外还有 KB、MB、GB、TB 等。

1. 位

位是度量数据的最小单位，在数字电路和计算机技术中采用二进制表示数据。其代码只有 0 和 1，采用多个数码(0 和 1 的组合)表示一个数，其中的每一个数码称为 1 位。

2. 字节

字节(Byte，B)由 8 位二进制数字组成(1 Byte = 8 bit)，字节是信息组织和存储的基本单位，也是计算机体系结构的基本单位。为了便于衡量存储器的大小，统一以字节为单位。

千字节：1 KB = 1024 B = 2^{10} B。

兆字节：1 MB = 1024 KB = 2^{20} B。

吉字节：1 GB = 1024 MB = 2^{30} B。

太字节：1 TB = 1024 GB = 2^{40} B。

3. 字长

人们将计算机一次能够并行处理的二进制数称为该机器的字长，也称为计算机的一个字。在计算机诞生初期，计算机一次能够同时(并行)处理 8 个二进制数。随着电子技术的发展，计算机的并行能力越来越强。计算机的字长通常是字节的整倍数，如 8 位、16 位、32 位。

字长是计算机的一个重要指标，直接反映一台计算机的计算能力和精度。字长越长，计算机的数据处理速度越快。

2.4.3 字符的编码

字符包括西文字符(字母、数字和各种符号)和中文字符。由于计算机是以二进制的形式存储和处理数据的，因此字符也必须按特定的规则进行二进制编码才能进入计算机。用以表示字符的二进制编码称为字符编码。字符编码的方法很简单，首先确定需要编码的字符总数，然后将每一个字符按顺序确定编号，编号值的大小无意义，仅作为识别与使用这些字符的依据。字符形式的多少涉及编码的位数。对西文字符与中文字符，由于形式不同，因此使用不同的编码。

1. 西文字符的编码

计算机中最常用的西文字符编码是 ASCII(American Standard Code for Information Interchange，美国信息交换标准)码，被国际标准化组织指定为国际标准。ASCII 码有 7 位码和 8 位码两种版本，国际通用的是 7 位 ASCII 码，用 7 位二进制数表示一个字符的编码，共有 2^7 = 128 个不同的编码值，相应地可以表示 128 个不同字符的编码，如图 2-8 所示。

图 2-8 对大小写英文字母、阿拉伯数字、标点符号及控制符等特殊符号规定了编码，表中每个字符都对应一个数值，称为该字符的 ASCII 码值。例如，SP(Space)的编码是 0100000，表示非图形字符(控制字符)空格。

ASCII 码表中共有 34 个非图形字符，其余 94 个为可打印字符，也称为图形字符。计算机的内部用 1 字节(8 位二进制位)存放一个 7 位 ASCII 码，最高位置为 0，在需要奇偶校验时，这一位可用于存放奇偶校验的值，此时称这一位为校验位。

高四位		ASCII非打印控制字符									
		0000					0001				
		0					1				
低四位		十进制	字符	ctrl	代码	字符解释	十进制	字符	ctrl	代码	字符解释
0000	0	0	BLANK HULL	^@	NUL	空	16	►	^P	DLE	数据链路转义
0001	1	1	☺	^A	SOH	头标开始	17	◄	^Q	DC1	设备控制1
0010	2	2	☻	^B	STX	正文开始	18	↕	^R	DC2	设备控制2
0011	3	3	♥	^C	ETX	正文结束	19	!!	^S	DC3	设备控制3
0100	4	4	◆	^D	EOT	传输结束	20	¶	^T	DC4	设备控制4
0101	5	5	♣	^E	ENQ	查询	21	§	^U	NAK	反确认
0110	6	6	♠	^F	ACK	确认	22	■	^V	SYN	同步空闲
0111	7	7	●	^G	BEL	震铃	23	↕	^W	ETB	传输块结束
1000	8	8	◘	^H	BS	退格	24	↑	^X	CAN	取消
1001	9	9	○	^I	TAB	水平制表符	25	↓	^Y	EM	媒体结束
1010	A	10	◙	^J	LF	换行/新行	26	→	^Z	SUB	替换
1011	B	11	♂	^K	VT	竖直制表符	27	←	^[	ESC	转意
1100	C	12	♀	^L	FF	换页/新页	28	∟	^\	FS	文件分隔符
1101	D	13	♪	^M	CR	回车	29	↔	^]	GS	组分隔符
1110	E	14	♫	^N	SO	移出	30	▲	^6	RS	记录分隔符
1111	F	15	☼	^O	SI	移入	31	▼	^-	US	单元分隔符

高四位		ASII打印字符												
		0010		0011		0100		0101		0110		0111		
		2		3		4		5		6		7		
低四位		十进制	字符	十进制	字符	十进制	字符	十进制	字符	十进制	字符	十进制	字符	ctrl
0000	0	32		48	0	64	@	80	P	96	、	112	p	
0001	1	33	!	49	1	65	A	81	Q	97	a	113	q	
0010	2	34	″	50	2	66	B	82	R	98	b	114	r	
0011	3	35	#	51	3	67	C	83	S	99	c	115	s	
0100	4	36	$	52	4	68	D	84	T	100	d	116	t	
0101	5	37	%	53	5	69	E	85	U	101	e	117	U	
0110	6	38	&	54	6	70	F	86	V	102	f	118	v	
0111	7	39	、	55	7	71	G	87	W	103	g	119	w	
1000	8	40	(	56	8	72	H	88	X	104	h	120	s	
1001	9	41	)	57	9	73	I	89	Y	105	i	121	Y	
1010	A	42	*	58	:	74	J	90	Z	106	j	122	z	
1011	B	43	+	59	;	75	K	91	[	107	k	123	{	
1100	C	44	,	60	<	76	L	92	\	108	l	124	|	
1101	D	45	-	61	=	77	M	93	]	109	m	125	}	
1110	E	46	.	62	>	78	N	94	^	110	n	126	～	
1111	F	47	/	63	?	79	O	95	_	111	o	127	Δ	Back Space

图 2-8 ASCII 码编码表

2. 汉字的编码

汉字字符的编码方式比起英文字符要复杂得多，汉字不像英文符号那样可以直接输入和显示，所以对汉字的处理需要 3 种编码，即机内存储码、汉字输入码和汉字显示码。

1) 机内存储码

我国于 1980 年发布了国家汉字编码标准《信息交换用汉字编码字符集基本集》(GB 2312—1980)(简称 GB 码或国标码)。由于 1 字节只能表示 256 种编码，不足以表示 6763 个汉字，因此国标码规定每个汉字用 2 字节表示，每个字节的最高位为 0。

2) 汉字输入码

汉字输入码又称为外码，是输入汉字时使用的编码方式，曾一度成为汉字信息化的最大瓶颈。常用的汉字输入码有区位码、拼音码、形码、音形码等。各种手持式电子设备普遍采用的是手写输入方式，也是一种通过智能模式识别方式进行汉字输入的方法，同时是一种非编码的直接识别字形的输入方法。

3) 汉字显示码

汉字显示码即字模点阵码，是用 0、1 的不同组合表征汉字字形信息的编码。其点阵有 16 × 16、24 × 24、32 × 32、48 × 48 等几种。

除字模点阵码外，汉字还有矢量编码，可以实现任意大小的无失真缩放。

现代计算机系统除了处理数字、字符外，还需要处理大量的多媒体信息。多媒体信息指直接作用于人感觉器官的文字、图形、图像、动画、声音、视频等各种媒体的总称。多媒体信息的表示与处理过程称为数字化，包括采集、压缩、存储、解压和显示等。多媒体数字化的详细内容将在后续章节专门介绍。

第3章 计算机网络基础知识

利用通信线路和通信设备，将地理位置不同的、功能独立的多台计算机互相连接起来，以功能完善的网络软件实现资源共享和信息传递，就构成了计算机网络系统。

3.1 计算机网络的基本概念

3.1.1 计算机网络

计算机网络是计算机技术与通信技术高度发展、紧密结合的产物。在计算机网络发展的不同阶段，人们对计算机网络给出了不同的定义。当前对计算机网络较为准确的定义为“以能够相互共享资源的方式互联起来的自治计算机系统的集合”，即由分布在不同地理位置的具有独立功能的多个计算机系统，通过通信设备和通信线路相互连接起来，实现数据传输和资源共享的系统。

3.1.2 数据通信

数据通信是通信技术和计算机技术相结合而产生的一种新的通信方式。数据通信是指在计算机或终端之间以二进制的形式进行信息交换。下面介绍几个关于数据通信的相关概念。

1. 信道

信道是信息传输的媒介或渠道，作用是把携带有信息的信号从它的输入端传递到输出端。根据传输媒介的不同，信道可分为有线信道和无线信道两类。常见的有线信道包括双绞线、同轴电缆、光缆等，无线信道有地波、短波、超短波、人造卫星中继等。

2. 数字信号和模拟信号

通信的目的是传输数据。对于数据通信技术来说，它要研究的是如何将表示各类信息的二进制比特序列通过传输媒介在不同的计算机之间传输。信号可以分为数字信号和模拟信号两类。数字信号是一种离散的脉冲序列，计算机产生的电信号用两种不同的电平表示(0 和 1)；模拟信号是一种连续变化的信号，如电话线上传输的按照声音强弱幅度连续变化所产生的电信号就是一种典型的模拟信号，可以用连续的电波表示。

3. 调制与解调

普通电话线是针对语音通话而设计的模拟信道，适用于传输模拟信号。但是，计算机产生的是离散脉冲表示的数字信号，因此要利用电话交换网实现计算机的数字脉冲信号的传输，就必须首先将数字脉冲信号转换成模拟信号。将发送端数字脉冲信号转换成模拟信号的过程称为解调(Demodulation)。解调是调制的逆过程。将调制和解调两种功能结合在一起的设备称为调制解调器(Modem)。

4. 带宽与传输速率

在模拟通信中，以带宽(Bandwidth)表示信道传输信息的能力。带宽以信号的最高频率和最低频率差表示，即频率(Frequency)的范围。频率是模拟信号波每秒的周期数，用 Hz、kHz、MHz 或 GHz 作为单位。在某一特定带宽的信道中，同一时间内，数据不仅能以某一种频率传递，而且还可以用其他不同的频率传送。信道的带宽(带宽数值)越大，其可用的频率就越多，传输的数据量就越大。

在数字信道中，用数据传输速率(比特率)表示信道的传输能力，即每秒传输的二进制位数(b/s，比特/秒)

研究证明，信道的最大传输速率与信道带宽之间存在着明确的关系，所以人们经常用带宽表示信道的数据传输速率，带宽与速率几乎成了同义词。带宽与数据传输速率是通信系统的主要技术指标。

5. 误码率

误码率是指二进制比特在数据传输系统中被传错的概率，是通信系统的可靠性指标。数据在通信信道中传输时会因某种原因出现错误，而这种传输错误是不可避免的，因此一定要将其控制在某个允许的范围内。在计算机网络系统中，一般要求误码率低于 10^{-6}。

3.1.3　计算机网络的组成

从物理构成上看，计算机网络由网络硬件系统和网络软件系统组成。其中，网络硬件系统主要包括网络服务器、网络工作站、网络适配器、传输介质等，网络软件系统主要包括网络操作系统软件、网络通信协议、网络工具软件、网络应用软件等。

从功能角度上看，计算机网络由通信子网和资源子网构成。其中，通信子网提供网络通信功能，能完成网络主机之间的数据传输、数据交换、通信控制和信息变换等通信处理工作；资源子网为用户提供了访问网络的能力，它由主机系统、终端控制器、请求服务的用户终端、通信子网的接口设备、提供共享的软件资源和数据资源构成，负责网络的数据处理业务，向网络用户提供各种资源和服务。

3.1.4　计算机网络的分类

计算机网络的种类繁多，性能各异，根据不同的分类原则，可以得到各种不同类型的计算机网络。

1. 按网络的覆盖范围划分

根据计算机网络的覆盖范围，计算机网络可以分为局域网(Local Area Network，LAN)、城域网(Metropolitan Area Network，MAN)、广域网(Wide Area Network，WAN)等。

(1) 局域网：将小区域内的各种通信设备互联在一起所形成的网络，覆盖范围一般局

限在房间、大楼或园区内。局域网一般指分布于几千米范围内的网络，其特点是距离短、延迟小、数据传输速率高、传输可靠。目前我国常见的局域网类型包括以太网(Ethernet)、异步传输模式(Asynchronous Transfer Mode，ATM)等，它们在拓扑结构、传输介质、传输速率、数据格式等多方面都有许多不同。其中，应用最广泛的当属以太网，它是目前发展最迅速也最经济的局域网。

(2) 城域网：覆盖范围是城市区域，一般在方圆10～60 km范围内，最大不超过100 km。城域网的规模介于局域网与广域网之间，但在更多的方面较接近于局域网，因此又有一种说法，即城域网实质上是一个大型的局域网，或者说是整个城市的局域网。

(3) 广域网：连接地理范围较大，一般跨度超过 100 km，通常是一个国家或一个洲。中国公用分组交换数据网(China Public Packet Switched Data Network，ChinaPac)、中国公用数字数据网(China Digital Data Network，ChinaDDN)，以及中国教育和科研计算机网(China Education and Research Network，CERnet)、中国公用计算机互联网 ChinaNET 等都属于广域网。Internet 就是全球最大的广域网。

2. 按网络的传输技术划分

(1) 广播式网络：网络上所有的计算机共享仅有的一条通信信道，接收信道上传送的分组或数据包，将自己的地址与分组中的目的地址进行比较，再进行相应的处理(处理或丢弃)(分组存储转发方式)。广播式网络有两种传播方式：单播(单点广播)和多播(多点广播)。

(2) 点到点网络：两台计算机通过一条物理线路连接成网络，数据广播要考虑如何选择最佳路径，即路由选择。

3. 按网络的使用范围划分

(1) 公用网：由电信部门组建、管理和控制，供内部各个单位或部门使用传输和交换装置的网络，如公共交换电话网(Public Switched Telephone Network，PSTN)、数字数据网(Digital Data Network，DDN)、综合业务数字网(Integrated Services Digital Network，ISDN)。

(2) 专用网：由租用电信部门的传输线路或自己敷设线路而建立的只允许内部使用的网络，如金融、铁路、石油的专用网。

4. 按传输介质分类

(1) 有线网：采用双绞线、同轴电缆以及光纤作为传输介质的计算机网络。

(2) 无线网：使用电磁波作为传输介质的计算机网络，如无线电话网、语音广播网、无线电视网、微波通信网、卫星通信网。

3.1.5 计算机网络的功能

计算机网络具有资源共享、数据通信、分布式处理、提高计算机的可靠性和可用性等主要功能。

(1) 资源共享：网络中的各种资源是相互通用的，用户能在自己的位置上部分或全部地使用网络中的软件、硬件和数据。

(2) 数据通信：计算机网络可以实现各计算机之间的数据传递，使分散在不同地点的用户相互通信。数据通信实现了数据信息的远程传输，实现了电子邮件的传送，发布新闻消息和进行电子数据交换，极大地方便了用户，提高了工作效率。

(3) 分布式处理：把一项复杂的任务划分成若干部分，由网络上各计算机分别承担其中的一部分任务，同时运作，共同完成，从而提高整个系统的效率。

(4) 提高计算机的可靠性和可用性：计算机网络中的各台计算机可以通过网络互为后备机，一旦某个计算机出现故障，网络中的其他计算机可代为继续执行，这样可以避免整个系统瘫痪，从而提高了计算机的可靠性；如果网络中某台计算机的任务太重，网络可以将该机器上的部分任务交给其他空闲的计算机，以达到均衡计算机负载、提高网络上计算机可用性的目的。

3.1.6　网络的拓扑结构

拓扑学是几何学的一个分支，从图论演变过来，是研究与大小、形状无关的点、线和面构成的图形特征的方法。计算机网络拓扑将构成网络的节点和连接节点的线路抽象成点和线，用几何关系表示网络结构，从而反映出网络中各实体的结构关系。常见的网络拓扑结构主要有星形、环形、总线、树形和网状等几种。

1. 星形拓扑

星形拓扑是最早的通用网络拓扑结构形式。在星形拓扑中，每个节点与中心节点连接，中心节点控制全网的通信，任何两个节点之间的通信都要通过中心节点。因此，要求中心节点有很高的可靠性。星形拓扑结构简单，易于实现和管理，但是由于它是集中控制方式的结构，一旦中心节点出现故障，就会造成全网瘫痪，可靠性较差。

2. 环形拓扑

在环形拓扑结构中，各个节点通过中继器连接到一个闭合的环路上，环中的数据沿着一个方向传输，由目的节点接收。环形拓扑结构简单、成本低，适用于数据不需要在中心节点上处理而主要在各自节点上进行处理的情况。但是，环中任意一个节点的故障都可能造成网络瘫痪，这成为环形网络可靠性的瓶颈。

3. 总线拓扑

在总线拓扑结构的网络中，各个节点由一根总线相连，数据在总线上由一个节点传向另一个节点。总线拓扑结构的优点是节点加入和退出网络都非常方便，总线上某个节点出现故障也不会影响其他站点之间的通信，不会造成网络瘫痪，可靠性较高，而且结构简单、成本低，因此这种拓扑结构是局域网普遍采用的形式。

4. 树形拓扑

树形拓扑中，节点按层次进行连接，像树一样，有分支、根节点、叶子节点等，信息交换主要在上、下节点之间进行。树形拓扑可以看作星形拓扑的一种扩展，主要适用于汇集信息的应用要求。

5. 网状拓扑

网状拓扑没有明显的规则，节点的连接是任意的，没有规律。网状拓扑的优点是系统可靠性高，但是由于结构复杂，必须采用路由协议、流量控制等方法。广域网中基本采用网状拓扑结构。

3.1.7 网络硬件

与计算机系统类似，计算机网络系统也由网络软件和硬件设备两部分组成。下面主要介绍常见的网络硬件设备。

1. 传输介质

局域网中常用的传输介质(Media)有同轴电缆、双绞线和光缆。随着无线网的深入研究和广泛应用，无线技术也越来越多地用来进行局域网的组建。

2. 网络接口卡

网络接口卡(Network Interface Card，NIC)简称网卡，是构成网络必需的基本设备，用于将计算机和通信电缆连接起来，以便经电缆在计算机之间进行高速数据传输。因此，每台连接到局域网的计算机(工作站或服务器)都需要安装一块网卡。通常，网卡插在计算机的扩展槽内。网卡的种类很多，它们各有自己适用的传输介质和网络协议。

3. 交换机

交换概念的提出是对共享工作模式的改进，而交换式局域网的核心设备是局域网交换机(Switch)。共享式局域网在每个时间片上只允许有一个节点占用公用的通信信道。交换机支持端口连接的节点之间的多个并发连接，从而增大网络带宽，改善局域网的性能和服务质量。

4. 无线 AP

无线 AP(Access Point，访问点)也称为无线桥接器，即传统的有线局域网络与无线局域网络之间的桥梁。通过无线 AP，任何一台装有无线网卡的主机都可以连接有线局域网络。无线 AP 含义较广，不仅提供单纯的无线接入点，也同样是无线路由器等设备的统称，兼具路由、网管等功能。单纯的无线 AP 就是一个无线交换机，仅提供无线信号发射功能，其原理是将网络信号通过双绞线传送过来，AP 再将电信号转换成无线电信号发送出去，形成无线网的覆盖。不同的无线 AP 型号具有不同的功率，可以实现不同程度、不同范围的网络覆盖。一般无线 AP 的最大覆盖距离可达 300 m，非常适合于在建筑物之间、楼层之间等不便于架设有线局域网的地方构建。

5. 路由器

处于不同地理位置的局域网通过广域网进行互联是当前网络互联的一种常见方式。路由器(Router)是实现局域网与广域网互联的主要设备。路由器检测数据的目的地址，对路径进行动态分配，根据不同的地址将数据分流到不同的路径中。如果存在多条路径，则根据路径的工作状态和忙闲情况选择一条合适的路径，动态平衡通信负载。

3.1.8 网络软件

计算机网络的设计除了硬件外，还必须考虑软件。目前的网络软件都是高度结构化的。为了降低网络设计的复杂性，绝大多数网络会划分层次，每一层都利用其下一层的功能，每一层都向上一层提供特定的服务。提供网络硬件设备的厂商很多，不同的硬件设备如何统一划分层次，并且能够保证通信双方对数据的传输理解一致，这些都要通过单独的网络软件——协议来实现。

通信协议就是通信双方都必须遵守的通信规则，是一种约定。比如，当人们见面，某一方伸出手时，另一方也应该伸手与对方握手表示友好，如果后者没有伸手，则违反了礼仪规则，那么他们之后的交往可能就会出现问题。

计算机网络中的协议是非常复杂的，网络协议通常按照结构化的层次方式来进行组织。TCP/IP 协议是当前最流行的商业化协议，被公认为是当前的工业标准或事实标准。1974 年出现了 TCP/IP 参考模型，图 3-1 为 TCP/IP 参考模型的分层结构，其将计算机网络划分为 4 个层次。

应用层
传输层
互联层
主机至网络层

图 3-1　TCP/IP 参考模型的分层结构

(1) 应用层(Application Layer)：负责处理特定的应用程序数据，为应用软件提供网络接口，包括 HTTP(Hyper Text Transfer Protocol，超文本传输协议)、Telnet(远程登录)、FTP(File Transfer Protocol，文件传输协议)等。

(2) 传输层(Transport Layer)：为两台主机间的进程提供端到端的通信，主要协议有 TCP(Transmission Control Protocol，传输控制协议)和 UDP(User Datagram Protocol，用户数据报协议)。

(3) 互联层(Internet Layer)：确定数据包从源端到目的端如何选择路由，主要协议有 IPv4(Internet Protocol version 4，网际网协议版本 4)、ICMP(Internet Control Message Protocol，网际网控制报文协议)以及 IPv6(Internet Protocol version 6，网际网协议版本 6)等。

(4) 主机至网络层(Host-to-Network Layer)：规定了数据包从一个设备的网络层传输到另一个设备的网络层的方法。

3.1.9　无线局域网

随着计算机硬件的快速发展，笔记本电脑、掌上电脑等各种便携设备迅速普及，人们可以在家中或办公室里一边走动一边上网，而不是被网线限制在固定的书桌上。常见的有线局域网建设中，敷设、检查电缆是一项费时费力的工作，在短时间内也不容易完成。而在很多实际情况中，一个企业的网络应用环境不断更新和发展，如果使用有线网络重新布局，则需要重新安装网络线路，维护费用高、难度大，尤其是在一些比较特殊的环境当中，如一个公司的两个部门在不同楼层甚至不在一个建筑物中，安装线路的工程费用就会更高，此时架设无线局域网络就成为最佳的解决方案。

在无线网络的发展史上，从早期的红外线技术到蓝牙(Bluetooth)，都可以无线传输数据，它们多用于系统互联，但不能组建局域网。如今新一代的无线网络不仅仅是简单地将两台计算机互联，而是建立了无须布线和使用非常自由的无线局域网(Wireless LAN，WLAN)。在 WLAN 中有许多计算机，每台计算机都有一个无线调制解调器和一个天线，通过该天线，它可以与其他系统进行通信。通常在室内的墙壁或天花板上也有一个天线，所有机器都与它通信，这样彼此之间就可以相互通信，如图 3-2 所示。在无线局域网的发展中，WiFi 由于其较高的传输速度、较大的覆盖范围等优点，发挥了重要的作用。WiFi 不是具体的协议或标准，它是无线局域网联盟(Wireless LAN Association，WLANA)为了保障使用 WiFi 标志的商品之间可以相互兼容而推出的，在如今许多的电子产品(如笔记本电脑、手机、PDA 等)

中都可以看到 WiFi 的标志。针对无线局域网，IEEE(Institute of Electrical and Electronics Engineers，美国电气和电子工程师协会)制定了一系列无线局域网标准，即 IEEE 802.11 家族，包括 802.11a、802.11b、802.11g 等，802.11 现在已经非常普及。随着协议标准的发展，无线局域网的覆盖范围更广，传输速率更高，安全性、可靠性等也大幅提高。

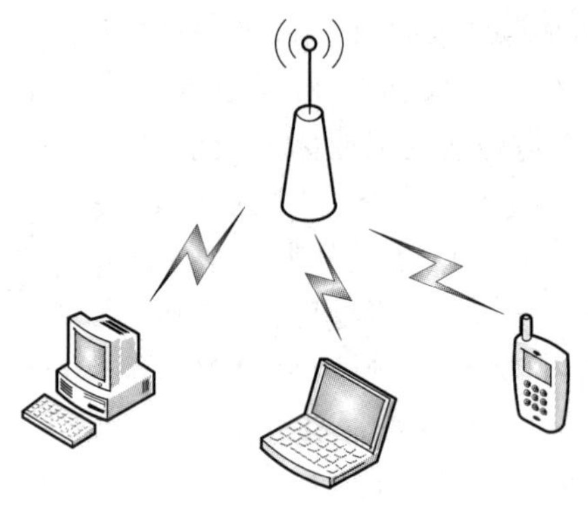

图 3-2　无线局域网

3.2　互联网的基本概念及其应用

Internet 的前身是美国国防部高级计划研究局在 1969 年作为军事实验而建立的 ARPANET。目前 Internet 已成为世界上规模最大、覆盖面最广、最具影响力的计算机互联网络。Internet 将分布在世界各地的计算机采用开放系统协议连接在一起，用来进行数据传输、信息交换和资源共享。

3.2.1　互联网的基本概念

Internet 是一个开放的、互联的、遍及全世界的计算机网络系统，遵从 TCP/IP 协议，是一个使世界上不同类型的计算机能够交换各类数据的通信空间，为人们打开了通往世界信息的大门。

Internet 的特点如下：

(1) TCP/IP 是 Internet 的基础和核心。

(2) Internet 实现了与公用电话交换网的互联，从而使全世界众多的个人用户可以方便地入网。

(3) Internet 是用户自己的网络。

3.2.2　TCP/IP 协议的工作原理

TCP/IP 协议之所以能够在 Internet 中迅速发展，不仅因为它最早在 ARPANET 中使用，由美国军方指定，更重要的是它恰恰适应了世界范围内数据通信的需要。TCP/IP 是用于 Internet 计算机通信的一组协议，其中包括不同层次的多个协议。主机至网络层是最底层，包括各种硬件协议，面向硬件；应用层面向用户，提供一组常用的应用层协议，如 FTP、

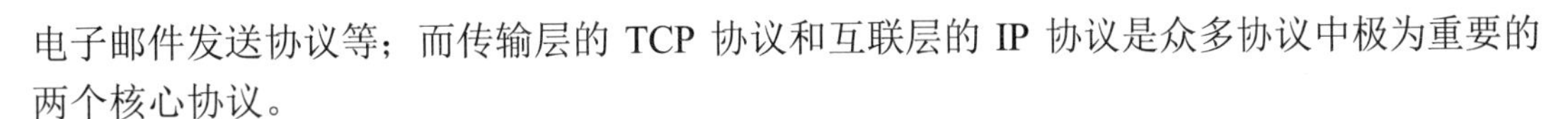

电子邮件发送协议等；而传输层的 TCP 协议和互联层的 IP 协议是众多协议中极为重要的两个核心协议。

1. IP 协议

IP 协议是 TCP/IP 协议体系中的网络层协议，主要作用是将不同类型的物理网络互联在一起。为了达到这个目的，需要将不同格式的物理地址转换成统一的 IP 地址，将不同格式的帧(物理网络传输的数据单元)转换成 IP 数据报，从而屏蔽下层物理网络的差异，向上层传输层提供 IP 数据报，实现无连接数据报传送服务。IP 协议的另一个功能是路由选择，就是从网上某个节点到另一个节点的传输路径的选择，将数据从一个节点按路径传输到另一个节点。

2. TCP 协议

TCP 协议位于传输层，向应用层提供面向连接的服务，确保网上所发送的数据报可以被完整地接收。一旦某个数据报丢失或损坏，TCP 发送端可以通过协议机制重新发送这个数据报，以确保发送端到接收端的可靠传输。

3.2.3 IP 地址和域名

Internet 通过路由器将成千上万个不同类型的物理网络互联在一起，是一个超大规模的网络。为了使信息能够准确到达 Internet 上指定的目的节点，必须给 Internet 上的每个节点(主机、路由器等)指定一个全局唯一的地址标识，就像每一部电话都有一个全球唯一的电话号码一样。在 Internet 通信中，可以通过 IP 地址和域名实现明确的目的地指向。

1. IP 地址

IP 地址提供了一种互联网通用的地址格式，用于屏蔽各种物理网络的地址差异。IP 地址由 IP 地址管理机构进行统一管理和分配，保证互联网上运行的设备不会产生地址冲突。IPv4 地址由两部分组成，前面部分为网络地址，后面部分为主机地址。每个 IPv4 地址均由长度为 32 位(4 字节)的二进制数组成，每 8 位(1 字节)之间用圆点分开，如 11011110.00111000.01111111.10100110。

用二进制数表示的 IP 地址难以书写和记忆，通常将 32 位的二进制地址写成 4 个十进制数，书写形式为 xxx.xxx.xxx.xxx，其中每个字段 xxx 都在 0～255 间取值。例如，上述二进制 IP 地址转换成相应的十进制数表示为 222.56.127.166。

IP 地址通常分为 A、B、C 三大类。

1) A 类 IP 地址(用于大型网络)

A 类 IP 地址：在 IP 地址的 4 段号码中，第 1 段号码为网络号码，剩下的 3 段号码为本地计算机号码。

如果用二进制数表示 IP 地址，则 A 类 IP 地址就由 1 字节的网络地址和 3 字节的主机地址组成，网络地址的最高位必须是 0。A 类 IP 地址中网络标识的长度为 8 位，主机标识的长度为 24 位。A 类网络地址数量较少，可以用于主机数达 1600 多万台的大型网络。

A 类 IP 地址范围为 1.0.0.1～126.255.255.254 (00000001.00000000.00000000.00000001～01111110.11111111.11111111.11111110，二进制数范围)，其中最后一个是广播地址。A 类 IP

地址的子网掩码为255.0.0.0，每个网络支持的最大主机数为$256^3-2=16\ 777\ 214$台。

2) B类IP地址(用于中型网络)

B类IP地址：在IP地址的4段号码中，前2段号码为网络号码，后2段号码可以通过代理商注册后使用。

如果用二进制数表示IP地址，则B类IP地址就由2字节的网络地址和2字节的主机地址组成，网络地址的最高位必须是10。B类IP地址中网络标识的长度为16位，主机标识的长度也为16位。B类网络地址适用于中等规模的网络，每个网络所能容纳的计算机数为6万多台。

B类IP地址范围为128.0.0.1～191.255.255.254 (10000000.00000000.00000000.00000001～10111111.11111111.11111111.11111110，二进制数范围)，其中最后一个是广播地址。B类IP地址的子网掩码为255.255.0.0，每个网络支持的最大主机数为$256^2-2=65\ 534$台。

3) C类IP地址(用于小型网络)

C类IP地址：在IP地址的4段号码中，前3段号码为网络号码，剩下的一段号码为本地计算机号码。

如果用二进制数表示IP地址，则C类IP地址就由3字节的网络地址和1字节的主机地址组成，网络地址的最高位必须是110。C类IP地址中网络标识的长度为24位，主机标识的长度为8位。C类网络地址数量较多，适用于小规模的局域网络，每个网络最多只能包含254台计算机。

C类IP地址范围为192.0.0.1～223.255.255.254 (11000000.00000000.00000000.00000001～11011111.11111111.11111111.11111110，二进制数范围)。C类IP地址的子网掩码为255.255.255.0，每个网络支持的最大主机数为$256-2=254$台。

此外，IP地址还有另外两个类别，即组播地址和保留地址，分别分配给Internet体系结构委员会和实验性网络使用，称为D类和E类。

2. 域名

网络是基于TCP/IP协议进行通信和连接的,每一台主机都有一个唯一的标识固定的IP地址，以区别网络上的成千上万个用户和计算机。网络在区分所有与之相连的网络和主机时，均采用了一种唯一、通用的地址格式，即每一个与网络相连接的计算机和服务器都被指派了一个独一无二的地址。为了保证网络上每台计算机的IP地址的唯一性，用户必须向特定机构申请注册，分配IP地址。由于IP地址是数字标识，使用时难以记忆和书写，因此在IP地址的基础上又发展出一种符号化的地址方案，来代替数字型的IP地址。每一个符号化的地址都与特定的IP地址相对应，这样网络上的资源访问起来就容易得多了。这个与网络上的数字型IP地址相对应的字符型地址就称为域名。

域名系统采用层次结构，按地理域或机构域进行分层，一个域名最多由25个子域名组成，每个子域名之间用圆点隔开，最右边的为顶级域名。在域名系统中，顶级域名划分为组织模式和地理模式两类。

例如，www.baidu.com的顶级域名com属于商业组织模式类，用户由此可以推知它是一个公司的网站地址。再如，www.bsnc.cn是地址模式域名，顶级域名cn表示这是中国的网站。常见的顶级域名及其含义如表3-1所示

表 3-1　常见的顶级域名及其含义

组织模式顶级域名	含　义	地址模式顶级域名	含　义
com	商业机构	cn	中国
net	网络服务机构	us	美国
org	非营利性组织	uk	英国
gov	政府机构	jp	日本
edu	教育机构	in	印度
mil	军事机构	kr	韩国
int	国际机构	ru	俄罗斯

顶级域名的管理权被分派给指定的管理机构，各管理机构对其管理的域继续进行划分，即划分为二级域并将二级域名的管理权授予其下属的管理机构，如此层层细分，就形成了层次型的域名结构。

3. DNS 原理

域名和 IP 地址都表示主机的地址，实际上是同一事物的不同表示。用户可以使用主机的 IP 地址，也可以使用它的域名。从域名到 IP 地址或者从 IP 地址到域名的转换由域名系统(Domain Name System，DNS)完成。

当用域名访问网络上某个资源地址时，必须获得与这个域名相匹配的真正的 IP 地址。这时用户将希望转换的域名放在一个 DNS 请求信息中，并将该请求发送给 DNS 服务器，DNS 从请求中取出域名，将其转换为对应的 IP 地址，然后在一个应答信息中将结果地址返回给用户。

当然，Internet 中的整个域名系统是以一个大型的分布式数据库方式工作的，并不只有一个或几个 DNS 服务器。大多数具有 Internet 连接的组织都有一个域名服务器，每个服务器包含连向其他域名服务器的信息，这些服务器形成一个大的协同工作的域名数据库。这样，即使第一个处理 DNS 请求的 DNS 服务器没有域名和 IP 地址的映射信息，它依旧可以向其他 DNS 服务器提出请求，无论经过几步查询，最终都会找到正确的解析结果，除非该域名不存在。

3.2.4　Internet 提供的服务

1. WWW 服务

WWW(World Wide Web，环球信息网)是一个基于超文本方式的信息查询服务。WWW 是由欧洲核子研究中心(European Organization for Nuclear Research，CERN)研制的，它将位于全世界 Internet 中不同网址的相关数据信息有机地编织在一起，提供了一个友好的界面，大大方便了人们浏览信息，而且 WWW 方式仍然可以提供传统的 Internet 服务。它不仅提供了图形界面的快速信息查找，还可以通过同样的图形界面与 Internet 的其他服务器对接。它把 Internet 上的现有资源统统连接起来，使用户能在 Internet 上已经建立了 WWW 服务器的所有站点提供超文本媒体资源文档。

2. FTP 服务

FTP(File Transfer Protocol，文件传输协议)服务解决了远程传输文件的问题，Internet上的两台计算机在地理位置上无论相距多远，只要都加入了互联网并且都支持 FTP 协议，它们之间就可以进行文件传送。只要都支持 FTP 协议，网上的用户就既可以把服务器上的文件传输到自己的计算机上(下载)，也可以把自己计算机上的信息发送到远程服务器上(上传)。FTP 实质上是一种实时的联机服务；与远程登录不同的是，用户只能进行与文件搜索和文件传送等有关的操作；用户只要登录到目的服务器上，就可以在服务器目录中寻找所需文件。FTP 几乎可以传送任何类型的文件，如文本文件、二进制文件、图像文件、声音文件等。匿名 FTP 服务是重要的 Internet 服务之一。匿名登录不需要输入用户名和密码，许多匿名 FTP 服务器上都有免费的软件、电子杂志、技术文档及科学数据等供人们使用。

3. 电子邮件系统

电子邮件(Electronic mail)也称 E-mail，是 Internet 上广受欢迎的服务，它是网络用户之间进行快速、简便、可靠且低成本联络的现代通信手段。

电子邮件使网络用户能够发送和接收文字、图像和语音等多种形式的信息。使用电子邮件的前提是拥有自己的电子信箱。电子信箱一般又称为电子邮件地址(E-mail Address)。电子信箱是提供电子邮件服务的机构为用户建立的，实际上是该机构在与 Internet 联网的计算机上为用户分配的一个专门用于存放往来邮件的磁盘存储区域，该区域由电子邮件系统管理。电子信箱可以自动读取、分析该邮件中的命令，若无错误，则将检索结果通过邮件方式发送给用户。

4. 远程登录服务

远程登录(Remote-login)是 Internet 提供的基本的信息服务之一，它是指允许一个地点的用户与另一个地点的计算机上运行的应用程序进行交互对话；也指远距离操纵其他机器，实现自己的需要。Telnet 协议是 TCP/IP 通信协议中的终端机协议。Telnet 使用户能够从与网络连接的一台主机进入 Internet 上的任何计算机系统，只要用户是该系统的注册用户，就能像使用自己的计算机一样使用该计算机系统。在远程计算机上登录，必须事先成为该计算机系统的合法用户并拥有相应的账号和口令。登录成功后，用户便可以实时使用该系统对外开放的功能和资源。Telnet 是一个强有力的资源共享工具，许多大学图书馆通过 Telnet 对外提供联机检索服务，一些政府部门、研究机构也将它们的数据库对外开放，用户可通过 Telnet 进行查询。

3.2.5 新一代 Internet

Internet 影响着人类生产生活的方方面面，然而在其诞生之初，人们并未预料到其会有如此巨大的影响力，能深刻地改变人类的生活。在 Internet 高速发展过程中涌现出了无数的优秀技术，但是 Internet 还存在着很多问题未能解决，如安全性、带宽、地址短缺、无法适应新应用的要求等。

IPv4 协议是 20 世纪 70 年代末发明的，多年后，用 32 位进行编址的 IPv4 地址早已不够用了，地址已经耗尽。当然，很多科学家和工程师已经早早预见到地址耗尽的问题，他们提出了无类别域间路由(Classless Inter Domain Routing，CIDR)技术，可使 IP 地址分配更加合理。NAT(Network Address Translation，网络地址转换)技术也被大量使用，以节省大量的公网 IP。然而，这些技术只是减慢地址耗尽的速度，并不能从根本上解决问题。于是，人们不得不考虑改进现有的网络，采用新的地址方案、新的技术，以便尽早过渡到下一代 Internet(Next Generation Internet，NGI)。

简单地说，NGI 就是地址串更大、更安全、更快、更方便的 Internet。NGI 涉及多项技术，其中最核心的就是 IPv6 协议，它在扩展网站的地址容量、安全性、移动性、服务质量(Quality of Service，QoS)以及对流的支持方面都具有明显的优势。IPv6 和 IPv4 一样仍然是网络层的协议，主要变化就是提供了更大的地址空间，从 32 位增大到了 128 位。这意味着如果整个地球表面都覆盖着计算机，那么 IPv6 允许每平方米分配 7×10^{23} 个地址，即可以为地球上每一粒沙子都分配一个地址。假如地址消耗速度是每微秒分配 100 万个地址，则需要 10^{19} 年的时间才能将所有可能的地址分配完毕。因此，可以说使用 IPv6 之后再也不用考虑地址耗尽的问题了。除此之外，IPv6 还提供了更灵活的首部结构，允许协议扩展，支持自动配置地址，强化了内置安全性。

目前，全球各国都在积极向 IPv6 网络迁移。专门负责制定网络标准、政策的 Internet Society 在 2012 年 6 月 6 日宣布，全球主要互联网服务提供商、网络设备厂商以及大型网站公司(包括 Google、Facebook、Yahoo、Microsoft Bing 等)于当日正式启用 IPv6 服务及产品，这意味着全球正式开展 IPv6 的部署，同时也促使广大的 Internet 用户逐渐适应新的变化。我国也在 2012 年 11 月于北京邮电大学进行了一次 IPv6 的国际测试，并考虑纳入 IPv6 Ready 和 IPv6 Enabled 的全球认证测试体系。

我国早在 2004 年就开通了世界上规模最大的纯 IPv6 Internet——CERNnet2(第二代中国教育和科研计算机网)。工业和信息化部在“十二五”期间提出要推进互联网向 IPv6 平滑过渡。国家正在大力发展 IPv6 产业链，鼓励下一代 Internet 的创新与实践。

3.3 常用的网络通信设备

3.3.1 网络传输介质

传输介质是计算机网络的组成部分。它们就像是交通系统中的公路，是信息数据运输的通道。网络中的计算机就是通过这些传输介质实现相互之间的通信的。

各种传输介质的特性是不同的，直接影响通信的质量指标，如传输速率、通信距离和线路费用等。用户可以根据自己对网络传输的要求和用户的位置情况选择适合的介质。

1. 有线传输介质

(1) 电话线：家庭或小型局域网经常会用到的 ADSL(Asymmetric Digital Subscriber Line，非对称数字用户线路)就是在普通电话线上传输高速数字信号的技术。

(2) 双绞线(Twisted Pair，TP)：目前使用最广的一种传输介质，具有价格便宜、易于安装、适用于多种网络拓扑结构等优点。双绞线是由两条相互绝缘的导线按照一定的规格互相缠绕在一起而制成的一种通用配线，分为非屏蔽双绞线和屏蔽双绞线两种。

(3) 同轴电缆(Coaxial Cable)：实心或多芯铜线电缆，包上一根圆柱形的绝缘皮，外导体为硬金属或金属网，外导体外还有一层绝缘体，最外面由一层塑料皮包裹。由于外导体屏蔽层的作用，同轴电缆具有较高的抗干扰能力，能传输比双绞线更宽频率范围的信号。

(4) 光纤(Optical Fiber)：发展最为迅速的传输介质。光纤通信是利用光纤传递光脉冲信号实现的，由多条光纤组成的传输线就是光缆，光信号可以在纤芯中传输数千米而没有损耗。与其他传输介质相比，低损耗、高带宽和高抗干扰性是光纤主要的优点。大型网络系统的主干或多媒体网络应用系统中，绝大多数采用光纤作为网络传输介质。

2. 无线传输介质

无线传输介质包括微波、红外线、蓝牙、无线电波、激光等，下面仅介绍前三种。

(1) 微波：频率较高的电磁波。微波在空间主要以直线传播。微波通信有两种主要方式，即地面微波通信和卫星微波通信。

(2) 红外线：红外线通信是一种廉价、近距离、无线、低功能、保密性强的通信方式。

(3) 蓝牙：蓝牙通信技术可在有效通信半径范围内实现单点对多点的无线数据和声音传输。

3.3.2 网络互联设备

1. 网卡

网卡是计算机与外界局域网连接的必需设备。网卡工作在物理层，是局域网中连接计算机和传输介质的接口，不仅能实现与局域网传输介质之间的物理连接和电信号匹配，还涉及帧的发送与接收、帧的封装与拆封、介质访问控制、数据的编码与解码以及数据缓存功能等。

2. 中继器

中继器(Repeater)是工作于 OSI/RM 物理层的网络连接设备，要求每个网络在数据链路层以上具有相同的协议。计算机网络的覆盖范围因所使用的传输介质的限制，信号传输到一定距离就会衰减而变得很弱，以至于接收设备无法识别出该信号。为了扩大信号的传输距离，在网段间可以使用中继器，它接收网上的所有信号(包括 CSMA/CD 碰撞信号)并将其放大、再生，然后发送出去，从而扩展网络跨距。

3. 集线器

集线器(Hub)是一种多端口中继器，它与中继器的区别仅在于中继器只是连接两个网段，而集线器能够提供更多的端口服务。集线器通过对工作站进行集中管理，能够避免网络中出现问题的区段对整个网络的正常运行产生影响。

4. 网桥

网桥(Bridge)又称为桥接器，工作在 OSI 参考模型的数据链路层，要求每个网络在网络层以上各层中采用相同或兼容协议。网桥一般用于互联两个运行同类型 NOS(Network Operating System，网络操作系统)的 LAN，而网络的拓扑结构、通信介质和通信协议可以不同。

5. 交换机

交换机(Switch)的功能类似于集线器，它是一种低价位、高性能的多端口网络设备，除了具有集线器的全部特性外，还具有自动导址、数据交换等功能。交换机将传统的共享带宽方式转变为独占方式，每个节点都可以拥有和上游节点相同的带宽。

6. 路由器

路由器(Router)工作在 OSI/RM 的网络层，实现网络层及以下各层的协议转换，通常用来互联局域网和广域网或者实现在同一点两个以上的局域网的互联。其最基本的功能是转发数据包。

7. 网关

网关(Gateway)又称网间协议变换器，是实现两种不同协议的网络之间进行转换的网络互联设备。网关有广义网关(指所有用于网络互联的软硬件)和狭义网关(指工作于 OSI/RM 高层的网络互联设备，负责高层协议的转换)两种，这里讨论的是后者，通常用于 WAN-WAN 的互联、网络与大型主机系统的互联。网关实现协议转换的方法有两种：一种是直接将输入的网络数据包转换成输出的网络数据包的格式，另一种是将输入的网络数据包格式转换成一种标准的网间数据包的格式。

第4章 多媒体技术

多媒体技术是20世纪80年代发展起来并得到广泛应用的计算机技术。进入20世纪90年代后，多媒体技术得到了飞速发展，并在教育、商业、文化娱乐、工程设计、通信等领域得到广泛应用。多媒体技术不仅为人们勾画出一个多姿多彩的视听世界，也使得人们的工作和生活方式发生了巨大的改变。多媒体技术是一门跨学科的综合技术，它使得高效而方便地处理文本、声音、图像和视频等多媒体信息成为可能。现在所说的“多媒体”常常不是指多媒体信息本身，而主要是指处理和应用它的一套技术，即多媒体技术。

4.1 多媒体技术概述

4.1.1 多媒体

1. 媒体

“媒体”一词源于英文Medium(复数Media)，又称媒介或媒质，是指人们用于传播和表示各种信息的载体，如文本、声音、图形、图像等。计算机能处理的这些媒体信息从时效性上又可分为两大类：静态媒体，包括文本、图形、图像；时变媒体，包括声音、动画、活动影像。由于信息被人们感觉、表示、显示、存储和传输的方法各有不同，因此将媒体分为表4-1所示的几种类型。

表4-1 常见媒体实例对照

媒体种类	媒体实例	备注说明
感觉媒体	各种语言、音乐、声音、图形、图像、文献	直接作用于人的感官，使人能直接产生感觉
表示媒体	文本字符ASCII标准编码、声音WAV与MIDI、图像JPEG格式编码、电影MPEG格式编码、电视PAL、NTSC制式	各种编码
显示媒体	输入显示媒体：键盘、鼠标、扫描仪、话筒 输出显示媒体：显示器、打印机、扬声器和摄像机等	感觉媒体与计算机之间的界面
存储媒体	磁带、磁盘(软盘、硬盘)、光盘、U盘等	用于存放表示媒体，即存放感觉媒体数字化后的代码
传输媒体	双绞线、同轴电缆、光缆、微波、卫星、激光、红外线	用来将媒体从一处传送到另一处的物理载体

2. 多媒体

多媒体(Multimedia)指多种信息表示和传输的载体，通常是指文本、图形、图像、音频、视频以及动画等多种媒体。

3. 多媒体技术

多媒体技术是指利用计算机技术把数字、文本、声音、图形和图像等各种媒体进行有效的组合，并同时同步地获取、编辑、存储、显示和传输这些媒体的一门综合技术。

4.1.2 多媒体计算机系统

多媒体计算机(Multimedia Personal Computer，MPC)就是具有了多媒体处理功能的个人计算机，它的硬件结构与一般所用的个人机并无太大差别，其最大特点一是计算机主机具有高性能的信息处理能力；二是增加了多媒体信息输入/输出处理的硬件和软件。可以用以下公式形象地对其进行描述：

MPC = PC + CD-ROM + Soundboard + 显示卡 + 多媒体操作系统 + 媒体应用软件

1. 多媒体计算机系统的层次结构

多媒体计算机系统是指能够提供交互式处理文本、声音、图像和视频等多种媒体信息的计算机系统。一个完整的多媒体计算机系统主要由如下 4 个部分组成：多媒体硬件系统、多媒体操作系统、多媒体处理系统工具和用户应用软件。

2. 多媒体计算机系统的组成

(1) 多媒体硬件系统由计算机传统硬件设备光盘存储器(CD/DVD-ROM)、音频输入/输出和处理设备、视频输入/输出和处理设备等选择组合而成。

(2) 多媒体操作系统[或称为多媒体核心系统(Multimedia Kernel System)]具有实时任务调度、多媒体数据转换和同步控制、多媒体设备驱动和控制以及图形用户界面管理等功能。

(3) 多媒体处理系统工具包括字处理软件、绘图软件、图像处理软件、动画制作软件、声音编辑软件及视频编辑软件等多媒体系统开发、创作及应用的软件，是多媒体系统的重要组成部分。

(4) 用户应用软件是根据多媒体系统终端用户要求而定制的应用软件或面向某一领域的应用软件系统，它是面向大规模用户的软件产品。

4.1.3 多媒体的基本元素

从多媒体技术来看，多媒体由文本、图形、图像、音频、视频以及动画等基本要素组成。

(1) 文本是计算机中基本的信息表示方式，包含字母、数字以及各种专用符号。

(2) 图形一般是指通过绘图软件绘制的由直线、圆、圆弧、任意曲线等组成的画面。图形文件中存放的是描述生成图形的指令(图形的大小、形状及位置等)，以矢量图形文件的形式存储。

(3) 图像是通过扫描仪、数字照相机、摄像机等输入设备捕捉的真实场景的画面，数字化后以位图格式存储。静态的图像在计算机中可以分为矢量图和位图。

(4) 音频包括话语、音乐以及各种动物和自然界(如风、雨、雷等)发出的声音。

(5) 视频是来自录像带、摄像机、影碟机等视频信号源的影像，是对自然景物的捕捉，数字化后以视频文件的格式存储。常见的视频文件类型有 AVI、MOV、MPG、DAT 等。

(6) 动画通常由 Flash、3D MAX 等软件制作。

4.2 常用图像、音频、视频文件格式

4.2.1 图像软件环境及应用

多媒体系统中，图像处理的应用较为广泛。一旦涉及图像，就与色彩、分辨率和图像存储的文件格式有关。

1. 色彩基本常识

色彩可用亮度、色调和饱和度来描述，常称为色彩三要素。人眼看到的任一彩色光都是这 3 个特征的综合效果。

(1) 亮度是光作用于人眼时所引起的明亮程度的感觉，与被观察物体的发光强度有关。

(2) 色调是当人眼看到一种或多种波长的光时所产生的彩色感觉，反映颜色的种类，是决定颜色的基本特性，如红色、棕色就是指色调。

(3) 饱和度指的是颜色的纯度，即掺入白光的程度，或者说是颜色的深浅程度。对于同一色调的彩色光，饱和度越大，颜色越鲜明或说越纯。通常把色调和饱和度统称为色度。

亮度用来表示某彩色光的明亮程度，色度则表示颜色的类别与深浅程度。除此之外，自然界常见的各种颜色光都可由红(R)、绿(G)、蓝(B) 3 种颜色光按不同比例相配而成；同样，绝大多数颜色光也可以分解成红、绿、蓝 3 种颜色光，这就形成了色度学中最基本的原理——三原色原理(RGB)，如图 4-1 所示。

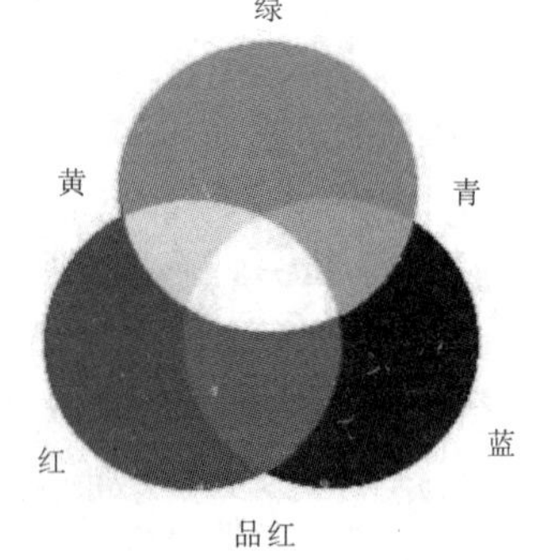

图 4-1 三原色原理

分辨率分为屏幕分辨率和输出分辨率两种，前者用每英寸行数表示，数值越大图形(图像)质量越好。一般以“横向点数 × 纵向点数”来表示一幅图的分辨率，如 640 × 480、800 × 600、2048 × 1024 等。数码照相机常用像素值表示其照片的分辨率，像素即是“横向点数 × 纵向点数”的值，如 640 × 480 为 30 万像素，2048 × 1024 可达 200 万像素。输出分辨率用于衡量输出设备的精度，以每英寸的像素点数(dpi)表示。例如，喷墨打印机、激光打印机的精度表示为 300 dpi、600 dpi 等。

色彩数和图形灰度用位(bit)表示，一般写成 2^n，n 代表位数。常用的色彩数(对于黑白图用灰度等级表示)有 $2^4 = 16$ 色、$2^8 = 256$ 色、$2^{16} = 65536$(64K)色、$2^{24} = 16$M 色、$2^{32} = 4$G 色。当图形(图像)达到 24 位时，可表现 1677 万种颜色，即真彩色。灰度的表示法与之类似。

2. 位图与矢量图形

1) 位图

位图(点阵)由一个矩阵描述，矩阵中的元素对应位图中的点，而相应的值对应该点的

灰度(或颜色)等级。该元素称为像素，与显示器上的显示点一一对应，简称位图图像。计算机上常用的位图文件类型有 PSD(Photoshop 生成格式)、BMP(Windows 位图格式)、GIF、JPG、TIFF、PCX 等格式。

2) 矢量图形

矢量图形指用计算机绘制的图形，如直线、圆、圆弧、矩形、任意曲线和图表等。它不直接描述数据的每一点，而是描述产生这些点的过程及方法。计算机中常用的矢量图形文件类型有 dxf(用于 CAD)、max(用 3D MAX 生成三维造型)、wmf(用于桌面出版)、c3d(用于三维文字)、cdr(CorelDraw 矢量文件)、swf 等。

3) 位图与矢量图形的比较

(1) 从存储空间来看，矢量图形所需空间远比位图的小。

(2) 从显示效果来看，矢量图形比位图逼真。

(3) 从运行速度来看，矢量图形不如位图快。

图 4-2 和图 4-3 分别为位图和矢量图形放大了 3 倍前后的效果对比。

图 4-2　位图放大了 3 倍前后的效果对比

图 4-3　矢量图形放大了 3 倍前后的效果对比

4.2.2　图像文件格式

1. 常见的位图文件格式

常见的位图文件格式如表 4-2 所示。

表 4-2 常见的位图文件格式

图片类型	说明
BMP	鲜艳、细腻，但尺寸大
GIF	尺寸小，有小动画效果
JPG/JPEG	质量高，尺寸小，略失真
PNG	适合在网络上传输及打开
PSD	Photoshop 专用，图像细腻
DIF	AutoCAD 软件专用格式

(1) BMP(Bit map)文件格式。BMP 是 Windows 中的标准图像文件格式，PC 上最常用的位图格式，有压缩和非压缩两种形式。该格式可表现从 2 位到 24 位的色彩，分辨率也可从 480 × 320 至 1024 × 768。该格式在 Windows 环境下非常稳定，在文件大小没有限制的场合中运用得极为广泛。

(2) GIF(Graphics Interchange Format，图形交换格式)文件格式。GIF 主要用于图像文件的网络传输。GIF 图像文件的尺寸通常比其他图像文件小好几倍，其格式得到了广泛的应用。目前 Internet 上大量采用的彩色动画文件多为这种格式。

(3) PNG(Portable Network Graphic Format，流式网络图形)文件格式。PNG 的名称来源于非官方的“PNG Not GIF”，是一种位图文件(Bitmap File)存储格式，读为“ping”。PNG 是一种能存储位信息的位图文件格式，其图像质量远胜过 GIF。同 GIF 一样，PNG 也使用无损压缩方式来减小文件的大小。目前，越来越多的软件开始支持这一格式。PNG 图像可以是灰阶的(位)或彩色的(位)。与 GIF 不同的是，PNG 图像格式不支持动画。

(4) JPG/JPEG(Joint Photographic Experts Group)文件格式。JPG/JPEG 是可以大幅度地压缩图形文件的一种图形格式。对于同一个图形文件，JPG/JPEG 格式存储的文件是其他类型图形文件的 1/20～1/10，而且色彩数最高可达到 24 位，所以它被广泛应用于 Internet 上的 homepage 或 Internet 上的图片库。

(5) PSD(Photoshop Standard)文件格式。PSD 是 Photoshop 的标准文件格式，是专门为 Photoshop 而优化的格式。

(6) DIF(Drawing Interchange Format)文件格式。DIF 是 AutoCAD 中的图形文件，它以 ASCII 方式存储图形，在表现图形的尺寸大小方面十分精确，可以被 CorelDraw、3DSMAX 等大型软件调用编辑。

2. 常见的矢量图形格式

(1) WMF 文件格式：常见的一种图元文件格式，具有文件短小的特点，整个图形常由各个独立的组成部分拼接而成，但其图形往往较粗糙。WMF 文件的扩展名为 .wmf。

(2) EMF 文件格式：微软公司开发的一种 Windows 32 位扩展图元文件格式。其总体目标是要弥补使用 WMF 的不足，使得图元文件更加易于接受。EMF 文件的扩展名为 .emf。

(3) EPS 文件格式：用 PostScript 语言描述的一种 ASCII 码文件格式，既可以存储矢量图，也可以存储位图，最高能表示 32 位颜色深度，特别适合 PostScript 打印机。

(4) DXF 文件格式：AutoCAD 中的矢量文件格式，它以 ASCII 码方式存储文件，在表现图形的大小方面十分精确。DXF 文件可以被许多软件调用或输出。DXF 文件的扩展名为 .dxf。

(5) SWF(Shock Wave Format)文件格式：二维动画软件 Flash 的矢量动画格式，主要用于 Web 页面上的动画发布。目前，SWF 已成为网上动画的事实标准。SWF 文件的扩展名为 .swf。

4.2.3 音频文件格式

音频文件通常分为两类：声音文件和 MIDI(Musical Instrument Digital Interface，乐器数字接口)文件。其中，声音文件指的是通过声音录入设备录制的原始声音，直接记录了真实声音的二进制采样数据，文件通常较大；而 MIDI 文件则是一种音乐演奏指令序列，相当于乐谱，可以利用声音输出设备或与计算机相连的电子乐器进行演奏。由于不包含声音数据，因此 MIDI 文件较小。

1. WAV 文件格式

WAV 文件格式是 PC 标准声音格式，是 Windows 使用的标准数字音频文件格式。WAV 文件由文件首部和波形音频数据块组成。文件首部包括标识符、语音特征值、声道特征以及脉冲编码调制格式类型等标志。WAV 是 PC 上最为流行的声音文件格式，但其文件较大，多用于存储简短的声音片段。

2. WMA 文件格式

WMA(Windows Media Audio)是微软公司制定的一种流式声音格式。采用 WMA 格式压缩的声音文件比由相同文件转换而来的 MP3 文件要小得多，并且在音质上也毫不逊色。

3. MPI、MP2、MP3 文件格式

MPEG 音频文件的压缩是一种有损压缩，根据压缩质量和编码复杂程度的不同可分为 3 层，分别对应 MP1、MP2 和 MP3 这 3 种声音文件。MPEG 音频编码具有很高的压缩率，MP1 和 MP2 的压缩率分别为 4∶1 和 6∶1～8∶1，而 MP3 的压缩率则高达 10∶1～12∶1。也就是说，1 min CD 音质的音乐，未经压缩需要 10 MB 存储空间，而经过 MP3 压缩编码后只有 1 MB 左右，同时其音质基本保持不失真。因此，目前使用最多的是 MP3 文件格式。

4. MIDI 文件格式

MIDI 是数字音乐和电子合成乐器的统一的国际标准，它定义了计算机音乐程序、合成器及其他电子设备交换音乐信号的方式，还规定了不同厂家的电子乐器与计算机连接的电缆和硬件及设备间数据传输的协议，可用于为不同乐器创建数字声音，可以模拟大提琴、小提琴、钢琴等常见乐器。在 MIDI 文件中只包含产生某种声音的指令，这些指令包括使用什么 MIDI 设备的音色、声音的强弱、声音持续多长时间等。计算机将这些指令发送给声卡，声卡按照指令将声音合成出来，MIDI 声音在重放时可以有不同的效果，这取决于音乐合成器的质量。相对于保存真实采样数据的声音文件，MIDI 文件显得更加紧凑，其文件通常比声音文件小得多。

5. CD 文件格式

CD 文件即 CD 唱片，一张 CD 可以播放 45 min 左右的声音文件。Windows 操作系统

中自带了一个 CD 播放机，另外多数声卡所附带的软件也提供了 CD 播放功能，甚至有一些光驱脱离计算机，只要接通电源就可以作为一个独立的 CD 播放机使用。

6. VOC 文件格式

VOC 是 Creative 公司波形音频文件格式，也是声霸卡(Sound Blaster)使用的音频文件格式。每个 VOC 文件由文件头块(Header Block)和音频数据块(Data Block)组成。文件头块包含一个标识版本号和一个指向数据块起始的指针；音频数据块可划分成各种类型的子块，如声音数据、静音、标记、ASCII 码文件、重复的结果、重复以及终止标记等。

4.2.4 视频文件格式

1. AVI 视频文件

AVI(Audio Video Interleaved，音频视频交错)文件格式只是作为控制界面上的标准，不具有兼容性，用不同压缩算法生成的 AVI 文件必须使用相应的解压算法才能播放。AVI 文件目前主要应用在多媒体光盘上，用来保存电影、电视等各种影像信息；有时也出现在 Internet 上，供用户下载、欣赏新影片的精彩片段。

2. MPEG/MPG/DAT 视频文件

MPEG/MPG/DAT 文件格式是运动图像压缩算法的国际标准，它采用有损压缩方法，可减少运动图像中的冗余信息，同时保证每秒 30 帧的图像动态刷新率，被绝大多数的计算机平台所支持。MPEG 标准包括 MPEG 视频、MPEG 音频和 MPEG 系统(视频、音频同步)3 个部分，MP3 音频文件就是 MPEG 音频的一个典型应用，CD(VCD)、DVD 则是全面采用 MPEG 技术所生产出来的消费类电子产品。

3. ASF 视频文件

ASF 视频文件是一个独立于编码方式的在 Internet 上实时传播多媒体的技术标准。

4. DVI 视频文件

DVI 视频图像的压缩算法的性能与 MPEG-1 相当，即图像质量可达到 VHS(Video Home System，家用录像系统)的水平，压缩后的图像数据速率约为 1.5 Mb/s。

4.3 多媒体的采集与处理

4.3.1 文本素材的采集与编辑软件

1. 文本素材的采集方式

(1) 利用著作工具中提供的文字工具直接输入(适合少量文字)；
(2) 利用文字处理软件载入(适合大量文字录入)；
(3) 利用 OCR(Optical Character Recognition，光学字符识别)技术(需要使用扫描仪)；
(4) 利用语音识别(需要话筒和声卡)；
(5) 利用手写体识别技术(需要手写板的支持)。

2. 文本素材的编辑软件

常用的文本编辑软件有 Word、WPS、记事本、写字板、Photoshop 等。在制作多媒体项目时，如果需要使用艺术文字，可以采用两种方案解决：一是使用 Office 中的艺术字库；二是使用专业软件制作艺术字，如 Photoshop、COOL 3D 等。

4.3.2 音频素材的采集与制作软件

声音是多媒体的又一重要内容，它影响着展示效果。

1. 数字声音的获取方式

数字声音的获取方式主要有网上下载、自己录制、借助声音捕获工具等。

2. 音频素材的编辑

多媒体制作中所用的音频主要包括背景音乐、语言信息及音效 3 部分。能作为音频数据来源的有立体声混音器(Stereo Mixer)、麦克风(Micro Phone)、线入(Line-In)、CD 模拟声音输入(CD Player)、视频(Video)等。采集与制作的声音文件可置于 Windows 操作系统的“录音机”中处理，也可以在 Creative Wave Studio、Sound System、Gold Wave 及 Sound Forge 等音频软件中处理。

4.3.3 图像素材的获取与创作

创建的每个多媒体项目都会包含背景、人物、界面、按钮等图像元素。多媒体产品不能缺少直观的图像，就像报刊离不开文字一样，图像是多媒体最基本的要素。

1. 图像的获得

1) 扫描

对照片、胶片、幻灯片、印刷图片进行扫描，即可得到相应的数字化图像。在扫描过程中，可以控制扫描的大小、分辨率和颜色。有时为了得到较好的效果，需要以不同的控制参数多扫描几次。

2) 捉帧

通过摄像机、录像机、电视等视频设备捕捉视频资料的单帧图像，需要有将模拟视频信号转换为数字信号的硬件的支持。这种方式的最大特点是可以捕获三维空间的景物，而且速度比扫描仪快，但得到的图像质量不如扫描仪。

3) 创建

由专业美工人员利用图像编辑和生成工具来创建自己的数字图像。可使用的数字输入设备有鼠标、电子笔、数字画板等。对于图标、按键、小图片和动画卡通中的画面，创建是一种非常好的方式。创建的另一种方式就是在扫描输入的基础上进行编辑修改，如裁剪、拼合、换色等。

2. 数字图像的编辑

获得数字化的图像之后，还需用图像编辑、处理软件对图像进行编辑和调整，如 CorelDraw、Freehand、Photoshop、Painter 等软件。图像编辑是一项细致的工作，要求编辑人员具备一定的审美能力。调整图像的色彩、大小和形状，控制图像的亮度、饱和度及色度，使图像在多媒体中表现出最佳效果，这需要时间和经验。

4.3.4 视频素材的获取与创作

数字视频是将传统模拟视频转换成计算机能调用的数字信号。视频是利用摄像机直接从实景中拍摄的，比较容易取得，经过编辑再创作后成为数字视频。数字视频能使多媒体作品变得更加生动，而其制作难度一般低于动画创作。

1. 数字视频的获取

数字视频的获取方式主要有网上下载、DV 拍摄、采集卡采集等。

2. 视频处理软件

QuickTime 是 Apple 公司的一款视频编辑、播放、浏览软件，是当今使用最广泛的跨平台多媒体技术，已经成为世界上第一个基于工业标准的 Internet 流(Stream)产品。QuickTime 可以处理视频、动画、声音、文本、平面图形、三维图形、交互图像等内容。

Adobe Premiere 是 Adobe 公司推出的一个功能十分强大的处理影视作品的视频和音频编辑软件。

Ulead MediaStudio Pro 是友立公司推出的一款视频编辑软件。

第二部分

国产化软件

第5章 银河麒麟桌面操作系统 V10

银河麒麟桌面操作系统 V10 是一款适配国产软硬件平台、简单易用、稳定高效的国产操作系统，是安全创新的新一代图形化桌面操作系统产品，实现了同源支持飞腾、龙芯、申威、兆芯、海光、鲲鹏等国产平台，提供类似 Windows 风格的用户体验，操作简便，上手快速。该系统在国产平台的功耗管理、内核锁、页拷贝、网络、VFS(Virtual File System，虚拟文件系统)、NVMe(Non-Volatile Memory，非易失性寄存器)等方面开展优化，大幅提升了系统的稳定性和性能，同时提供多 CPU 平台统一的在线软件升级仓库，支持版本在线更新。

银河麒麟桌面操作系统 V10 以安全可信操作系统技术为核心，具有高安全、高可靠、高可用、跨平台、中文化(具有强大的中文处理能力)等特点，符合《信息安全技术 操作系统安全技术要求》(GB/T 20272—2006)第四级结构化保护级的要求，2022 年按照 GB/T 20272—2019 标准送测，已经拿到测试报告和销售许可证。该系统是目前我国通过认证的安全等级最高的操作系统，目前已广泛应用于政府、金融、电力、教育、大型企业等众多领域，为我国的信息化建设保驾护航。

5.1 系统桌面

桌面是用户进行图形界面操作的基础，用户在桌面上可以对文件进行新建、删除、移动等操作，也可以对应用程序的快捷方式进行添加或删除。系统桌面默认放置了“我的电脑”“回收站”“个人”3 个图标，如图 5-1 所示。

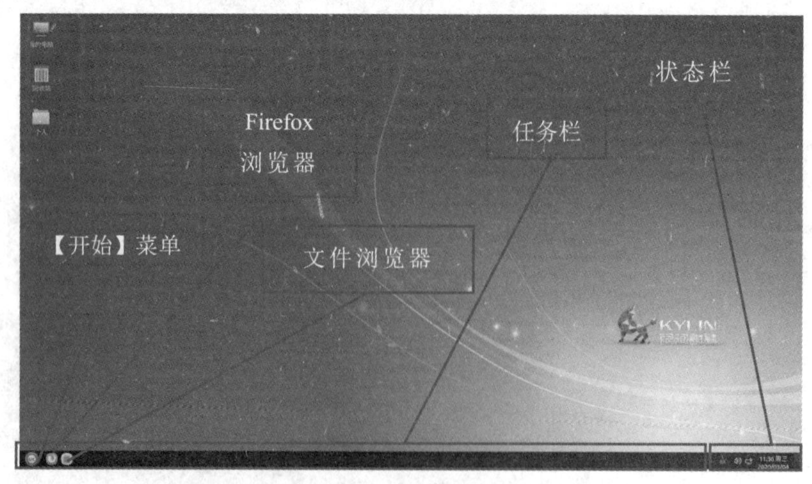

图 5-1 系统桌面

系统面板位于桌面底部，包括【开始】菜单、Firefox 浏览器、文件浏览器、任务栏和状态栏。

(1) 【开始】菜单：用于弹出系统菜单，可查找应用和文件。

(2) Firefox 浏览器：提供便捷安全的上网方式。

(3) 文件浏览器：可浏览和管理系统中的文件。

(4) 任务栏：显示正在运行的程序或打开的文档，可进行窗口关闭、置顶等操作。

(5) 状态栏：包含对输入法、电源、声音等的设置。

5.2 【开始】菜单

5.2.1 应用程序

单击系统面板上的【开始】按钮，弹出如图 5-2 所示的【开始】菜单，其中左侧默认显示 4 个分类，即常用软件、所有程序、我的电脑和控制面板。各组件的功能如下：

(1) 常用软件：该选项列出最近使用过的软件。

(2) 所有程序：该选项列出系统中的所有软件。

(3) 我的电脑：该选项和资源管理器的功能基本相同，可以管理文件、打印机，还可以打开控制面板对系统进行各种设置。

(4) 控制面板：该选项是计算机系统的控制中心，可帮助用户配置计算机。

图 5-2　【开始】菜单

5.2.2 关机菜单

1. 锁屏

当用户暂时不使用计算机时，可以选择【锁屏】命令(不会影响系统当前的运行状态)，防止误操作；用户返回后，输入密码即可重新进入系统。默认设置下，系统在一段空闲时间后将自动锁定屏幕。锁屏界面如图 5-3 所示。

图 5-3 锁屏界面

锁屏的操作方法：选择【开始】→【关机】→【锁屏】命令。

2. 注销和切换用户

当要选择其他用户登录计算机时，可选择【注销】或【切换用户】命令。

注销和切换用户的操作方法：选择【开始】→【关机】→【注销】或【切换用户】命令。

3. 关机与重启

关机和重启有两种方法，既可直接关机，也可定时关机，可以根据需要进行选择。

关机和重启的操作方法 1：选择【开始】→【关机】命令，弹出如图 5-4 所示的窗口，用户可根据需要选择重启或关机。

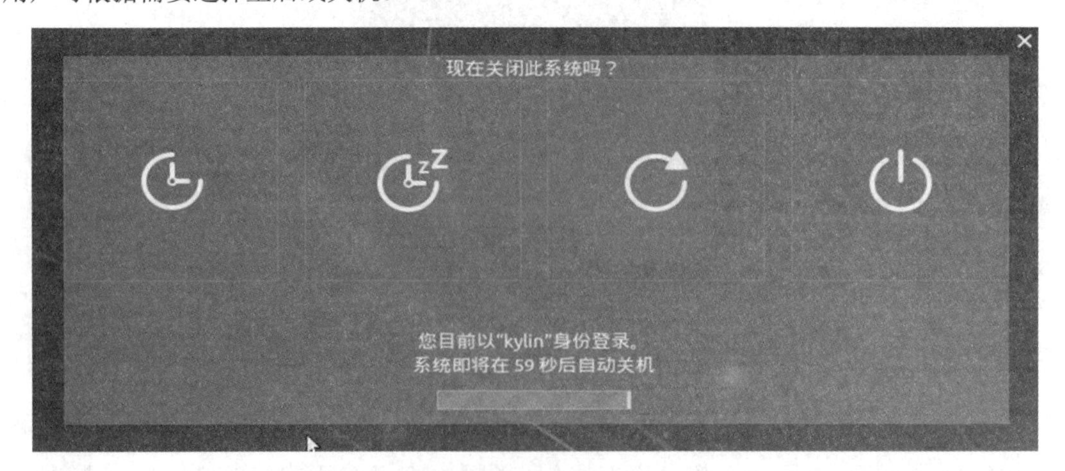

图 5-4 关闭系统窗口

关机和重启的操作方法 2：选择【开始】→【关机】(有的版本是右键单击【关机】，弹出级联菜单)→【关机】或【重启】命令，系统将直接关机/重启，不再弹出窗口。

4. 定时关机

系统还提供了定时关机的功能，用户可根据需要设置关机时间和关机频率，操作方法同上述“关机与重启”操作方法 1。【设置定时关机】窗口如图 5-5 所示。

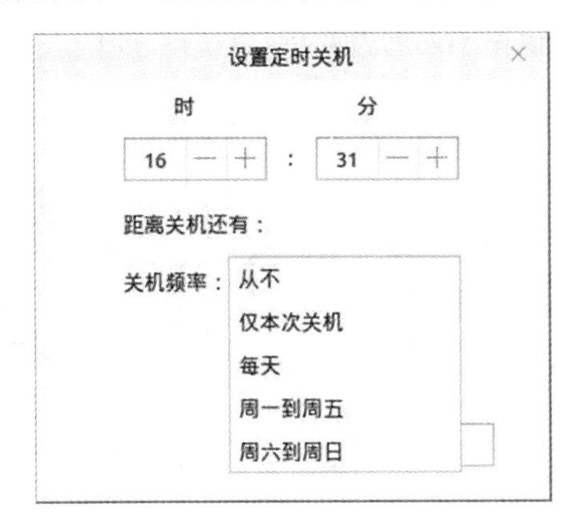

图 5-5　【设置定时关机】窗口

5.3　控 制 面 板

控制面板中默认提供了常用的配置项，可进行系统配置和硬件配置等，如图 5-6 所示。

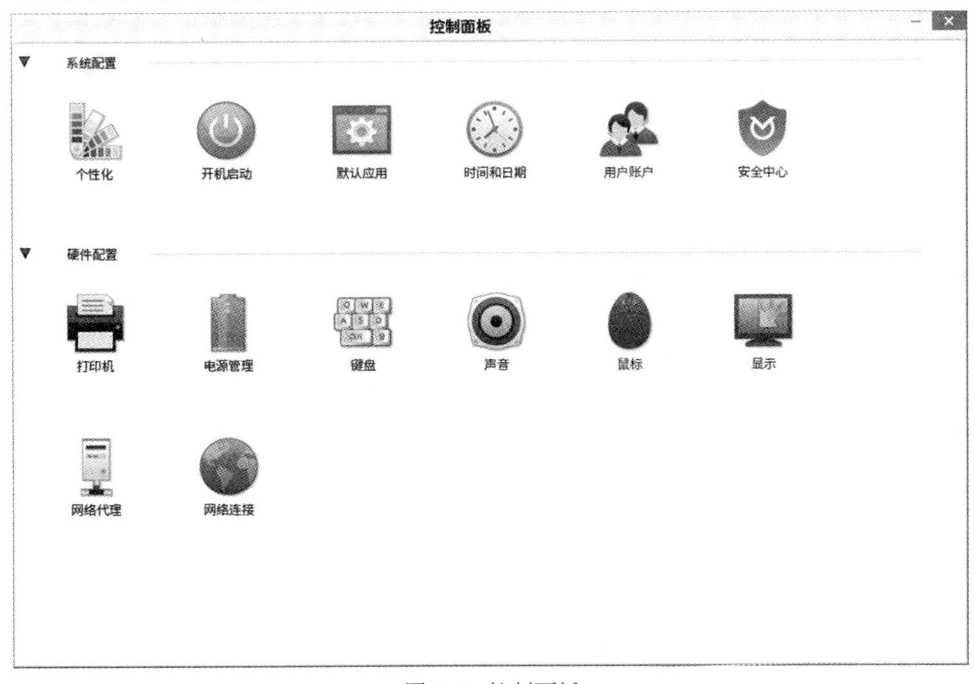

图 5-6　控制面板

打开控制面板的操作方法：选择【开始】→【控制面板】命令。

5.3.1 系统配置

1. 个性化

【个性化】选项可更改桌面背景、主题、字体和锁屏背景。打开【个性化】窗口的操作方法：在桌面空白处右键单击，在弹出的快捷菜单中选择【更改桌面背景】命令，打开【个性化】窗口，用户可以根据个人的喜好进行设置，如图 5-7 所示。

图 5-7 【个性化】窗口

2. 开机启动

【开机启动】选项可以显示、设置开机启动软件，它在控制面板的【系统配置】中，如图 5-8 所示。选中已安装的应用，单击上方的【添加】或【删除】按钮，可以将现有应用添加至开机启动项或从开机启动项中移出。

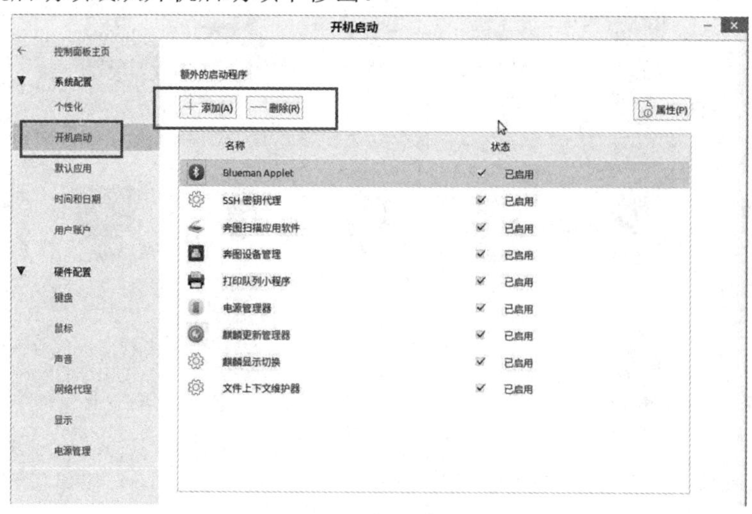

图 5-8 【开机启动】窗口

3. 默认应用

【默认应用】选项可以设置不同类型文件默认打开的软件，该设置的操作路径同样在控制面板的【系统配置】中。【默认应用】选项设置内容分为互联网、多媒体、系统 3 类，在其中可设置每个应用默认打开的客户端软件，如图 5-9 所示。

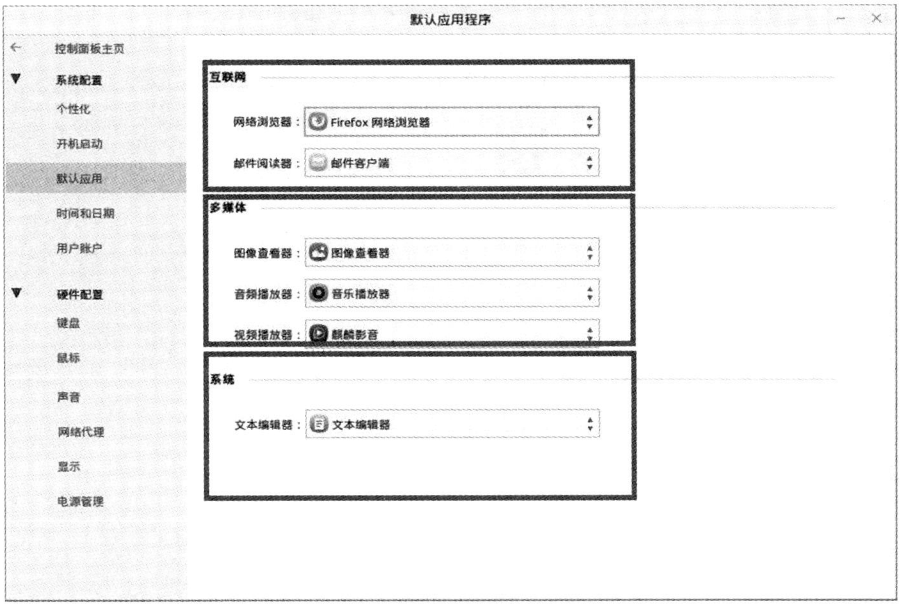

图 5-9　【默认应用程序】窗口

4. 时间和日期

【时间和日期】选项可以设置系统的时区、格式、时间和日期，如图 5-10 所示。

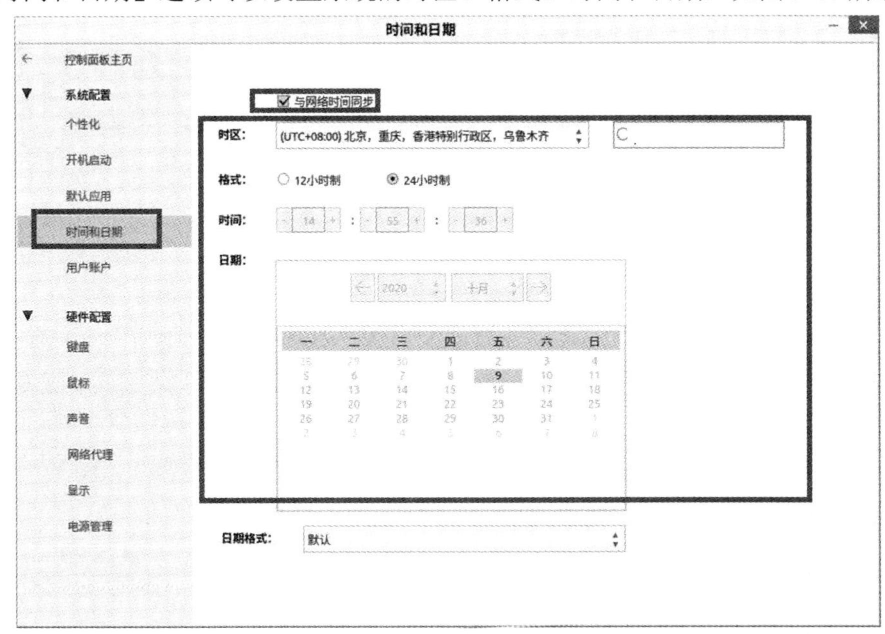

图 5-10　【时间和日期】窗口

【时间和日期】窗口的打开方法：选择控制面板中的【系统配置】，右键单击【时间和日期】，打开【时间和日期】窗口，选中【与网络时间同步】复选框，并选择【时区】，则自动同步该时区的网络时间；若不选中【与网络时间同步】复选框，则需进行手动配置。设置完成后，所做修改将自动同步到系统面板的时钟菜单显示。

单击系统桌面右下角状态栏中的时钟，则会显示详细的系统时钟信息，如图 5-11 所示。

图 5-11　系统时钟信息

5. 用户账户

在控制面板中选择【系统配置】→【用户账户】，在打开的【用户账户】窗口中可对用户的密码、头像等属性进行设置。如图 5-12 所示，可以看到当前用户为 kylin。

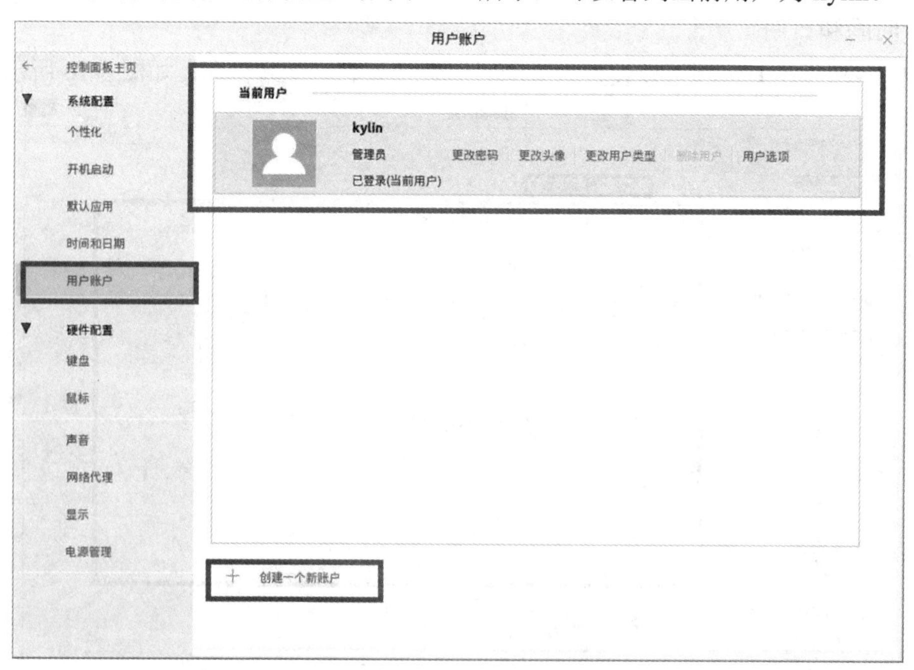

图 5-12　【用户账户】窗口

其中，【更改用户类型】用于设置用户的权限；【用户选项】用于设置密码过期时间，如图 5-13 所示。单击图 5-12 下方的【创建一个新账户】按钮，在弹出的【创建账户】窗口中可创建新用户，如图 5-14 所示。

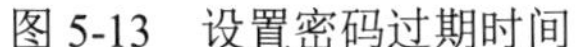
图 5-13　设置密码过期时间

图 5-14　【创建账户】窗口

5.3.2　硬件配置

1. 打印机

系统使用了 Linux 操作系统中最先进、最易于配置的 CUPS(Common UNIX Printing System，通用 UNIX 打印系统)打印子系统。除了支持的打印机类型更多、配置选项更丰富外，CUPS 还能设置并允许任何联网的计算机通过局域网访问单个 CUPS 服务器。

1) 配置打印机

依次单击【控制面板】→【硬件配置】→【打印机】→【添加】按钮，启动添加打印机向导，如图 5-15 所示。

图 5-15　添加打印机向导

用户可安装或配置多种类型的打印机，这里以网络打印机为例，介绍如何将网络打印机添加到系统中(其他类型打印机的添加方法类似)。

(1) 打开图 5-15 中的【网络打印机】菜单，如图 5-16 所示，用户可选择软件自识别的网络打印机，也可以手动输入打印机 IP 进行查找。

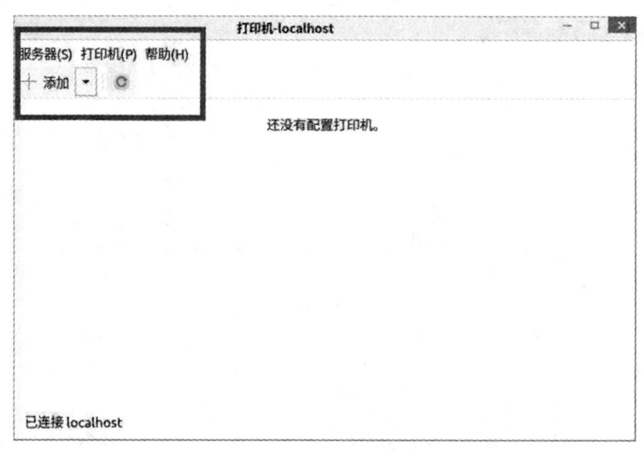

图 5-16　选择打印机

(2) 选择打印机，如图 5-17 所示，单击【前进】按钮，系统将自动添加打印机驱动。完成后，用户可以对打印机的描述进行修改，如图 5-18 所示。

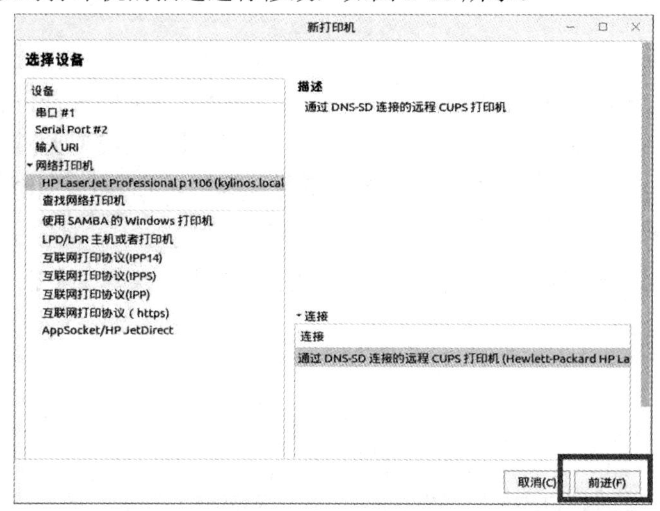

图 5-17　网络打印机

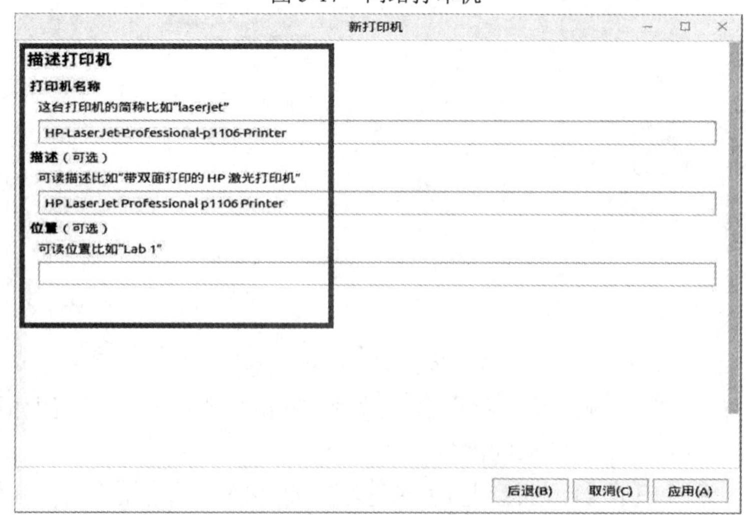

图 5-18　修改打印机描述

(3) 单击【应用】按钮，会出现一个测试页面，以确认添加成功，如图 5-19 所示。

(4) 单击【打印测试页】按钮，等待测试结束。如果有误，则可返回前面的配置项重新进行设置。

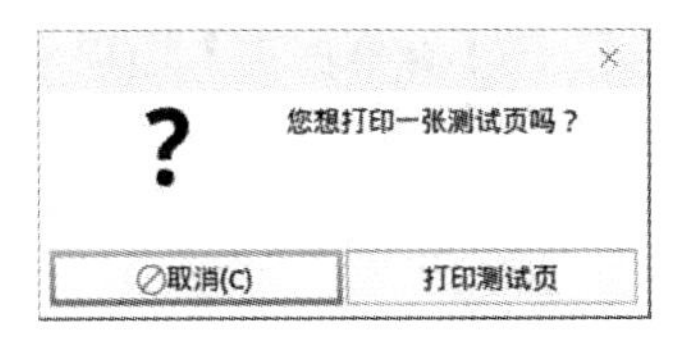

图 5-19　测试页面

2) 属性设置

已经添加的打印机都会显示在打印机主界面上。右键单击某一打印机，在弹出的快捷菜单中可进行设置与管理，包括打印机的基本信息、启用与共享、设为默认打印机、查看打印机队列等，如图 5-20 所示。

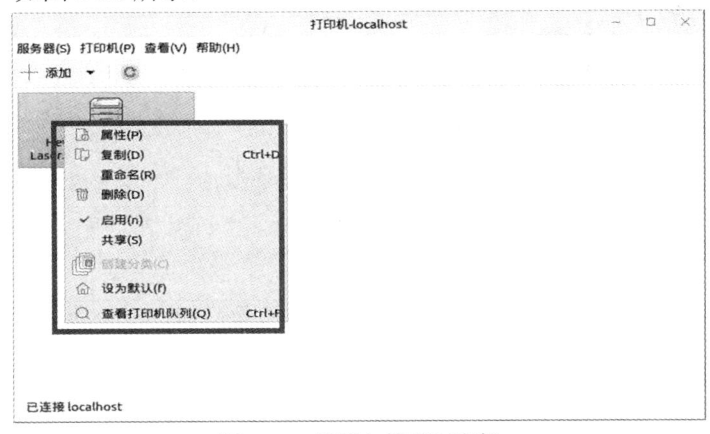

图 5-20　设置与管理打印机

2. 电源管理

【电源管理】选项包括【电源设置】和【屏幕保护】选项卡，如图 5-21 所示。

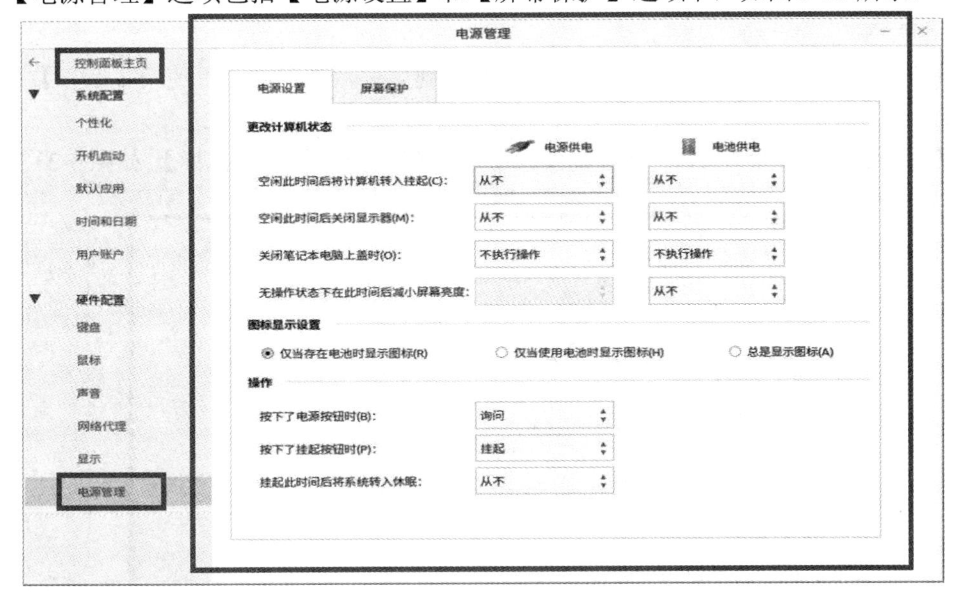

图 5-21　【电源管理】窗口

在【电源设置】选项卡中，用户可以设置计算机状态、图标显示状态和电源按钮操作状态。

在【屏幕保护】选项卡中，用户可以设置屏保样式，以及系统是否启动屏保、启动屏保的时间(部分选项与硬件平台有关，与截图示例不一定完全相符)。

3. 键盘

在【键盘】选项中可以根据需要设置键盘输入速度、布局和快捷键等内容。

【键盘】选项的操作方法：在控制面板中选择【硬件配置】→【键盘】，如图 5-22 所示，可以通过滑块来设置电源的延时长短、速度快慢等。

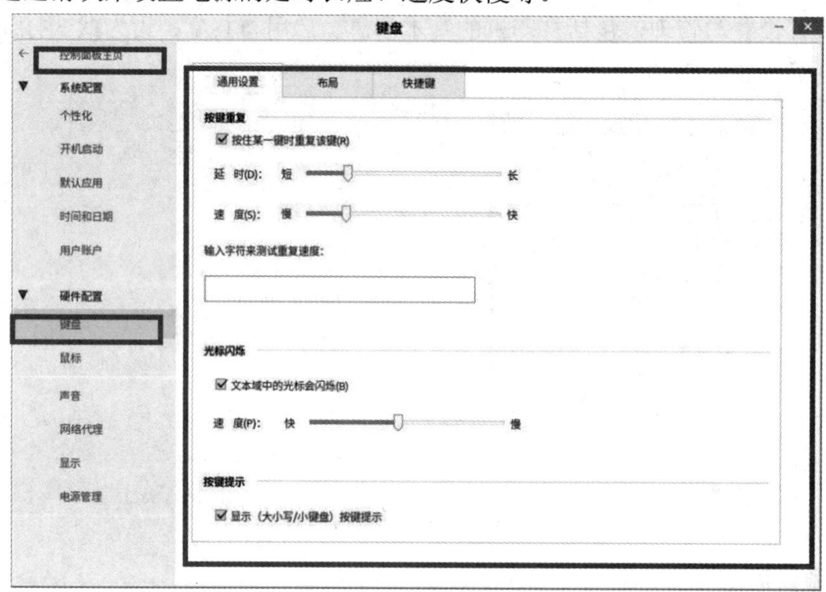

图 5-22 【键盘】窗口

4. 鼠标

用户如需设置鼠标的方向、定位指针、指针速度、双击速度，可使用【鼠标】选项进行设置。

【鼠标】选项的操作方法：在控制面板中选择【硬件配置】→【鼠标】，如图 5-23 所示。

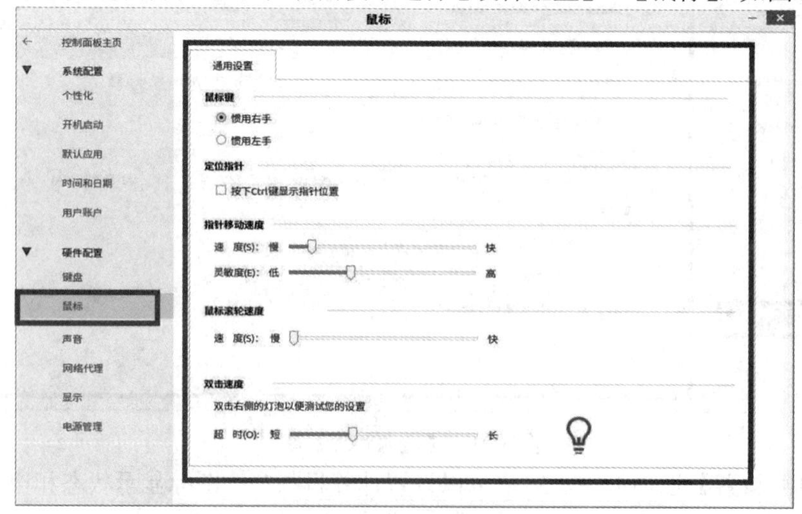

图 5-23 【鼠标】窗口

5. 声音

【声音】选项用于系统音量、音效，输入/输出设备和硬件设备的配置。

【声音】选项的操作方法：在控制面板中选择【硬件配置】→【声音】，在打开的【声音】窗口中调节声音输出音量、设置声音效果等，如图 5-24 所示。

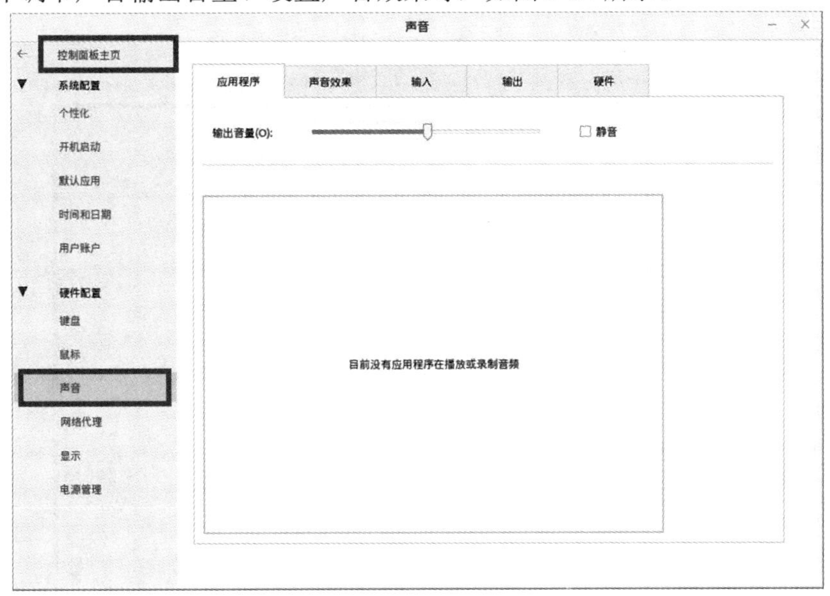

图 5-24　【声音】窗口

6. 显示

【显示】选项可以对显示器的分辨率、刷新率、方向、主副屏、显示模式等进行设置。

【显示】选项的操作方法：在控制面板中选择【硬件配置】→【显示】，如图 5-25 所示。

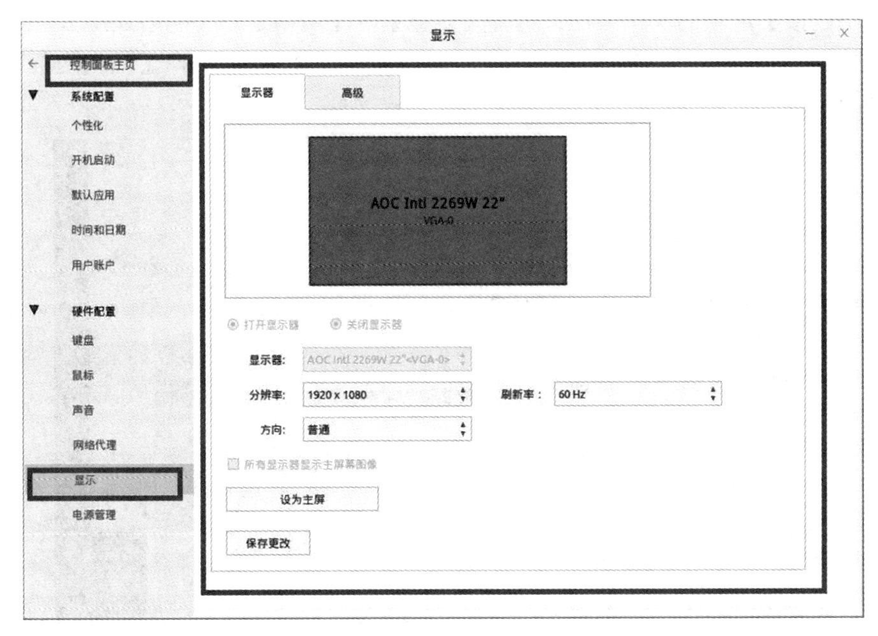

图 5-25　【显示】窗口

7. 网络代理

【网络代理】选项用于用户需要通过第三方代理访问目标网站，或者需要通过代理服务器进行网络连接的情况。

【网络代理】选项的操作方法：在控制面板中选择【硬件配置】→【网络代理】，如图5-26所示。

图5-26 【网络代理】窗口

8. 网络连接

用户如需上网，可以在【网络连接】窗口中配置网络进行网络连接。

【网络连接】选项的操作方法：选择【设置】→【网络】→【网络连接】，用户可以编辑已有连接，也可以新增连接(需要选择网络类型，通常情况下选择【以太网】即可)，如图5-27所示。

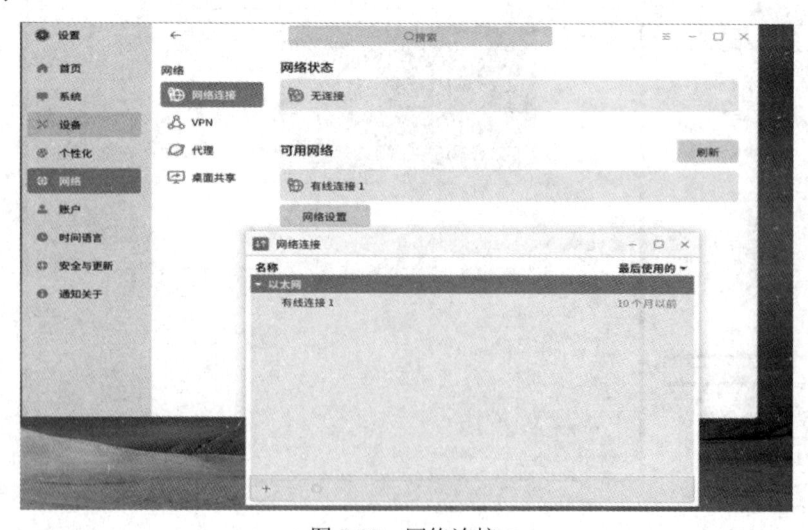

图5-27 网络连接

在【IPv4 设置】选项卡中可配置 IP、网关等，如图 5-28 所示，用户可根据实际情况选择手动、自动(DHCP)等连接方法。

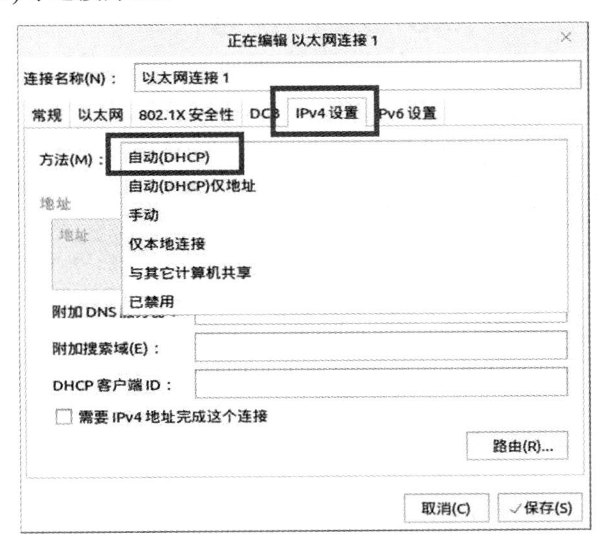

图 5-28　编辑网络连接

5.4　输　入　法

银河麒麟桌面操作系统默认集成两种输入法：“键盘—英语”和汉语输入法“搜狗输入法麒麟版”。用户可以用鼠标右键单击系统桌面右下角的输入法，在弹出的快捷菜单中直接进行选择和设置；也可以在编辑文档时通过输入法面板进行设置。

搜狗拼音输入法如图 5-29 所示，图标对应了一些快捷功能，如切换中/英文、全/半角、中/英文标点、符号大全等(输入法图标与软件版本有关，与截图示例不一定完全相符)。

单击输入法最右侧的图标，可打开更为详细的设置界面，包括输入习惯、按键、词库等，如图 5-30 所示(设置界面与软件版本有关，与截图示例不一定完全相符)。

图 5-29　搜狗拼音输入法

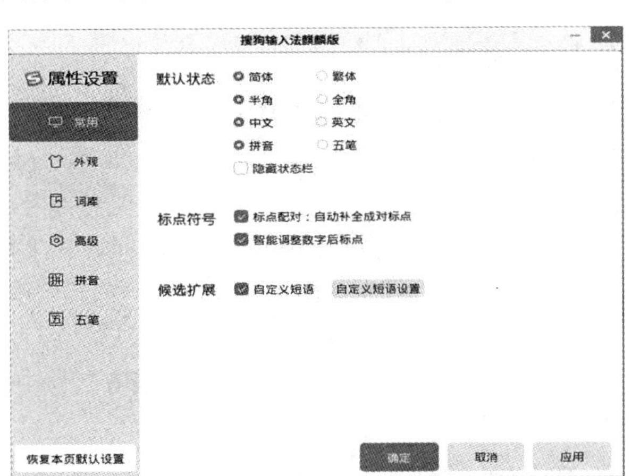

图 5-30　输入法设置界面

5.5 文件管理

文件浏览器提供分类查看文件和文件夹的功能，同时支持文件和文件夹的常用操作，如搜索文件、排列文件等。其主界面如图 5-31 所示。

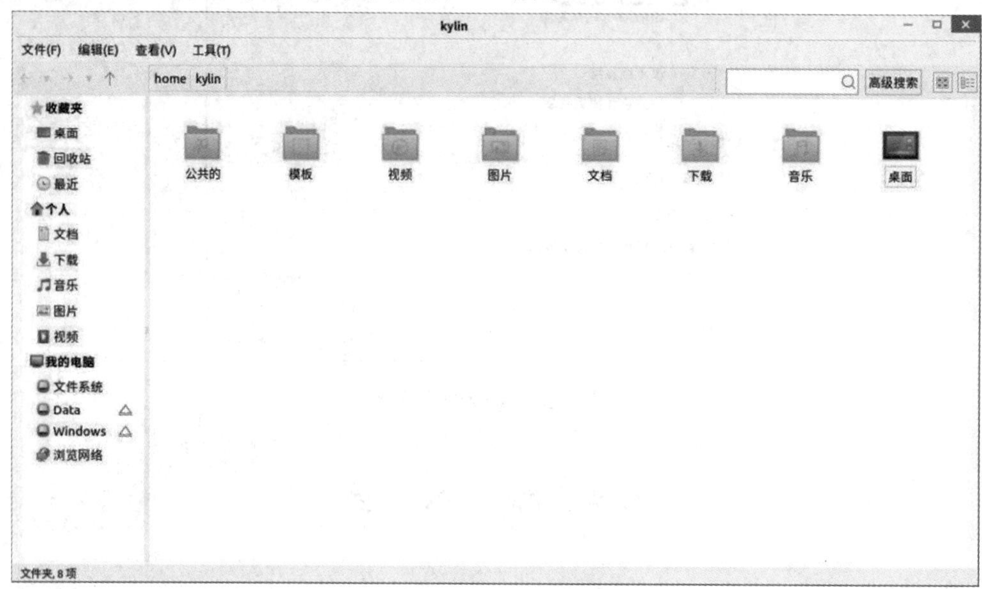

图 5-31　文件浏览器主界面

打开文件浏览器的方法有以下 3 种：

(1) 双击桌面上的文件图标；

(2) 选择【开始】→【所有程序】→【文件浏览器】命令；

(3) 单击系统面板上的【文件浏览器】按钮。

5.5.1　基础知识

1. 文件命名

银河麒麟桌面操作系统 V10 中，文件名的长度最多可以有 255 个字符。文件名通常由字母、数字、“.” (点号)、“_” (下画线)和 “-” (减号)等组成。文件名不能含有符号 “/”，因为 “/” 在操作系统目录树中表示根目录或路径中的分隔符号。

操作系统支持文件名中的通配符，有如下几类：

(1) 星号(*)：匹配零个或多个字符。

(2) 问号(?)：匹配任何一个字符。

(3) [abl A-F]：匹配任何一个列举在方括号中的字符。本例中，该集合是 a、b、l 或任何一个 A～F 的大写字符。

2. 路径

某个文件所在的路径称为路径名。使用当前目录下的文件时可以直接引用文件名；如果使用其他目录下的文件，就必须指定该文件所在的目录。

按查找文件的不同起点，路径可以分为两种：绝对路径和相对路径。从根目录开始的路径称为绝对路径，从当前所在目录开始的路径称为相对路径。相对路径是随着用户工作目录的变化而改变的。

每个目录下都有代表当前目录的“.”文件和代表当前目录上一级目录的“..”文件，相对路径名就是从“..”开始的。

3. 文件类型

银河麒麟桌面操作系统 V10 支持以下类型的文件：

(1) 普通文件：包括文本文件、数据文件、可执行的二进制程序等。

(2) 目录文件：简称为目录。系统把目录看成一种特殊的文件，利用它构成文件系统的分层树形结构。

(3) 设备文件：一种特别的文件，系统用它来识别各个设备驱动器，内核使用它与硬件设备进行通信。系统有两类特别的设备文件——字符设备文件和块设备文件。

(4) 符号链接：一种特殊的文件，存放的数据是文件系统中通向某个文件的路径。当调用符号链接时，系统将自动访问保存在文件中的路径。

4. 目录结构

银河麒麟桌面操作系统 V10 采用分层树形目录结构，即一个根目录含有多个子目录或文件，子目录中又含有更下一级的子目录或文件。

下面列出了主要的系统目录及其简单描述：

(1) /bin：存放普通用户可以使用的命令文件。

(2) /boot：包含内核和其他系统程序启动时使用的文件。

(3) /dev：设备文件所在的目录。在操作系统中设备以文件形式管理，可按照操作文件的方式对设备进行操作。

(4) /etc：系统的配置文件。

(5) /home：用户主目录的位置，用于保存用户文件，包括配置文件、文档等。

(6) /lib：包含许多由 /bin 中的程序使用的共享库文件。

(7) /mnt：文件系统挂载点，一般用于安装移动介质、其他文件系统的分区、网络共享文件系统或可安装文件系统。

(8) /opt：存放可选择安装的文件和程序，主要是第三方开发者用于安装它们的软件包。

(9) /proc：操作系统的内存映像文件系统，是一个虚拟的文件系统(没有占用磁盘空间)。查看该目录时，看到的是内存里的信息，这些文件有助于了解系统内部的信息。

(10) /root：系统管理员(root 或超级用户)的主目录。

(11) /tmp：用户和程序的临时目录，该目录中的文件系统会被系统定时自动清空。

(12) /usr：包括与系统用户直接相关的文件和目录，一些主要的应用程序也保存在该目录下。

(13) /var：包含一些经常改变的文件，如假脱机(spool)目录、文件日志目录、锁文件和临时文件等。

(14) /lost + found：在系统修复过程中恢复的文件所在的目录。

5.5.2 文件浏览器的组成要素

文件浏览器由菜单栏、工具栏、地址栏、窗口区和状态栏组成。文件浏览器用于显示和管理文件与文件夹。

1. 菜单栏

菜单栏位于标题栏下方，如图 5-32 所示。通过菜单栏中的选项，用户可以完成所有对文件浏览器外观、操作的设置和文件的管理工作。

文件(F) 编辑(E) 查看(V) 工具(T)

图 5-32 菜单栏

2. 工具栏和地址栏

工具栏位于菜单栏下方，如图 5-33 所示。

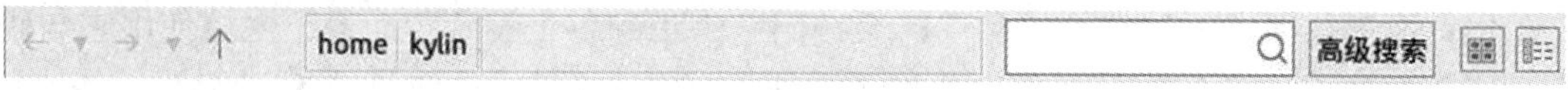

图 5-33 工具栏

工具栏中的工具图标(从左至右)对应的功能如下：

(1) 转到上一个访问过的位置。

(2) 后退历史。

(3) 转到下一个访问过的位置。

(4) 前进历史。

(5) 回到上一级目录。

(6) 地址栏与工具栏在一起，位于工具栏右方，显示当前文件的路径。文本框式的地址栏不仅可以输入本机的文件或目录路径，还可以输入一个局域网中共享的文件路径，或是一个 http 或 ftp 地址。

(7) 搜索栏：搜索用户需要查看的文件。

(8) 设置文件查看方式为图标视图。

(9) 设置文件查看方式为列表视图。

3. 窗口区

文件浏览器的窗口区由左、右窗口两个部分组成。其中，左侧窗口列出了树状的目录层次结构，提供对操作系统中不同类型文件夹目录的浏览；右侧窗口列出了当前目录节点下的文件、目录列表。在树状列表中单击一个目录，其中的内容应显示在右侧视图中。左侧窗口中的“浏览网络”用于在局域网中共享文件。

4. 状态栏

文件浏览器的状态栏位于窗口区下方，用于显示当前文件的信息。

5.5.3 文件浏览器的主要功能

1. 查看文件和文件夹

用户可以使用文件浏览器浏览和管理本机文件或管理本地存储设备(如外置硬盘)、文件服务器和网络共享上的文件。

在文件浏览器中，双击任何文件夹可查看其内容(使用文件的默认应用程序打开)；也可以右键单击一个文件夹，通过弹出的快捷菜单打开它。

(1) 排列文件时，用户可以用不同的方式对文件进行排序。排列文件的方式取决于当前使用的文件夹视图方式，用户可以通过单击工具栏上的【列表视图】或【图标视图】按钮来更改，如图 5-34 所示。

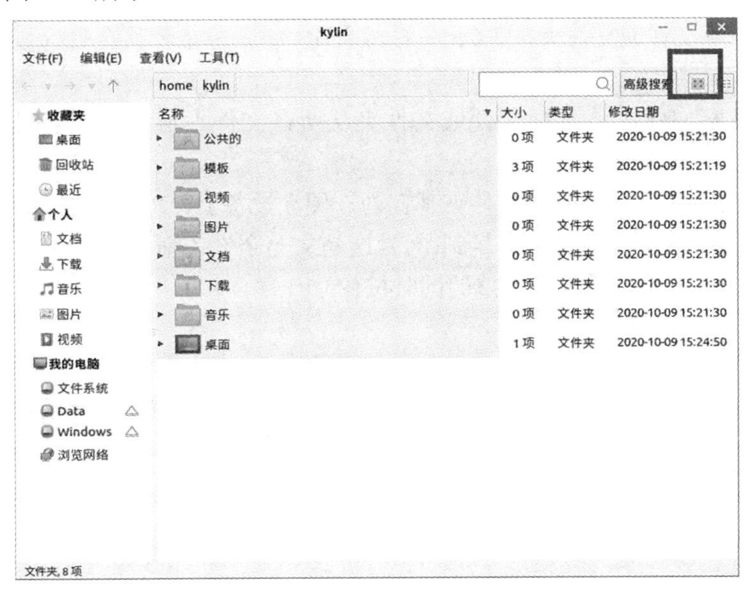

图 5-34　文件浏览器中的排列文件界面

当选择列表查看方式时，单击如图 5-34 中文件上方的名称、大小、类型和修改日期，就可以对文件进行排序。

各种文件的排序方式介绍如下：

① 按名称排序：按文件名以字母顺序排序。

② 按大小排序：按文件大小(文件占用的磁盘空间)排序，默认情况下会从最小到最大排序。

③ 按类型排序：按文件类型以字母顺序排序，即先将同类文件归并到一起，然后按名称排序。

④ 按修改日期排序：按上次更改文件的日期和时间排序，默认情况下会从最旧到最新进行排序。

(2) 视图模式默认情况下，系统以图标形式显示所有的文件和目录。

在图标视图中，文件浏览器中的文件将以“大图标＋文件名”的形式显示；在列表视图中，文件浏览器中的文件将以“小图标＋文件名＋文件信息”的形式显示。

选择菜单栏中的【查看】→【可见列】命令，在弹出的窗口中选择想要显示的属性列，即可按照这些属性列来排列文件，如图 5-35 所示。

图 5-35　【kylin 可见列】窗口

2. 文件和文件夹的常用操作

1) 复制

复制文件和文件夹的几种操作方法如下：

(1) 选中目标文件或文件夹，右键单击，在弹出的快捷菜单中选择【复制】命令，将鼠标指针移至目标位置，在空白处右键单击，在弹出的快捷菜单中选择【粘贴】命令即可。

(2) 选中目标文件或文件夹，按 Ctrl + C 组合键，将鼠标指针移至目标位置，按 Ctrl + V 组合键即可。

(3) 按住鼠标左键，将目标文件或文件夹从所在文件夹窗口拖拽至目的文件夹窗口即可。

在操作方法(3)中，如果两个文件夹都在同一硬盘设备上，项目将被移动；如果是从 U 盘拖拽到系统文件夹中，项目将被复制(因为这是从一个设备拖拽到另一个设备)。要在同一设备上进行拖拽复制，需要在拖拽的同时按住 Ctrl 键。

2) 移动

移动文件或者文件夹的几种操作方法如下：

(1) 选中目标文件或文件夹，右键单击，在弹出的快捷菜单中选择【剪切】命令，将鼠标指针移至目标位置，在空白处右键单击，在弹出的快捷菜单中选择【粘贴】命令即可。

(2) 选中目标文件或文件夹，按 Ctrl + X 组合键，将鼠标指针移至目标位置，按 Ctrl + V 组合键即可。

3) 删除至回收站

删除文件或者文件夹至回收站的几种操作方法如下：

(1) 选中目标文件或文件夹，右键单击，在弹出的快捷菜单中选择【删除到回收站】命令即可。

(2) 选中目标文件或文件夹，按 Delete 键即可。

(3) 选中目标文件或文件夹，将其拖入桌面上的回收站即可。若删除的文件为可移动设备上的，在未清空回收站的情况下弹出设备，可移动设备上已删除的文件在其他操作系统上可能看不到，但这些文件仍然存在；当设备重新插入删除该文件所用的系统时，将能在回收站中看到。

4) 永久删除

永久删除文件或者文件夹的几种操作方法如下：

(1) 在回收站中选中要永久删除的文件或文件夹，右键单击，在弹出的快捷菜单中选择【删除】命令。

(2) 选中要永久删除的文件或文件夹，按 Shift + Delete 组合键。

5) 重命名

对文件或者文件夹进行重命名的几种操作方法如下：

(1) 选中目标文件或文件夹，右键单击，在弹出的快捷菜单中选择【重命名】命令。

(2) 选中目标文件或文件夹，按 F2 键，文件或文件夹就处于重命名状态。

5.6　软件的安装与卸载

软件源是系统获取软件的一个地址。系统默认配置了软件源，可直接使用。此处以添加光盘源为例进行介绍。

添加光盘为软件源的操作方法：选择【开始】→【所有程序】→【麒麟软件商店】命令，打开如图 5-36 所示界面。

图 5-36　麒麟软件商店

单击右上角的 ≡ 图标，打开如图 5-37 所示的软件源配置界面。

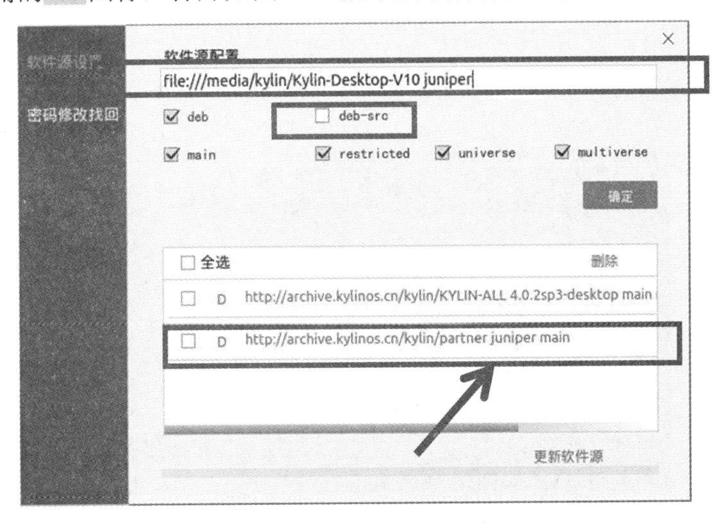

图 5-37　软件源配置界面

(1) 勾选项保持默认即可，其中【deb-src】用于获取软件源码。

(2) “file:///media/kylin/Kylin-Desktop-V10 juniper”中，“file:///”表示其后跟的是文件路径；从“/media”开始，指光盘挂载的路径，其中“kylin”为用户名。

(3) 【全选】下面的地址中，“juniper”是指软件包的系列，完成后单击【更新软件源】按钮。

1. 软件安装

下面以安装360安全浏览器软件为例介绍软件安装过程。

安装360安全浏览器的几种操作方法如下：

(1) 通过软件中心安装。在搜索框中输入“360 安全浏览器”，找到后单击【打开】按钮，按提示进行安装，如图5-38所示。

图5-38　通过软件中心安装360安全浏览器

(2) 通过终端安装。按Ctrl + Alt + T组合键，打开终端(终端类似于Windows操作系统中的命令提示符功能)，以命令方式安装软件。例如，在终端输入“sudo apt-get install uget”，即可安装uget中的软件，如图5-39所示。

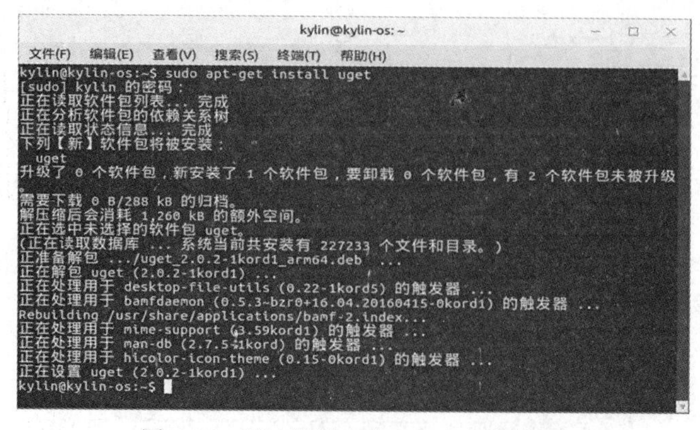

图5-39　通过终端安装360安全浏览器

(3) 软件包在本地的安装。双击软件包，按照提示进行安装即可。

(4) 软件包在本地，通过终端安装。在终端输入如下命令，即可安装软件。

```
sudo dpkg -i [软件包名]
```

2. 软件卸载

软件卸载也有多种方法，以下列举两种常用的操作方法：

(1) 通过软件中心卸载。在麒麟软件商店选择【卸载】选项卡，找到目标软件，单击【卸载】按钮。

(2) 通过终端卸载。在终端输入如下命令，即可卸载软件。

```
sudo apt-get remove [软件名]
```

3. 软件商店用户注册和登录

软件商店主界面左上角有【登录】入口，用户可以登录已有账号，也可注册新账号。登录后，用户可以对软件进行评分、评论，还可以看到软件的历史安装记录，如图 5-40 所示。

图 5-40　用户登录和注册

5.7　系统默认软件

系统默认继承了多款应用软件，涵盖了日常需求的各个方面，用户可以通过【开始】→【所有程序】命令找到。

5.7.1　办公应用

1. WPS Office 办公套件

WPS Office 办公套件可对文字、表格及演示文稿进行操作，其中集成了金山文字、金山表格、金山演示 3 个软件，如图 5-41 所示。

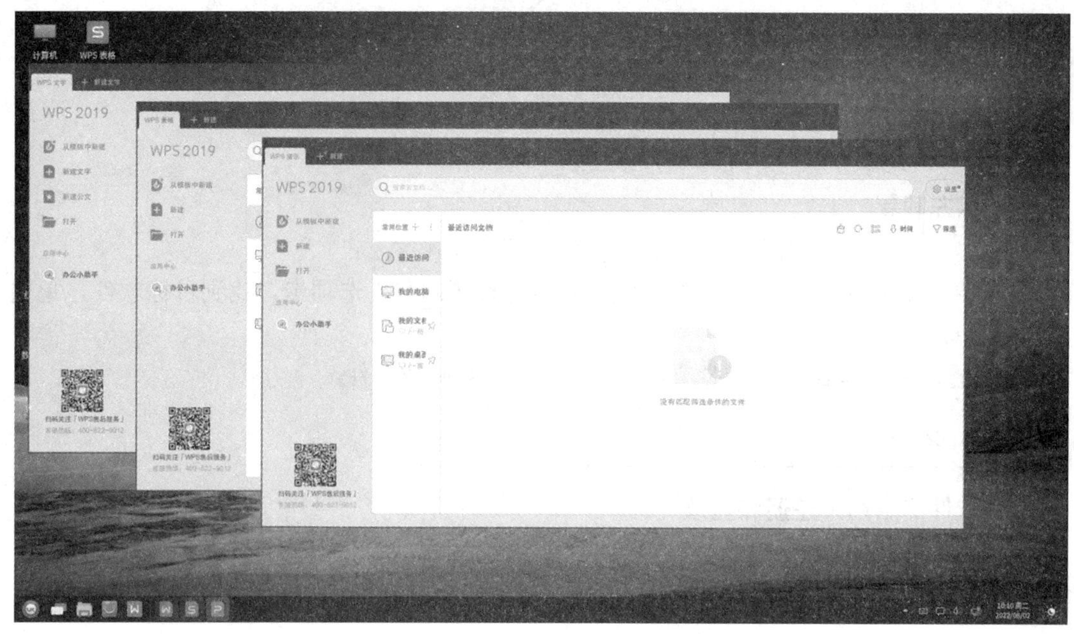

图 5-41　WPS Office 办公套件

2. 文本编辑器

文本编辑器类似于 Windows 操作系统中的记事本，可用于快速记录，如图 5-42 所示。

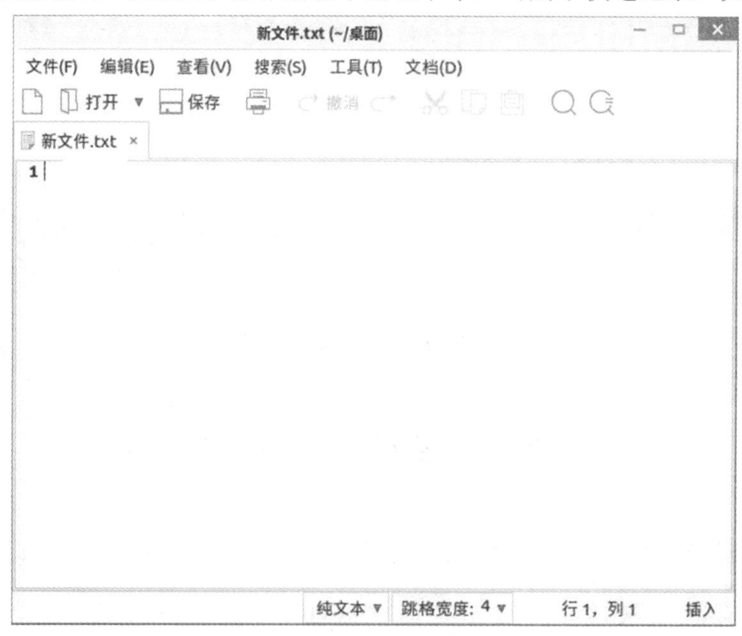

图 5-42　文本编辑器

打开文本编辑器的操作方法：在桌面空白处右键单击，在弹出的快捷菜单中选择【新建】→【文本文档】命令。

3. 文档查看器

使用文档查看器可浏览 PDF 等多种格式的文档，如图 5-43 所示。

图 5-43　文档查看器

5.7.2　图像应用

1. GIMP 图片编辑器

GIMP 图片编辑器是一款开源的图像处理软件，提供各种影像处理工具、滤镜和组件模块，如图 5-44 所示。

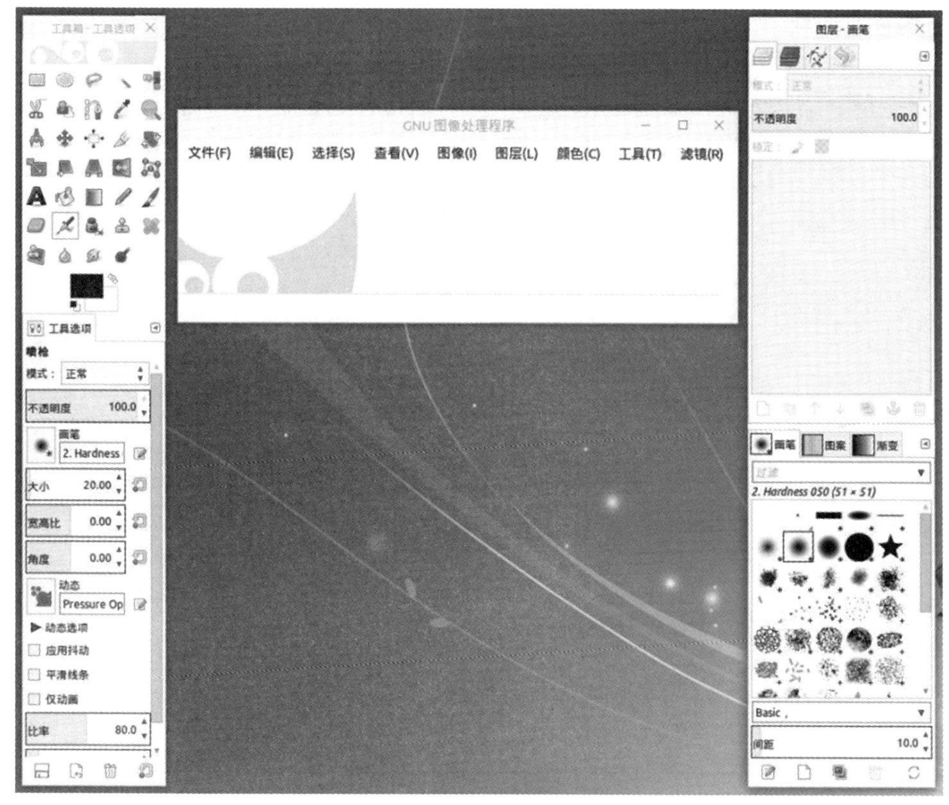

图 5-44　GIMP 图片编辑器

2. Gnome 画图工具

Gnome 画图工具是系统提供的基本画图工具，包含刷子、选择器、几何图形、曲线等工具，如图 5-45 所示。

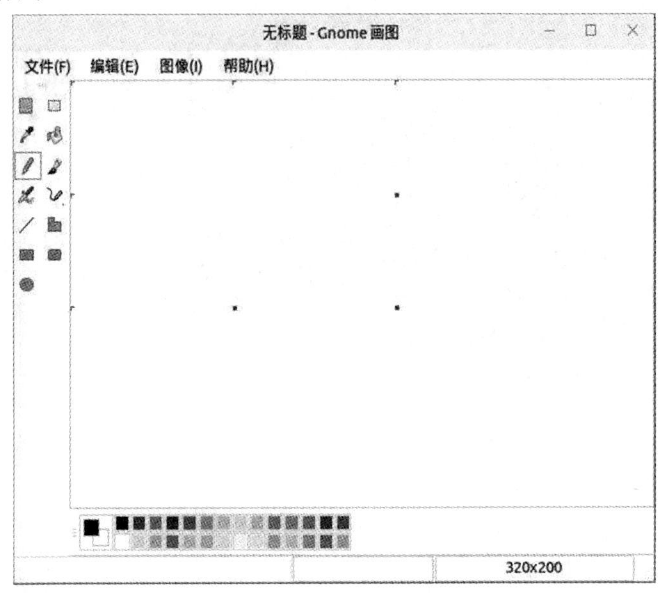

图 5-45 Gnome 画图工具

3. 图像查看器

麒麟桌面操作系统 V10 提供的图像查看器能打开多种格式的图片，支持放大、幻灯显示图片、全屏、缩略图等，如图 5-46 所示。除可从【开始】菜单打开图像查看器外，双击需要查看的图片也可打开图像查看器。

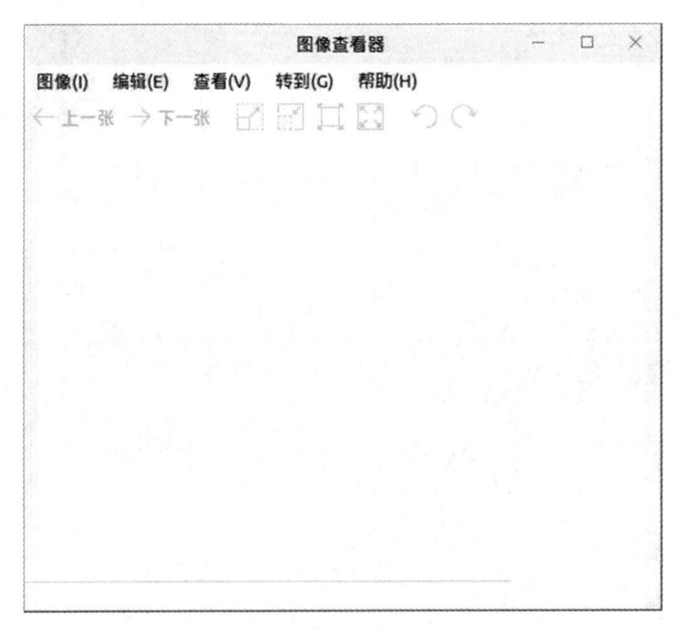

图 5-46 图像查看器

5.7.3　休闲娱乐应用

1. 麒麟影音

麒麟桌面操作系统 V10 提供了简单易用的视频播放软件麒麟影音，其界面如图 5-47 所示。

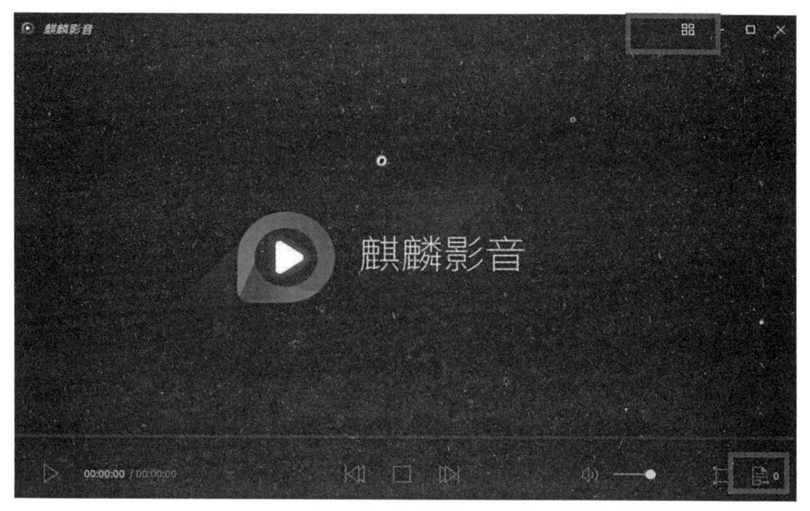

图 5-47　麒麟影音界面

用户可以通过右上角的四格图标对麒麟影音进行基本设置；单击图 5-47 右下角的图标，可查看播放队列及增删文件，如图 5-48 所示。

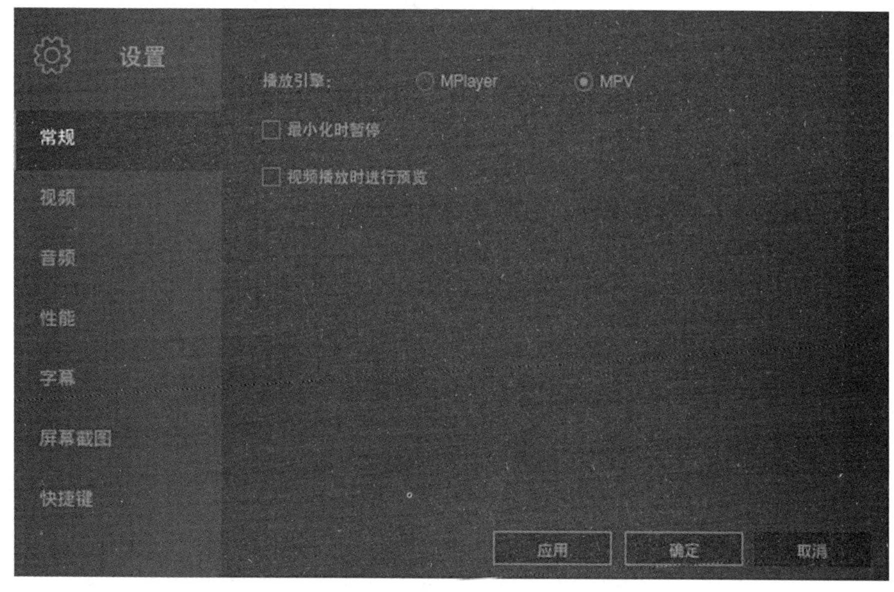

图 5-48　播放设置

2. 音乐播放器

音乐播放器支持播放多种格式的音乐，具有音乐回放、音乐导入、显示歌词等功能，如图 5-49 所示。

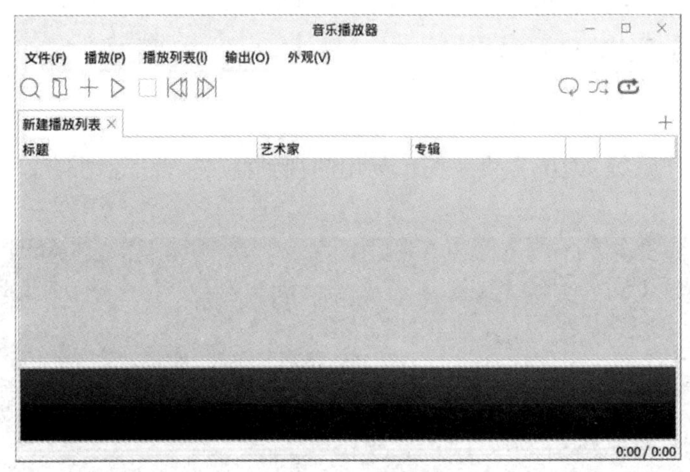

图 5-49　音乐播放器

3. 游戏

1) 四邻

四邻是麒麟桌面操作系统 V10 提供的游戏之一，其游戏规则是用最少的时间把数字方块放到正确的位置上(相邻的数字方块的数字必须一致)，如图 5-50 所示。

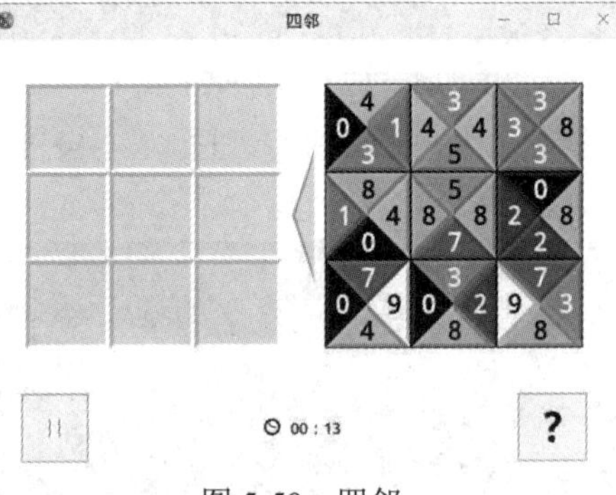

图 5-50　四邻

2) 扫雷

扫雷是麒麟桌面操作系统 V10 提供的游戏之一，它需要根据盘面上的数字提示标示出全部地雷点，如图 5-51 所示。

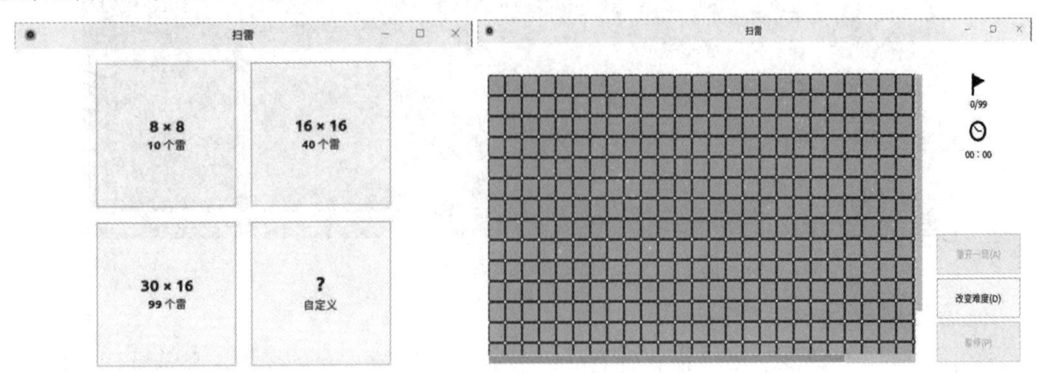

图 5-51　扫雷

3) 黑白棋

黑白棋也是麒麟桌面操作系统 V10 提供的众多游戏之一，它需要将己方两子之间的所有敌子(不能包含空格)全部变为己子(称为吃子)，并尽可能不让对方吃子，最后棋盘全部占满，子多者为胜，如图 5-52 所示。

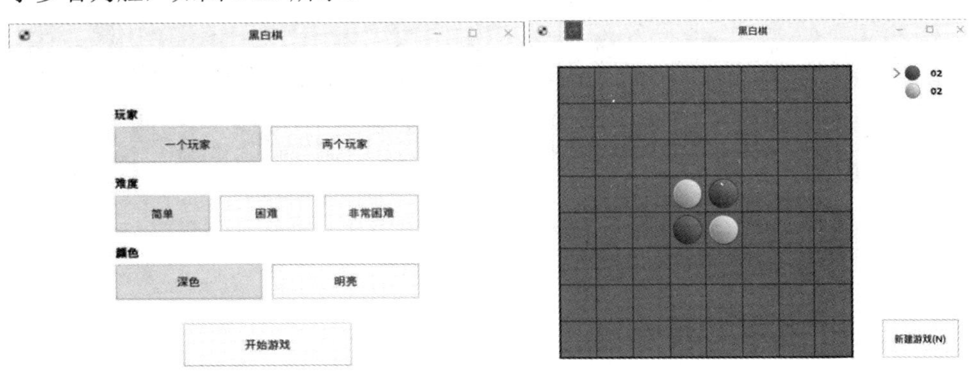

图 5-52　黑白棋

5.7.4　网络应用

1. BT 下载工具

BT 下载工具是跨平台的下载工具，可完成种子下载任务，如图 5-53 所示。

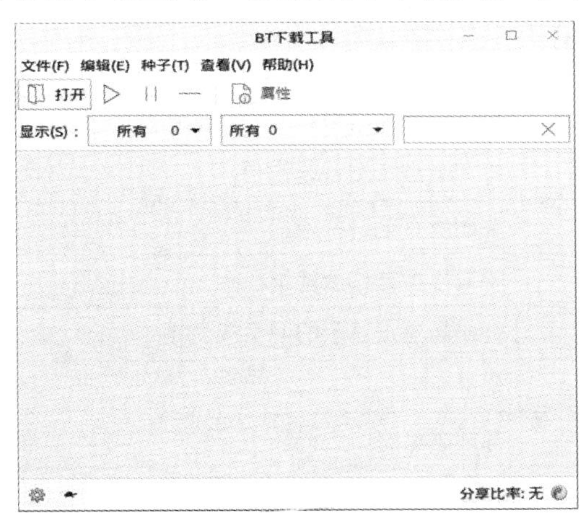

图 5-53　BT 下载工具

使用 BT 下载工具下载文件的操作步骤如下：

(1) 单击【打开】按钮，或者通过【文件】→【打开】命令添加种子。

(2) 在弹出的选项界面中设置目标文件夹、种子优先级等。

(3) 单击【打开】按钮，开始下载任务。

关机前，最好暂停所有任务，否则下次开始任务时会花费大量时间全部重新校验种子。

2. Firefox 浏览器

Firefox 浏览器是麒麟桌面操作系统 V10 提供的一款便捷安全的网页浏览器。图 5-54 为在该浏览器打开的麒麟桌面操作系统 V10 官网示例。

图 5-54　用 Firefox 浏览器打开的麒麟桌面操作系统 V10 官网示例

表 5-1 中列出了 Firefox 浏览器常用的一些快捷键。

表 5-1　Firefox 浏览器常用快捷键

快 捷 键	描　　述
Ctrl + D	将当前网页添加为书签
Ctrl + B	打开书签侧边栏
Ctrl + R 或 F5	刷新页面
Ctrl + T	在浏览器窗口中打开一个新标签，以实现多重网页浏览
Ctrl + N	打开一个新浏览器窗口
Ctrl + Q	关闭所有窗口并退出
Ctrl + L	将鼠标指针移至地址栏
Ctrl + P	打印当前正显示的网页或文档
F11	全屏
Ctrl + H	打开浏览的历史记录
Ctrl + F	在页面中查找关键字
Ctrl + +	放大网页上的字体
Ctrl + -	缩小网页上的字体
Shift + 鼠标左击	在新窗口中打开页面
Ctrl + 滚轮上滚	放大字体
Ctrl + 滚轮下滚	缩小字体
Shift + 滚轮上滚	前进
Shift + 滚轮下滚	后退
中键单击标签页	关闭标签页

3. FTP 客户端

麒麟桌面操作系统 V10 提供的 FTP 客户端可连接到 FTP 服务器上，进行目录、文件的上传和下载，如图 5-55 所示。

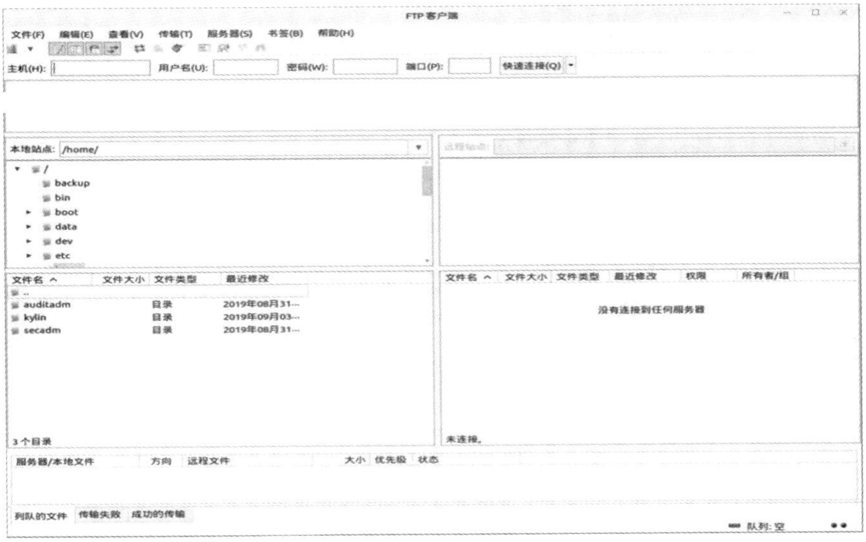

图 5-55　FTP 客户端

FTP 客户端的使用步骤如下：

(1) 在顶部输入 FTP 服务器的地址，以及登录的用户名、密码和端口，连接到服务器。图 5-56 所示为连接到 FTP 服务器。

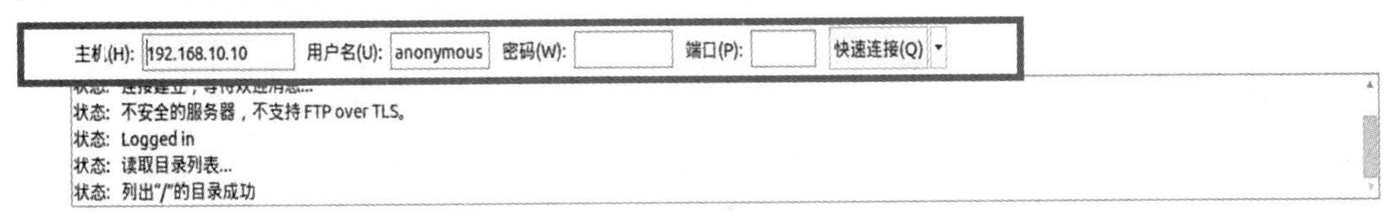

图 5-56　连接到 FTP 服务器

(2) 在右侧窗口中能看到服务器上的目录和文件详情。右键单击某一文件，在弹出的快捷菜单中可执行文件下载等操作，如图 5-57 所示。

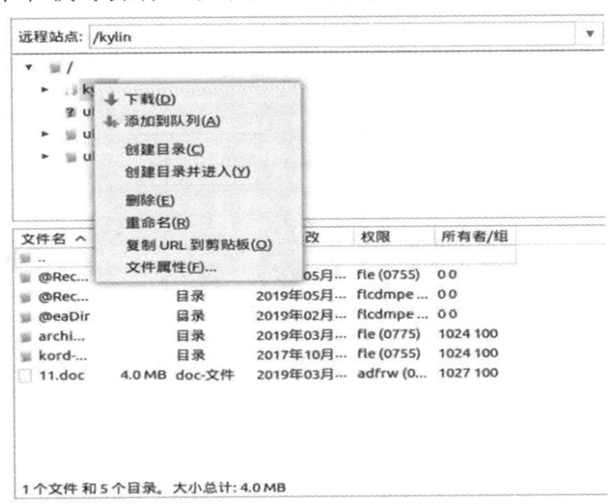

图 5-57　服务器上的目录和文件详情

(3) 左侧窗口中是本机的目录和文件详情。右键单击某一文件，在弹出的快捷菜单中可执行文件上传等操作，如图 5-58 所示。

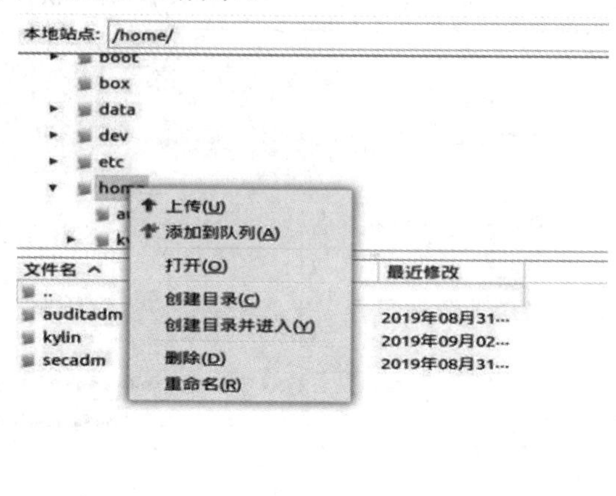

图 5-58　本机的目录和文件详情

(4) 传输状态及进度会在底部窗口显示并记录，如图 5-59 所示。

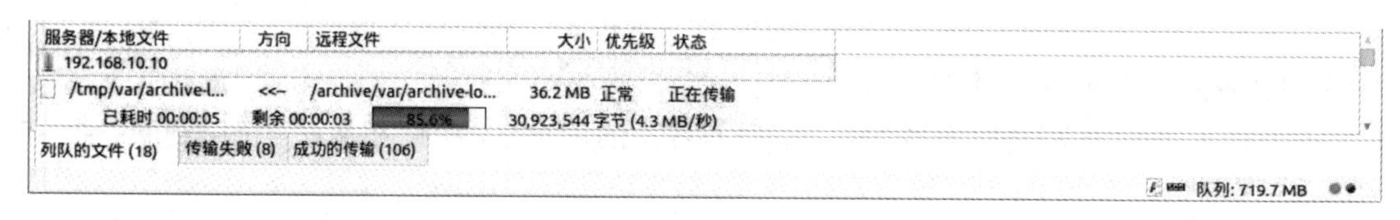

图 5-59　传输状态及进度

4. 麒麟传书

麒麟传书用于局域网通信，包括聊天和文件传输功能。在麒麟传书主界面可以看到本机信息、局域网中在线的用户、已接收文件和选项设置等信息，如图 5-60 所示。其聊天界面和查找用户界面如图 5-61 所示。

图 5-60　麒麟传书主界面

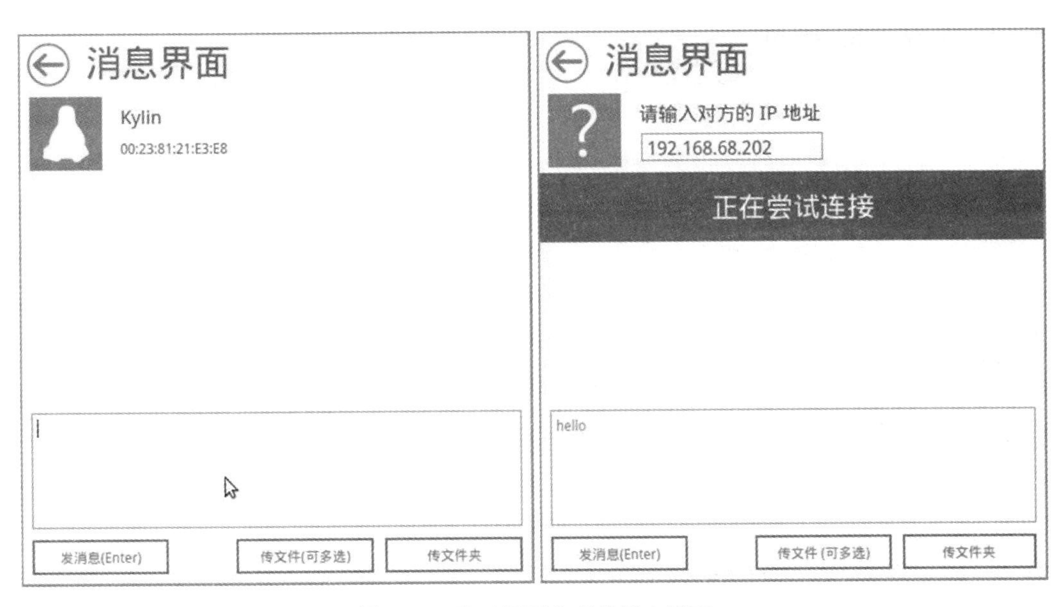

图 5-61　聊天界面和查找用户界面

5. 远程桌面客户端

远程桌面客户端可通过 VNC(图形)和 SSH(终端)远程连接协议远程连接计算机，如图 5-62 所示。

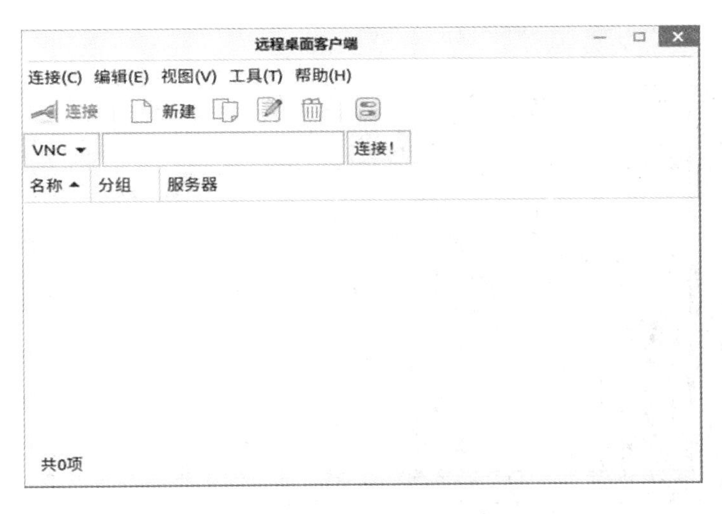

图 5-62　远程桌面客户端

远程桌面客户端的操作步骤如下(以 SSH 协议为例，连接 IP 地址为 192.168.68.202 的计算机)：

(1) 确认这两台计算机的 sshd 服务都是运行的。选择【连接】→【新建】命令，弹出【远程桌面设定】窗口，如图 5-63 所示。

(2) 选择 SSH 协议。在【服务器】文本框中输入 IP 地址 192.168.68.202，在【SSH 验证】中将【用户名】改为被连接计算机的名称，单击【连接】按钮，在弹出的窗口中输入 SSH 密码(若首次连接目标机器，需要信任新公钥)，如图 5-64 所示。

图 5-63 【远程桌面设定】窗口

图 5-64 SSH 连接

(3) 验证通过，表示连接成功，界面如图 5-65 所示。

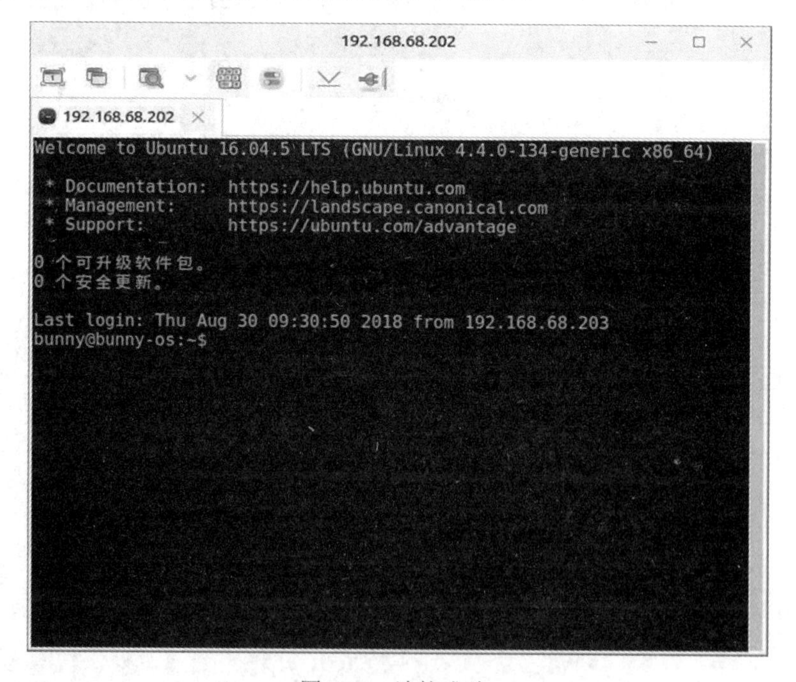

图 5-65 连接成功

6. 邮件客户端

邮件客户端是基于 GTK(GIMP ToolKit，是一套用于创建图形用户界面的工具包)的轻量级的邮件客户端，速度快，可配置性强。使用邮件客户端的操作步骤如下：

(1) 启动软件后，单击【前进】按钮，如图 5-66 所示。

(2) 填写个人信息，如图 5-67 所示。

图 5-66　欢迎界面

图 5-67　填写个人信息

(3) 图 5-68 中的用户名和密码均为邮箱地址和邮箱密码，收、发件服务器及个人账户可在对应的网页邮箱中找到相关信息。若邮箱使用的是 POP(Post Office Protocol，邮局协议)，则在【服务器地址】文本框中直接填写 POP 地址即可。

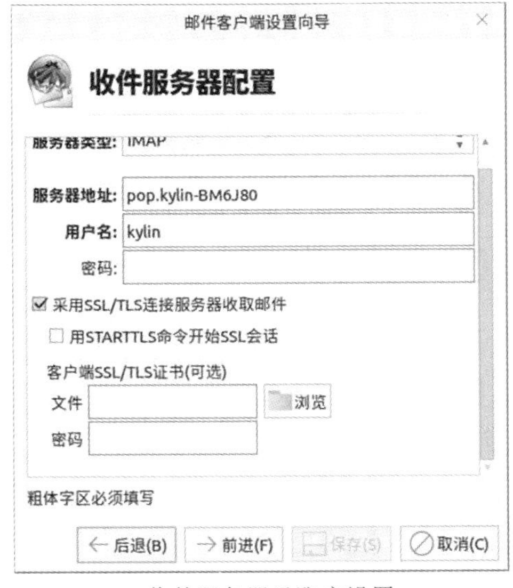

(a) 收件服务器及账户设置

(b) 发件服务器及账户设置

图 5-68　收、发件服务器及账户设置

(4) 设置完成后，单击【保存】按钮，即可进入邮箱。

7. 桌面共享

在控制面板中选择【网络】→【桌面共享】，即可打开麒麟桌面操作系统 V10 的【桌面共享首选项】窗口，如图 5-69 所示。

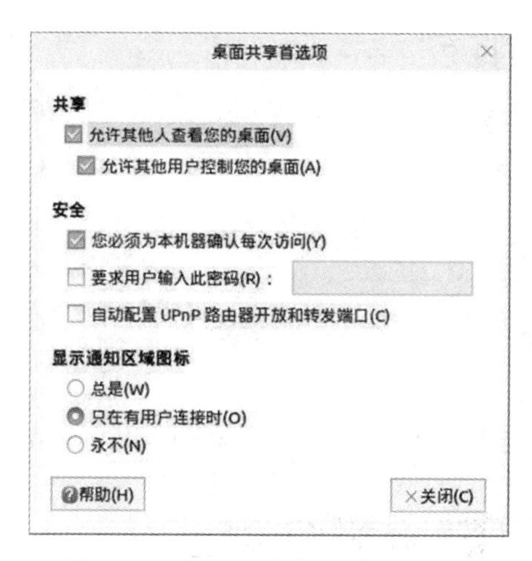

图 5-69 【桌面共享首选项】窗口

5.7.5 开发应用

1. Eclipse

Eclipse 是基于 Java 的可扩展开发平台，界面如图 5-70 所示。Eclipse 采用 IBM 公司开发的 SWT 技术，用户界面使用了 GUI(Graphical User Interface，图形用户接口)中间层 JFace，从而简化了基于 SWT 的应用程序的构建。Eclipse 还附带了一个标准的插件集，包括 Java 开发工具，用于通过插件组件构建开发环境。

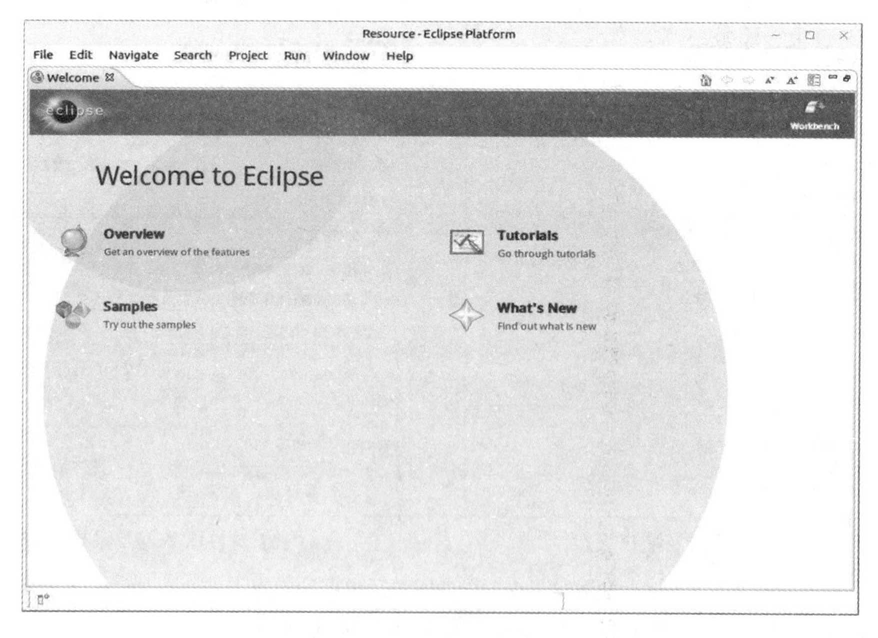

图 5-70 Eclipse 界面

2. Qt Creator

Qt Creator 是一款 GUI 软件开发工具，用于开发有图形界面的应用软件，如图 5-71 所示。

图 5-71　Qt Creator 界面

Qt Creator 具有以下优点：

(1) 优良的跨平台特性，支持 Microsoft Windows NT、Linux、Solaris、SunOS、HP-UX、Digital UNIX 等多种操作系统。

(2) 封装机制良好，模块化程度高，可重用性好。

(3) 丰富的 API(Application Program Interface，应用程序接口)。

(4) 支持 2D/3D 图形渲染、OpenGL、XML。

(5) 有大量的开发文档可参考。

5.7.6　系统应用

麒麟桌面操作系统 V10 自带了许多应用，有一些是默认安装的，如计算器、分区编辑器等，另一些则可以到应用商店下载安装。

1. MATE 计算器

MATE 计算器提供基本、高级、财务、编程 4 种模式的计算器，如图 5-72 所示。

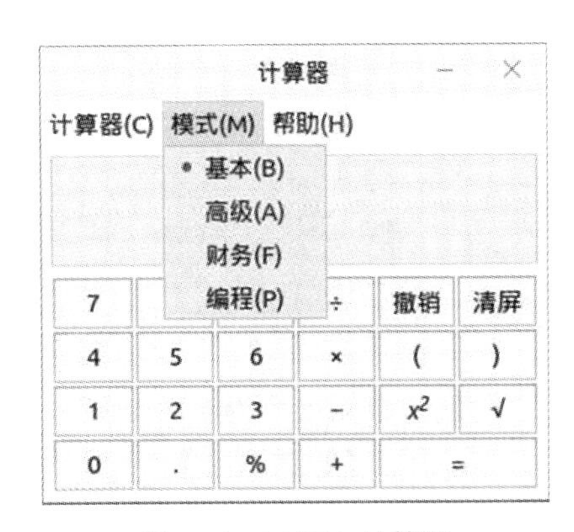

图 5-72　MATE 计算器

2. 分区编辑器

分区编辑器可对本机所有存储设备(如本地硬盘、移动硬盘、U 盘等)进行查看和编辑(新建分区、删除分区、格式化等相关磁盘操作)，如图 5-73 所示。分区编辑器右上角显示的是当前的磁盘，通过下拉菜单可以看到系统上的所有磁盘。磁盘分区中的彩色条显示各个分区的大小，对应下面列表中的分区名称；列表区展示了各个分区的详细信息，如分区名称、挂载点等。

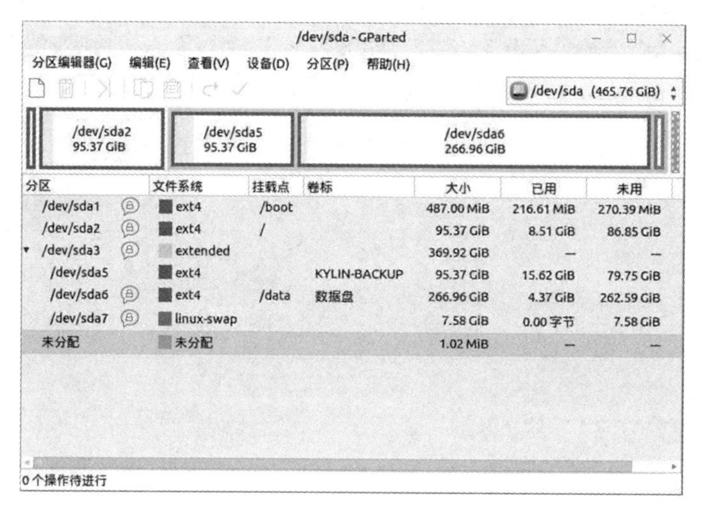

图 5-73 分区编辑器

3. 刻录工具

刻录工具(有些版本称之为刻录)可以进行音频、视频和数据的读取，并且可进行光盘的复制和刻录，如图 5-74 所示。

图 5-74 刻录工具

以创建数据项目为例，刻录工具的使用步骤如下：

(1) 选择【数据刻录】。

(2) 使用拖拽的方法把要复制的文件拖拽到数据光盘项目。

(3) 打开要刻录文件所在的源文件夹，选中文件，将其拖拽到光盘刻录器窗口中。如果用户要删除文件，可在选中文件后右键单击，在弹出的快捷菜单中选择【删除】命令，或按 Delete 键。

(4) 单击窗口右下角的【刻录】按钮，即可对选中的数据进行刻录。

4. 蓝牙管理器

在计算机硬件系统有蓝牙设备存在的前提下，使用蓝牙管理器可以连接/创建蓝牙网络，连接输入设备、音频设备，发送/接收/浏览文件等。如图 5-75 所示，用户可以通过选择【适配器】→【设置】命令来对蓝牙设备进行设置。

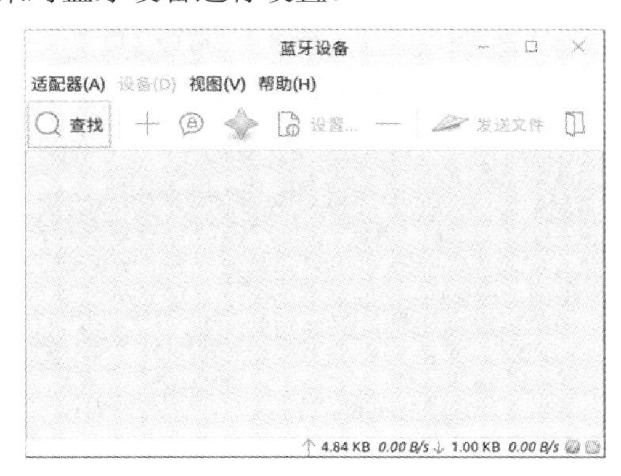

图 5-75　蓝牙管理器

通过蓝牙向手机传输文件的操作步骤如下：

(1) 单击【查找】按钮，找到蓝牙设备。

(2) 右键单击目标设备，在弹出的快捷菜单中选择【配对】命令，当设备图标处出现“配对”图标时，则表明配对成功。

(3) 右键单击已配对成功的设备，在弹出的快捷菜单中选择【发送文件】命令，在接收设备上单击【接受】按钮，显示“接受成功”，就表明蓝牙传输文件成功。

配置蓝牙耳机的操作步骤如下：

(1) 蓝牙设备查找配对连接上后，耳机中会有“蓝牙已连接”的提示音。

(2) 打开控制面板中的【声音】界面，选择【输出】为对应的蓝牙耳机。播放音乐时，蓝牙耳机中会有声音输出。

5. 屏幕键盘

屏幕键盘可在屏幕上显示键盘，提供键盘输入功能，如图 5-76 所示。

图 5-76　屏幕键盘

6. 茄子摄像头

系统自带的茄子摄像头可拍摄照片和录制视频，并可添加眩晕、弯曲等视觉效果，如图 5-77 所示。

图 5-77　茄子摄像头

7. 麒麟更新管理器

麒麟更新管理器可对系统进行更新、升级，但需要有服务序列号。插入更新源，配置好软件源后，启动软件即可进行更新。

8. 麒麟助手

麒麟助手可清理系统、查看系统信息等。

麒麟助手首页包含扫描、清理系统垃圾功能，如图 5-78 所示。

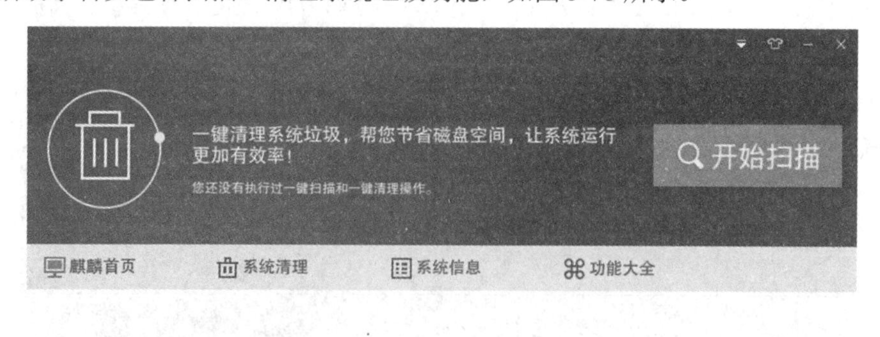

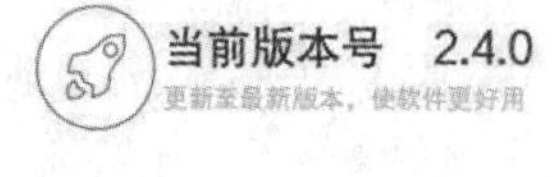

图 5-78　麒麟助手首页

在【系统清理】界面可以清理系统缓存、Cookies 和系统历史使用痕迹，如图 5-79 所示。

图 5-79　【系统清理】界面

在【系统信息】界面可看到操作系统和计算机硬件设备的相关信息，如图 5-80 所示(具体信息根据平台和系统而变动，与截图示例不一定相符)。

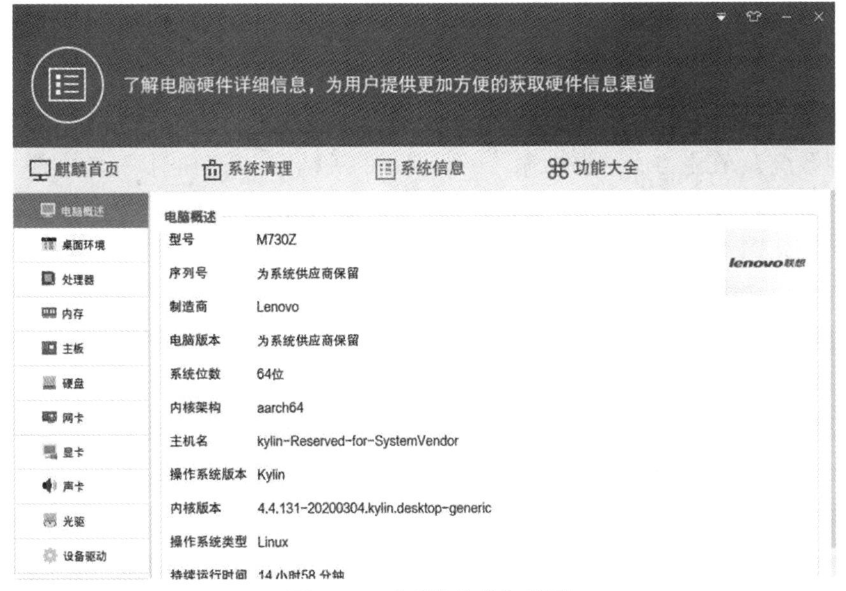

图 5-80　【系统信息】界面

在【功能大全】界面有麒麟软件商店和文件粉碎机两个应用，如图 5-81 所示。

图 5-81　【功能大全】界面

9. 扫描易

扫描易(有些版本称其为扫描)是麒麟桌面操作系统 V10 提供的一款简易的文件扫描工具，如图 5-82 所示。

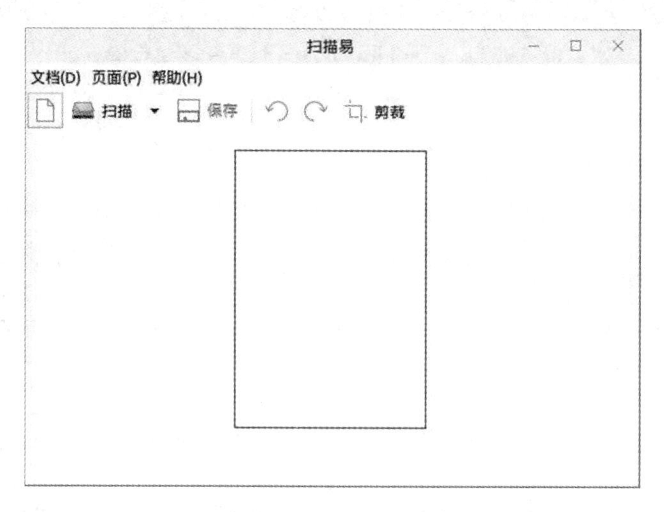

图 5-82 扫描易

10. 文件搜索

在文件搜索界面可用关键字的方式在对应目录中查找相关文件。双击【计算机】图标，选择【文件系统】，在上方文本框中输入需要搜索的关键字，即可查找相关文件。还可以设置搜索的文件夹、类型等，不仅可以根据文件名进行搜索，还可以根据文件包含的文本进行文件搜索，如图 5-83 所示。

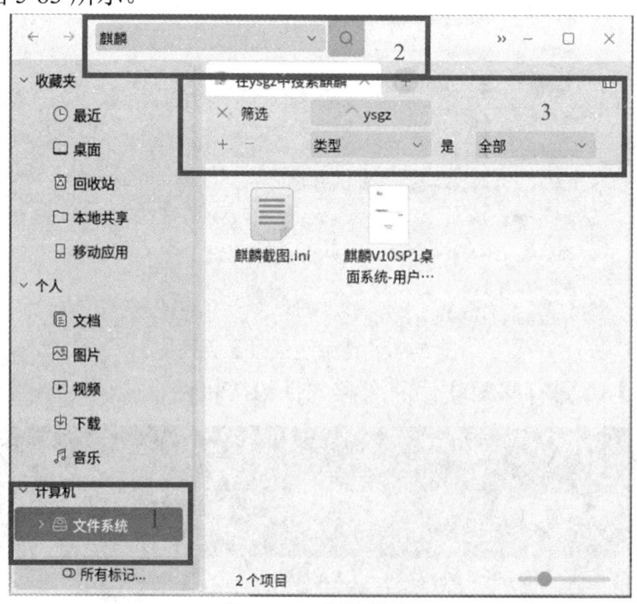

图 5-83 文件搜索

11. 系统监视器

系统监视器是可以查看进程、资源、文件系统的图形化工具，可动态地监视系统使用情况，如图 5-84 所示。

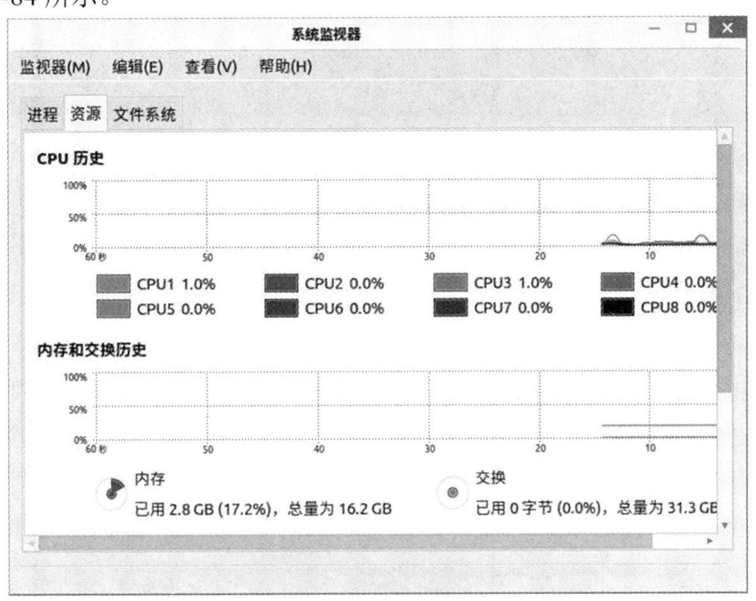

图 5-84　系统监视器

12. 系统日志查看器

系统日志查看器可以图形化查看系统的各种日志，如图 5-85 所示。

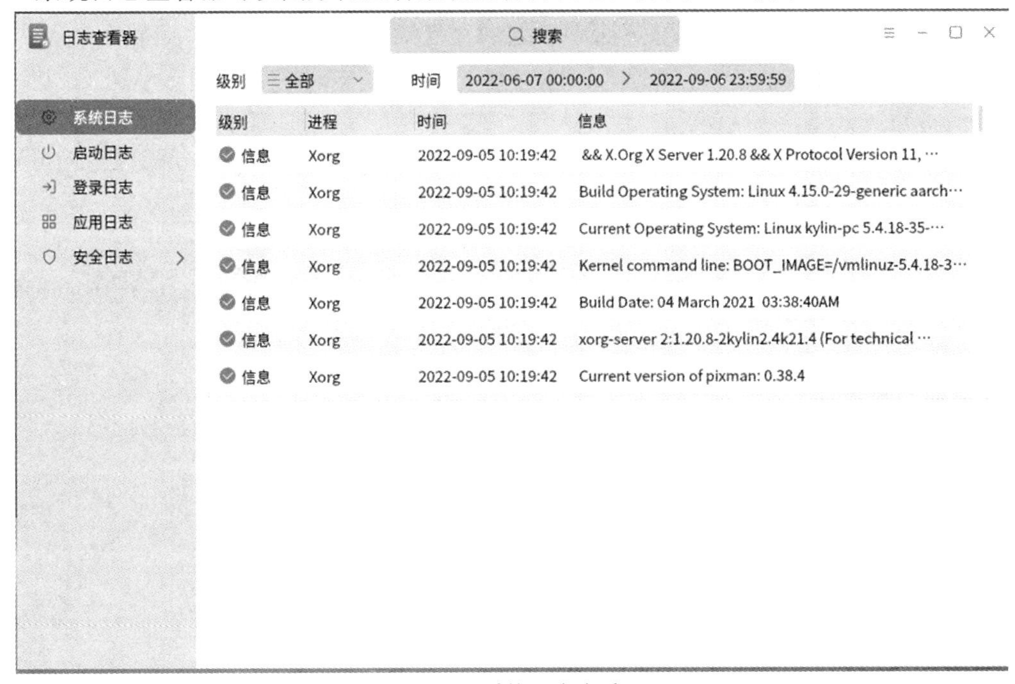

图 5-85　系统日志查看器

13. 压缩工具

压缩工具(有些版本称其为归档管理器)可以实现文件的压缩和解压缩，其支持的文件格式有 .7z、.ar、.jar、.zip、.tar、.bz2、.tar、.gz，如图 5-86 所示。

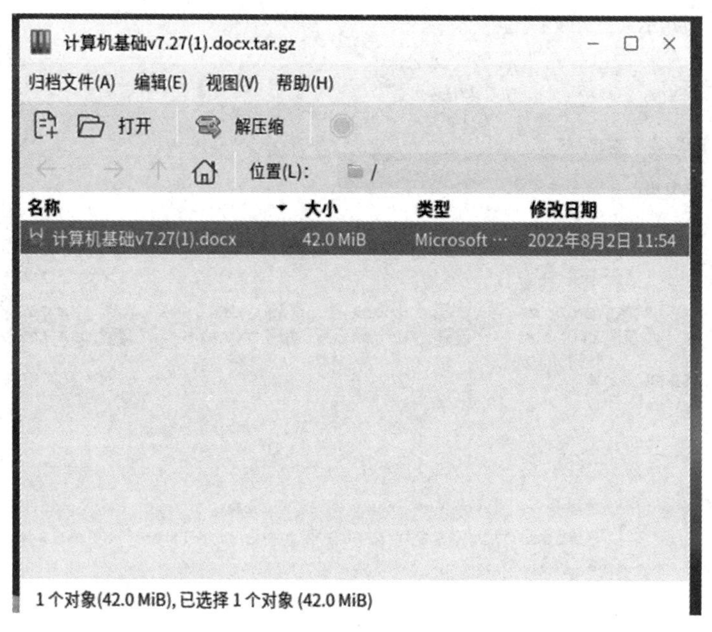

图 5-86 压缩工具

1) 创建新归档(新压缩)

创建新归档的操作方法：选择【归档文件】→【新建】→【创建】命令，在打开的【新建】窗口中输入归档文件名称，并选择保存位置，如图 5-87 所示。

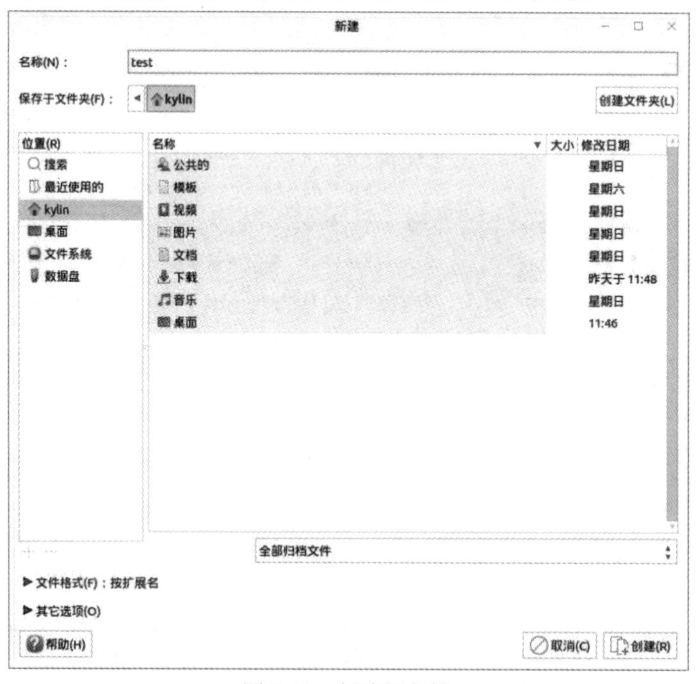

图 5-87 创建新归档

2) 查看归档文件

查看归档文件的操作方法有如下两种：

(1) 选择【归档文件】→【打开】命令，在弹出的窗口中找到压缩文件所在路径，即可查看压缩的文件。

(2) 双击已经归档(压缩)的文件，可以看到文件的名称、大小、类型和修改日期，如图 5-88 所示。

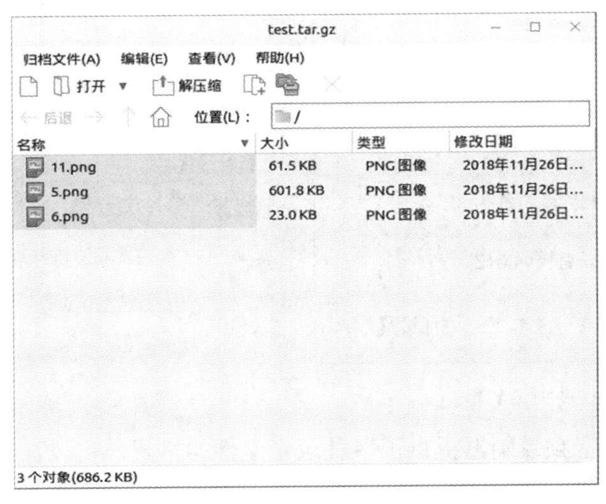

图 5-88　查看归档文件

3) 编辑归档文件

可以对归档文件进行添加、删除、重命名等操作。

添加的操作方法：按照创建归档的方式，将文件添加到现有的档案。

删除的操作方法：在要删除的目标文件上右键单击，在弹出的快捷菜单中选择【删除】命令，或者选中文件，按 Delete 键。

重命名的操作方法：在要重命名的目标文件上右键单击，在弹出的快捷菜单中选择【重命名】命令。

4) 提取归档文件

提取归档文件的操作方法有如下两种：

(1) 在目标归档文件上右键单击，在弹出的快捷菜单中选择【解压缩到此处】命令。

(2) 选择【打开】→【解压缩】命令，如果存档受密码保护，存档管理器将要求用户输入密码。

5) 高级选项

创建一个新归档时，在文件选择对话框底部的【其他选项】中可以添加压缩密码(不是所有存档格式都支持加密，要选择可以使用密码保护的存档类型)。

14. 音频录制器

音频录制器可以录制音频，以及进行音频源、格式等设置。

音频录制器的打开方式：选择【开始】→【音频录制器】(有的版本称之为【录音】)命令，弹出【音频录制器】窗口，在【文件】文本框内输入文件名，单击【开始录制】按钮，即可开始录音，如图 5-89 所示。

展开【音频设置】折叠菜单，还可以进行以下设置：

(1) 音频源设置。如图5-90所示，如果选择【内置音频 多声道(麦克风)】选项，则表示以麦克风作为音频源；如果选择【内置音频 立体声(Audio output)】选项，则表示以计算机内部正在播放的声音为音频源。

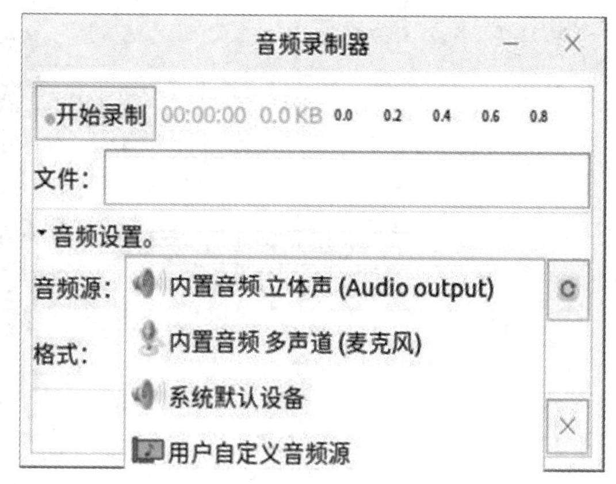

图5-89 【音频录制器】窗口　　图5-90 音频源设置

(2) 格式设置。音频录制器提供了多种录音文件的格式，可以在【格式】下拉列表中进行选择，如图5-91所示。

图5-91 格式设置

(3) 附加设置。单击【附加设置】按钮，在弹出的【附加设置】窗口中可以修改音频保存位置、设置音频设备、调整录制命令等，如图5-92所示。

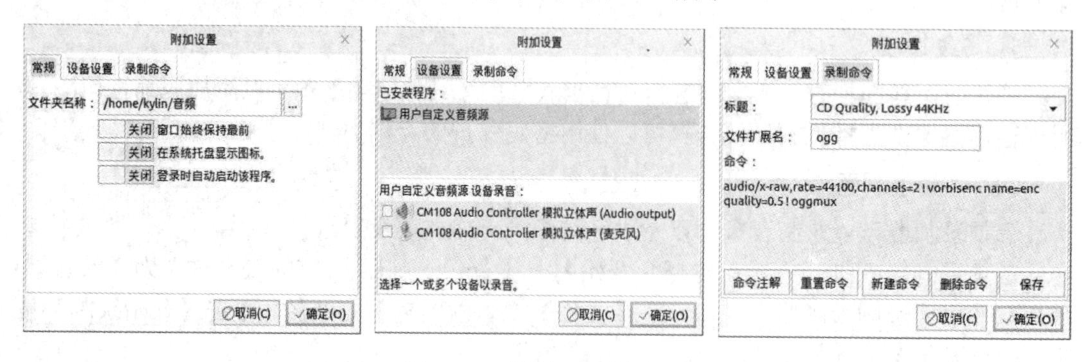

图5-92 【附加设置】窗口

15. 抓图工具

抓图工具可抓取整个桌面、当前窗口或截取区域，也可设置延时抓图，如图 5-93 所示。

图 5-93　抓图工具

16. 终端

终端是麒麟桌面操作系统 V10 在图形界面下的命令行窗口，可通过按 Ctrl + Alt + T 组合键打开。

在桌面环境下，可以利用终端程序进入传统的命令操作界面。如果需要退出终端程序，除了单击【关闭】按钮外，还可以使用 exit 命令，或者按 Ctrl + D 组合键，如图 5-94 所示。

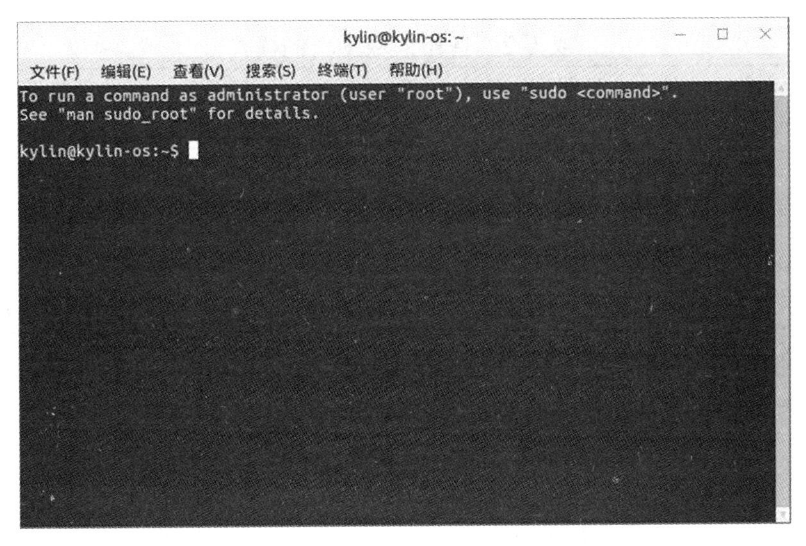

图 5-94　终端

17. 字体查看器

字体查看器可查看系统支持的字体。单击其中的某种字体，可查看字体的具体样式，如图 5-95 所示。

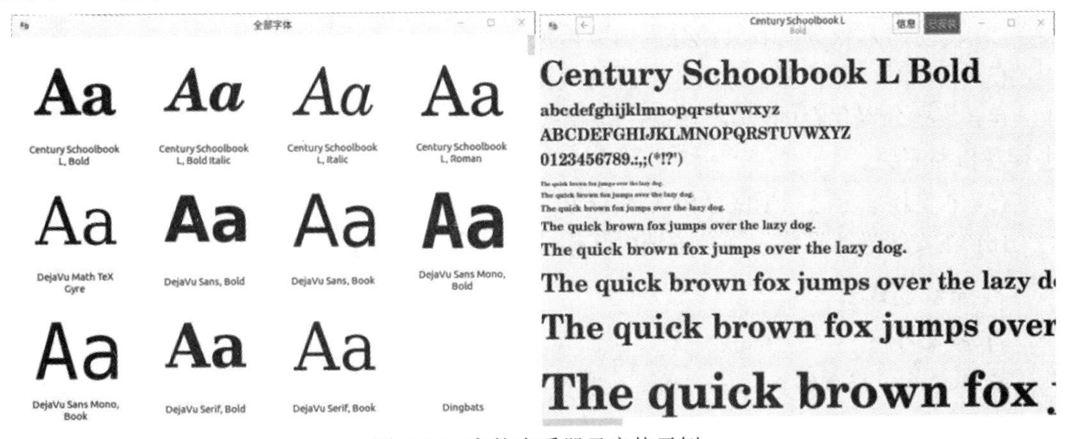

图 5-95　字体查看器及字体示例

5.8 特色应用

5.8.1 麒麟备份还原工具

备份还原工具用于对系统文件和用户数据进行备份，或者在某次备份的基础上再次进行备份。备份还原工具支持将系统还原到某次备份时的状态，或者在保留某些数据的情况下进行部分还原。

备份还原工具通过多种备份还原机制为用户提供了安全可靠的系统备份和恢复措施，降低了系统崩溃和数据丢失的风险。备份还原工具有 3 种模式，如表 5-2 所示。

表 5-2 备份还原工具的模式

模　式	启 用 方 法	适用情形
常规模式	开机启动系统，登录后打开工具	正常使用备份还原
Grub 备份还原	在 Grub 启动界面选择【系统备份还原模式】	系统进行备份，或还原到最近一次成功备份时的状态
LiveCD 备份还原(仅系统还原功能)	从系统启动盘进入操作系统后，运行备份还原工具	系统崩溃后无法启动，需要将系统还原到正常状态

1. 要点提示

系统分区结构如图 5-96 所示，其可被划分为根分区、数据分区、备份还原分区和其他分区。

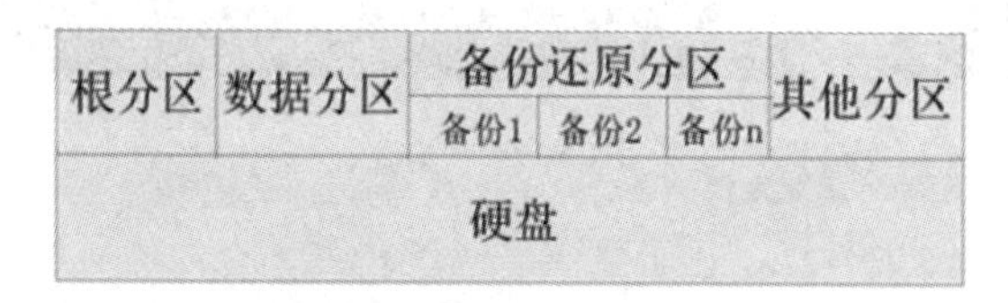

图 5-96 系统分区结构

(1) 备份还原工具仅限系统管理员使用。

(2) 备份时，根分区和其他分区的数据被保存到备份还原分区。

(3) 还原时，保存在备份还原分区的数据将恢复到对应分区。

(4) 数据分区保存的内容与系统关系不大，且通常容量很大，因此不建议对数据分区进行备份和还原。

(5) 备份还原分区用于保存和恢复其他分区的数据，故此分区的数据不允许备份或还原。

(6) 在安装操作系统时，必须选中【创建备份还原分区】，备份还原工具才能使用。

2. 常规模式

1) 系统备份

系统备份包括高级系统备份和全盘系统备份。其中，高级系统备份包括新建系统备份和系统增量备份，如图 5-97 所示。

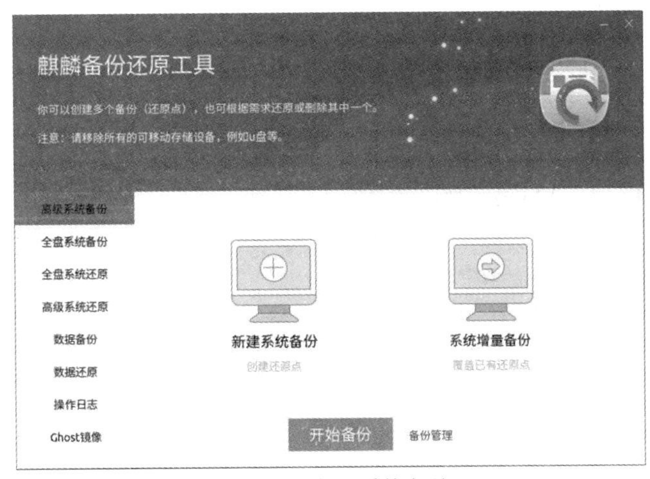

图 5-97　高级系统备份

(1) 新建系统备份。

新建系统备份用于将除备份还原分区、数据分区外的整个系统进行备份。备份还原工具提供了专门的图形界面，供用户指定备份过程中需要忽略的分区、目录或文件，如图 5-98 所示。

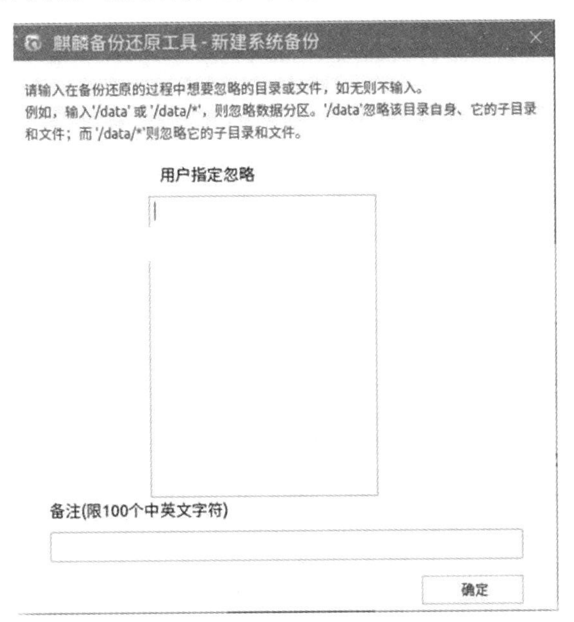

图 5-98　备份忽略目录或文件

目录指定说明(以/home 为例)如表 5-3 所示。

表 5-3　目录指定说明

路　径	效　　果
/home/*	忽略/home 目录下的所有文件，会创建内容为空的/home 目录
/home	忽略/home 目录下的所有文件，并且不会创建/home 目录

当确定进入备份时，系统会检查备份还原分区是否有足够的空间来进行本次备份，若没有足够的空间，则会有报错弹窗；若有足够的空间，则会依次给出提示，如图 5-99 所示。

单击【确定】按钮，则会在备份还原分区上新建一个备份。在备份过程中，会有图 5-100 所示的提示框。备份时间长短与备份内容大小有关。

图 5-99　备份提示

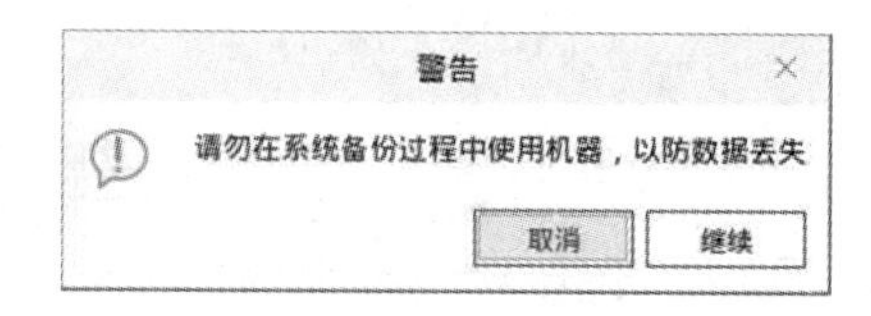

图 5-100　提示框

【开始备份】右侧的【备份管理】选项如图 5-101 所示，可用来查看系统备份状态、删除无效备份，打开后如图 5-102 所示。

图 5-101　备份管理

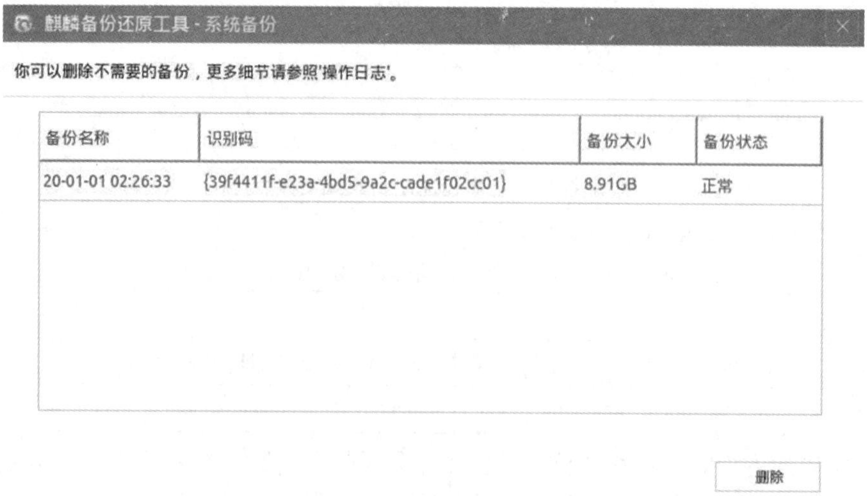

麒麟备份还原工具 - 系统备份

你可以删除不需要的备份，更多细节请参照'操作日志'。

备份名称	识别码	备份大小	备份状态
20-01-01 02:26:33	{39f4411f-e23a-4bd5-9a2c-cade1f02cc01}	8.91GB	正常

删除

图 5-102　系统备份管理

(2) 系统增量备份。

系统增量备份是在一个已有备份的基础上继续进行备份。当选择【系统增量备份】后，会弹出一个列出了所有备份的窗口，供用户选择。

需要特别说明的是，可以在失败的备份基础上进行增量备份。全盘系统备份无须选择忽略的文件路径，可直接对系统全盘进行备份操作。

2) 系统还原

系统还原分为高级系统还原和全盘系统还原。其中，高级系统还原可自定义将系统还原到以前一个备份时的状态，如图 5-103 所示。

图 5-103　高级系统还原

单击【一键还原】按钮，可将系统还原到某个备份状态。备份还原工具提供了专门的图形界面，供用户指定还原过程中需要忽略的分区、目录或文件，如图 5-104 所示。还原成功后，系统会自动重启。

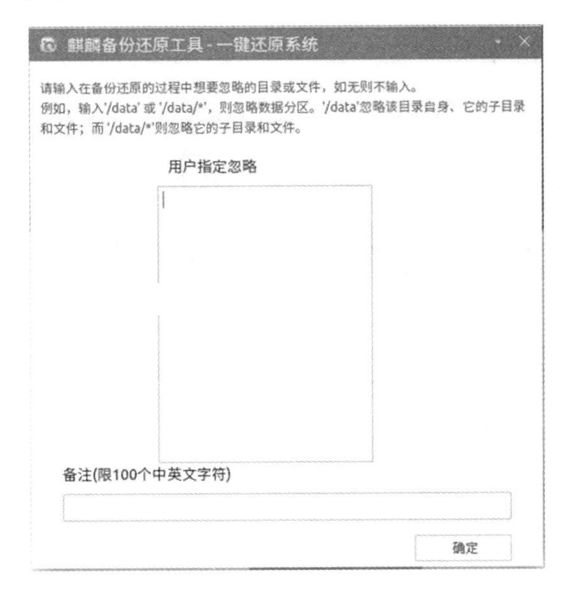

图 5-104　还原忽略目录或文件

目录指定说明(以/home 为例)如表 5-4 所示。

表 5-4　目录指定说明

路　径	效　　果
/home/*	不还原/home 下的文件，会创建/home 目录
/home	不还原/home 下的文件，也不会创建/home 目录

选中【保留用户数据】复选框，可用备份中已有的文件覆盖现有的文件，并且不删除现有系统比备份多出来的文件。

全盘系统还原无须添加忽略的文件路径，直接从还原点进行还原。

3) 数据备份与数据还原

数据备份用于对用户指定的目录或文件进行备份，如图 5-105 所示，会对/home/kylin/目录中的内容进行备份。

数据还原用来把系统还原到某个数据备份的状态，其功能主界面如图 5-106 所示。完成还原后，系统会自动重启。

图 5-105　指定数据备份目录

图 5-106　数据还原功能主界面

3. 操作日志

操作日志记录了在备份还原工具上的所有操作，如图 5-107 所示。

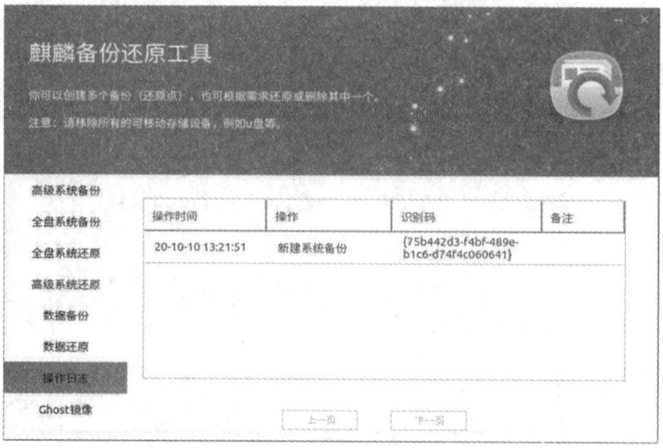

图 5-107　操作日志

4. Ghost 镜像

Ghost 镜像可以将一台机器上的系统生成一个镜像文件，并使用该镜像文件安装操作系统。要使用该功能，首先需要有一个备份。

1) 创建 Ghost 镜像

如图 5-108 所示，选择【Ghost 镜像】，软件会有几点提示。

图 5-108　Ghost 镜像

单击【一键 Ghost】按钮，弹出当前所有备份的列表。用户选择其中一个备份后，开始制作 Ghost 镜像。Ghost 镜像选择制作镜像文件名的格式为“主机名 + 体系架构 + 备份名称.kyimg”，其中备份名称只保留了数字。

2) 安装 Ghost 镜像

(1) 把制作好的 Ghost 镜像(存于/ghost 目录下)复制到 U 盘等可移动存储设备。

(2) 进入 LiveCD 系统，接入可移动设备。

(3) 若设备没有自动挂载，可通过终端手动将设备挂载到/mnt 目录下。通常情况下，移动设备为/dev/sdb1，可使用命令“fdisk -l”查看。

(4) 双击图标【安装 Kylin-Desktop-V10】，开始引导安装。在【安装方式】中选择【从 Ghost 镜像安装】，并找到移动设备中的 Ghost 镜像文件，可用如下命令在终端中进行操作：

```
sudo mount /dev/sdb1 /mnt
```

后续安装步骤按提示进行即可。需要注意的是，如果制作镜像文件时带有数据盘，则在下一步【安装类型】中也要选中【创建数据盘】复选框。

5. Grub 备份还原

开机启动系统时，在 Grub 菜单中选择【系统备份还原模式】。

可选择备份或者还原。若出错，可重启系统再次进行备份或还原。

(1) 备份模式：系统立即开始备份，屏幕上会给出提示。备份模式等同于常规模式下的【新建系统备份】。如果备份还原分区没有足够的空间，则无法成功备份。

(2) 还原模式：系统立即开始还原到最近一次的成功备份状态。还原模式等同于常规模式下的【一键还原】。如果备份还原分区上没有一个成功的备份，则系统不能被还原。

6. LiveCD 备份还原

通过系统启动盘进入操作系统后，选择【开始】→【所有程序】→【麒麟备份还原工具】命令，即可打开备份还原工具，如图 5-109 所示。其还原功能可参考常规模式下的系统还原。

图 5-109　LiveCD 备份还原工具

5.8.2　生物特征管理工具

生物特征管理工具是用于生物识别的辅助管理软件，包括生物识别认证管理、生物识别服务管理、生物识别设备驱动管理以及生物识别特征管理等功能，如图 5-110 所示。

图 5-110　生物特征管理工具

生物特征管理工具的使用步骤如下：

(1) 连接设备，并在主界面把已连接的设备设置为【默认】。

(2) 在主界面打开生物特征认证开关。

(3) 进入对应生物特征界面，单击【录入】按钮，根据提示录入信息，如图 5-111 所示。

图 5-111　录入生物特征——指纹

其他项说明如下：

(1) 验证：对当前选中特征进行匹配性测试。

(2) 搜索：搜索某个特征是否已经被录入系统。如果搜索成功，则会给出该特征所属的用户名和特征名称。

(3) 删除：删除某个特征。

(4) 清空：将当前设备中当前用户的所有特征清空。

5.8.3　安全管理

1. 麒麟安全管理工具

麒麟安全管理工具可以设置系统的安全模式，配置执行程序和共享库白名单、文件保护和内核模块保护，如图 5-112 所示。

图 5-112　麒麟安全管理工具

2. 安全配置

单击图 5-112 中的【安全配置】按钮，即可配置用户账户和密码，设置新建用户时的密码强度、密码错误次数及锁定账户的时长，以及登录信息显示，如图 5-113 所示。

图 5-113　安全配置

5.8.4　安卓兼容运行环境(ARM 平台)

麒麟安卓兼容运行环境是麒麟团队专为银河麒麟桌面操作系统 V10 打造的，用于满足用户的多样化应用需求，也能够让用户在银河麒麟操作系统中安装和运行安卓系统的应用程序，如安卓游戏、QQ、股票等。

用户可以通过软件商店的【安卓】板块查看应用，如图 5-114 所示。

图 5-114　安卓应用

用户也可以选择【开始】→【所有程序】→【安卓兼容】命令，找到已安装的应用，如图 5-115 所示。

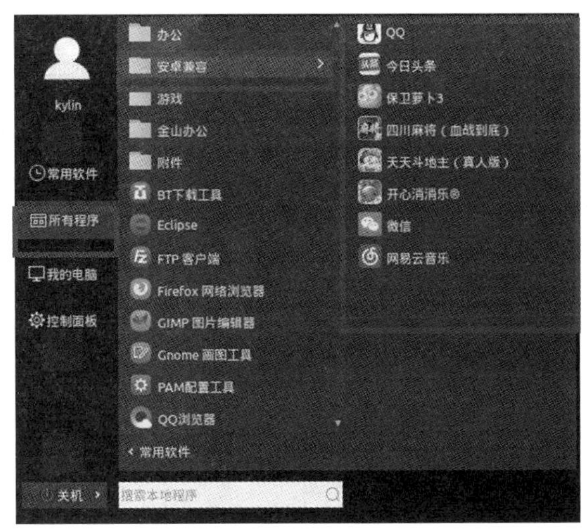

图 5-115　已安装的应用

启动的应用会在同一个界面上运行，窗口位置可自行调整。在应用界面下方有两个按钮，其中左侧三角按钮的作用同手机返回按钮(仅对当前选中的安卓应用有效)，右侧圆形按钮用于切回麒麟桌面，如图 5-116 所示。

开机后，首次打开安卓兼容时，需要一些时间准备文件，读条信息如图 5-117 所示。

图 5-116　运行中的应用

图 5-117　准备文件时的读条信息

第6章 永中文字处理

永中办公软件在标准的用户界面中集成了文字处理、电子表格和简报制作三大应用组件，是一套独具特色的集成办公软件。这些组件具有统一友好的操作界面、通用的操作方法及技巧，各个组件之间可以方便地传递、共享数据，为人们的学习、生活、工作提供了极大的便利。永中 Office 对微软 Office 文档可实现双向精确兼容，具有专业的排版、强大的数据透视表和个性化的自定义动作路径等功能，涵盖的二次开发接口和插件机制完全可以满足专业级用户的需求。

为给读者具体学习各个组件打下良好的基础，本章以永中 Office 2019 版为蓝本，主要介绍永中 Office 套装各组件的共用界面及其操作方法，内容包括文字处理、电子表格和简报制作之间的数据共享，以及与微软 Office 文档实现双向精确兼容等。

6.1 永中 Office 应用界面

永中 Office 2019 版是全新一代的 Office 产品，在应用及产品界面上都给用户带来了全新体验。为了更加方便地按照日常事务处理的流程和方式操作，永中 Office 2019 应用程序提供了一套以工作成果为导向的用户界面，让用户可以用最高效的方式完成日常工作。

在计算机中安装好永中 Office 后，桌面上会出现“永中 Office”应用图标，如图 6-1 所示。双击该图标，即可运行永中 Office 程序，在永中 Office 界面中可以进行文字处理、电子表格和简报制作等操作，如图 6-2 所示。

图 6-1 永中 Office 2019 应用图标

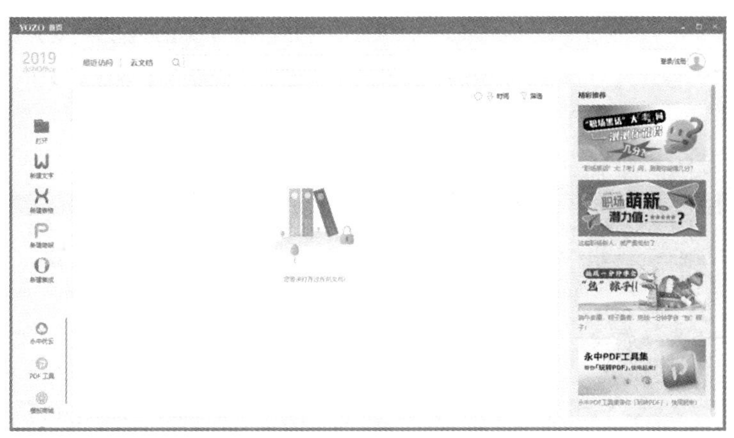

图 6-2　永中 Office 2019 启动界面

6.1.1　功能区与选项卡

当打开文字处理窗口时，其界面和功能区如图 6-3～图 6-6 所示。界面中默认显示的是智能模式界面，常用菜单以选项卡的形式展现。功能区中的选项卡在排列方式上与用户所要完成任务的顺序一致，选项卡中命令的组合方式更加直观，大大提高了应用程序的可操作性。当选择选项卡后，选项卡下方会出现相应的选项组。选项组名称显示在选项卡下方，每个组中包含一组命令图标。部分选项组右下角有一个对话框启动器按钮，单击该按钮，可弹出相应的对话框，该对话框中包含选项组中的相关图标命令。例如，在文字处理窗口功能区中有【文件】、【开始】、【插入】、【页面布局】、【引用】、【邮件】、【审阅】、【视图】、【开发工具】等选项卡。

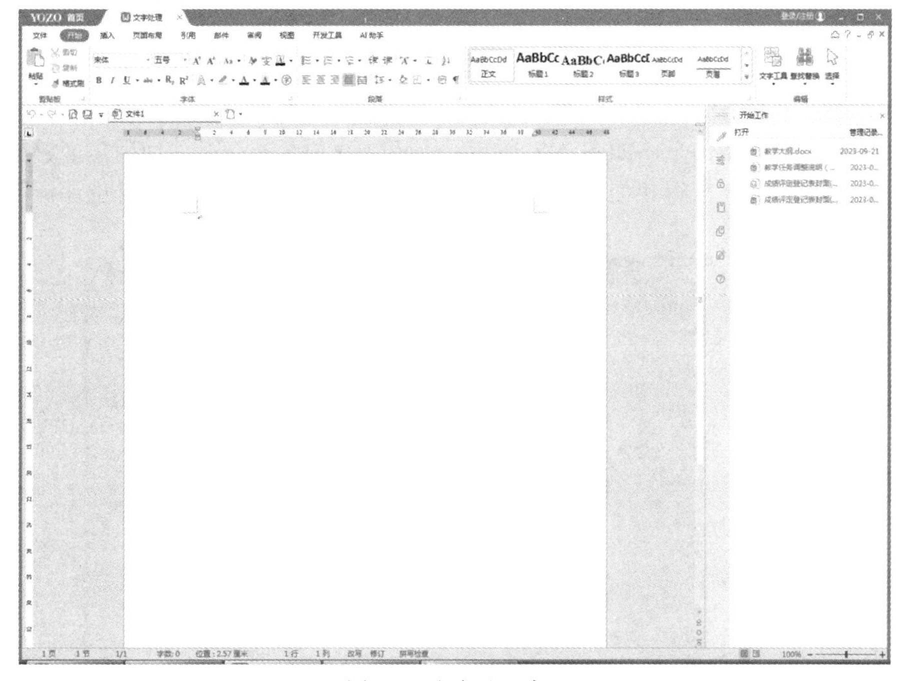

图 6-3　文字处理窗口

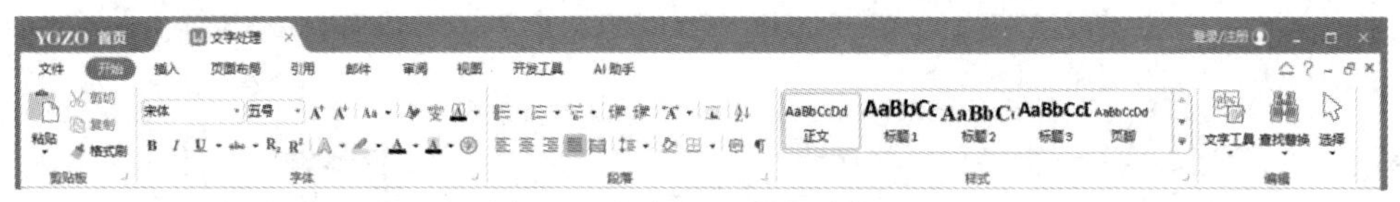

图 6-4　文字处理中的功能区

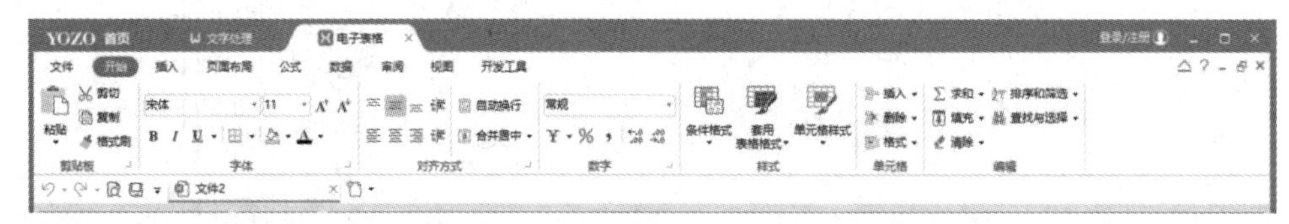

图 6-5　电子表格中的功能区

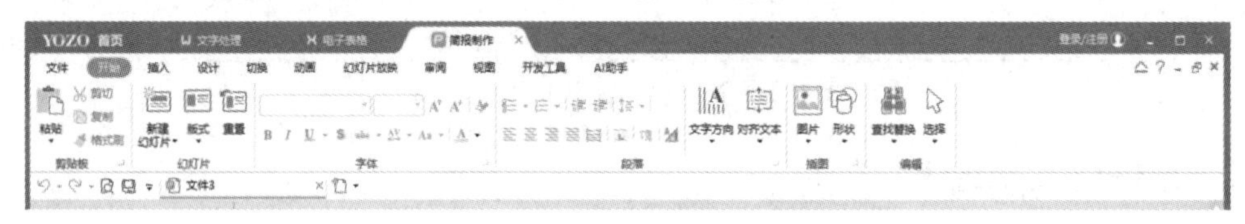

图 6-6　简报制作中的功能区

功能区中显示的内容并不是一成不变的，永中 Office 2019 会根据应用程序窗口的宽度自动调整功能区中显示的内容。当功能区较窄时，一些图标会相对缩小以节省空间；如果功能区进一步变窄，则某些命令组就会只显示图标。

在文字处理窗口右侧是任务面板，单击任务面板左侧的相应按钮，可以切换到【开始工作】、【样式】、【科教面板】、【剪贴板】等不同面板。

6.1.2　上下文选项卡

为了节省屏幕空间，有些选项卡只有在编辑、处理某些特定对象时才会在功能区中显示出来，以供使用。例如，插入表格后，将显示【设计】上下文选项卡。

例如，在永中 Office 2019 中，用于编辑图表的命令只有当工作表中存在图表并且操作者选中图表时才会显示出来，如图 6-7 所示。上下文选项卡的动态性使用户能够更加轻松地根据正在进行的操作获得和使用所需要的命令，不仅智能、灵活，同时也保证了用户界面的整洁性。

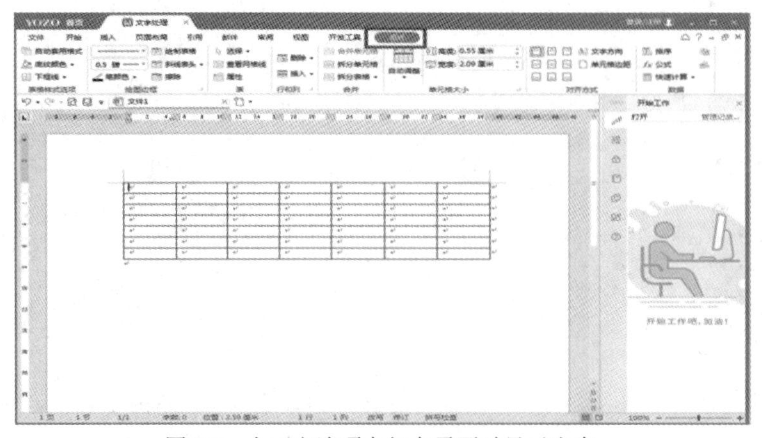

图 6-7　上下文选项卡仅在需要时显示出来

6.1.3　实时预览与屏幕提示

如果将鼠标指针移动到相关的选项，实时预览功能就会将鼠标指针所指的选项应用到当前所编辑的文档中。这种全新的、动态的功能可以提高布局设置、编辑和格式化操作的执行效率，因此操作者只需花费很少的时间就能获得优异的工作成果。

例如，当希望在永中 Office 文档中更改表格底纹颜色时，只需将鼠标指针在颜色面板上滑过，即可实时预览当前表格底纹设置后的样式(如图 6-8 所示)，从而便于操作者作出最佳选择。同时，永中 Office 2019 还提供了比以往版本显示面积更大、容纳信息更多的屏幕提示，这些屏幕提示还可以直接从某个命令的显示位置快速访问其相关帮助信息。

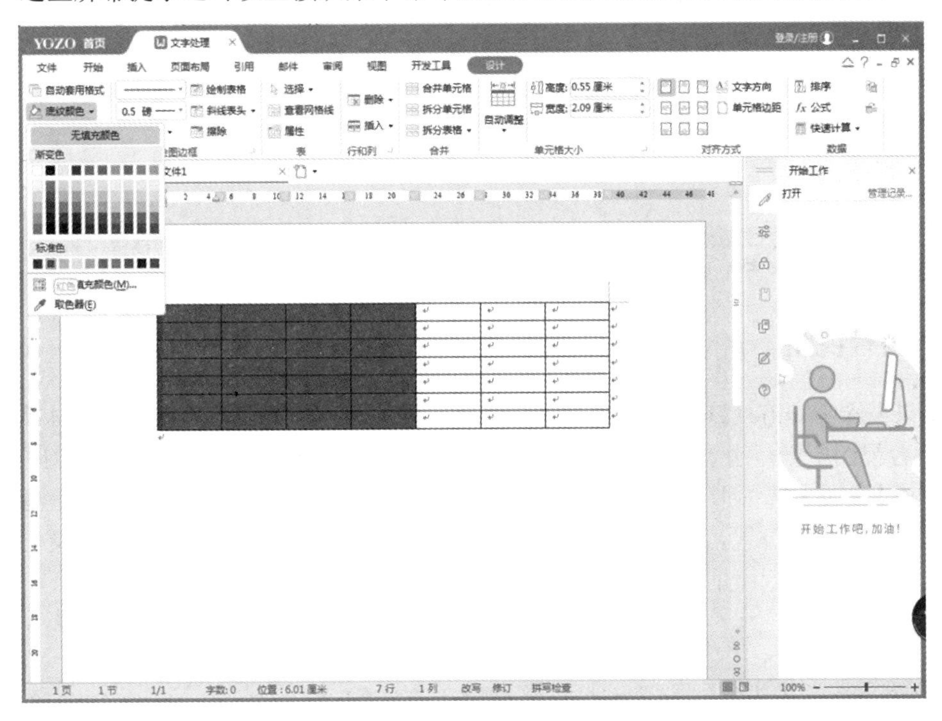

图 6-8　实时预览功能

6.1.4　快速访问工具栏

有些功能命令使用非常频繁，如【保存】、【撤销】、【打印】、【绘制表格】等。此时用户希望此类命令无论目前处于哪个选项卡中都能够方便地执行，这就是快速访问工具栏存在的意义。快速访问工具栏位于永中 Office 2019 各个选项卡功能区下方，默认状态下只包含【保存】、【撤销】、【恢复】3 个基本的常用命令，操作者可以根据自己的需要把一些常用命令添加到其中，以方便使用。

例如，如果经常需要在文字处理中绘制表格，则可以在文字处理快速访问工具栏中添加所需的命令，操作步骤为：单击快速访问工具栏右侧的黑色三角箭头，在弹出的下拉列表中包含一些常用命令，如图 6-9 所示。选择相应的命令，在应用程序的快速访问工具栏中即可出现所选中的命令按钮。

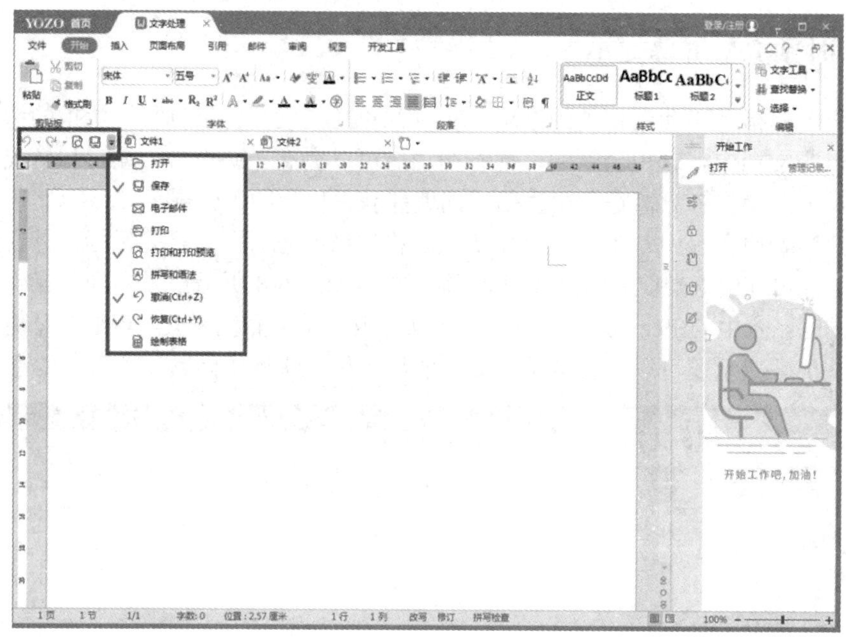

图 6-9　自定义快速访问工具栏

6.1.5　后台视图

如果说永中 Office 2019 功能区中包含了用于在文档中工作的命令集，那么永中 Office 2019 后台视图中则是用于对文档或应用程序执行操作的命令集。在永中 Office 2019 应用程序中选择【文件】选项卡，即可查看永中 Office 2019 后台视图，如图 6-10 所示。后台视图是管理文档的中心位置，可完成文档的创建、保存、打开、共享及属性设置等操作以及检查文档中是否包含隐藏的元数据或个人信息。

图 6-10　永中 Office 2019 后台视图

在后台视图中，选择左侧列表中的【选项】命令，即可弹出相应组件的选项对话框。在该对话框中能够对当前应用程序的工作环境进行定制，如设置窗口的配色方案、设置显示对象、指定文件自动保存的位置和中文版式以及其他高级设置。

6.1.6　应用组件之间的集成应用

作为一个套装软件，永中 Office 2019 的文字处理、电子表格和简报制作三者在处理文档时各有所长。其中，文字处理便于对文字进行编辑处理，电子表格长于对数据进行计算、统计与分析，而简报制作则更擅长对信息进行展示和传播。永中 Office 2019 使用统一的界面和同一种文件格式，实现了各个组件之间的统一管理，方便用户使用，如图 6-11 所示。

图 6-11　集成应用

在集成程序中切换文档的操作方法如下(主要是通过导航面板进行)。

1. 导入文档

在一个集成文件中可以包含多个电子表格文档、文字处理文档，还可以包含多个简报制作文档，甚至在工作表中也可以包含多个文字处理文档和简报制作文档。通过导航面板，我们可以很清晰地看到文件的结构。如果要将多个文档都导入一个集成文件中，可在导航面板中右键单击文件名，在弹出的快捷菜单中选择【导入】命令，弹出【导入】对话框，在下方的【文件类型】中选择文档格式。除了可以导入.eio 格式的文件外，还可以导入微软格式的文件，这里以微软.doc 文件为例进行导入。选择文件所在的位置并选中文件，单击【导入】按钮，即可将文件导入，如图 6-12 所示。

图 6-12 选择导入对象

2. 导出文档

右键单击需要导出的文件，在弹出的快捷菜单中选择【导出】命令，弹出【导出】对话框，在下方的【文件类型】中选择文件格式，单击【导出】按钮，即可将文件成功导出。

3. 调整文档的位置

例如，要将原来电子表格中的“文档 1”和“简报 2”位置分别调整到文字处理应用以及简报制作应用中，只需分别选中“文档 1”和“简报 2”，按住鼠标左键不放，分别移至“函数图像”和“简报制作”下方，松开鼠标左键即可。

另外，在导航面板中通过右键单击文档名，还可以对文档进行重命名、删除、隐藏、关闭等操作，如图 6-13 所示。

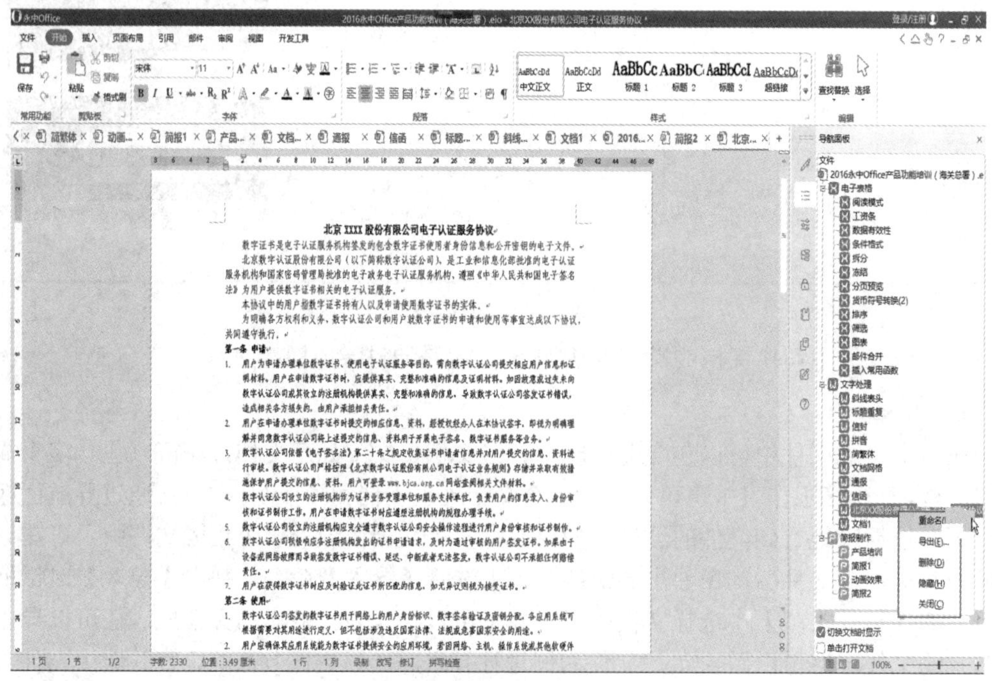

图 6-13 导航面板中的更多操作

6.1.7　永中 Office 与微软 Office 的兼容

很多用户会担心使用永中 Office 与他人进行文件交流时会出现问题，其实永中 Office 与微软 Office 文档是双向兼容的，在永中 Office 中能够方便地打开微软格式的文档，也能准确地将文档保存为微软格式的文档。

在永中 Office 2019 中，新建的文档可以直接保存为微软 Office 文件格式，即.docx、.xlsx、.pptx 格式，方便用户之间对文档的相互交流。

读入微软 Office 文档的操作方法：在永中 Office 2019 中启动永中文字应用，单击【打开】，右侧显示【打开】界面，单击【浏览】，弹出【打开】对话框，如图 6-14 所示。在【打开】对话框中需打开文档所在的文件夹。在【文件类型】中选择需要打开的微软 Office 文档，单击【打开】按钮，即可看到在永中文字中打开了微软.doc 文档。也可以直接在微软文件上右键单击，在弹出的快捷菜单中选择【打开方式】命令中的永中文字打开。另外，永中 Office 2019 还能很好地兼容微软 2010 版本以上的文件格式，如.docx、.xlsx、.pptx 等。

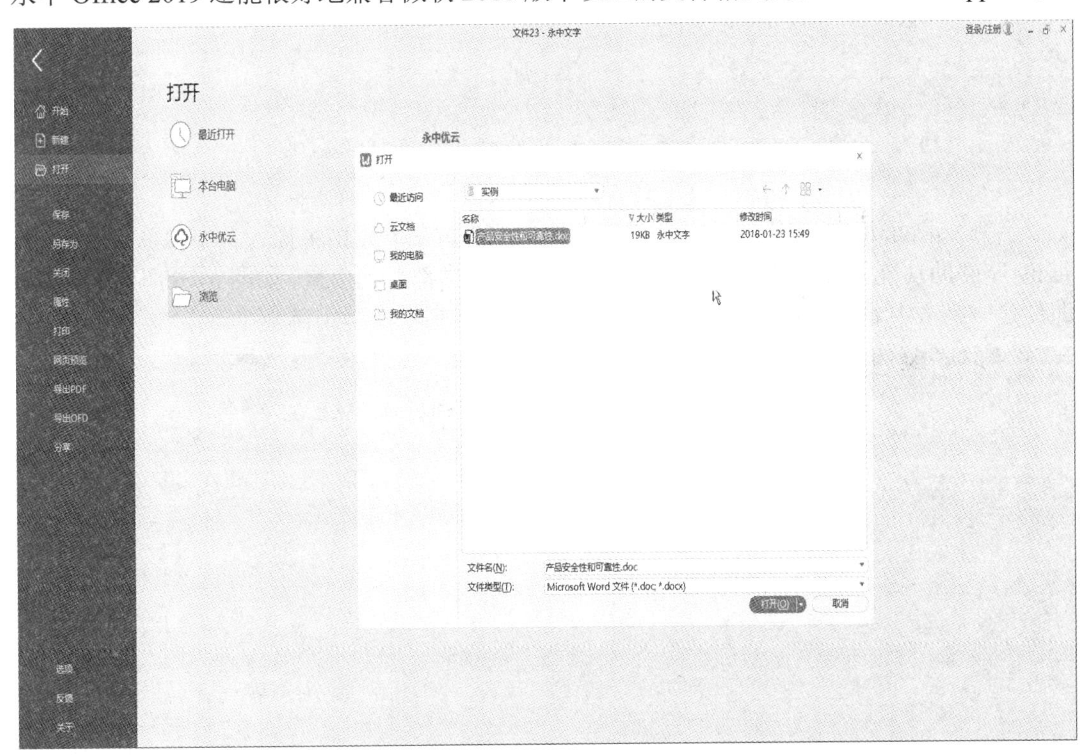

图 6-14　【打开】对话框

6.1.8　帮助的使用

在使用软件时经常会遇到一些问题，此时用户一般会求助于帮助系统。永中 Office 提供了强大的帮助系统，在任务面板中选择【帮助】选项卡，在搜索框中输入所需查询的命令，按 Enter 键，就会查找出相关的所有命令，并且列出命令相应的解析及操作步骤。

例如，当用户使用“字体”功能时，在搜索框中输入“字体”，按 Enter 键后就会列出

关于字体的所有内容，如图 6-15 所示。

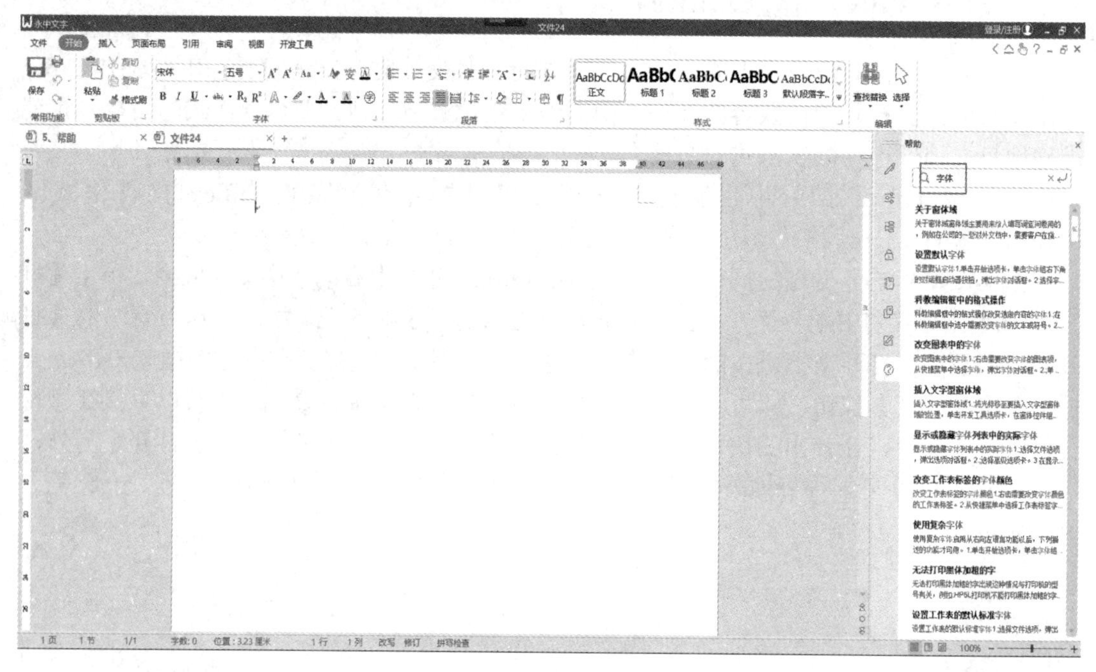

图 6-15 帮助的使用

另外，帮助功能对函数的支持也非常强大。例如，在单元格中插入一个简单的函数“=sum()”，帮助功能就会迅速地将关于该函数的所有信息都罗列出来，如图 6-16 所示。因此，即使是一个永中 Office 初学者，也可以通过帮助功能轻松地运用函数。

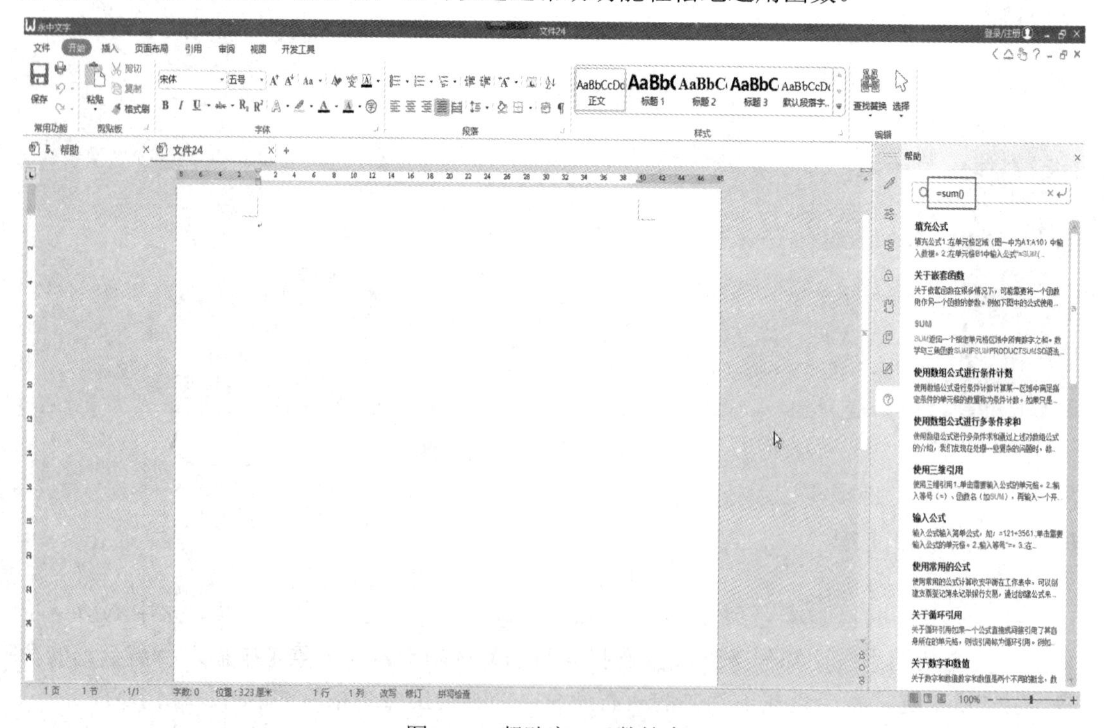

图 6-16 帮助窗口函数搜索

6.2　文字处理应用

作为永中 Office 套件的核心应用程序之一，永中文字处理提供了许多易于使用的文档创建工具，同时也提供了丰富的图、表功能供创建复杂的文档使用，使简单的文档变得比只使用纯文本更具吸引力。

6.2.1　创建并编辑文档

1. 快速创建文档

在永中 Office 2019 文字处理中，通常可以选用以下方式之一快速创建一个文档。

1) 创建空白的新文档

在永中文字处理中，可以通过启动程序、选项卡等方式创建空白文档。

(1) 通过启动程序创建空白文档。

① 选择【开始】→【所有程序】命令。

② 在展开的程序列表中选择【永中 Office】命令，启动永中 Office 2019 应用程序。也可以双击桌面上的“永中 Office 2019”图标启动程序。

③ 选择【新建文字】，将出现各类推荐的模板，其中包含【新建空白文档】及各种常规的模板样式，如图 6-17 所示。单击【新建空白文档】模板样式，将创建一个新的空白文档，此时即可直接在该文档中输入并编辑内容，如图 6-18 所示。

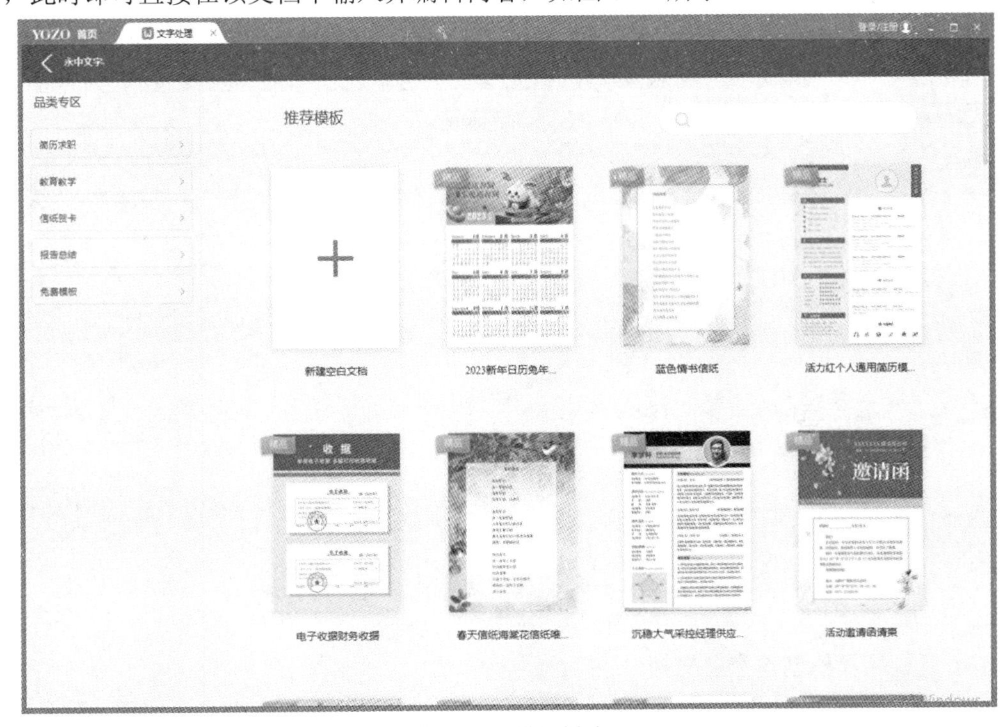

图 6-17　模板样式

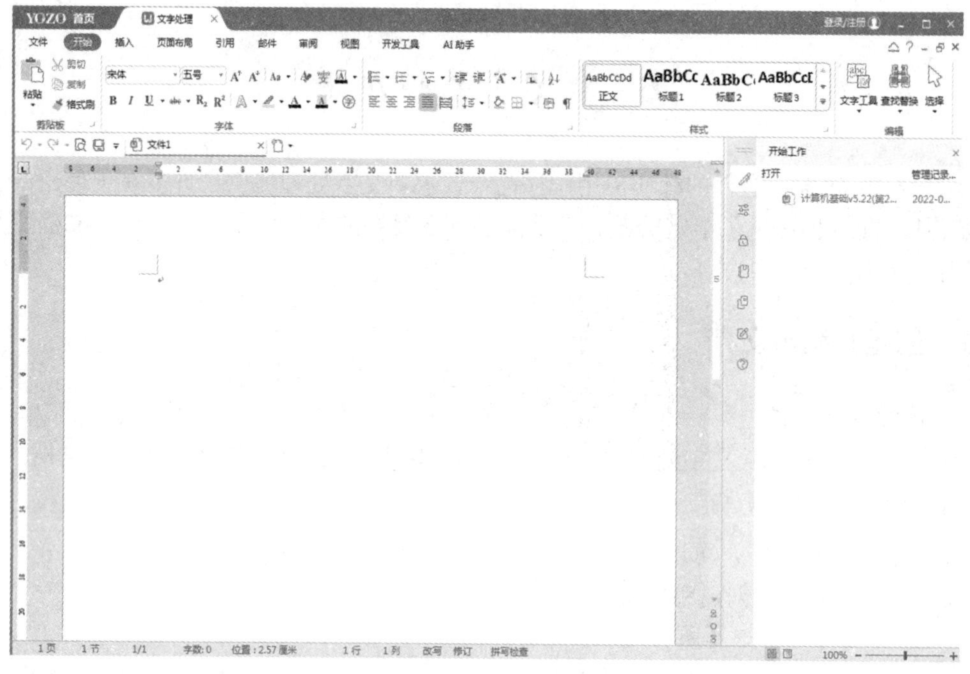

图 6-18 文字处理窗口

(2) 通过选项卡创建空白文档。

如果已启动永中文字处理程序，在编辑文档的过程中，若还需要创建一个新的空白文档，则可以通过【文件】选项卡来实现，操作步骤如下：

① 选择【文件】选项卡→【新建】命令。

② 在级联菜单中选择【空白文字】命令，即可创建一个空白文档，如图 6-19 所示。

图 6-19 创建空白文档

(3) 通过切换栏创建空白文档。

在编辑文档窗口中若还需要创建一个新的空白文档，可通过切换栏上的【新建】按钮直接新建，如图 6-20 所示。

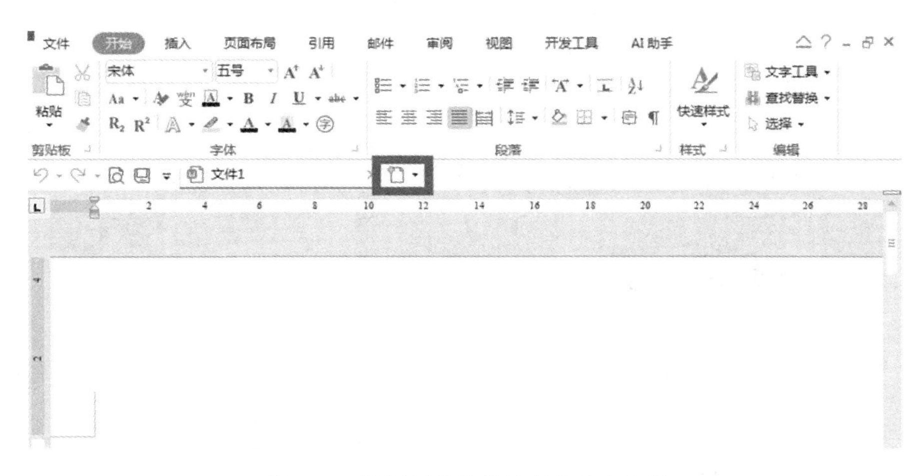

图 6-20　通过切换栏快速创建空白文档

(4) 通过组合键创建空白文档。

在文字处理窗口中按 Ctrl + N 组合键，也可快速创建一个空白文档。

2) 利用模板快速创建新文档

使用模板可以快速创建外观精美、格式专业的文档，永中文字处理提供了多种类别的模板以满足不同用户的具体需求。对永中文字处理的初级用户而言，模板的使用能够有效减轻工作负担。

利用模板快速创建新文档的操作步骤如下：

(1) 选择【开始】→【所有程序】命令或双击桌面上的图标“永中 Office 2019”。

(2) 在启动窗口左侧选择【新建文字】，将显示各模板分类以及常用模板推荐，选择所需模板样式。

(3) 单击模板，即可快速创建一个带有格式和基本内容的文档，如图 6-21 所示。

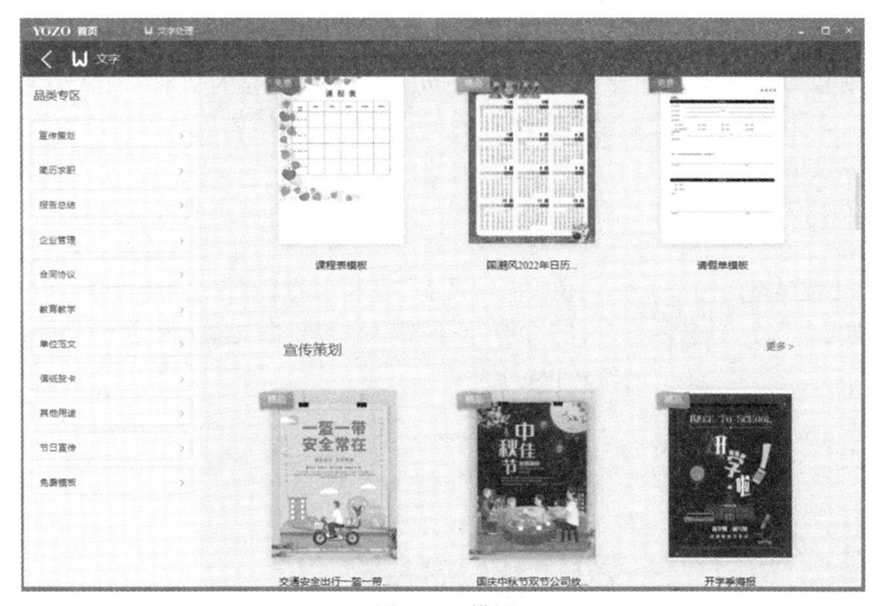

图 6-21　模板

(4) 在模板内容的基础上进行编辑和修改，并进行保存，即可完成文档的创建。

永中文字处理中的安装模板有近 15 个分类、上千个文档模板，使用模板可以节省创建标准化文档的时间，有助于提高永中文字处理文档的水准，如图 6-22 所示。

图 6-22 通过已安装的模板创建新空白文档

2. 输入并编辑文本

输入文本并对输入的文本进行基本编辑操作，是进行文字处理的基础工作。

1) 输入文本

新文档创建后，在文本编辑区域中会出现一个闪烁的光标，此光标即为文档的输入位置，由此开始即可输入文档内容。

(1) 输入普通文字。

只要安装了语言支持功能，就可以在文档中输入各种语言的文本。在永中文字处理中输入文本时，不同内容的文本输入方法有所不同，普通文本(如英文、阿拉伯数字等)通过键盘就可以直接输入。

在安装了对应输入法后，如微软拼音，即可使用该输入法完成文档中的文本输入，操作步骤如下：

① 单击麒麟桌面操作系统 V10 或操作系统任务栏中的【输入法指示器】，在弹出的下拉列表中选择【微软拼音-新体验 2010】命令，此时输入法处于中文输入状态，如图 6-23 所示。

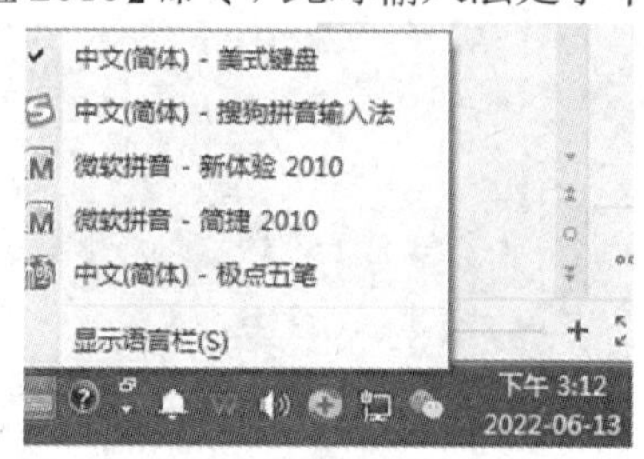

图 6-23 微软拼音输入法

② 输入文本之前，先将鼠标指针移至文本插入点并单击，这时光标就会在插入点处闪烁，即可开始输入。

提示　按 Shift 键，可以在微软拼音输入法的中文状态和英文状态之间进行切换。

③ 当输入的文本到达文档编辑区边界，而本段输入又未结束时，光标将会自动换行。若要另起一段，只需按 Enter 键，即可使文本强制换行而开始一个新的段落。

(2) 输入特殊符号。

除了正常文字外，还经常需要输入一些特殊符号，如中文标点、数学运算符、货币符号、带括号的数字等。有些输入法已将某些常用符号(如常用中文标点、人民币符号等)定义在键盘的按键上，但还有一些特殊符号仍需要采用其他方法输入。永中 Office 提供了多种插入特殊符号的方法，具体如下。

方法 1：利用【符号】对话框。

定位光标，单击【插入】选项卡【符号】选项组中的【符号】按钮，从打开的下拉列表中选择【其他符号】命令(如图 6-24 所示)，弹出【符号】对话框。可以在【符号】对话框的【符号】选项卡中找到各种符号，也可以在【特殊符号】选项卡中找到商标符、版权符、注册符等特殊符号，如图 6-25 和图 6-26 所示。

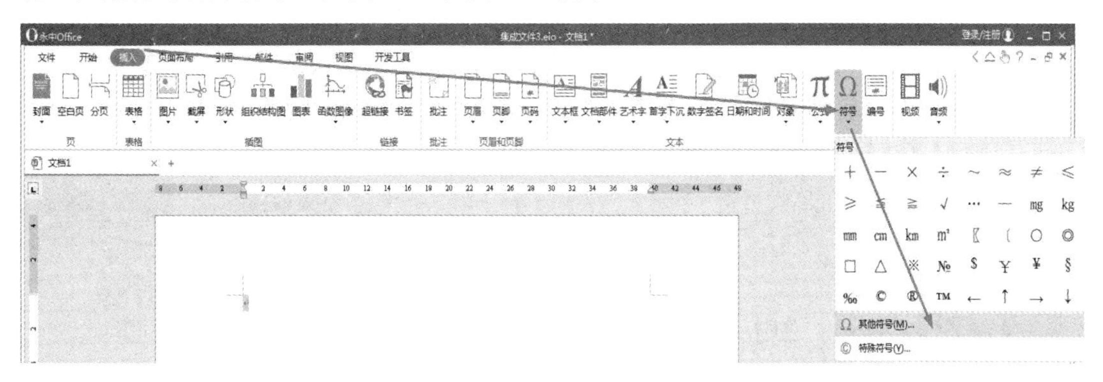

图 6-24　选择【其他符号】命令

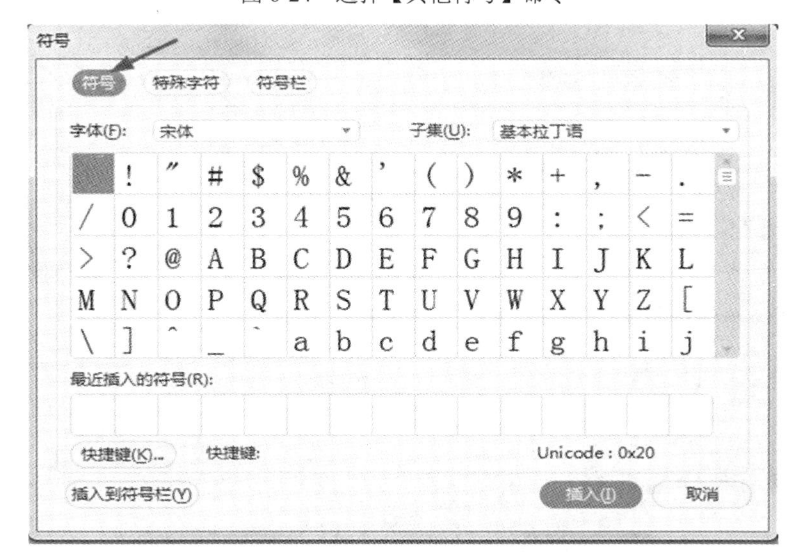

图 6-25　【符号】选项卡

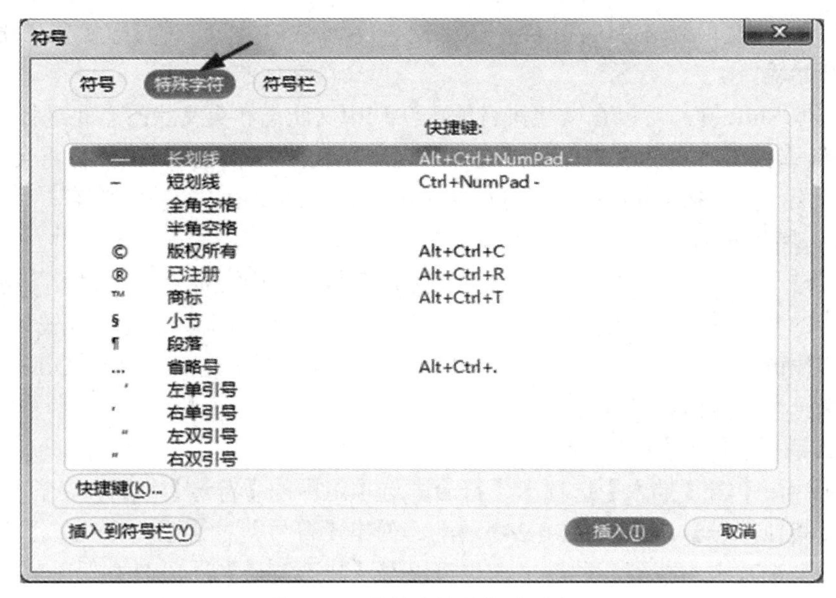

图 6-26 【特殊符号】选项卡

方法 2：利用科教面板快速输入符号。

① 定位光标，单击窗口右侧【开始工作】面板中的【科教面板】按钮，打开科教面板。

② 单击【科教管理器】按钮，弹出【科教管理器】对话框，选中所需素材前的复选框，单击【确定】按钮，如图 6-27 所示。

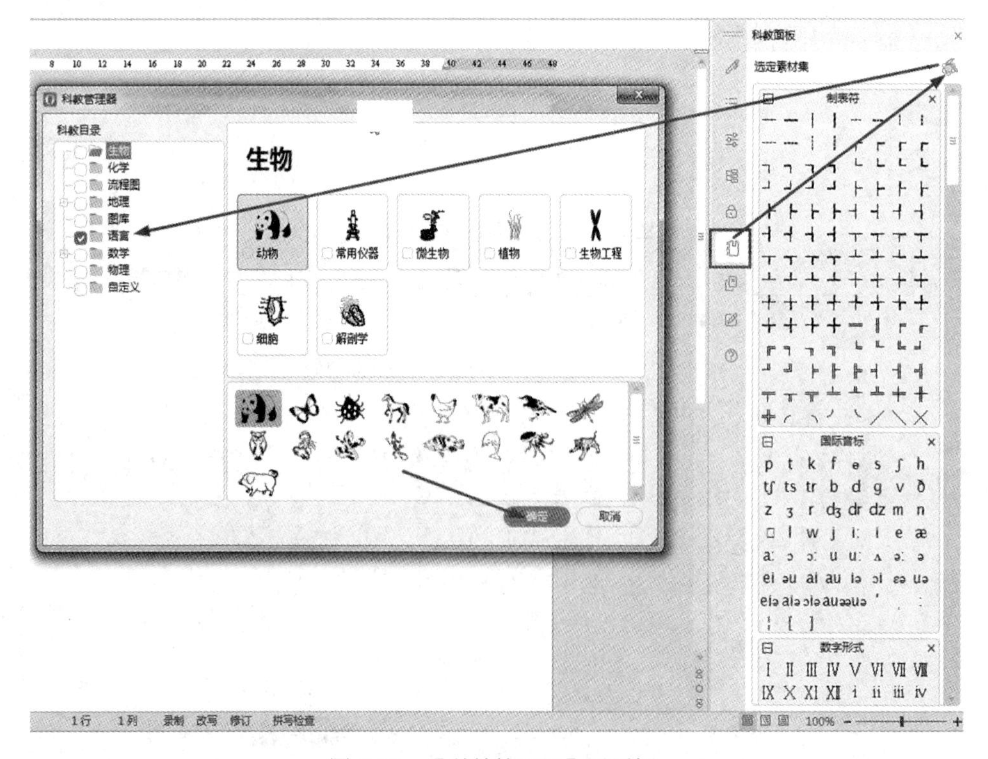

图 6-27 【科教管理器】对话框

③ 在素材区选中所需素材，即可在当前光标所在位置插入该素材，如图 6-28 所示。

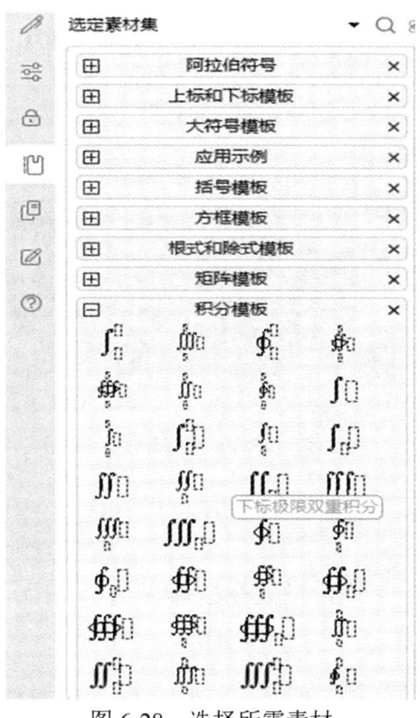

图 6-28　选择所需素材

2) 选中文本

对文本内容进行格式设置和更多操作之前，需要先选中文本。熟练掌握文本选中的方法，将有助于提高工作效率。

(1) 拖动鼠标选中文本。

这是最常用，也是最基本、最灵活的方法，用户只需将鼠标指针停留在所要选中的内容的开始部分，按住鼠标左键拖动鼠标，直到所要选中部分的结尾处，所有需要选中的内容就会呈高亮状态，松开鼠标即可，如图 6-29 所示。

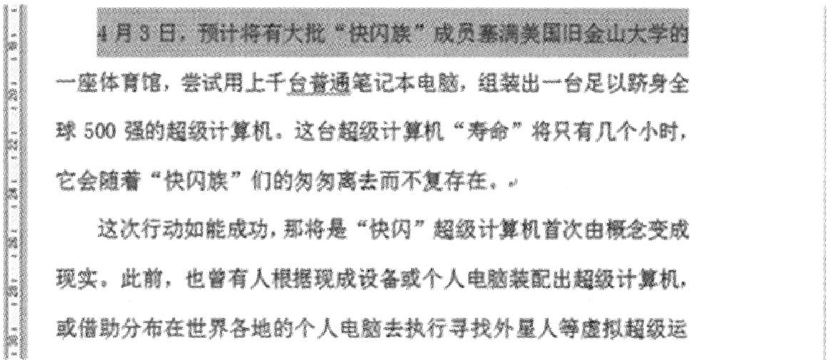

4 月 3 日，预计将有大批“快闪族”成员塞满美国旧金山大学的一座体育馆，尝试用上千台普通笔记本电脑，组装出一台足以跻身全球 500 强的超级计算机。这台超级计算机“寿命”将只有几个小时，它会随着“快闪族”们的匆匆离去而不复存在。

这次行动如能成功，那将是“快闪”超级计算机首次由概念变成现实。此前，也曾有人根据现成设备或个人电脑装配出超级计算机，或借助分布在世界各地的个人电脑去执行寻找外星人等虚拟超级运

图 6-29　拖动鼠标选中文本

提示　选中文本时，默认情况下将会显示一个方便、微型、半透明的工具栏，其被称为浮动工具栏，如图 6-30 所示。将鼠标指针悬停在浮动工具栏上时，该工具栏即会变清晰。浮动工具栏可以帮助用户迅速地使用字体、字号、对齐方式、文本颜色、缩进级别和项目符号等功能。通过【文件】选项卡中【选项】命令下的【常规】窗口可以设置浮动工具栏的显示与否。

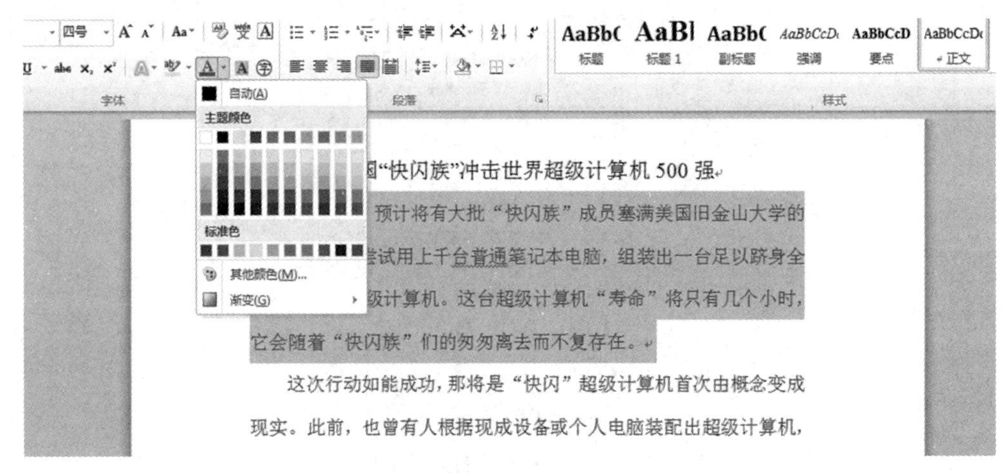

图 6-30 浮动工具栏

(2) 选中一行。

将鼠标指针移动到该行最左侧，当鼠标指针变为一个指向右侧的空心箭头时，单击即可选中这一行，如图 6-31 所示。

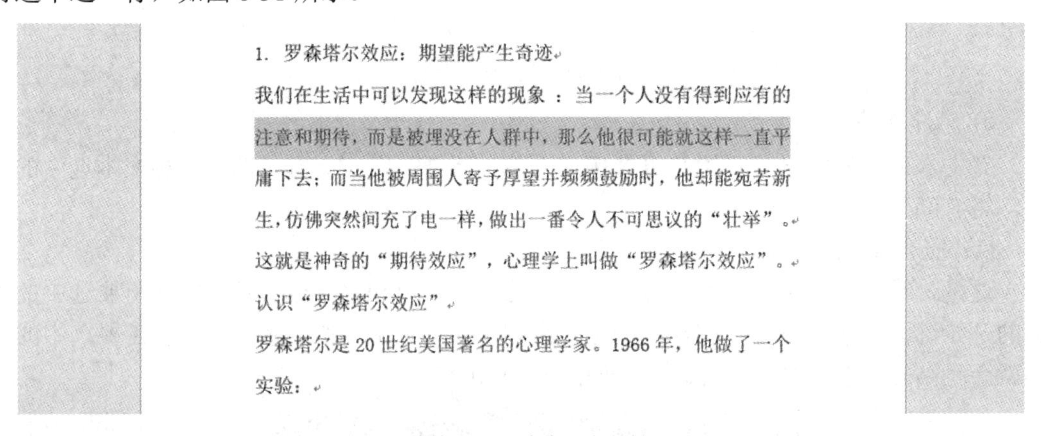

图 6-31 选中一行

(3) 选中一个段落。

将鼠标指针移动到该段落的左侧，当鼠标指针变成一个指向右侧的箭头时，双击即可选中该段落。另外，还可以将鼠标指针放置在该段中的任意位置，连续单击 3 次，同样也可选中该段落，如图 6-32 所示。

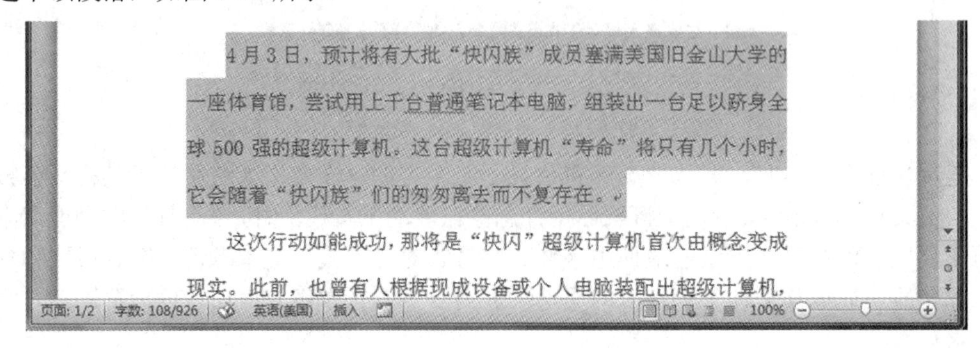

图 6-32 选中一个段落

(4) 选中不相邻的多段文本。

按照上述任意方法选中一段文本后，按住 Ctrl 键，再选中另外一处或多处文本，即可将不相邻的多段文本同时选中，如图 6-33 所示。

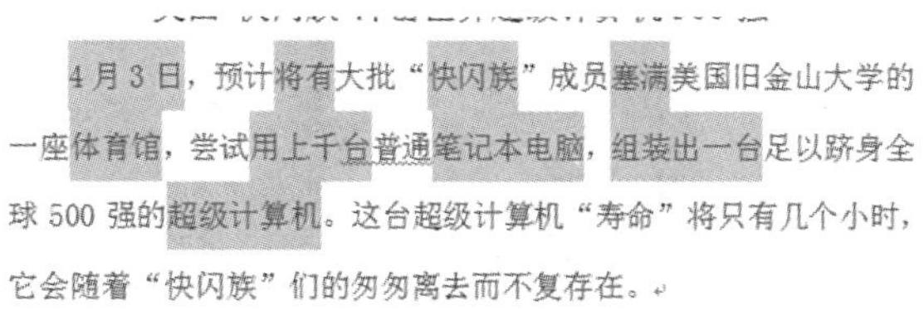

4 月 3 日，预计将有大批“快闪族”成员塞满美国旧金山大学的一座体育馆，尝试用上千台普通笔记本电脑，组装出一台足以跻身全球 500 强的超级计算机。这台超级计算机“寿命”将只有几个小时，它会随着“快闪族”们的匆匆离去而不复存在。

图 6-33　选中不相邻的多段文本

(5) 选中垂直文本。

必要时还可以选中一块垂直文本(表格单元格中的内容除外)。按住 Alt 键，将鼠标指针移动到要选中文本的开始字符处，按住鼠标左键，拖动鼠标，直到要选中文本的结尾处，松开鼠标和 Alt 键，此时一块垂直文本即被选中，如图 6-34 所示。

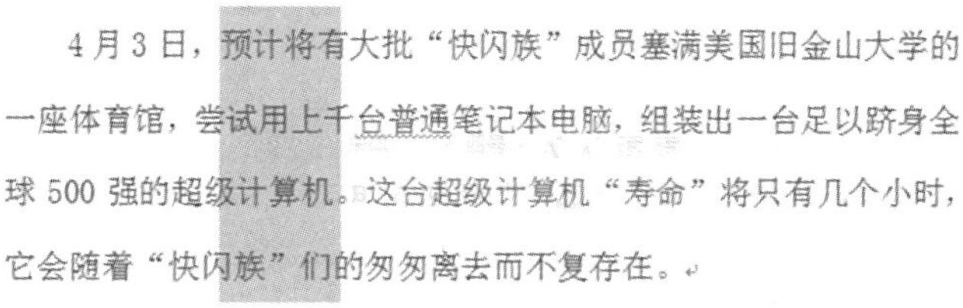

4 月 3 日，预计将有大批“快闪族”成员塞满美国旧金山大学的一座体育馆，尝试用上千台普通笔记本电脑，组装出一台足以跻身全球 500 强的超级计算机。这台超级计算机“寿命”将只有几个小时，它会随着“快闪族”们的匆匆离去而不复存在。

图 6-34　选中垂直文本

(6) 选中整篇文档。

将鼠标指针移动到文档正文的左侧，当鼠标指针变成一个指向右侧的箭头时，连续单击 3 次，即可选中整篇文档，如图 6-35 所示。

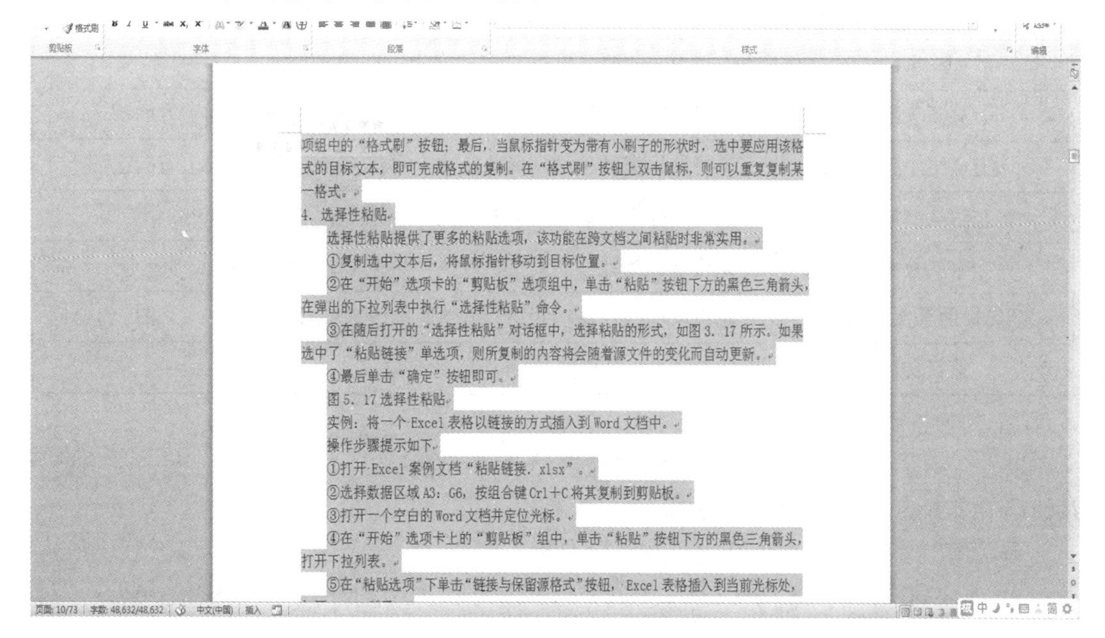

项组中的“格式刷”按钮；最后，当鼠标指针变为带有小刷子的形状时，选中要应用该格式的目标文本，即可完成格式的复制。在“格式刷”按钮上双击鼠标，则可以重复复制某一格式。

4. 选择性粘贴

选择性粘贴提供了更多的粘贴选项，该功能在跨文档之间粘贴时非常实用。

①复制选中文本后，将鼠标指针移动到目标位置。

②在“开始”选项卡的“剪贴板”选项组中，单击“粘贴”按钮下方的黑色三角箭头，在弹出的下拉列表中执行“选择性粘贴”命令。

③在随后打开的“选择性粘贴”对话框中，选择粘贴的形式，如图 3. 17 所示。如果选中了“粘贴链接”单选项，则所复制的内容将会随着源文件的变化而自动更新。

④最后单击“确定”按钮即可。

图 5. 17 选择性粘贴

实例：将一个 Excel 表格以链接的方式插入到 Word 文档中。

操作步骤提示如下

①打开 Excel 案例文档“粘贴链接. xlsx”。

②选择数据区域 A3：G6，按组合键 Crl+C 将其复制到剪贴板。

③打开一个空白的 Word 文档并定位光标。

④在“开始”选项卡上的“剪贴板”组中，单击“粘贴”按钮下方的黑色三角箭头，打开下拉列表。

⑤在“粘贴选项”下单击“链接与保留源格式”按钮，Excel 表格插入到当前光标处，

图 6-35　选中整篇文档

提示 单击【开始】选项卡【编辑】选项组中的【选择】按钮，在弹出的下拉列表中选择【全选】命令(如图 6-36 所示)，或者按 Ctrl + A 组合键，也可以选中整篇文档。

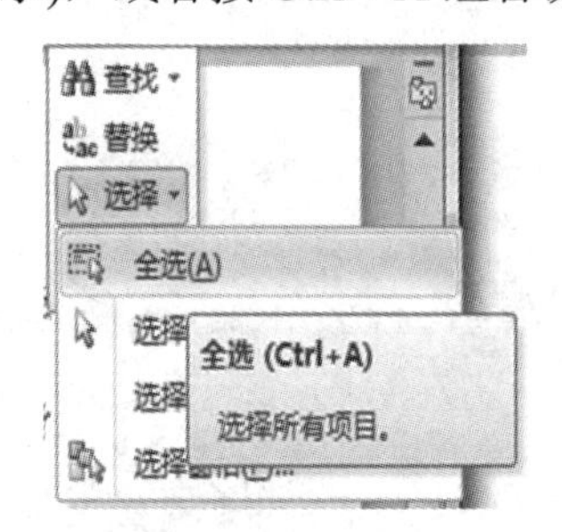

图 6-36 通过执行命令选中整篇文档

(6) 使用键盘选中文本。

虽然通过键盘选中文本不是很常用，但是读者有必要知道一些常用的文本操作快捷键，如表 6-1 所示。

表 6-1 常用的文本操作快捷键

选　中	操　　作
右侧一个字符	按 Shift + 向右方向键
左侧一个字符	按 Shift + 向左方向键
一个单词(从开头到结尾)	先将插入点放在单词开头，再按 Ctrl + Shift+向右方向键
一个单词(从结尾到开头)	先将插入点移动到单词结尾，再按 Ctrl + Shift+向左方向键
一行(从开头到结尾)	先按 Home 键，再按 Shift + End 组合键
一行(从结尾到开头)	先按 End 键，再按 Shift + Home 组合键
下一行	先按 End 键，再按 Shift + 向下方向键
上一行	先按 Home 键，再按 Shift + 向上方向键
一段(从开头到结尾)	先将鼠标指针移动到段落开头，再按 Ctrl + Shift + 向下方向键
一段(从结尾到开头)	先将鼠标指针移动到段落结尾，再按 Ctrl + Shift + 向上方向键
一个文档(从结尾到开头)	先将鼠标指针移动到文档结尾，再按 Ctrl + Shift + Home 组合键
一个文档(从开头到结尾)	先将鼠标指针移动到文档开头，再按 Ctrl + Shift + End 组合键
从窗口的开头到结尾	先将鼠标指针移动到窗口开头，再按 Alt + Ctrl + Shift + PgDn 组合键
整篇文档	按 Ctrl + A 组合键

(7) 其他选中文本的方法。

以上介绍了几种利用鼠标(或与键盘按键结合)和键盘选中文本的方法，另外还有一些其他选中文本的方法，简要介绍如下。

① 选中一个句子：定位在一个句子中双击。

② 选择较大文本块：单击要选中内容的起始处，滚动到要选中内容的结尾处，按住 Shift 键，同时在要结束选中的位置单击。

3) 复制与粘贴文本

在编辑文档的过程中，往往会应用许多相同的内容。如果一次次地重复输入，将会浪费大量时间，同时还有可能在输入过程中出现错误。使用复制功能可以很好地解决这一问题，既提升了效率，又提高了准确性。复制文本就是将原有的文本变为多份相同的文本，首先选中要复制的文本，然后将该内容复制到目标位置。

(1) 通过键盘复制文本。

首先选中要复制的文本，按 Ctrl + C 组合键进行复制；然后将鼠标指针移动到目标位置，按 Ctrl + V 组合键进行粘贴。这是最简单和最常用的复制文本的操作方法。

将被复制的文本放入【剪贴板】任务窗格中(见图 6-37)，可以反复按 Ctrl + V 组合键将该文本复制到文档中的不同位置。另外，【剪贴板】任务窗格中最多可存储 24 个对象，在执行粘贴操作时，可以从剪贴板中选择不同的对象。

图 6-37　【剪贴板】任务窗格

提示　单击【开始】选项卡【剪贴板】选项组中的【对话框启动器】按钮，可以打开/关闭【剪贴板】任务窗格；也可以在窗口右侧的任务面板中单击【剪贴板】按钮，直接打开【剪贴板】任务窗格。

(2) 通过操作命令复制文本。

可以在永中 Office 的功能区中以执行命令的方式轻松复制文本，操作步骤如下：

① 在文字处理文档中选中要复制的文本。

② 单击【开始】选项卡【剪贴板】选项组中的【复制】按钮。

③ 将鼠标指针移动到目标位置。

④ 单击【开始】选项卡【剪贴板】选项组中的【粘贴】按钮，打开【粘贴选项】，选择某一格式进行粘贴，如单击【只保留文本】按钮，则进行不带格式的复制。此时，在步骤①中选中的文本就被复制到了指定的目标位置。

(3) 格式复制。

格式复制就是将某一文本的字体、字号、段落设置等重新应用到另一目标文本。其操作步骤如下：

选中已经设置好格式的文本，单击【开始】选项卡【剪贴板】选项组中的【格式刷】按钮，当鼠标指针变为带有小刷子的形状时，选中要应用该格式的目标文本，即可完成格式的复制。在【格式刷】按钮上双击，则可以重复复制某一格式。

(4) 选择性粘贴。

选择性粘贴提供了更多的粘贴选项，该功能在跨文档之间粘贴时非常实用。其操作步骤如下：

① 复制选中文本后，将鼠标指针移动到目标位置。

② 单击【开始】选项卡【剪贴板】选项组中的【粘贴】按钮下方的黑色三角按钮，在弹出的下拉列表中选择【选择性粘贴】命令。

③ 在弹出的【选择性粘贴】对话框中选择粘贴的形式，如图 6-38 所示。如果选中【粘贴链接】单选按钮，则所复制的内容将会随着源文件的变化而自动更新。

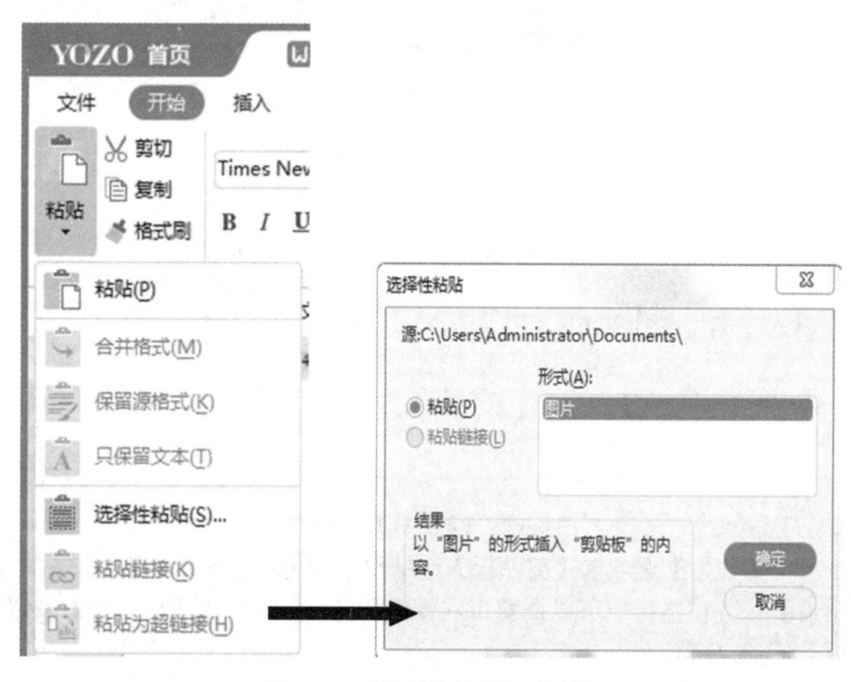

图 6-38 【选择性粘贴】对话框

④ 单击【确定】按钮。

4) 删除与移动文本

永中 Office 2019 可以采用多种方法删除文本。针对不同的删除内容，可采用不同的删除方法。

如果在输入过程中删除单个文字，最简便的方法是按 Delete 键或者 Backspace 键。这两个键的使用方法不同：Delete 键将会删除光标右侧的内容，而 Backspace 键将会删除光标左侧的内容。

对于大段文本的删除，可以先选中所要删除的文本，再按 Delete 键。

在编辑文档的过程中，如果发现某段已输入的文字放在其他位置会更合适，这时就需要移动文本。移动文本最简便的方法就是用鼠标拖动，操作步骤如下：

(1) 选中要移动的文本。

(2) 将鼠标指针放在被选中的文本上，当鼠标指针变成一个空心箭头时，按住鼠标左键，鼠标箭头的旁边会有竖线，该竖线显示了文本移动后的位置，同时鼠标箭头的尾部会有一个小方框。

(3) 拖动竖线到新的需要插入文本的位置。

(4) 释放鼠标左键，被选中的文本就会移动到新的位置。

3. 查找与替换文本

在编辑文档的过程中，可能会发现某个词语输入错误或使用不够妥当。这时，如果在整篇文档中通过拖动滚动条人工逐行搜索该词语，然后手工逐个地改正过来，将极其浪费时间和精力，而且也不能确保万无一失。

永中 Office 2019 为此提供了强大的查找和替换功能，可以帮助用户从烦琐的人工修改中解脱出来，从而实现高效率的工作。

1) 查找文本

查找文本功能可以帮助人们快速找到指定的文本以及该文本所在的位置，同时也能帮助用户核对该文本是否存在。其操作步骤如下：

(1) 单击【开始】选项卡【编辑】选项组中的【查找】按钮，打开【导航】任务窗格。

(2) 在【导航】任务窗格的【搜索文档】区域中输入要查找的文本，如图 6-39 所示。此时，在文档中查找到的第一个文本便会以黄色突出显示。

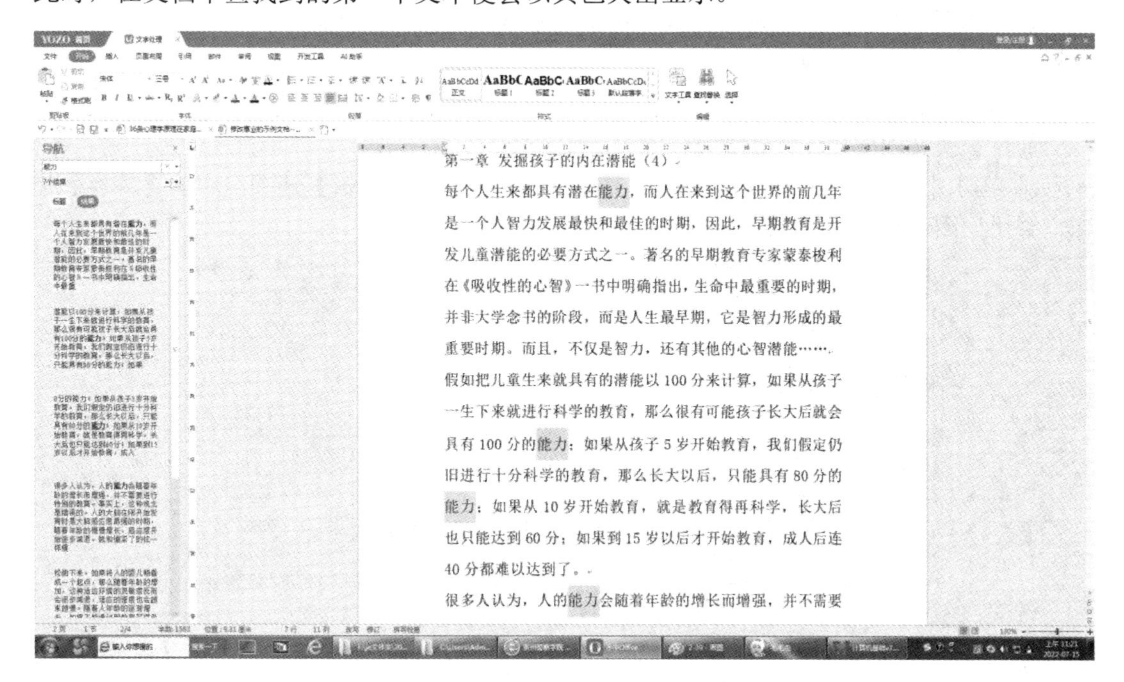

图 6-39　在【导航】任务窗格中查找文本

(3) 单击【上一处】或【下一处】三角形搜索箭头，即可搜索位于其他位置的同一文本。

2) 在文档中定位

除了查找文本中的关键字词外，还可以通过查找特殊对象来在文档中定位。其操作步骤如下：

(1) 单击【开始】选项卡【编辑】选项组中的【查找】按钮旁边的黑色三角箭头。

(2) 从弹出的下拉列表中选择【转到】命令，弹出【查找和替换】对话框，选择【定位】选项卡，如图 6-40 所示。

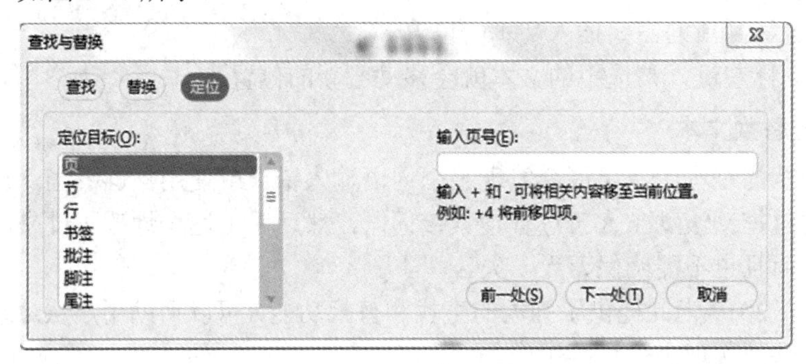

图 6-40 【定位】选项卡

(3) 在【定位目标】列表框中选择用于定位的对象。

(4) 在右侧文本框中输入或选择定位对象的具体内容，如页码、书签名称等。

提示 通过单击【插入】选项卡【链接】选项组中的【书签】按钮，可以在文档中插入用于定位的书签，这在审阅较长文档时非常有用。

3) 替换文本

使用【查找】功能，可以迅速找到特定文本或格式的位置；而若要将查找到的目标进行替换，就要使用【替换】命令。

(1) 简单替换。

简单替换文本的操作步骤如下：

① 在永中 Office 2019 功能区中单击【开始】选项卡【编辑】选项组中的【替换】按钮，弹出如图 6-41 所示的【查找与替换】对话框。

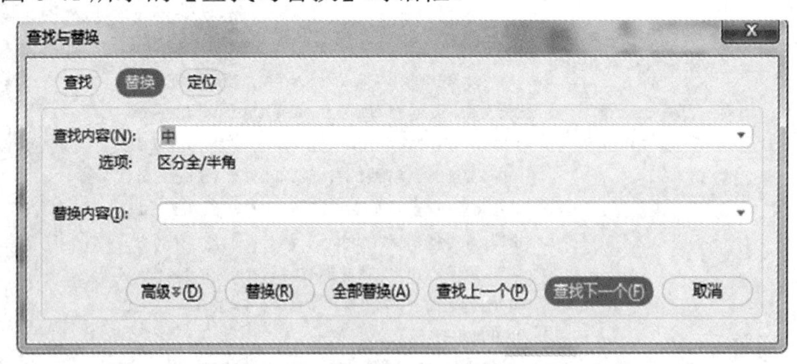

图 6-41 【查找与替换】对话框

② 在【替换】选项卡的【查找内容】文本框中输入需要查找的文本，在【替换内容】文本框中输入替换后的文本。

③ 连续单击【替换】按钮，逐个查找并替换。如果无须替换，则可直接单击【查找下一个】按钮；如果确定需要全文替换，则可直接单击【全部替换】按钮。

④ 替换完毕，会弹出一个提示性对话框，说明已完成对文档的搜索和替换工作，单击

【确定】按钮，文档中的文本替换工作自动完成。

(2) 高级替换。

单击图 6-41 所示的【查找与替换】对话框左下角的【高级】按钮(此时【高级】按钮变为【常规】按钮)，打开如图 6-42 和图 6-43 所示的对话框，可进行高级查找和替换设置。

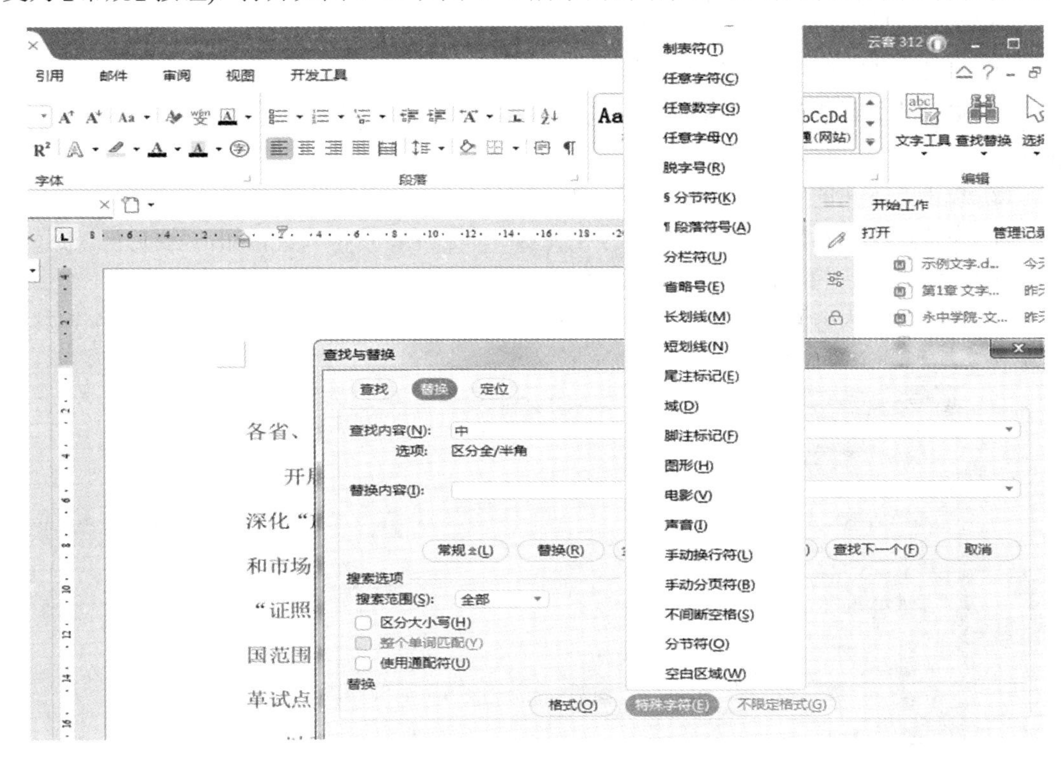

图 6-42　高级查找和替换设置 1

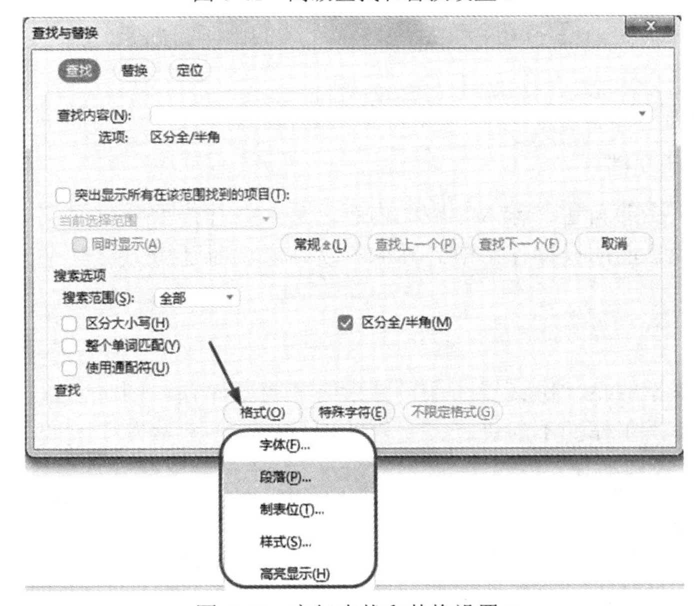

图 6-43　高级查找和替换设置 2

通过高级查找和替换设置，可以进行格式替换、特殊字符替换、使用通配符替换等操作。例如，可以设置仅替换某一颜色、某一样式，替换段落标记(回车符，以 ^ p 表示)等。高级替换功能使得文本的查找和替换更加方便和灵活，实用性更强。

实例 通过替换功能删除文档中的空行。

案例文档“特殊替换案例素材 .docx”来自互联网，文档中有许多空行需要删除，利用替换功能可以快速达到目的。其操作步骤如下：

① 打开文档“特殊替换案例素材.docx”。

② 单击【开始】选项卡【编辑】选项组中的【替换】按钮，弹出【查找与替换】对话框。

③ 单击左下角的【更多>>】按钮，展开对话框。

④ 在【查找内容】文本框中单击定位光标，单击【特殊格式】按钮，从打开的下拉列表中选择【段落标记】命令。连续选择两次该命令，用于查找两个连续的回车符。

⑤ 在【替换内容】文本框中输入“ ^ p”(“ ^ p”代表段落标记)，表示将两个连续的回车符替换为一个，如图 6-44 所示。

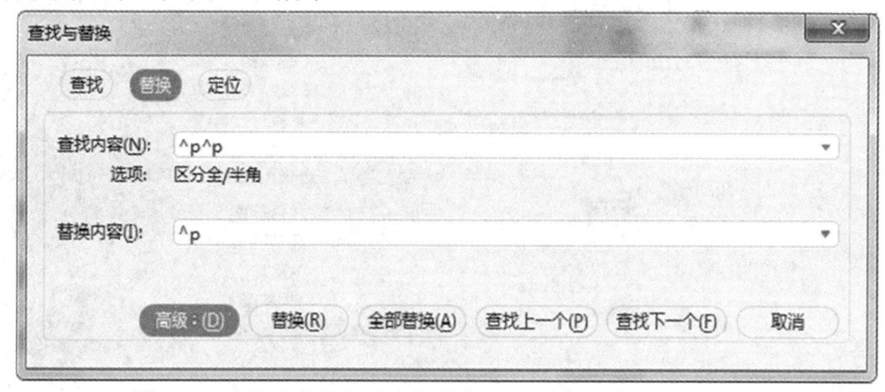

图 6-44　查找并替换文本中的段落标记以达到删除空行的目的

⑥ 单击【查找下一个】按钮，文档中两个连续的回车符将被选中，单击【替换】按钮将进行替换。

⑦ 确定替换结果正确后，单击【全部替换】按钮，即可将文档中所有的空行删除。

4. 保存与打印文档

完成对一个文档的新建并输入相应的内容之后，往往需要随时对文档进行保存，以保留工作成果，以免后面的误操作影响之前的设置，必要时还可以将其打印出来以供阅读与传递。

1) 保存文档

保存文档不仅指的是一份文档在编辑结束时才将其保存，同时也指在编辑过程中进行保存。因为随着编辑工作的不断进行，文档的信息也在不断地发生改变，必须及时让永中 Office 有效地记录这些变化。

(1) 手动保存新文档。

在文档的编辑过程中，应及时对其进行保存，以避免由于一些意外情况导致文档内容丢失。手动保存文档的操作步骤如下：

① 选择【文件】→【保存】命令，弹出【另存为】对话框。

② 选择文档所要保存的位置，在【文件名】文本框中输入文档的名称，如图 6-45 所示。

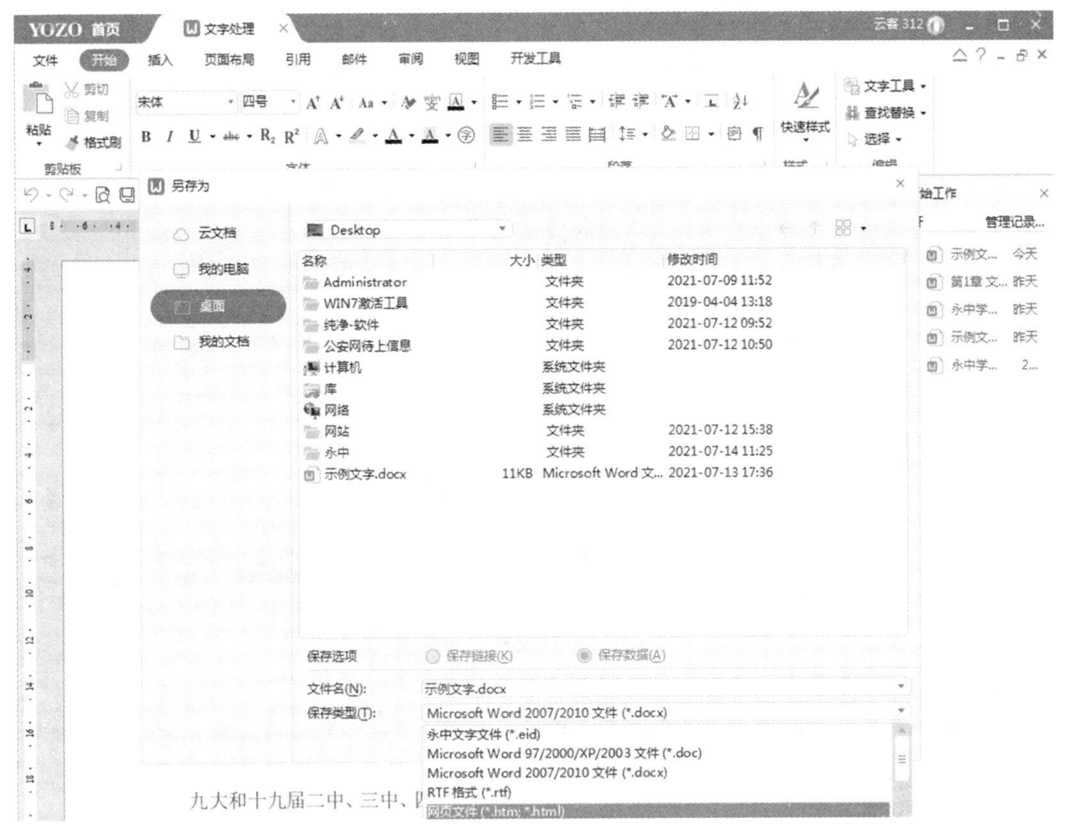

图 6-45　保存文档

提示　如果是第一次保存新建的文档，则单击快速访问工具栏中的【保存】按钮，或者按 Ctrl + S 组合键，也可以弹出【另存为】对话框，保存新文档。对于已经保存过的文档，只需选择【保存】命令或者单击【保存】按钮即可直接完成保存，选择【另存为】命令则可以将已保存过的文档换一个名称或格式保存。

③ 单击【保存】按钮，即可完成新文档的保存工作。

④ 在【另存为】对话框中，从【保存类型】下拉列表中可以重新指定文档的保存类型，如可以另存为文本文档、.eid 永中文档、PDF 格式文档等，以方便数据交换。

(2) 自动保存文档。

自动保存是指永中 Office 会在一定时间内自动保存一次文档。这样的设置可以有效地防止用户在进行了大量工作之后，因没有保存又发生意外(停电、死机等)而导致文档内容大量丢失。虽然仍有可能因为一些意外情况而引起文档内容丢失，但其损失可以降到最低。

设置文档自动保存的操作步骤如下：

① 选择【文件】→【选项】命令，弹出【选项】对话框，选择【保存】选项卡。

② 在【保存文件】选项区域中选中【定时保存时间间隔】复选框，并指定具体分钟数(可输入 1～120 的整数)，默认自动保存时间间隔是 10 分钟，如图 6-46 所示。

③ 单击【确定】按钮，自动保存文档设置完毕。

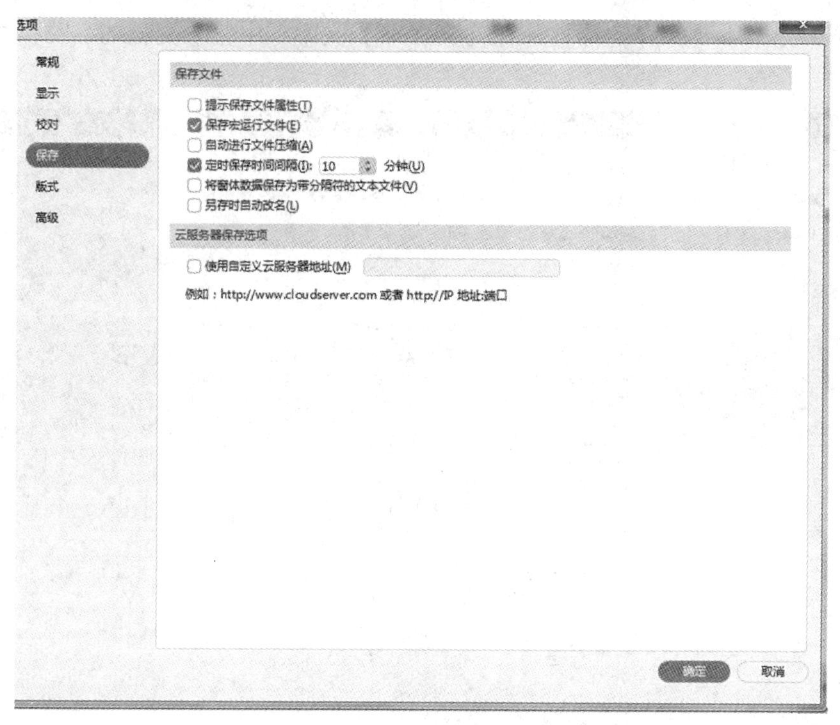

图 6-46　设置文档自动保存

2) 打印文档

打印文档在日常办公中是一项很常见而且很重要的工作。在打印永中 Office 文档之前，可以通过打印预览功能查看整篇文档的排版效果，确认无误后再进行打印。编辑完成之后，可以通过如下操作步骤完成打印：

(1) 选择【文件】→【打印】命令，显示如图 6-47 所示的打印预览效果。

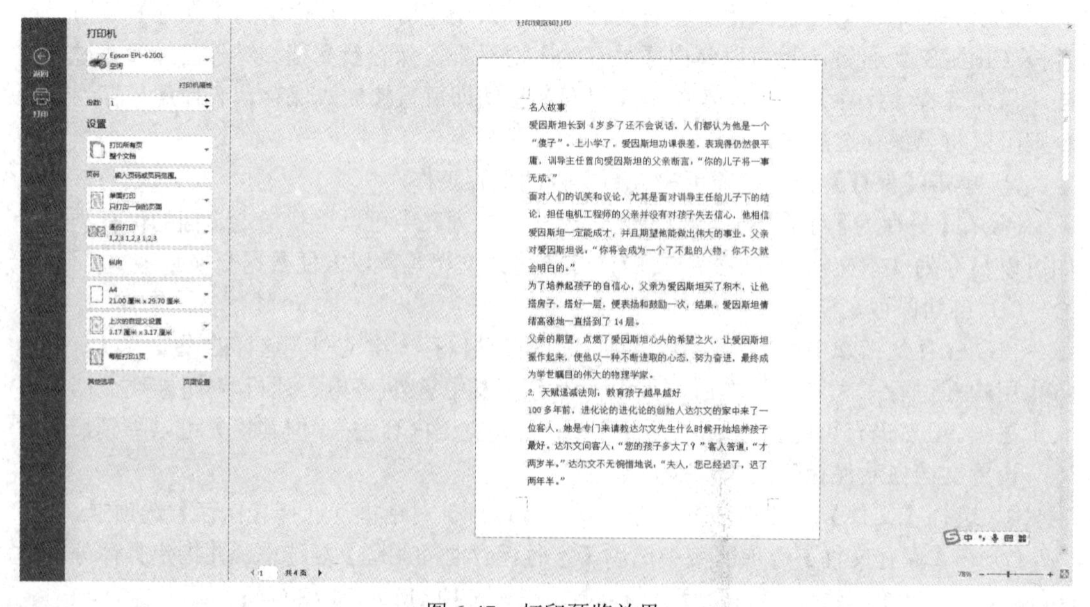

图 6-47　打印预览效果

(2) 在该打印视图的右侧可以即时预览文档的打印效果。同时，可以在打印设置区域中对打印页面进行相关调整，如页边距、纸张大小、打印份数、指定单面或双面打印、每版打印页数等。

(3) 设置完成后，单击【打印】按钮，即可打印文档。

实例　手动双面打印文档。

当打印机不支持双面打印时，需要设置手动双面打印。双面打印可以节省纸张，便于阅读。其操作步骤如下：

(1) 打开需要打印的永中 Office 文档。

(2) 选择【文件】→【打印】命令。

(3) 单击【单面打印】按钮，从打开的下拉列表中选择【手动双面打印】命令，如图 6-48 所示。

图 6-48　选择【手动双面打印】命令

(4) 单击【打印】按钮，开始打印第一面。当奇数页面打印完毕后，系统提示重新放纸。此时，应将打印好的纸张翻面后重新放入打印机，单击提示对话框中的【确定】按钮。

6.2.2　美化并充实文档

如果想让单调乏味的文档变得醒目美观，就需要对其格式进行多方面的设置，如字体、字号、字形、颜色等字体格式，段落对齐、缩进、段落间距等段落格式。另外，在文档中插入适当的图形、图像、图表等对象，也可以使文档的表现力更加丰富、形象。恰当的格式设置及图文表混排不仅有助于美化文档，还能够在很大程度上增强信息的传递力度，从而帮助读者更加轻松自如地阅读文档。

1. 设置文档的格式

文档格式设置包括字体格式和段落格式两大部分，下面分别介绍。

1) 设置字体格式

对文档中的字体格式进行设置时，设置对象可以是单字，也可以是词组或句子，设置样式包括字体、字号、字形、字体颜色等。当需要对文本进行字体格式设置时，需要精确选中该文本。

(1) 设置字体和字号。

如果在编辑文本的过程中通篇采用相同的字体和字号，那么文档就会变得毫无特色。下面介绍通过设置文本的字体和字号，使文档变得美观大方、层次鲜明。具体操作步骤如下：

① 在永中 Office 文档中选中要设置字体和字号的文本。

② 单击【开始】选项卡【字体】选项组【字体】右侧的黑色三角按钮。

③ 在弹出的下拉列表中选择需要的字体，如【华文楷体】，如图 6-49 所示。此时，被选中的文本就会以新的字体显示。

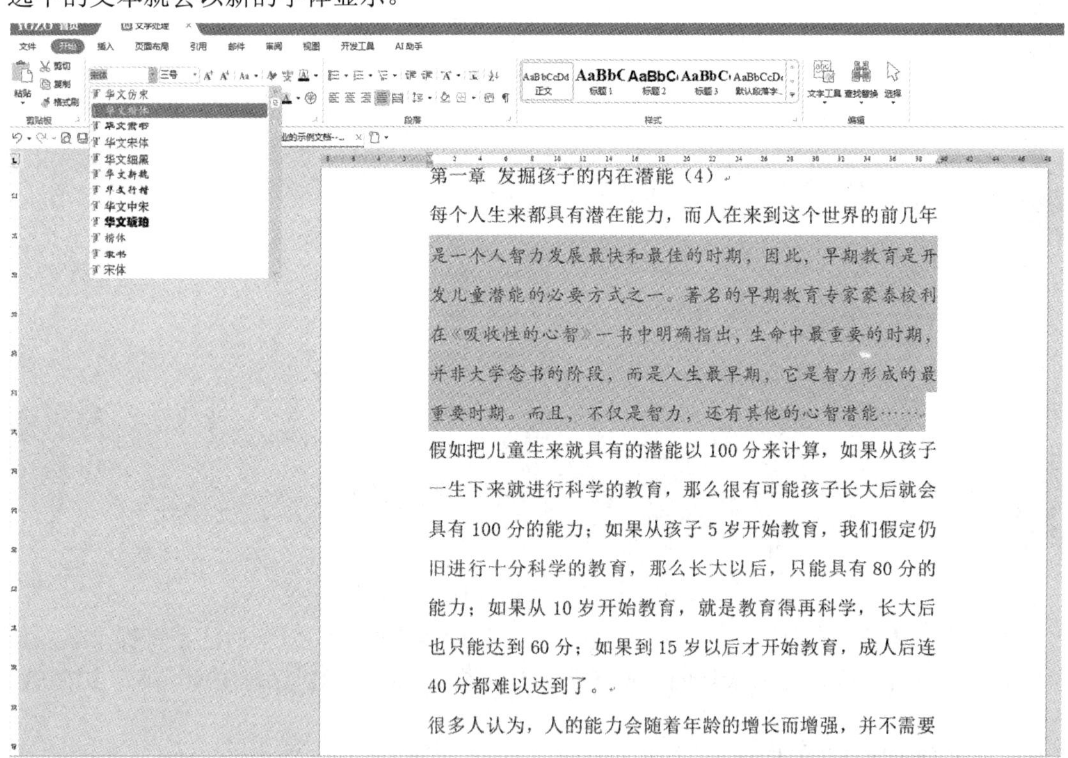

图 6-49 设置文本字体

提示 当鼠标指针在【字体】下拉列表中滑动时，凡是经过的字体选项都会实时地反映到当前文档中。操作者可以在没有执行单击操作前实时预览到不同字体的显示效果，从而便于确定最终选择。

④ 单击【开始】选项卡【字体】选项组【字号】右侧的黑色三角按钮。

⑤ 在弹出的下拉列表中选择需要的字号，如图 6-50 所示。此时，被选中的文本就会

以指定的字体大小显示。

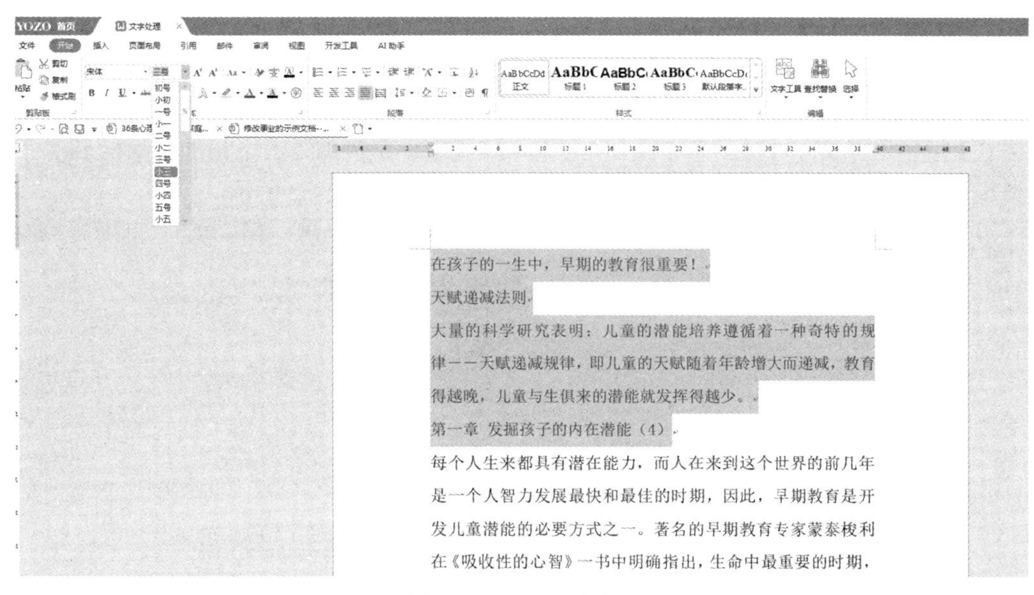

图 6-50　设置文本字号

(2) 设置字形。

在永中 Office 中还可以对字形进行修饰，如可以将粗体、斜体、下画线、删除线等多种效果应用于文本，从而使内容在显示上更为突出。

在永中 Office 文档中选中要设置字形的文本，单击【开始】选项卡【字体】选项组中的相应按钮，即可进行各种字形的设置。其中，加粗将所选文字以粗体显示，倾斜将所选文字以斜体显示，下画线为所选文字增加下画线。单击【下画线】右侧的向下三角按钮，在弹出的下拉列表中可选择不同样式的下画线。选择【下画线颜色】命令，可以进一步设置下画线的颜色，如图 6-51 所示。选择【删除线】命令，则在所选文字的中间绘制一条线。

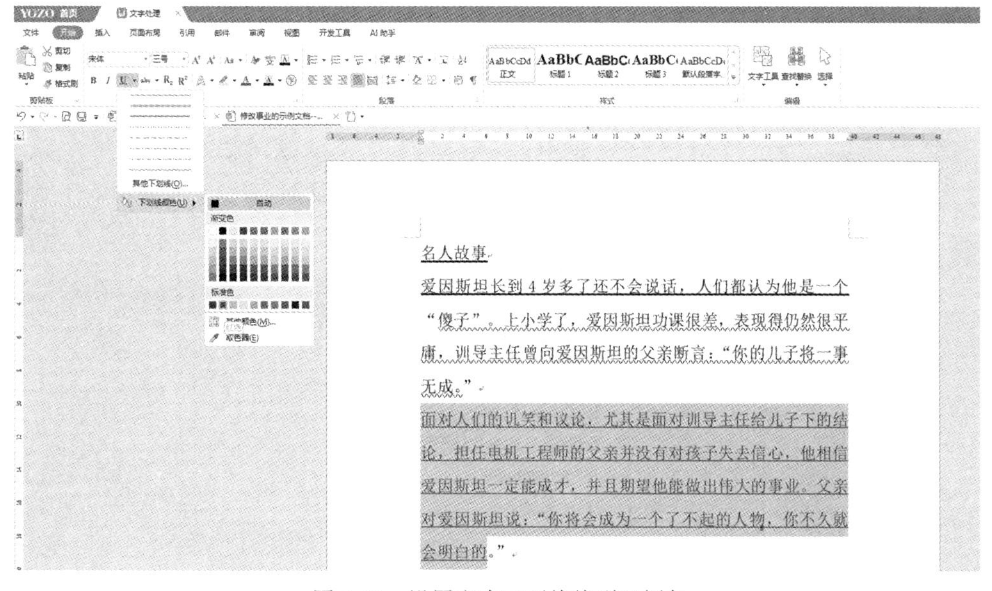

图 6-51　设置文本下画线线型及颜色

上标是在文字右上方创建小字符，如 X^5；下标是在文字右下方创建小字符，如 a_1。上下标效果在创建数学公式时非常有用。

提示 如果需要把粗体字、带有下画线或设置了其他字形效果的文本变回正常文本，只需选中该文本，再次单击【字体】选项组中的相应按钮即可；也可以通过直接单击【清除格式】按钮还原文本格式。单击【开始】选项卡【字体】选项组右下角的对话框启动器，在弹出的【字体】对话框中可以设置更多的字形效果，如图 6-52 所示。

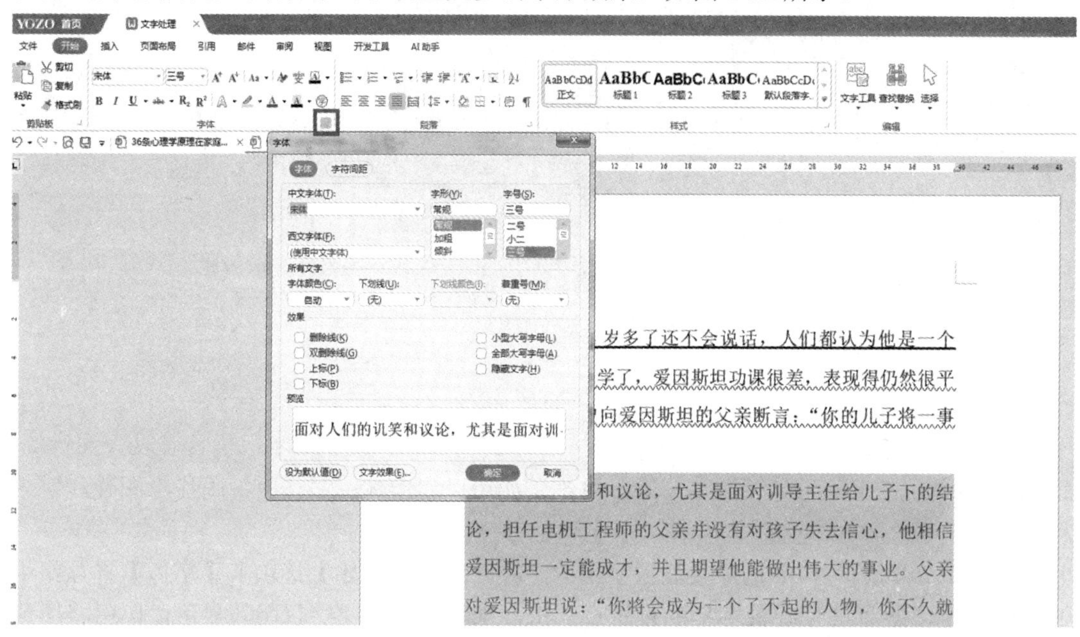

图 6-52　更多字体设置

(3) 设置字体颜色。

单击【开始】选项卡【字体】选项组【字体颜色】右侧的黑色三角按钮，在弹出的下拉列表(【渐变色】或【标准色】)中选择自己喜欢的颜色即可，如图 6-53 所示。

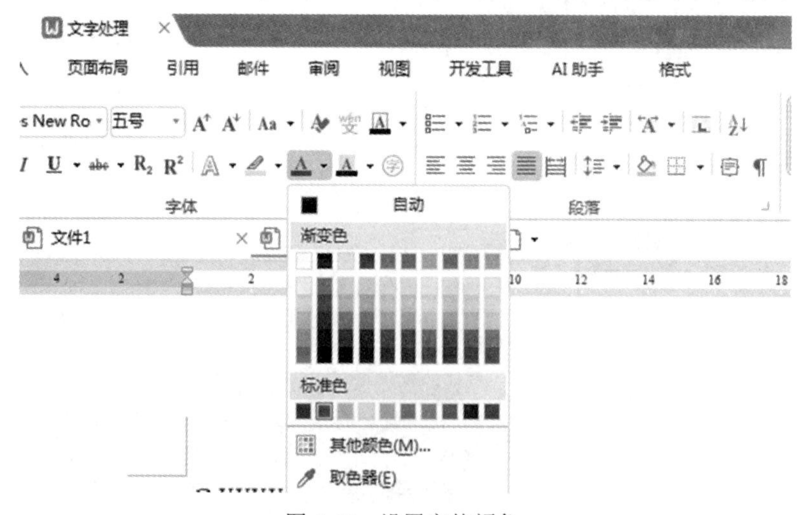

图 6-53　设置字体颜色

如果系统提供的渐变色和标准色都不能满足用户的个性需求，可以在弹出的下拉列表中选择【其他颜色】命令，弹出【颜色】对话框，在【基本色】选项区域和【自定义颜色】选项区域中选择或调整合适的颜色，如图 6-54 所示。

永中 Office 还提供了一些其他字体效果，如双删除线、隐藏文字等。单击【开始】选项卡【字体】选项组中的对话框启动器按钮，弹出【字体】对话框，在【字体】选项卡的【效果】选项区域中自行设置即可，如图 6-55 所示。

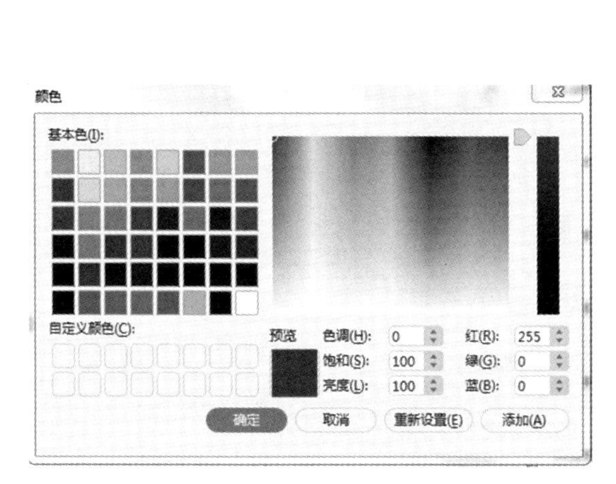

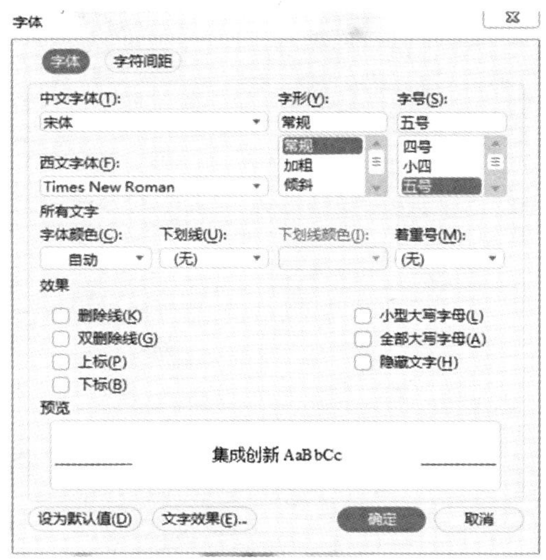

图 6-54　【颜色】对话框　　　　图 6-55　设置字体其他效果

(4) 设置文本效果。

单击【开始】选项卡【字体】选项组中的【文字效果】按钮，可为选中文本应用阴影、发光等外观效果，如图 6-56 所示。单击【字体】对话框中的【文字效果】按钮，在弹出的【设置文本效果格式】对话框中可进一步设置文本的填充方式、文本边框类型、轮廓样式以及其他特殊的文字效果。

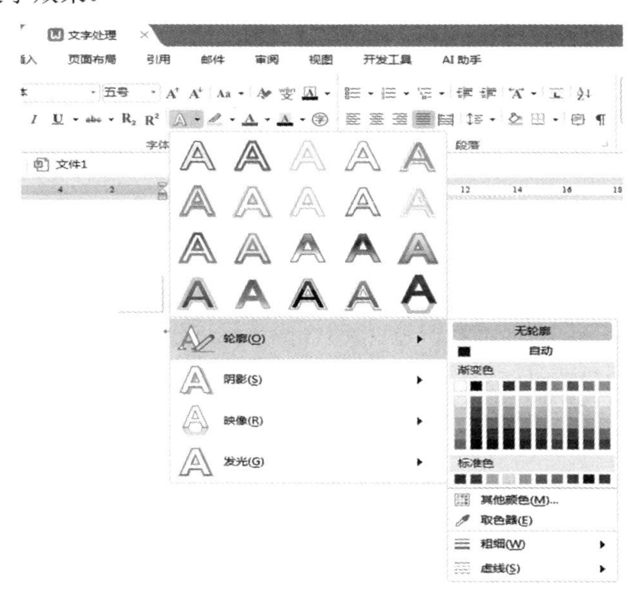

图 6-56　设置文本效果

(5) 设置字符间距。

在永中 Office 中允许对字符间距进行调整，操作步骤如下：

① 单击【开始】选项卡【字体】选项组中的对话框启动器按钮，弹出【字体】对话框，选择【字符间距】选项卡，如图 6-57 所示。

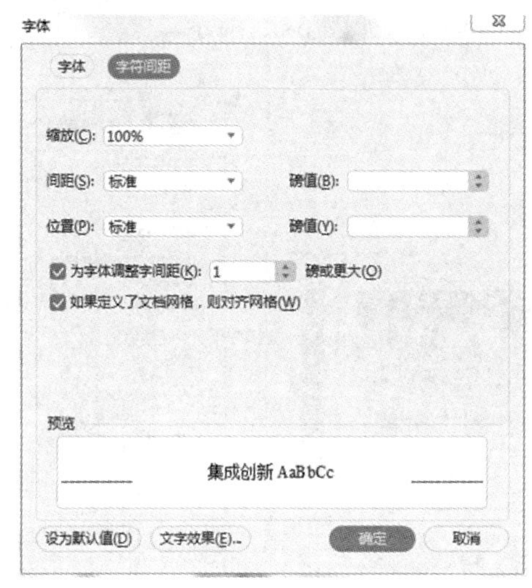

图 6-57 【字符间距】选项卡

② 按需要调整字符间距。其中，在【缩放】下拉列表中有多种字符缩放比例可供选择，也可以直接在其文本框中输入想要设置的缩放百分比数值(可不必输入“%”)，对文字进行横向缩放。

在【间距】下拉列表中有【标准】【扩展】【压缩】3 种字符间距可供选择。其中【扩展】方式将使字符间距比【标准】方式宽，【压缩】方式将使字符间距比【标准】方式窄。可以在其右侧的【磅值】微调框中输入合适的字符间距磅值。

在【位置】下拉列表中有【标准】【提升】【降低】3 种字符位置可选，也可以在其右侧的【磅值】微调框中输入合适的数值来控制所选文本相对于基准线的位置。

【为字体调整字间距】复选框用于调整文字或字母组合间的距离，以使文字看上去更加美观、均匀。可以在其右侧的微调框中输入数值进行设置。

选中【如果定义了文档网格，则对齐网格】复选框，将自动设置每行字符数，使其与【页面设置】对话框中设置的字符数相一致。

2) 设置段落格式

段落是指以特定符号作为结束标记的一段文本，用于标记段落的符号是不可打印的字符。在编排整篇文档时，合理的段落格式设置可以使内容层次有致，结构鲜明，从而便于阅读。永中 Office 的段落排版命令总是适用于整个段落的，因此要对一个段落进行排版，可以将光标移到该段落的任何地方；但如果要对多个段落进行排版，则需要将这几个段落同时选中。

通过单击【开始】选项卡【段落】选项组中的按钮，可对各种段落格式进行快速设置。

单击【开始】选项卡【段落】选项组中的对话框启动器按钮，弹出【段落】对话框，可以对段落格式进行详细和精确的设置，如图 6-58 所示。

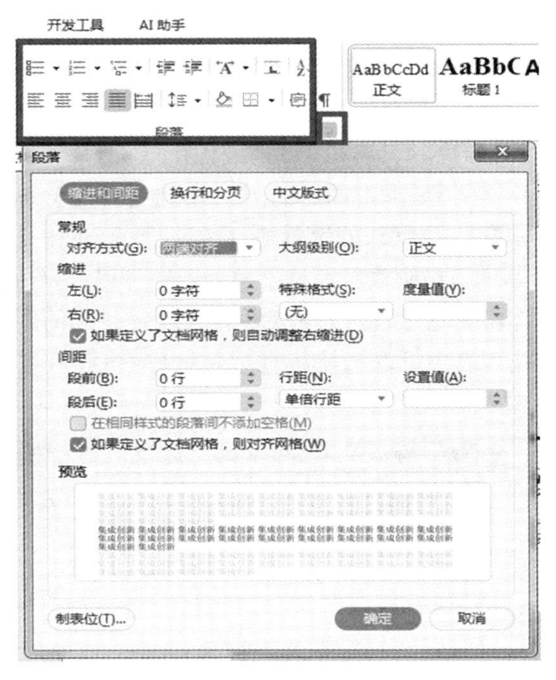

图 6-58　【段落】选项组及【段落】对话框

(1) 设置段落对齐方式。

永中 Office 一共提供了 5 种段落对齐方式：文本左对齐、居中、文本右对齐、两端对齐和分散对齐。通过单击【开始】选项卡【段落】选项组中的对应按钮可快速设置段落的对齐方式，如图 6-59 所示。

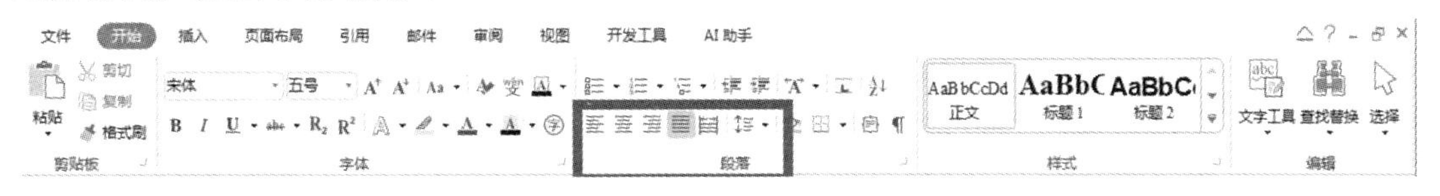

图 6-59　通过单击【段落】选项组中的对应按钮设置段落对齐方式

(2) 设置段落缩进。

一般情况下，文本的输入范围是整个页面除去页边距以外的部分。但有时为了美观，文本还要再向内缩进一段距离，这就是段落缩进。增加或减少缩进量时，改变的是文本和页边距之间的距离。默认状态下，段落左、右缩进量都是零。

单击【开始】选项卡【段落】选项组中的【减少缩进量】按钮和【增加缩进量】按钮，可以快速减少或增加段落的整体左缩进量。

单击【开始】选项卡【段落】选项组中的对话框启动器按钮，弹出【段落】对话框，在【缩进和间距】选项卡的【缩进】选项区域中可对选中段落的缩进方式和缩进量进行详细、精确的设置。其中，首行缩进就是每一个段落中第一行第一个字符要缩进几个空格位。中文段落普遍采用首行缩进两个字符的格式。

提示　设置首行缩进之后，当用户按 Enter 键输入后续段落时，系统会自动为后续段落设置与前面段落相同的首行缩进格式，无须重新设置。

悬挂缩进是指段落的首行起始位置不变，其余各行一律缩进一定距离。这种缩进方式常用于词汇表、项目列表等内容。

左缩进是指整个段落都向右缩进一定距离，而右缩进一般是指使段落的右端整体均向左移动一定距离。

(3) 设置行距和段落间距。

行距决定了段落中各行文字之间的垂直距离。单击【开始】选项卡【段落】选项组中的【行距】按钮，即可设置行距(默认的设置是 1 倍行距)。单击【行距】右侧的黑色三角按钮，弹出如图 6-60 所示的下拉列表，在该下拉列表中可以选择所需的行距。如果选择其中的【行距选项】命令，将弹出【段落】对话框，在【缩进和间距】选项卡的【间距】选项区域中的【行距】下拉列表中可以选择其他行距选项，并可在【设置值】微调框中设置具体的数值。

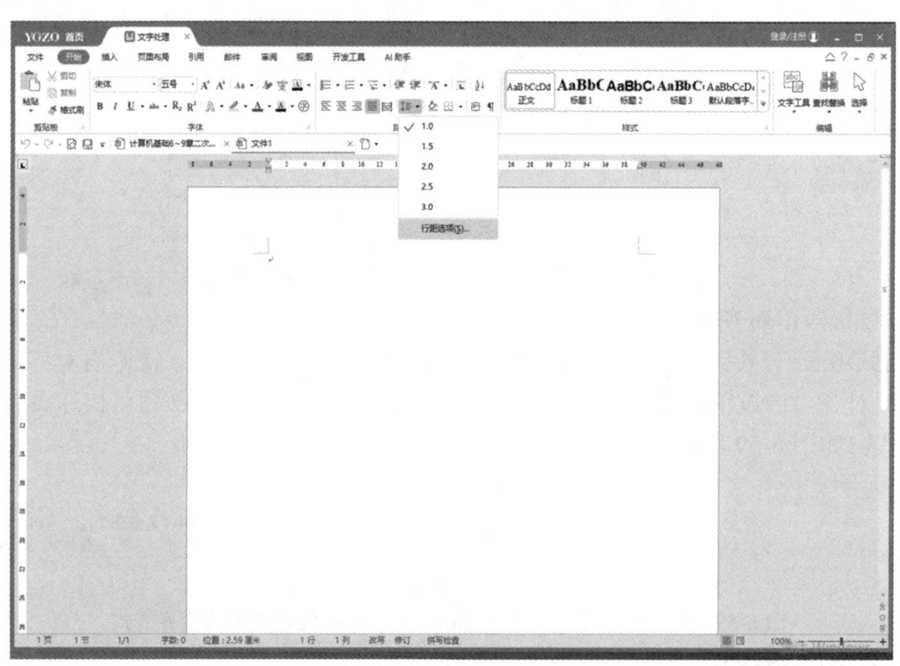

图 6-60 【行距】下拉列表

段落间距是指段落与段落之间的距离。在某些情况下，为了满足排版的需要，会对段落之间的距离进行调整。还可以通过以下两种方法来调整段落间距：

① 在【段落】对话框的【间距】选项区域中单击【段前】和【段后】微调框中的微调按钮，可以精确设置段落间距。

② 单击【页面布局】选项卡【段落】选项组【段前】和【段后】微调框右侧的微调按钮，同样可以完成段落间距的设置工作，如图 6-61 所示。

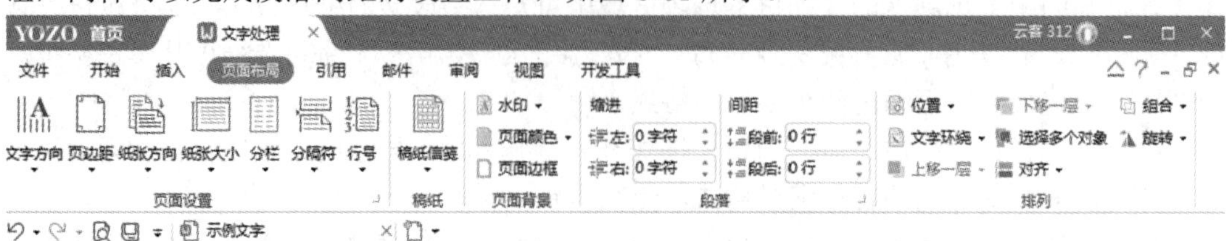

图 6-61 在【页面布局】选项卡中设置段落间距

提示　如果设置了新的行距，则在后面的段落中该设置将被继承，无须重新设置。

(4) 设置换行和分页。

在对某些专业的或比较长篇的文档进行排版时，经常需要对一些特殊的段落进行格式调整，以使版式更加和谐、美观。这可以通过如图 6-62 所示的【段落】对话框中的【换行和分页】选项卡进行设置。

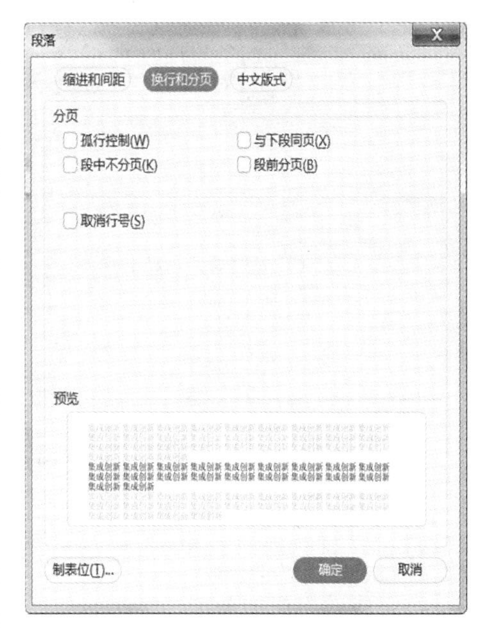

图 6-62　【换行和分页】选项卡

① 孤行控制。如果在页面顶部仅显示段落的最后一行，或者在页面底部仅显示段落的第一行，则这样的行称为孤行。选中【孤行控制】复选框，则可避免出现这种情况发生。在比较专业的文档排版中，这一功能非常有用。

② 与下段同页。选中【与下段同页】复选框，将保持前后两个段落始终处于同一页中。在表格、图片的前后带有表注或图注时，常常希望表注和表、图注和图不分离，通过选中该复选框即可实现这一效果。

③ 段中不分页。选中【段中不分页】复选框，将保持一个段落始终位于同一页上，不会被分开显示在两页上。

④ 段前分页。选中【段前分页】复选框，当前段落开始自动显示在下一页，相当于在该段之前自动插入了一个分页符。这比手动分页符更加容易控制，且作为段落格式可以定义在样式中。

2. 调整页面布局

永中 Office 2019 提供的页面设置功能可以轻松完成对页边距、纸张大小、纸张方向等诸多格式的设置工作。

1) 设置页边距

通过指定页边距，可以满足不同的文档版面要求。设置页边距的操作步骤如下：

(1) 单击【页面布局】选项卡【页面设置】选项组中的【页边距】按钮。

(2) 在弹出的预定义页边距下拉列表中选择合适的页边距。

(3) 如果需要自己指定页边距，可以在【页边距】下拉列表中选择【自定义边距】命令，弹出【页面设置】对话框，选择【页面】选项卡，如图 6-63 所示。

在【页边距】选项区域中，可以通过单击微调按钮调整上、下、左、右 4 个页边距的大小和装订线的大小位置，在【装订线位置】下拉列表中选择【左】或【上】选项。

在【应用于】下拉列表中可指定页边距设置的应用范围，可指定应用于整篇文档、选中的文本或指定的节(如果文档已分节)。

(4) 单击【确定】按钮，即可完成自定义页边距的设置。

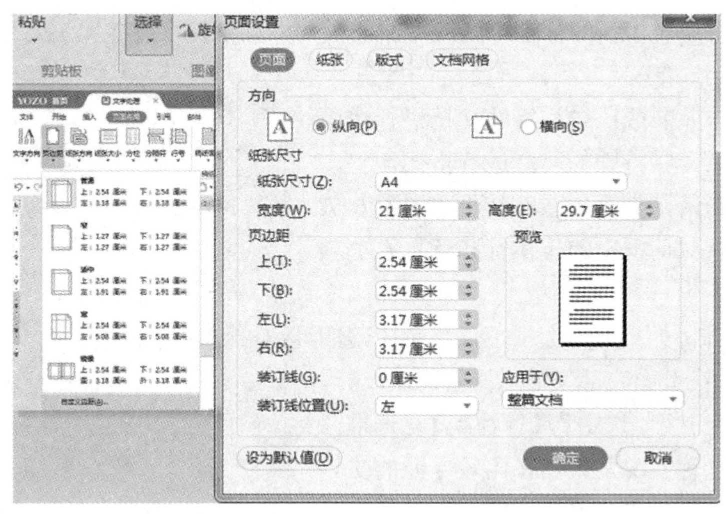

图 6-63 设置页边距

2) 设置纸张大小和方向

纸张大小和方向决定了排版页面所采用的布局方式，设置恰当的纸张大小和方向可以令文档完成效果更加美观、实用。

(1) 设置纸张方向。

永中 Office 2019 提供了纵向(垂直)和横向(水平)两种布局以供选择。更改纸张方向时，与其相关的内容选项也会随之更改，如封面、页眉、页脚样式库中所提供的内置样式便会始终与当前所选纸张方向保持一致。更改文档的纸张方向的操作步骤如下：

① 单击【页面布局】选项卡【页面设置】选项组中的【纸张方向】按钮。

② 在弹出的下拉列表中选择【纵向】或【横向】。

如需同时指定纸张方向的应用范围，则选择【页面设置】对话框中的【页面】选项卡，从【应用于】下拉列表中选择某一范围。

(2) 设置纸张大小。

同页边距一样，永中 Office 2019 为用户提供了预定义的纸张大小设置，用户既可以使用默认的纸张大小，又可以自己设置纸张大小，以满足不同的应用要求。设置纸张大小的操作步骤如下：

① 单击【页面布局】选项卡【页面设置】选项组中的【纸张大小】按钮。

② 在弹出的【纸张大小】下拉列表中选择合适的纸张大小，如图 6-64 所示。

③ 如果需要自己指定纸张大小，可以在下拉列表中选择【其他页面大小】命令，打开【页面设置】对话框的【纸张】选项卡，其中：

• 在【纸张大小】下拉列表中可以选择不同型号的打印纸，如【A3】、【A4】、【16 开】。

• 选择【其他页面大小】下的【自定义大小】纸型，可以在

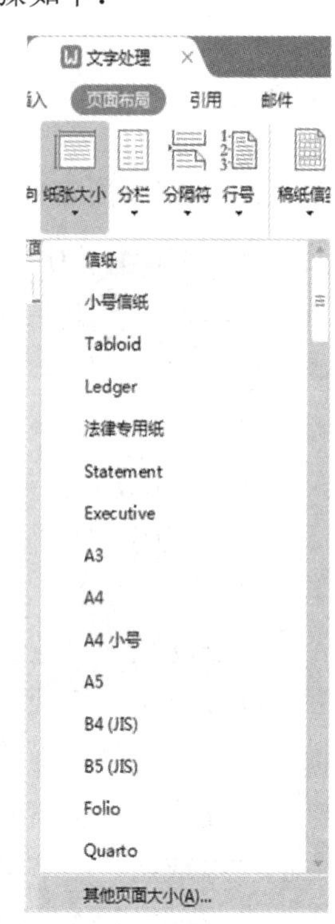

图 6-64 设置纸张大小

下面的【宽度】和【高度】微调框中自己定义纸张的大小。

- 在【应用于】下拉列表中可以指定纸张大小的应用范围。

④ 单击【确定】按钮，即可完成自定义纸张大小的设置。

3) 设置页面背景

永中 Office 2019 提供了丰富的页面背景设置功能，可以非常便捷地为文档应用水印、页面颜色和页面边框等效果。

(1) 设置页面颜色和背景。

通过页面颜色设置，可以为背景应用渐变、图案、图片、纯色或纹理等填充效果。其中，渐变、图案、图片和纹理将以平铺或重复方式来填充页面，从而可以针对不同应用场景制作专业美观的文档。为文档设置页面颜色和背景的操作步骤如下：

① 单击【页面布局】选项卡【页面背景】选项组中的【页面颜色】按钮。

② 弹出【页面颜色】下拉列表，可以在【主题颜色】或【标准色】区域中选择所需颜色。

③ 选择其他颜色。选择【页面颜色】下拉列表中的【其他颜色】命令，在弹出的【颜色】对话框中可以选择其他颜色。

④ 设置填充效果。如果希望添加特殊效果，可在【页面颜色】下拉列表中选择【填充效果】命令，弹出【填充效果】对话框，如图 6-65 所示。在该对话框中有【渐变】、【纹理】、【图案】和【图片】4 个选项卡，用于设置页面的特殊填充效果。

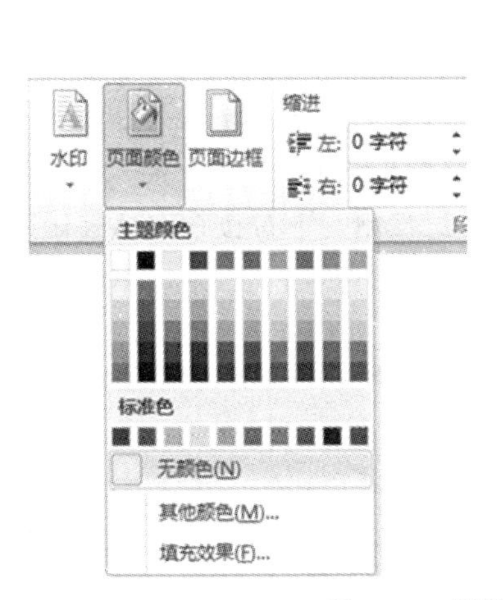

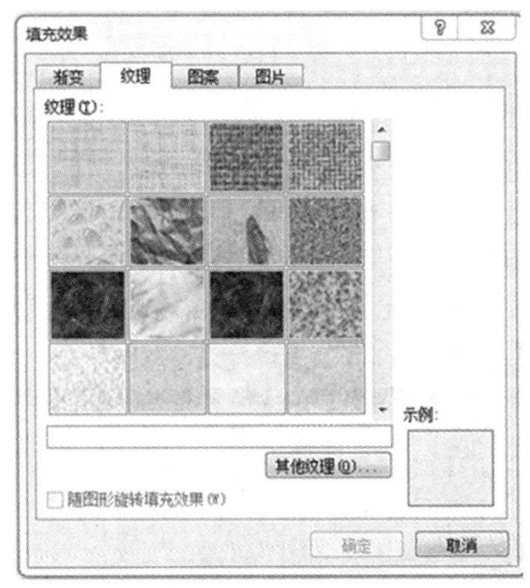

图 6-65　设置页面颜色和填充效果

⑤ 设置完成后，单击【确定】按钮，即可为整个文档中的所有页面应用美观的背景。

(2) 设置水印效果。

水印效果用于在文档内容的底层显示虚影效果。我们常常会对一篇文档添加水印，以方便鉴别文件的真伪，并实现对版权的保护。水印效果可以是文字，也可以是图片。永中 Office 提供了文字和图片两种水印类型。图片水印可以增加文档美观，可以用于制作卡片和名片；而文字水印则可以在打印一些重要文档时，为了让阅读的人知道该文件的重要性，添加“机密”“绝密”等字样。

设置水印效果的操作方法如下：

① 单击【页面布局】选项卡【页面背景】选项组中的【水印】按钮。

② 在弹出的下拉列表中选择一个预定义水印效果。

③ 自定义水印。在【水印】下拉列表中选择【自定义水印】命令，弹出如图 6-66 所示的【水印】对话框。在该对话框中可指定图片或文字作为文档的水印，设置完毕后单击【确定】按钮即可。

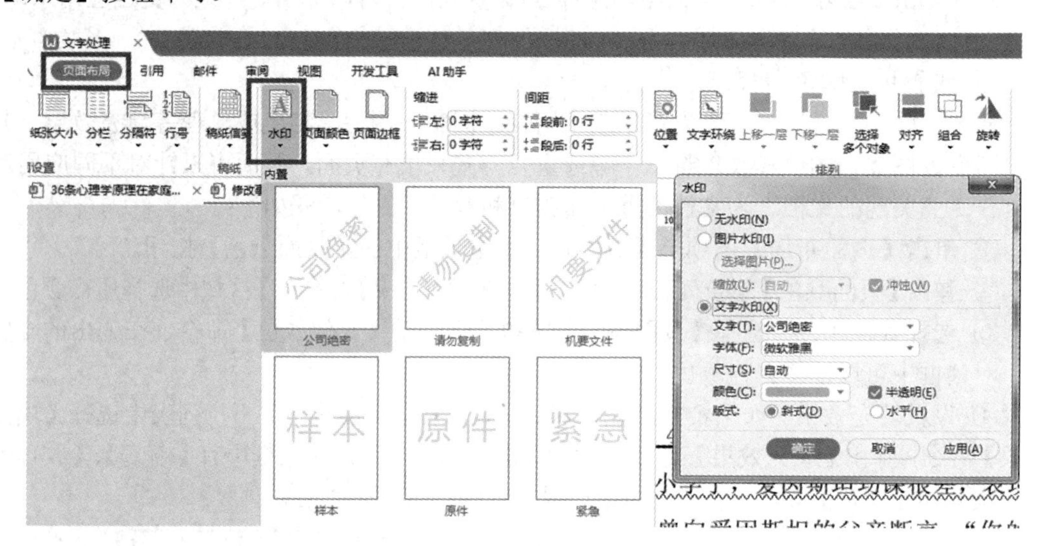

图 6-66　设置水印效果

设置图片水印的操作步骤为：单击【页面背景】选项卡【页面背景】选项组中的【水印】下拉按钮(见图 6-67)，在弹出的下拉列表中选择【自定义水印】命令，弹出【水印】对话框，选中【图片水印】单选按钮，单击【选择图片】按钮，弹出【插入图片】对话框，选择所需图片后单击【打开】按钮，单击【缩放框】右侧的下拉按钮，从弹出的下拉列表中选择图片的缩放比例。如果要淡化或冲蚀图片，使其不影响文档中文本的显示，则应选中【冲蚀】复选框，单击【确定】按钮。

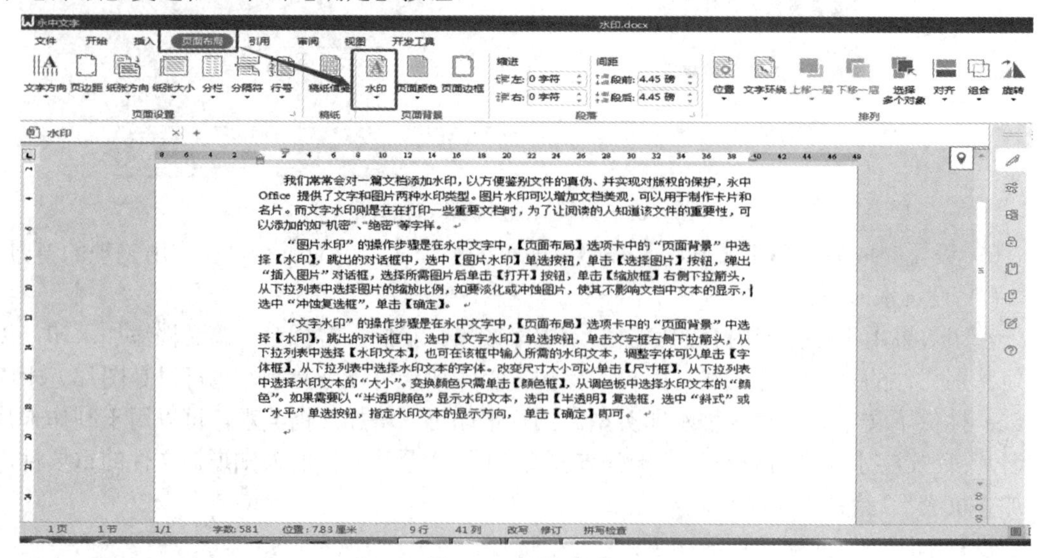

图 6-67　添加水印

实例　将公司名称作为水印添加到文档中。

操作步骤如下：

① 打开一个空白的永中 Office 文档，单击【页面布局】选项卡【页面背景】选项组中的【水印】按钮。

② 在弹出的下拉列表中选择【自定义水印】命令，弹出【水印】对话框。

③ 选中【文字水印】单选按钮，在【文字】文本框中输入公司名称“蓝天科技有限公司”，指定字体、字号和颜色，版式为【斜式】，设置完毕后单击【确定】按钮，如图 6-68 所示。

图 6-68　将公司名称制作成水印效果

(3) 删除水印。

我们在网上搜集资料，查找一些相关文档时，经常会发现一些文档中添加了水印，如图 6-69 所示。对于这些水印，我们应该怎么删除呢？下面介绍集中删除文档水印的方法。

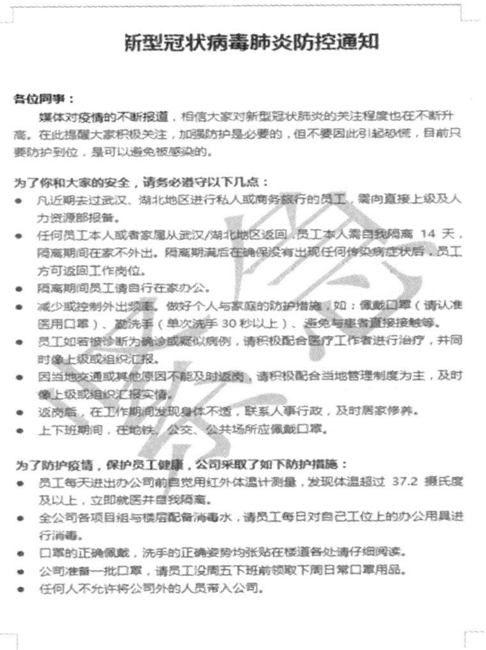

新型冠状病毒肺炎防控通知

各位同事：

媒体对疫情的不断报道，相信大家对新型冠状肺炎的关注程度也在不断升高。在此提醒大家积极关注，加强防护是必要的，但不要因此引起恐慌，目前只要防护到位，是可以避免被感染的。

为了你和大家的安全，请务必遵守以下几点：

- 凡近期去过武汉、湖北地区进行私人或商务旅行的员工，需向直接上级及人力资源部报备。
- 任何员工本人或者家属从武汉/湖北地区返回，员工本人需自我隔离 14 天，隔离期间在家不外出。隔离期满后在确保没有出现任何传染病症状后，员工方可返回工作岗位。
- 隔离期间员工请自行在家办公。
- 减少或控制外出频率。做好个人与家庭的防护措施，如：佩戴口罩（请认准医用口罩）、勤洗手（单次洗手 30 秒以上）、避免与患者直接接触等。
- 员工如若被诊断为确诊或疑似病例，请积极配合医疗工作者进行治疗，并同时像上级或组织汇报。
- 因当地交通或其他原因不能及时返岗，请积极配合当地管理制度为主，及时像上级或组织汇报实情。
- 返岗后，在工作期间发现身体不适，联系人事行政，及时居家修养。
- 上下班期间，在地铁、公交、公共场所应佩戴口罩。

为了防护疫情，保护员工健康，公司采取了如下防护措施：

- 员工每天进出办公司前自觉用红外体温计测量，发现体温超过 37.2 摄氏度及以上，立即就医并自我隔离。
- 全公司各项目组与楼层配备消毒水，请员工每日对自己工位上的办公用具进行消毒。
- 口罩的正确佩戴，洗手的正确姿势均张贴在楼道各处请仔细阅读。
- 公司准备一批口罩，请员工没周五下班前领取下周日常口罩用品。
- 任何人不允许将公司外的人员带入公司。

图 6-69　网络下载文字

方法一：

① 单击【页面布局】选项卡【页面背景】选项组中的【水印】按钮，从弹出的下拉列表中选择【自定义水印】命令，弹出【水印】对话框，如图 6-70 所示。

② 选中【无水印】单选按钮，单击【确定】按钮。

方法二：

单击【页面布局】选项卡【页面背景】选项组中的【水印】按钮，从弹出的下拉列表中选择【删除水印】命令即可，效果如图 6-71 所示。

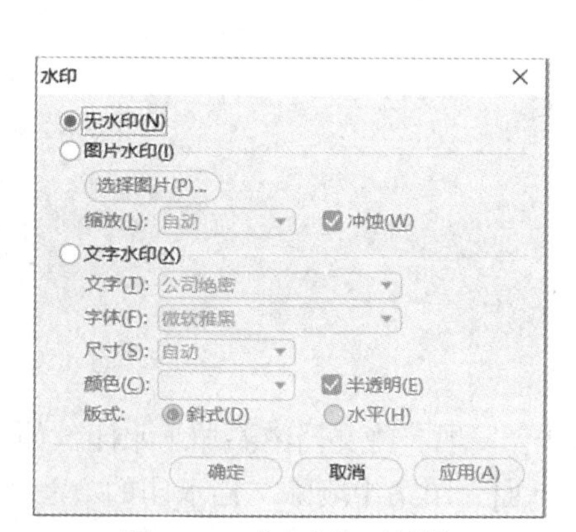

图 6-70 【水印】对话框

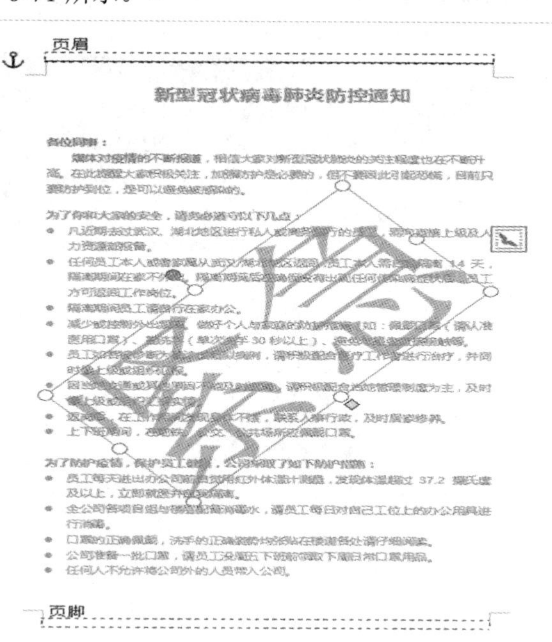

图 6-71 删除水印

方法三：

① 双击页眉处，进入页眉编辑状态。

② 选中文档中的水印，按 Delete 键即可将水印删除。

③ 单击【关闭页眉和页脚】按钮，即可返回文档编辑状态。

(4) 设置文档网格。

在很多文档中要求每页有固定的行数，这就需要进行文档网格的设置。其操作步骤如下：

① 单击【页面布局】选项卡【页面背景】选项组中的对话框启动器按钮，弹出【页面设置】对话框。

② 选择【文档网格】选项卡，如图 6-72 所示。

③ 设置网格类型，并设置每行字符数、每页行数等内容。

④ 在【应用于】下拉列表中指定应用范围，单击【确定】按钮，完成设置。

(5) 设置稿纸信笺样式。

在小学语文课本或语文报上经常可以看到文字

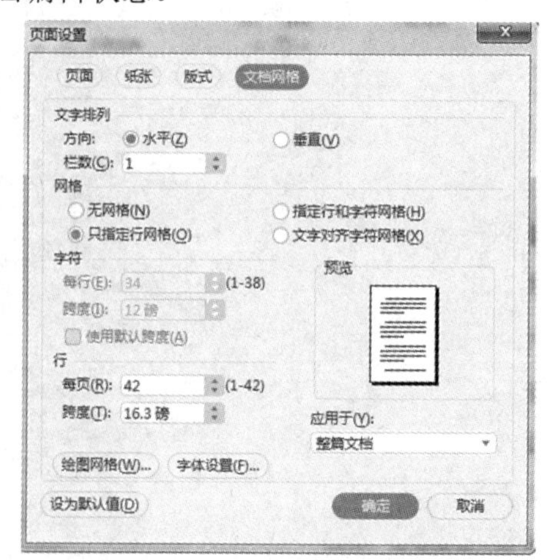

图 6-72 【文档网格】选项卡

显示在带方格块的稿纸或带下画线的信纸上。为满足这一特殊排版需求，永中文字提供了稿纸信笺功能，可以根据需要设置稿纸或信笺的规格、网格线的颜色或线型及文字的排列方向等。

设置稿纸信笺样式的操作步骤为：单击【页面布局】选项卡【稿纸】选项组中的【稿纸信笺】按钮，弹出【稿纸信笺】对话框，如图 6-73 所示。

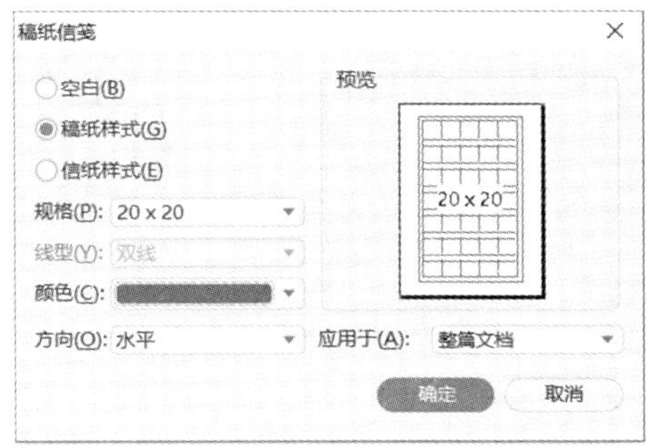

图 6-73　【稿纸信笺】对话框

在【稿纸信笺】对话框中可以选择稿纸的规格、线条颜色及文字的排列方向，具体操作如下：

① 选中【稿纸样式】单选按钮，在【规格】下拉列表中选择 20 × 20 的稿纸规格。

② 单击【颜色】右侧的下拉按钮，可以从弹出的调色板中选择稿纸的线条颜色，这里选择绿色。

③ 单击【方向】右侧的下拉按钮，可以设置稿纸上文字的排列方向，这里应用默认的【水平】。

④ 单击【应用于】右侧的下拉按钮，可以选择将当前稿纸样式应用于不同的部分，这里应用默认的【整篇文档】。

⑤ 单击【确定】按钮，此时就显示出刚才所设置的绿色方格块稿纸样式，如图 6-74 所示。

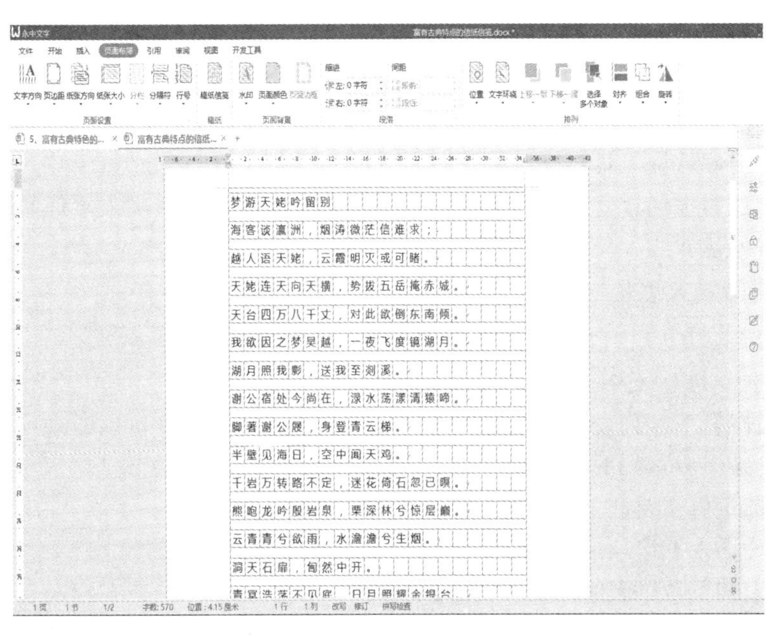

图 6-74　稿纸样式

如果要设置同时具有稿纸和信纸的样式，则单击【页面布局】选项卡【页面设置】选项组中的【分隔符】按钮，从弹出的下拉列表中选择【下一页】，在弹出的【稿纸信笺】对话框中选中【信纸样式】单选按钮，设置信纸规格为 20 × 20，线型为双线，将线条颜色设置为红色，文字方向为垂直从右往左，在【应用于】下拉列表中选择所选节。单击【确定】按钮，此文档即同时具有稿纸和信纸样式，如图 6-75 所示。

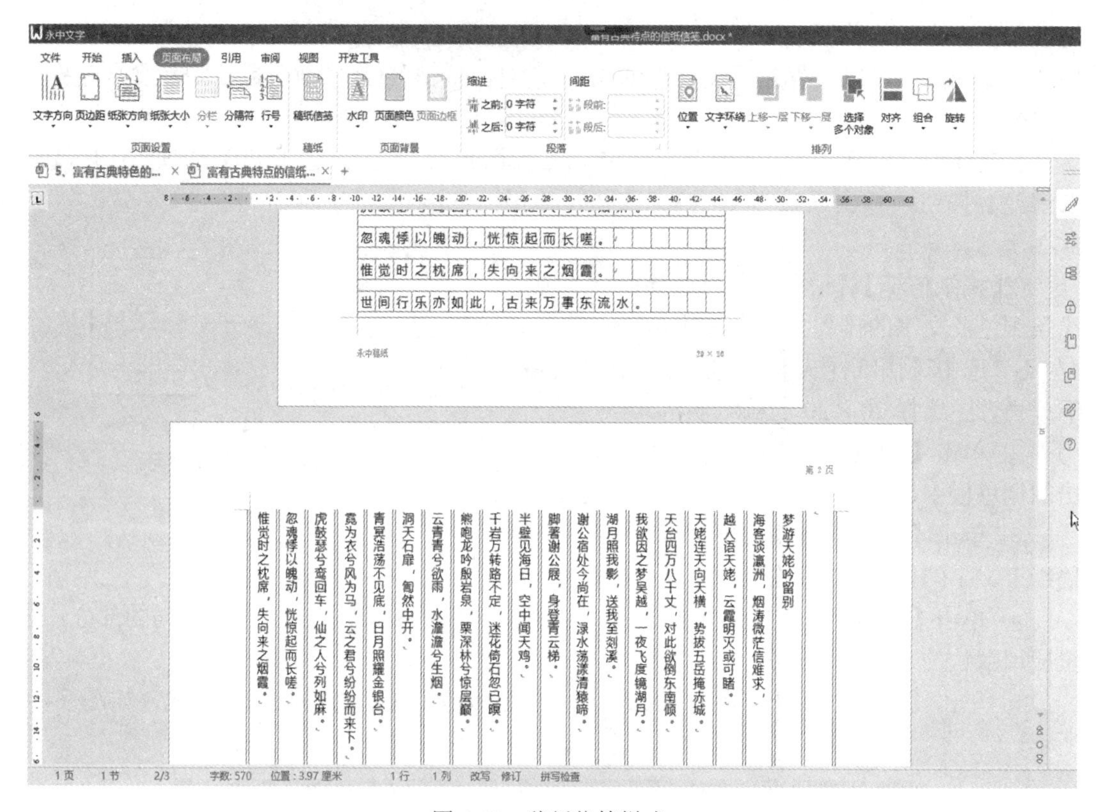

图 6-75 稿纸信笺样式

3. 在文档中应用表格

作为文字处理软件，其表格功能是必不可少的。在永中 Office 2019 中，不仅可以方便地制作表格，还可以通过套用表格样式、实时预览表格等功能最大限度地简化表格的格式化操作，使得创建专业、美观的表格更加轻松。

1) 在文档中插入表格

在永中 Office 2019 中，可以通过多种途径创建精美别致的表格。

(1) 即时预览创建表格。

利用【表格】下拉列表插入表格的方法既简单又直观，并且可以即时预览表格在文档中的效果。其操作步骤如下：

① 将光标定位在要插入表格的文档位置。

② 单击【插入】选项卡【表格】选项组中的【表格】按钮。

③ 在弹出的下拉列表的【插入表格】区域中，以拖动鼠标的方式指定表格的行数和列数。与此同时，可以在文档中实时预览表格的大小变化，如图 6-76 所示。确定行列数目后，单击即可将指定行列数目的表格插入文档中。

④ 此时，功能区中自动打开表格工具的【设计】选项卡，在其中的【表格样式选项】选项组中单击【自动套用格式】按钮，在弹出的【表格自动套用格式】对话框中可以选择为表格的某个特定部分应用特殊格式。例如，选中【标题行】复选框，则将表格的首行设置为特殊格式，可快速完成表格格式化，如图 6-77 所示。

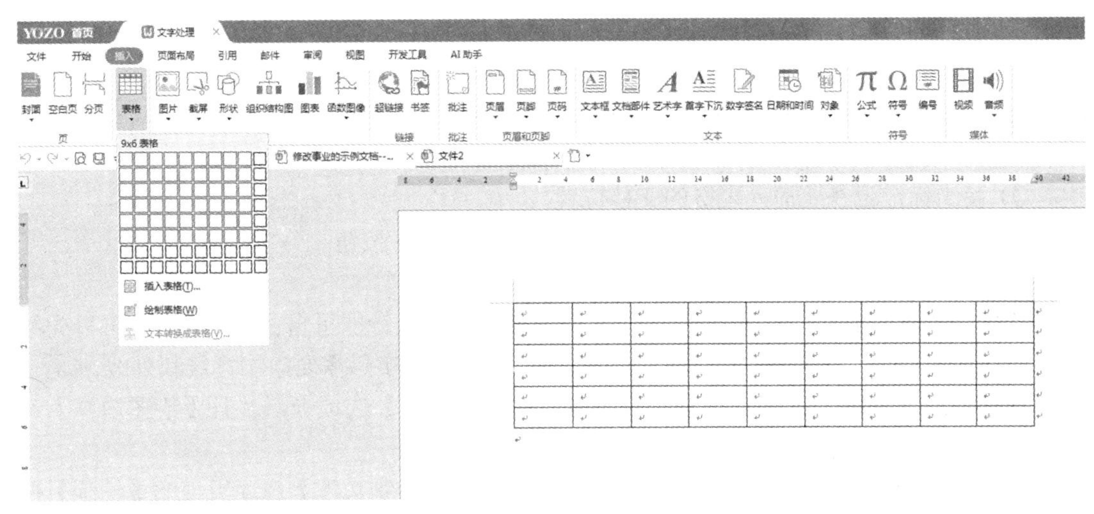

图 6-76　插入并预览表格

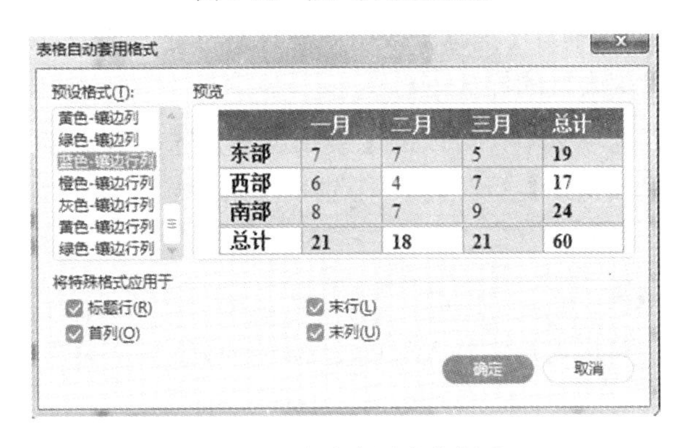

图 6-77　快速套用表格样式

⑤ 在表格中输入数据，完成表格的制作。

(2) 使用【插入表格】命令创建表格。

通过【插入表格】命令创建表格时，可以在表格插入文档之前选择表格的尺寸和格式。其操作步骤如下：

① 将光标定位在要插入表格的文档位置。

② 单击【插入】选项卡【表格】选项组中的【表格】按钮。

③ 在弹出的下拉列表中选择【插入表格】命令，弹出【插入表格】对话框，如图 6-78 所示。

④ 在【表格尺寸】选项区域中指定表格的列数和行数。

⑤ 在【“自动调整”操作】选项区域中根据实际需要调整表格尺寸。如果选中了【为新表格记忆此尺寸】复选框，那么在下次弹出【插入表格】对话框时，就会默认保持此次的表格设置。

⑥ 设置完毕后，单击【确定】按钮，即可将表格插入文档中。同样，可以在表格工具的【设计】选项卡中进一

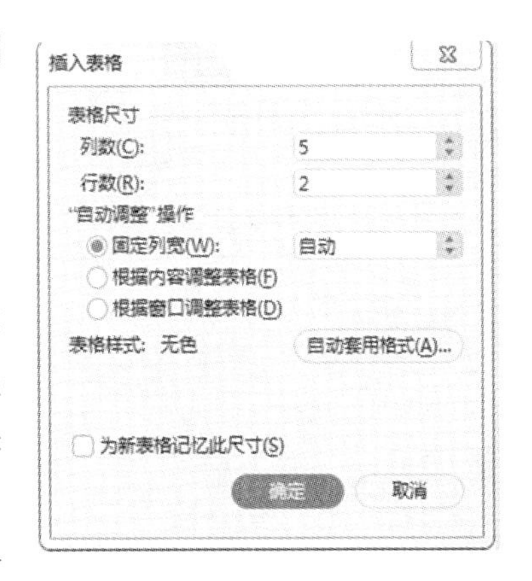

图 6-78　【插入表格】对话框

步设置表格外观和属性。

(3) 手动绘制表格。

如果要创建不规则的复杂表格，则可以采用手动绘制表格的方法，此方法可使创建表格操作更具灵活性。其操作步骤如下：

① 将光标定位在要插入表格的文档位置。

② 单击【插入】选项卡【表格】选项组中的【表格】按钮。

③ 在弹出的下拉列表中选择【绘制表格】命令。

④ 此时鼠标指针会变为铅笔状，在文档中拖动鼠标指针即可自由绘制表格。可以先绘制一个大矩形以定义表格的外边界，然后在该矩形内根据实际需要绘制行线和列线。

注意 此时永中 Office 会自动打开表格工具的【设计】选项卡，并且【绘图边框】选项组中的【绘制表格】按钮处于选中状态。

⑤ 如果要擦除某条线，可以单击【设计】选项卡【绘制边框】选项组中的【擦除】按钮，此时鼠标指针会变为橡皮擦状，单击需要擦除的线条即可将其擦除。

⑥ 删除线条后，再次单击【擦除】按钮，使其不再处于选中状态。这样，就可以继续在【设计】选项卡中绘制表格的样式。

提示 在【设计】选项卡中，可以在【绘图边框】选项组的【笔样式】下拉列表中选择不同的线型，在【笔画粗细】下拉列表中选择不同的线条宽度，在【笔颜色】下拉列表中更改绘制边框的颜色。

2) 将文本转换成表格

在永中 Office 中，可以将事先输入好的文本转换成表格，只需在文本中设置分隔符即可。其操作步骤如下：

(1) 在永中 Office 文档中输入文本，并在希望分隔的位置使用分隔符。分隔符可以是制表符、空格、逗号以及其他一些可以输入的符号。每行文本(也有可能是一段文本)对应一行表格内容。

(2) 选中要转换为表格的文本，单击【插入】选项卡【表格】选项组中的【表格】按钮。

(3) 在弹出的下拉列表中选择【文本转换成表格】命令，弹出如图 6-79 所示的【将文字转换成表格】对话框。

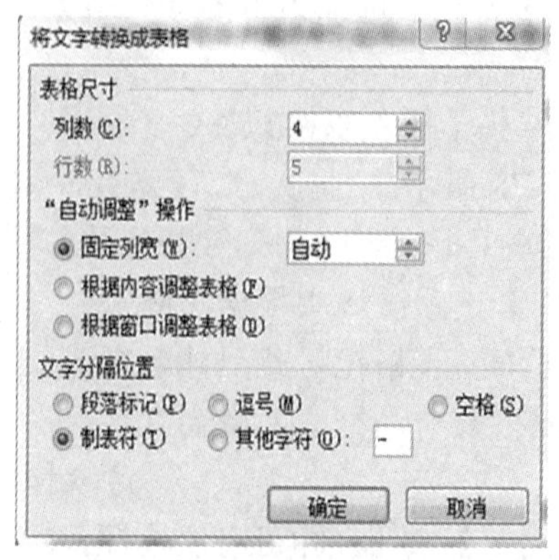

图 6-79 【将文字转换成表格】对话框

(4) 在【文字分隔位置】选项区域中选中文本中需要使用的文字分隔符，或者在【其他字符】单选按钮右侧的文本框中输入所用字符。通常，永中 Office 会根据所选文本中使用的分隔符默认选中相应的单选按钮，同时自动识别出表格的行列数。

(5) 确认无误后，单击【确定】按钮，原先文档中的文本就被转换成了表格。

此外，还可以将某表格置于其他表格内，包含在其他表格内的表格称为嵌套表格。通过在单元格内单击，再使用任何创建表格的方法就可以插入嵌套表格。当然，将现有表格复制和粘贴到其他表格中也是一种插入嵌套表格的方法。

3) 调整表格布局

在文档中插入表格后，当光标位于表格中任意位置时，将会出现表格的【设计】选项卡，如图 6-80 所示。在【设计】选项卡中可以改变表格的行列数，对表格的单元格、行、列的属性进行设置，还可以对表格中内容的对齐方式进行指定。

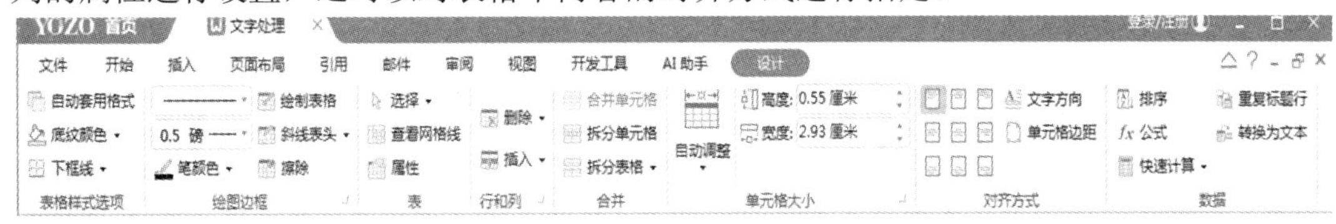

图 6-80　【设计】选项卡

(1) 基本设置。

① 单击【表】选项组中的【属性】按钮，在弹出的【表格属性】对话框中可以设置表格整体的对齐方式、表格行和列以及单元格的属性。

② 单击【行和列】选项组中的相应按钮，可以删除或插入行或列。

③ 利用【合并】选项组中的命令可以对选中的单元格进行合并或拆分。其中，单击【拆分表格】按钮，可将当前表格拆分成两个。

④ 在【单元格大小】选项组中可以调整表格的行高和列宽，通过【自动调整】下拉列表中的命令可以自动调整表格的大小。

⑤ 通过【对齐方式】选项组中的命令可以设置表格中的文本在水平及垂直方向上的对齐方式。

⑥ 单击【数据】选项组中的【排序】按钮，可以对表格内容进行简单排序。

(2) 设置标题行跨页重复。

对于内容较多的表格，难免会跨越两页或更多页。此时，如果希望表格的标题行可以自动地出现在每个页面的表格上方，可以设置标题行重复出现。其操作步骤如下：

① 先选中表格中需要重复出现的标题行。

② 单击【设计】选项卡【数据】选项组中的【重复标题行】按钮。

实例　将文本转换为表格并进行修饰。

将案例素材文档“文本转换为表格.docx”中以制表符分隔的文本转换为一个表格并进行适当的修饰，效果如图 6-81 所示。

操作步骤如下：

① 打开案例素材“文本转换为表格.docx”，选择第 2～7 行文本。

② 单击【插入】选项卡【表格】选项组中的【表格】按钮，从弹出的下拉列表中选择【文本转换成表格】命令。

③ 弹出【将文本转换成表格】对话框，选中【根据窗口调整表格】单选按钮，指定文字分隔位置为制表符，单击【确定】按钮。

④ 在【设计】选项卡的【表格样式】选项组中选择一个内置表格样式。

⑤ 单击表格工具中的【布局】选项卡【文字方向】选项组中的【水平居中】按钮。

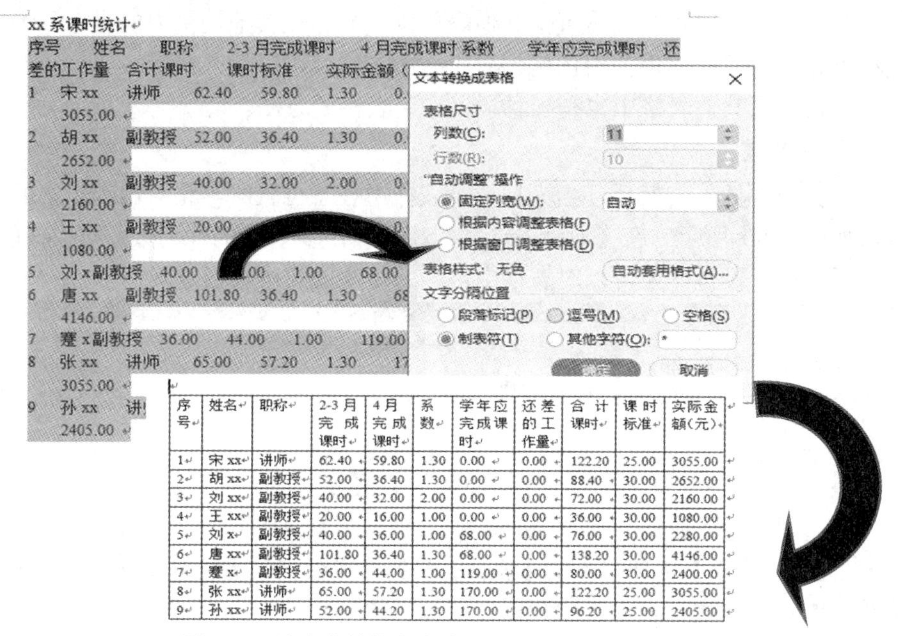

序号	姓名	职称	2-3 月完成课时	4 月完成课时	系数	学年应完成课时	还差的工作量	合计课时	课时标准	实际金额(元)
1	宋 xx	讲师	62.40	59.80	1.30	0.00	0.00	122.20	25.00	3055.00
2	胡 xx	副教授	52.00	36.40	1.30	0.00	0.00	88.40	30.00	2652.00
3	刘 xx	副教授	40.00	32.00	2.00	0.00	0.00	72.00	30.00	2160.00
4	王 xx	副教授	20.00	16.00	1.00	0.00	0.00	36.00	30.00	1080.00
5	刘 x	副教授	40.00	36.00	1.00	68.00	0.00	76.00	30.00	2280.00
6	唐 xx	副教授	101.80	36.40	1.30	68.00	0.00	138.20	30.00	4146.00
7	蹇 x	副教授	36.00	44.00	1.00	119.00	0.00	80.00	30.00	2400.00
8	张 xx	讲师	65.00	57.20	1.30	170.00	0.00	122.20	25.00	3055.00
9	孙 xx	讲师	52.00	44.20	1.30	170.00	0.00	96.20	25.00	2405.00

图 6-81　将文本转换为表格并进行修饰

4. 在文档中处理图形图片

在实际文档处理过程中，往往需要在文档中插入一些图片或剪贴画来装饰文档，从而增强文档的视觉效果。在永中 Office 文档中可以插入各类图片、绘制各种形状等，以形成图文混排的效果。

可以对插入永中 Office 中的图片进行各种处理，以达到符合展示要求的图片效果。

1) 在文档中插入图片

在永中 Office 中插入的图片可以是程序本身带有的剪贴画，也可以是来自外部的图片文件，甚至可以直接插入屏幕截图，这大大丰富了文档的表现力。

(1) 插入来自文件的图片。

在永中 Office 文档中可以插入各类格式的图片文件，操作步骤如下：

① 将光标定位在要插入图片的位置。

② 单击【插入】选项卡【插图】选项组中的【图片】按钮，在弹出的下拉列表中选择【来自文件项】命令，弹出【插入图片】对话框。

③ 在指定文件夹下选择所需图片，单击【插入】按钮，即可将所选图片插入文档中。

(2) 插入来自扫描仪的图片。

① 将光标定位在要插入图片的位置。

② 单击【插入】选项卡【插图】选项组中的【图片】按钮，在弹出的下拉列表中选择【来自扫描仪】命令，弹出【扫描仪图片】对话框。

③ 在指定文件夹下选择所需图片，单击【插入】按钮，即可将所选图片插入文档中。

使用同样的方法，还可以插入二维码图片类型。

2) 设置图片格式

在文档中插入图片并选中后，功能区中将自动出现针对选中图片的【格式】选项卡，如图 6-82 所示。通过该选项卡，可以对图片的大小、格式进行各种设置。

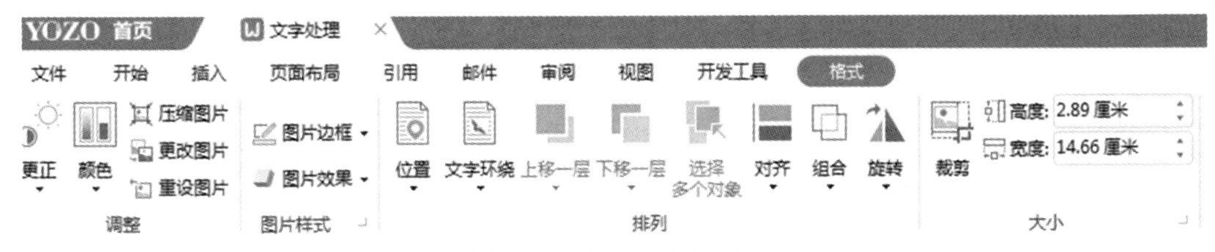

图 6-82　【格式】选项卡

(1) 调整图片。

通过【格式】选项卡【调整】选项组中的【更正】、【颜色】按钮可以自由地调节图片的亮度、对比度、清晰度以及艺术效果，如图 6-83 所示。

(2) 设置图片的文字环绕方式。

环绕方式决定了图形之间以及图形与文字之间的交互方式。设置图片文字环绕方式的操作步骤如下：

① 选中要进行设置的图片，打开【格式】选项卡。

② 单击【排列】选项组中的【文字环绕】下拉按钮，在弹出的下拉列表中选择一种环绕方式。也可以在【文字环绕】下拉列表中选择【其他布局选项】命令，弹出【高级版式】对话框，如图 6-84 所示。选择【文字环绕】选项卡，根据需要设置环绕样式、环绕文字方式以及距正文文字的距离。

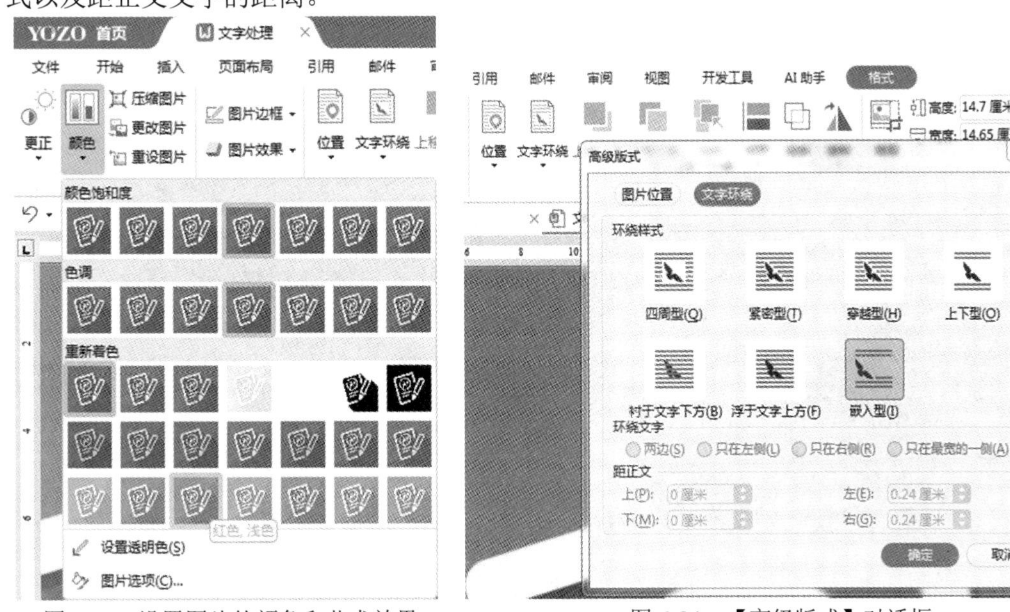

图 6-83　设置图片的颜色和艺术效果　　图 6-84　【高级版式】对话框

环绕有两种基本形式：嵌入(在文字层中)和浮动(在图形层中)。浮动意味着可将图片拖动到文档的任何位置，而不像嵌入文档文字层中的图片那样受到一些限制。表 6-2 描述了不同环绕方式在文档中的布局效果。

表 6-2　不同环绕方式在文档中的布局效果

环绕设置	在文档中的布局效果
嵌入型	插入文字层。可以拖动图形，但只能从一个段落标记移动到另一个段落标记中。该方式通常用在简单文档和正式报告中
四周型环绕	文本中设置图形的位置会出现一个方形的"洞"，文字会环绕在图形周围，使文字和图形之间产生间隙，可将图形拖到文档中的任意位置。该方式通常用在带有大片空白的新闻稿和传单中
紧密型环绕	文本中放置图形的位置会出现一个形状与图形轮廓相同的"洞"，使文字环绕在图形周围。可以通过环绕顶点改变文字环绕的"洞"形状，可将图形拖到文档中的任何位置。该方式通常用在纸张空间很宝贵且可以接受不规则形状(甚至希望使用不规则形状)的出版物中
衬于文字下方	嵌入在文档底部或下方的绘制层，可将图形拖动到文档的任何位置。该方式通常用作水印或页面背景图片，文字位于图形上方
浮于文字上方	嵌入在文档上方的绘制层，可将图形拖动到任何位置，文字位于图形下方。该方式通常用在有意用某种方式遮盖文字来实现某种特殊效果
穿越型环绕	文字围绕着图形的环绕顶点(环绕顶点可以调整)显示。这种环绕方式产生的效果和紧密型环绕方式类似
上下型环绕	实际上创建了一个与页边距等宽的矩形，文字位于图形的上方或下方，但不会在图形旁边，可将图形拖动到文档的任何位置。当图形是文档中最重要的地方时，通常会使用这种环绕方式

(3) 设置图片在页面上的位置。

当所插入图片的文字环绕方式为非嵌入型时，通过设置图片在页面的相对位置，可以合理地根据文档类型布局图片。其操作步骤如下：

① 选中要进行设置的图片，打开【格式】选项卡。

② 单击【排列】选项组中的【位置】下拉按钮，在弹出的下拉列表中选择某一位置布局方式，如图 6-85(a)所示。

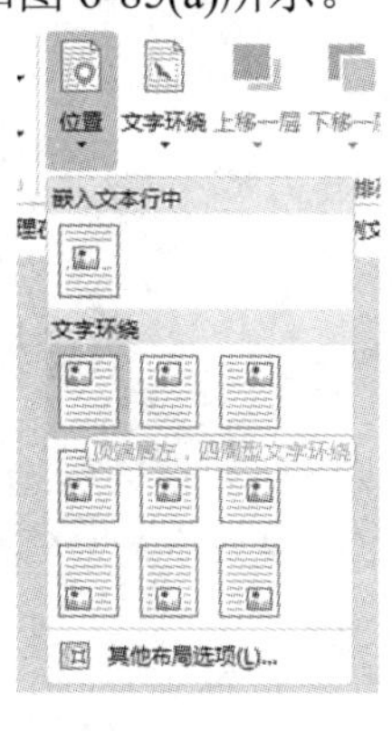

(a)

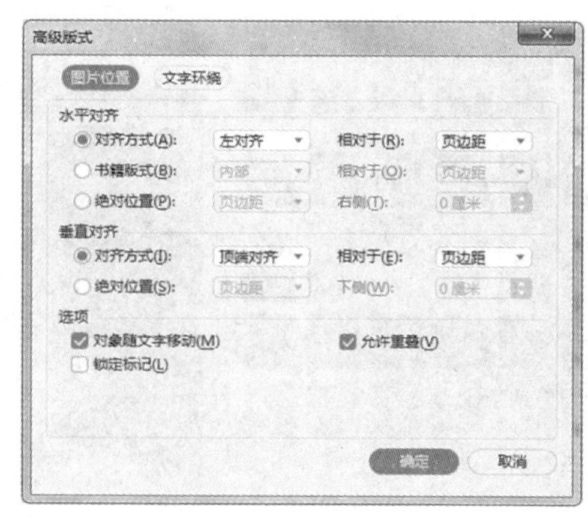

(b)

图 6-85　选择位置布局方式

③ 也可以在【位置】下拉列表中选择【其他布局选项】命令，弹出如图 6-85(b)所示

的【高级版式】对话框。在【图片位置】选项卡中根据需要设置水平、垂直位置以及相关的选项。其中，【对象随文字移动】复选框可将图片与特定的段落关联起来，使段落始终保持与图片显示在同一页面上。该设置只影响页面上的垂直位置。【锁定标记】复选框用于锁定图片在页面上的当前位置。【允许重叠】复选框允许图形对象相互覆盖。

(4) 设置图片大小与裁剪图片。

插入文档中的图片大小可能不符合要求，这时需要对图片的大小进行处理。

• 图片缩放：选中所插入的图片，图片周围出现控制柄，用鼠标拖动图片边框上的控制柄可以快速调整其大小。如需对图片进行精确缩放，可单击【格式】选项卡【大小】选项组中的对话框启动器按钮，弹出如图 6-86 所示的【设置图片格式】对话框，其默认选择【大小】选项卡。在【比例】选项区域中选中【锁定高宽度比】复选框，设置【高度】和【宽度】的百分比，即可更改图片的大小。

• 裁剪图片：当图片中的某部分(如消除背景后出现的空白区域)多余时，可以将其裁剪掉。裁剪图片的操作方法如下：

① 选中要进行裁剪的图片，打开【格式】选项卡。

② 单击【大小】选项组中的【裁剪】按钮，图片周围出现裁剪标记，拖动图片四周的裁剪标记，调整图片到适当的大小。

③ 调整完成后，在图片外的任意位置单击或者按 Esc 键退出裁剪操作，此时在文档中只保留裁剪了多余区域的图片。

实际上，在裁剪完成后，图片的多余区域依然保留在文档中，只不过看不到而已。如果希望彻底删除图片中被裁剪的多余区域，可以单击【调整】选项组中的【压缩图片】按钮，弹出【压缩图片】对话框，如图 6-87 所示。在该对话框中选中【删除图片的剪裁区域】复选框，单击【确定】按钮，完成操作。

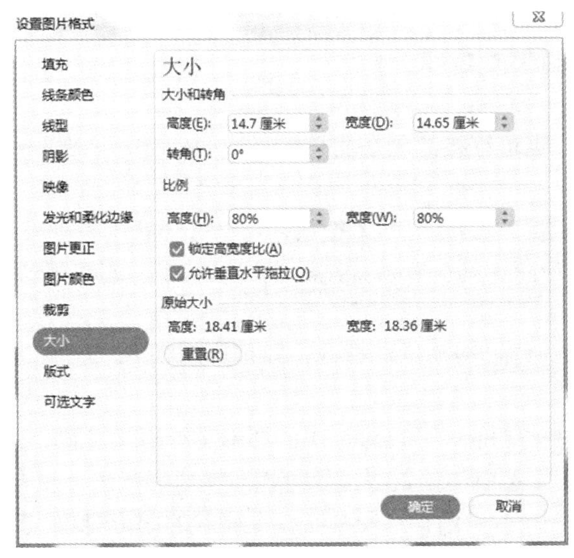

图 6-86　调整图片大小

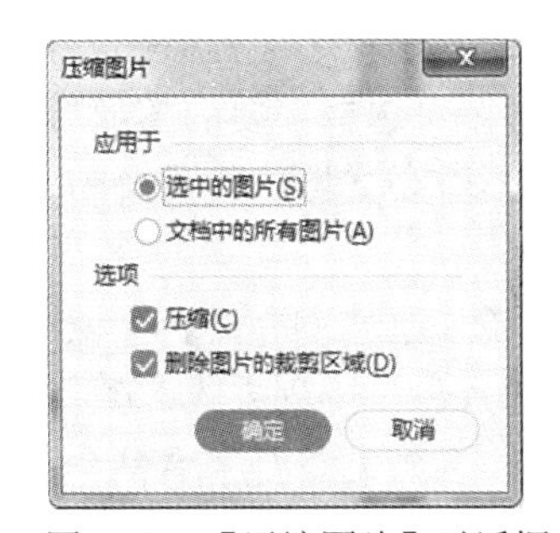

图 6-87　【压缩图片】对话框

3) 绘制图形

永中 Office 2019 中的绘图是指一个或一组图形对象(包括形状、图表、流程图、线条和

艺术字等)，可以直接选用相应工具在文档中绘制图形，并通过颜色、边框或其他效果对其进行设置。

(1) 使用绘图画布。

向永中 Office 文档插入图片、图形对象时，可以将图片、图形等对象放置在绘图画布中。绘图画布在绘图和文档的其他部分之间提供了一条框架式的边界。默认情况下，绘图画布没有背景或边框，但是如同处理图形对象一样，可以对绘图画布进行格式设置。

绘图画布能够将绘图的各个部分组合起来，这在绘图由若干个形状组成的情况下尤其有用。如果计划在插图中包含多个形状，或者希望在图片上绘制一些形状实现突出效果，最佳做法是先插入一个绘图画布，然后在绘图画布中绘制形状，组织图形图片。

插入绘图画布的操作步骤如下：

① 将光标定位在要插入绘图画布的位置。

② 单击【插入】选项卡【插图】选项组中的【形状】按钮。

③ 在弹出的下拉列表中选择【新建绘图画布】命令，即可在文档中插入一幅绘图画布。

在绘图画布中可以绘制图形，也可以插入图片。插入绘图画布或绘制图形后，功能区中将自动出现如图 6-88 所示的【格式】选项卡，通过该选项卡可以对绘图画布以及图形进行格式设置。例如，在【格式】选项卡的【形状样式】选项组中，通过【形状填充】、【形状轮廓】、【形状效果】按钮可以设置绘图画布的背景和边框；在【大小】选项组中可以精确设置绘图画布的大小。

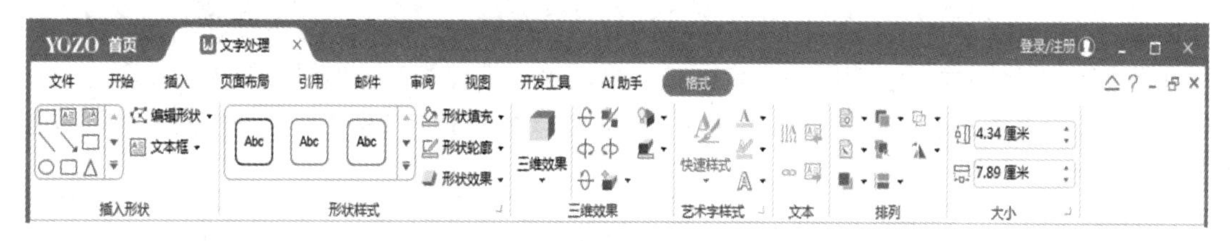

图 6-88 绘图工具的【格式】选项卡

(2) 绘制图形。

图形可以绘制在插入的绘图画布中，也可直接绘制在文档中指定的位置。绘制图形的操作步骤如下：

① 单击【插入】选项卡【插图】选项组中的【形状】按钮，打开【形状库】列表。

② 形状库中提供了各种线条、基本形状、箭头、流程图、标注以及星与旗帜等形状，单击即可选择需要的图形形状。

③ 在文档的绘图画布中或其他合适的位置拖动鼠标指针，即可绘制图形，如图 6-89 所示。

④ 通过【格式】选项卡各个选项组中的功能，可以对选中的图形进行格式设置，如图形的大小、排列方式、颜色和形状以及在文本中的位置等；还可以对多个形状进行组合。

⑤ 如果需要删除整个绘图或部分绘图，可以选择绘图画布或要删除的图形对象，然后按 Delete 键。

提示 如果需要在各个图形之间使用连接符，使得连接线随着图形的移动而变化，则应在绘图画布中创建图形，并使用【线条】中的不同连接符将它们进行连接。

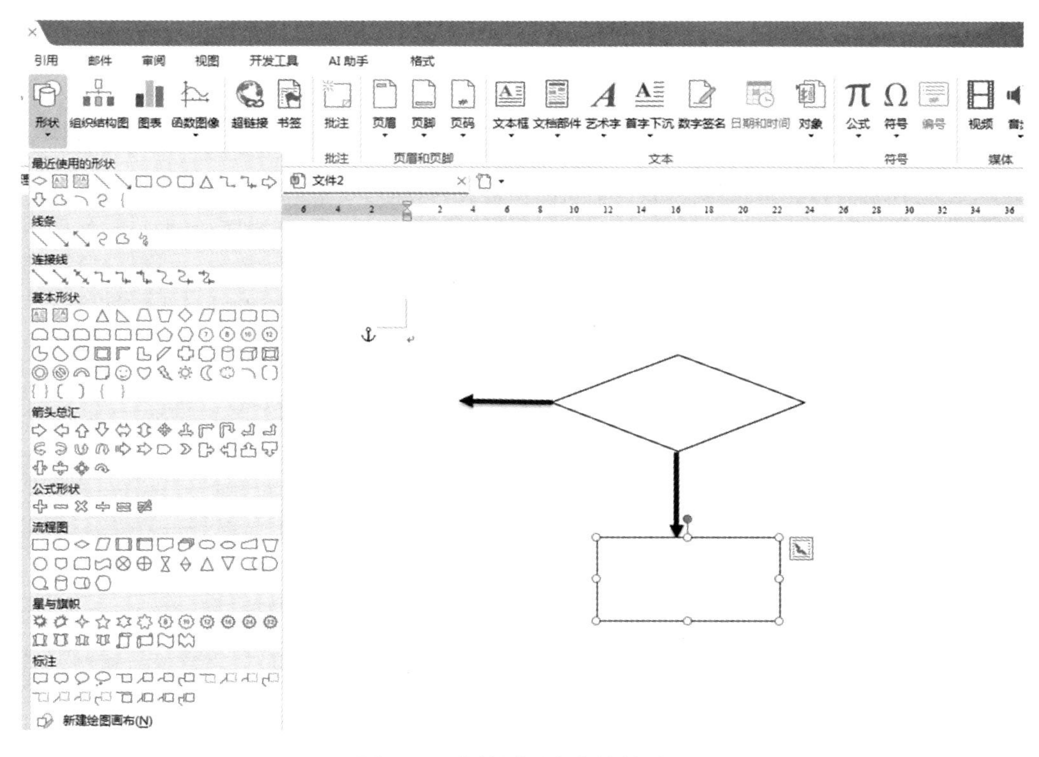

图 6-89　在绘图画布中绘制图形

(3) 绘制流程图。

日常工作中，我们常常需要在文档中绘制各种流程图(见图 6-90)，但流程图的制作相当复杂，排版不易。

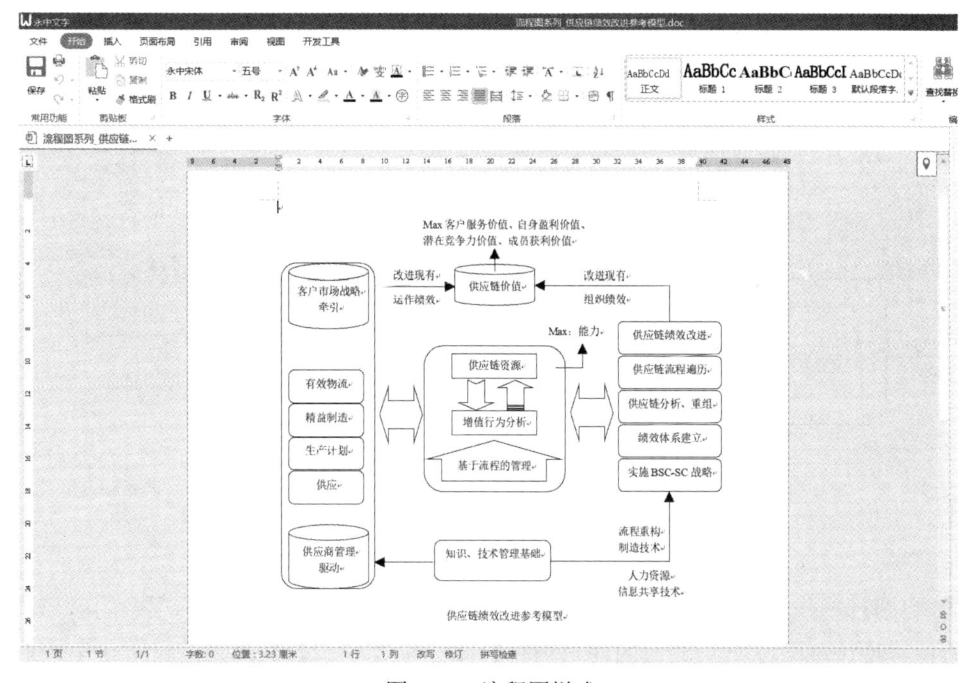

图 6-90　流程图样式

绘制流程图的操作步骤如下：

① 在文档中插入一个画布。单击【插入】选项卡【形状】选项组中的【新建绘图画布】按钮，文档中就会出现一个虚框，此即为画布。画布可用来绘制和管理多个图形对象。

② 在画布中插入所需的图形。选择右侧任务面板上的【科教面板】，单击【选定素材集】按钮，从弹出的下拉列表中选中【流程图】复选框，此时科教面板上将出现相关图形素材，将所需图形拖到画布中的相应位置，并根据需要调整好这些图形的大小，如图 6-91 所示。

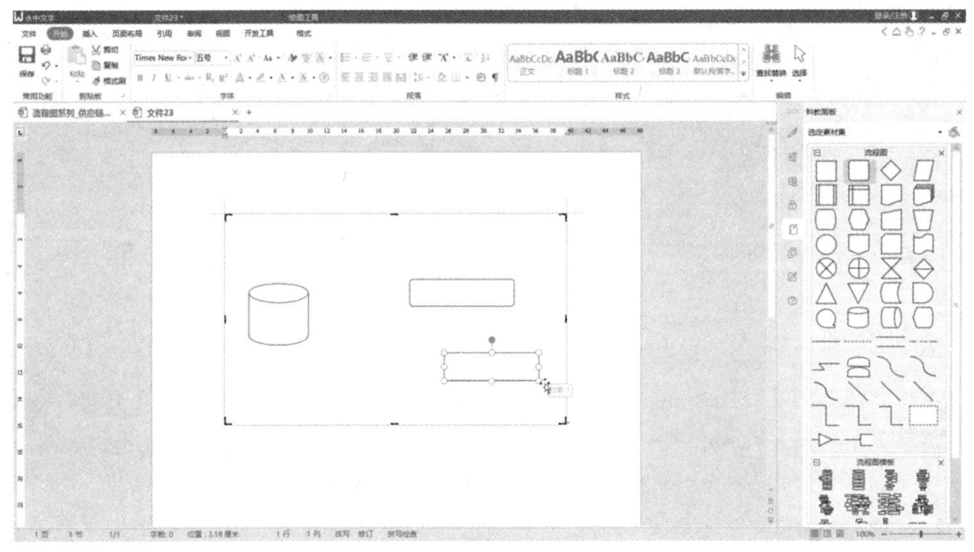

图 6-91 制作流程图

③ 选中需要对齐的图形，单击【页面布局】选项卡【排列】选项组中的【对齐】下拉按钮，在弹出的下拉列表中选择【左右居中】，这样所选中图形在垂直位置上即可居中对齐，如图 6-92 所示。

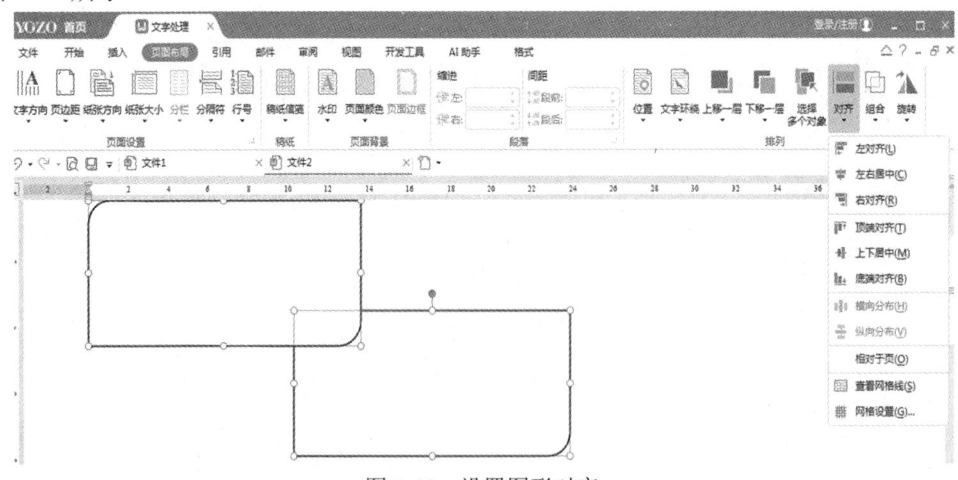

图 6-92 设置图形对齐

④ 将图形制作好后，还需要连线。选择【插入】选项卡【形状】选项中的肘形箭头连接线。由于连接线有吸附功能，因此只需在开始的位置单击，在结束的位置再单击，就能自动将两个图形连接起来。

⑤ 如果需要在图形中添加文本，只需右键单击图形，从弹出的快捷菜单中选择【添加文本】命令，即可添加相应文本，如图 6-93 所示。

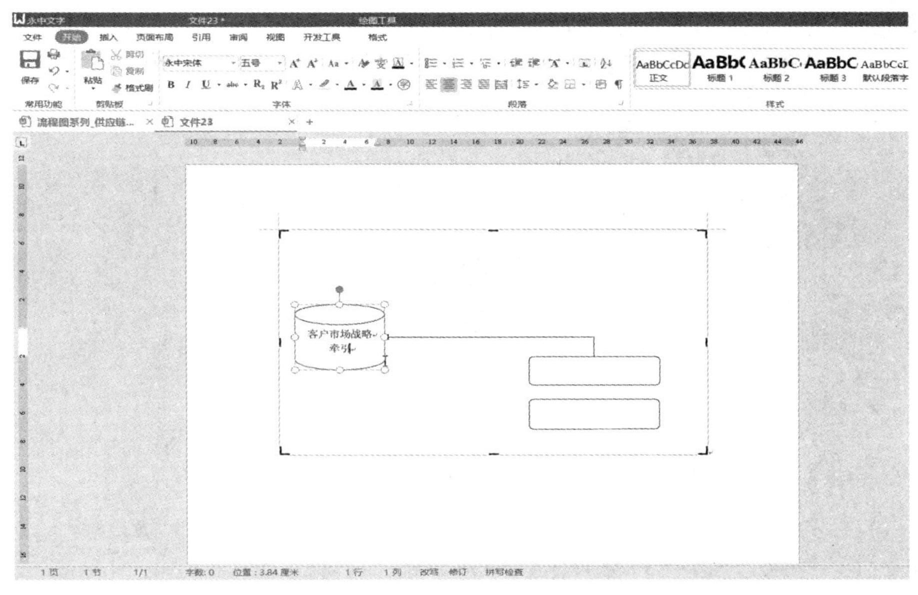

图 6-93　流程图连线及文字添加

通过以上操作，将所有图形、连接线设置完毕、文本添加好以后，就完成了流程图的制作。

除了上面介绍的这些单个素材外，科教面板中还提供了很多流程图模板，用户可以根据需要选择合适的模板，还可以取消组合，重新调整，最后制作出完全符合需要的流程图。

4) 使用组织结构图

单纯的文字总是令人难以记忆，如果能够将文档中的某些理念以图形方式展现出来，就能够大大促进阅读者对该理念的理解与记忆。使用组织结构图可以使企事业单位较为复杂的组织结构关系更为直观，一目了然。在永中 Office 中，组织结构图功能可以使单调乏味的文字以美轮美奂的效果呈现在读者面前，令人印象深刻，如图 6-94 所示。

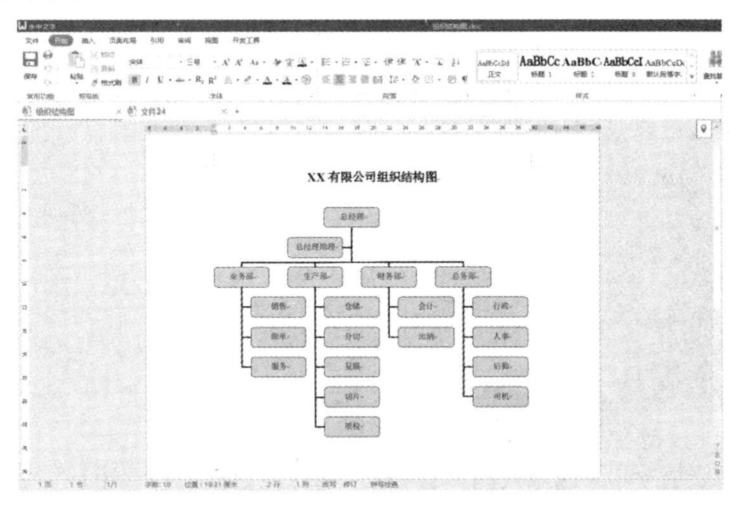

图 6-94　组织结构图样式

添加组织结构图的操作步骤如下：

(1) 单击【插入】选项卡【表格】选项组中的【组织结构图】按钮，文档中就会出现一个默认大小的组织结构图，同时显示【绘图工具-设计】选项卡，如图 6-95 所示。

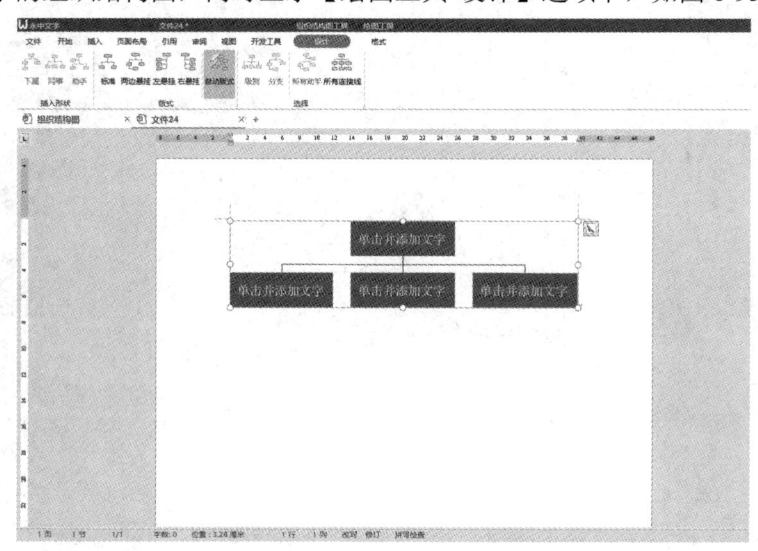

图 6-95 【绘图工具-设计】选项卡

(2) 选中需要在其下方或旁边添加形状的图形，选择【绘图工具-设计】选项卡中的【插入形状】选项组，如需为选中图形添加下属图形，则单击【下属】按钮；如需为选中图形添加同事图形，则单击【同事】按钮；如需为选中图形添加助手图形，则单击【助手】按钮，如图 6-96 所示。

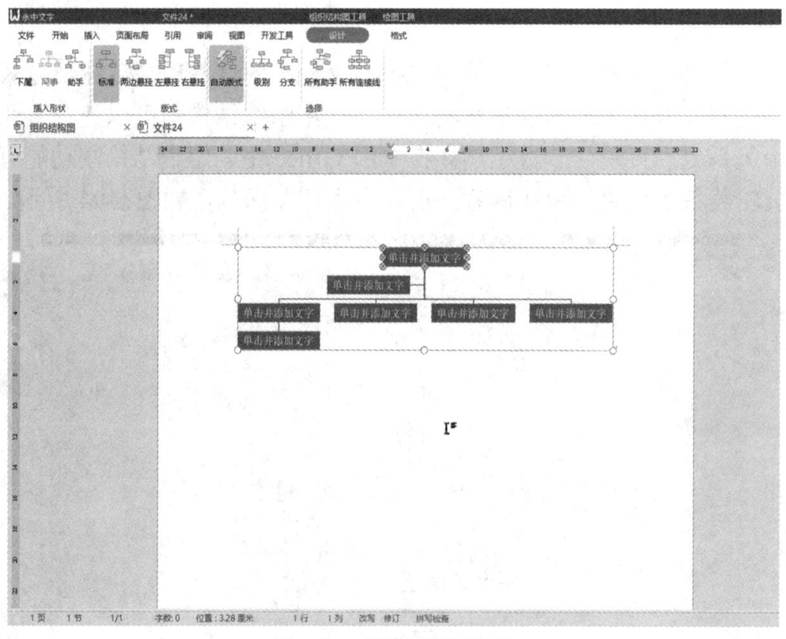

图 6-96 添加形状图形

(3) 选中需要更改其下属版式的上级图形，选择【绘图工具-设计】选项卡中的【版式】选项组，这里单击【右悬挂】按钮。

(4) 单击需要添加文本的图形，进入编辑状态，添加相应文本即可，如图 6-97 所示。

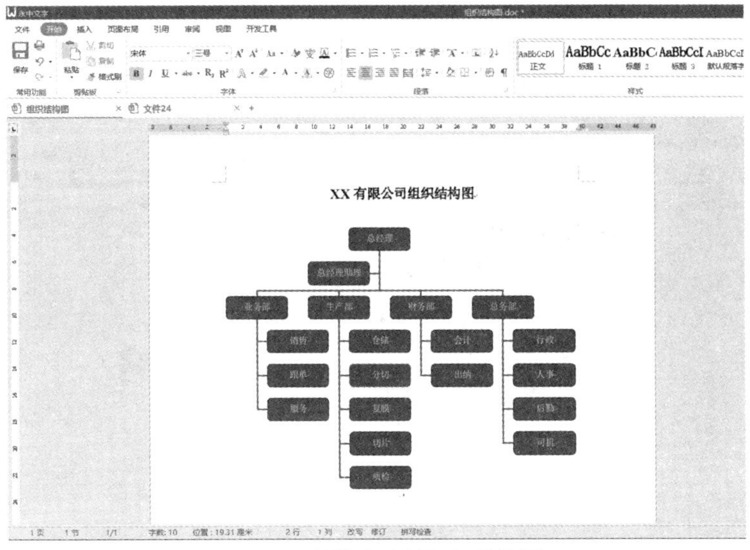

图 6-97　制作完成的组织结构图

根据以上操作，将组织结构图制作好以后，还可进行一些美化工作。右键单击组织结构图，在弹出的快捷菜单中选择【设置组织结构图格式】命令，弹出【设置组织结构图格式】对话框，可以对组织结构图进行一些美化。

5. 在文档中插入其他内容

除了文字、表格、图形、图片之外，在永中 Office 文档中还可以插入很多其他对象，如文档部件、文本框、图表等。多种多样的信息进行汇总和排列，可令文档的内容更加丰富。

1) 构建并使用文档部件

文档部件实际上就是对某一段指定文档内容(文本、图片、表格、段落等文档对象)的封装手段，也可以单纯地将其理解为对这段文档内容的保存和重复使用，这为在文档中共享已有的设计或内容提供了高效手段。文档部件包括自动图文集、域等。

(1) 插入自动图文集。

自动图文集是可以重复使用、存储在特定位置的构建基块，是一类特殊的文档部件。如果需要在文档中反复使用某些固定内容，就可将其定义为自动图文集词条，并在需要时进行引用。

① 在文档中输入需要定义为自动图文集词条的内容，如公司名称、通信地址、邮编、电话等组成的联系方式即可作为一组词条，对其进行适当的格式设置。

② 选中需要定义为自动图文集词条的内容。

③ 单击【插入】选项卡【文本】选项组中的【文档部件】下拉按钮，从弹出的下拉列表中选择【自动图文集】→【自动图文集】命令，弹出【自动更正】对话框，如图 6-98 所示。

④ 输入词条名称，设置其他属性后，单击【确定】按钮。

⑤ 在文档中需要插入自动图文集词条的位置单击，单击【插入】选项卡【文本】选项组中的【文档部件】按钮，弹出【自动更正】对话框，在【自动文库】列表框中选择已经定义好的词条名称，单击【插入】按钮，即可快速插入相关词条内容。

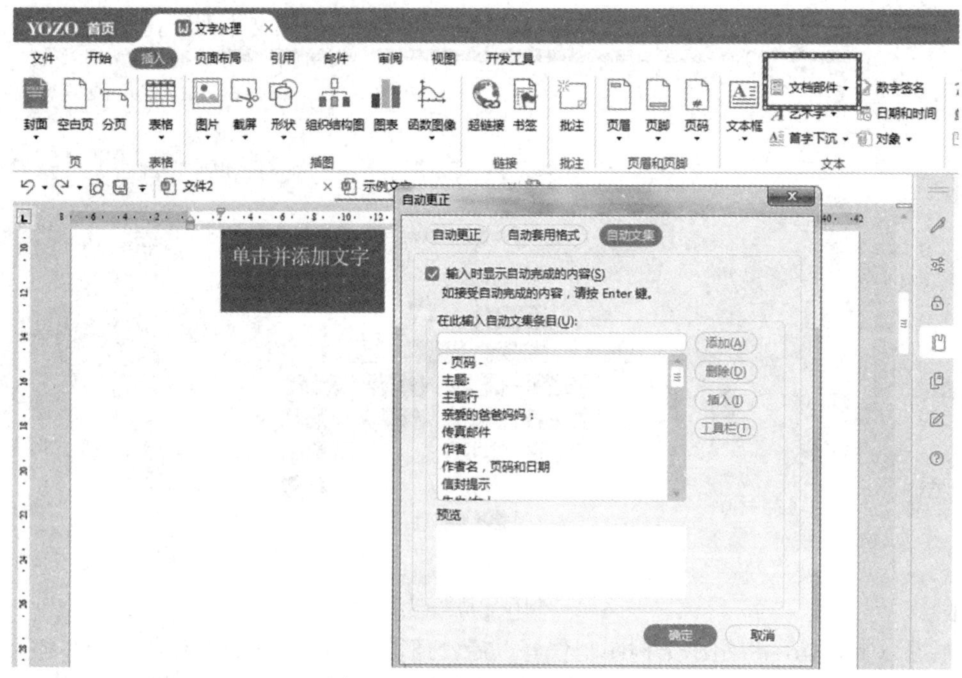

图 6-98　定义自动图文集词条

(2) 插入域。

域是一组能够嵌入文档中的指令代码，其在文档中体现为数据的点位符。域可以提供自动更新的信息，如时间、标题、页码等。在文档中使用特定命令时，如插入页码、插入封面等文档构建基块或者创建目录时，永中 Office 会自动插入域。必要时，还可以手动插入域，以自动处理文档外观。例如，当需要在一个包含多个章节的长文档的页眉处自动插入每章的标题内容时，可以通过手动插入域来实现。

手动插入域的操作步骤如下：

① 在文档中需要插入域的位置单击。

② 单击【插入】选项卡【文本】选项组中的【文档部件】下拉按钮。

③ 从弹出的下拉列表中选择【域】命令，弹出如图 6-99 所示的【域】对话框。

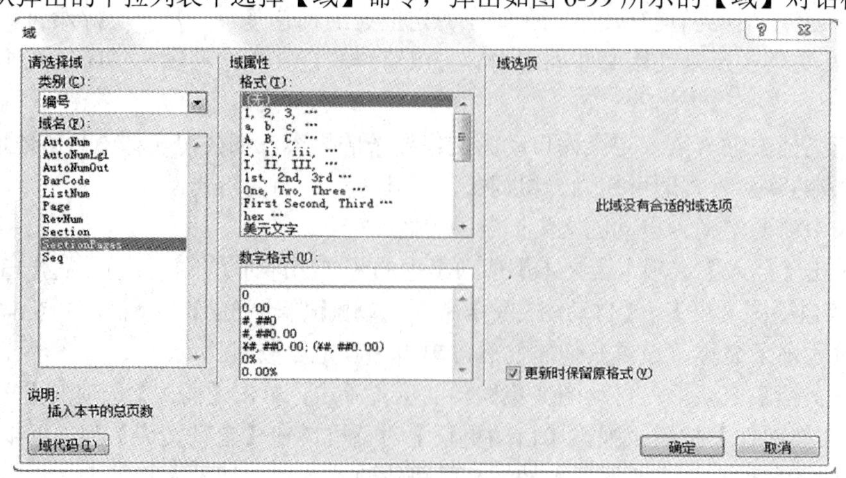

图 6-99　【域】对话框

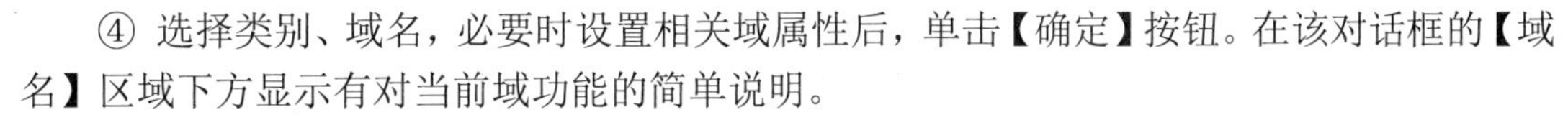

④ 选择类别、域名，必要时设置相关域属性后，单击【确定】按钮。在该对话框的【域名】区域下方显示有对当前域功能的简单说明。

提示　在插入的域上右键单击，利用弹出的快捷菜单可以实现更新域、编辑域等操作。

(3) 自定义文档部件。

要将文档中已经编辑好的某一部分内容保存为文档部件并可以反复使用，可自定义文档部件，其方法与自定义自动图文集相类似。例如，一个产品销量的表格框架很有可能在撰写其他同类文档时会被再次使用，此时就可以将其定义为一个文档部件。其操作步骤如下：

① 在文档中编辑需要保存为文档部件的内容并进行格式化，选中该部分内容。

② 单击【插入】选项卡【文本】选项组中的【文档部件】下拉按钮。

③ 从弹出的下拉列表中选择【添加】命令，弹出【创建“自动文集”】对话框，如图 6-100 所示。

④ 输入文档部件的名称，单击【确定】按钮，完成文档部件的创建工作。

若要新建自动图文集，首先将光标定位在要插入文档部件的位置，单击【插入】选项卡【文本】选项组中的【文档部件】按钮，弹出图 6-101 所示的【自动更正】对话框。选择【自动文集】选项卡，在【在此输入自动文集条目】列表框中选择新建的文档部件，单击【插入】按钮，即可将其直接重用在文档中。

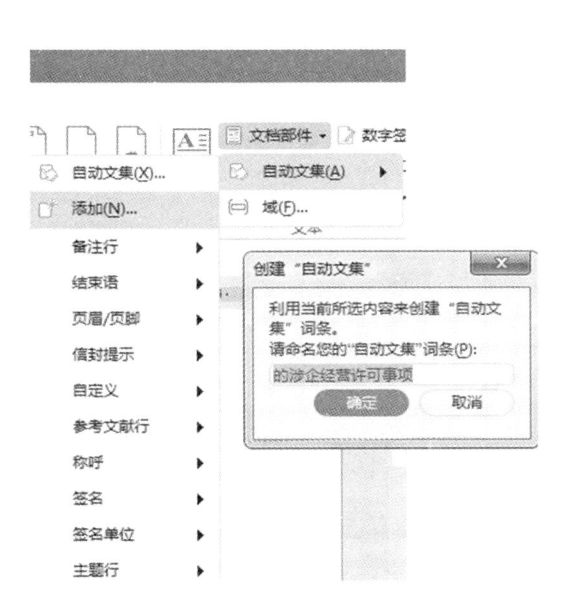

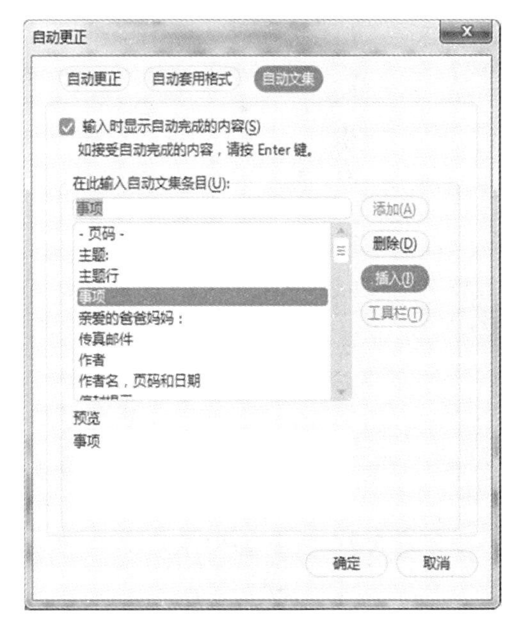

图 6-100　在【创建“自动文集”】对话框中创建文档部件　　图 6-101　【自动更正】对话框

如果需要删除自定义的文档部件，只需在图 6-101 所示的【自动更正】对话框中选择该部件，单击【删除】按钮即可。

2) 插入其他对象

文本框、图表、艺术字、首字下沉是中文排版过程中经常用到的功能，这些功能的使用可以使文档内容更丰富，外观更漂亮。

(1) 使用文本框。

文本框是一种可移动位置、可调整大小的文字或图形容器。使用文本框，可以在一页上放置多个文字块内容，或使文字按照与文档中其他文字不同的方式排布。在文档中插入文本框的操作步骤如下：

① 单击【插入】选项卡【文本】选项组中的【文本框】下拉按钮，弹出可选文本框类型下拉列表。

② 从下拉列表中可选择【绘制文本框】或【绘制竖排文本框】命令，在文档中的合适位置拖动鼠标，绘制一个文本框。

③ 可直接在文本框中输入内容并进行编辑，如图 6-102 所示。

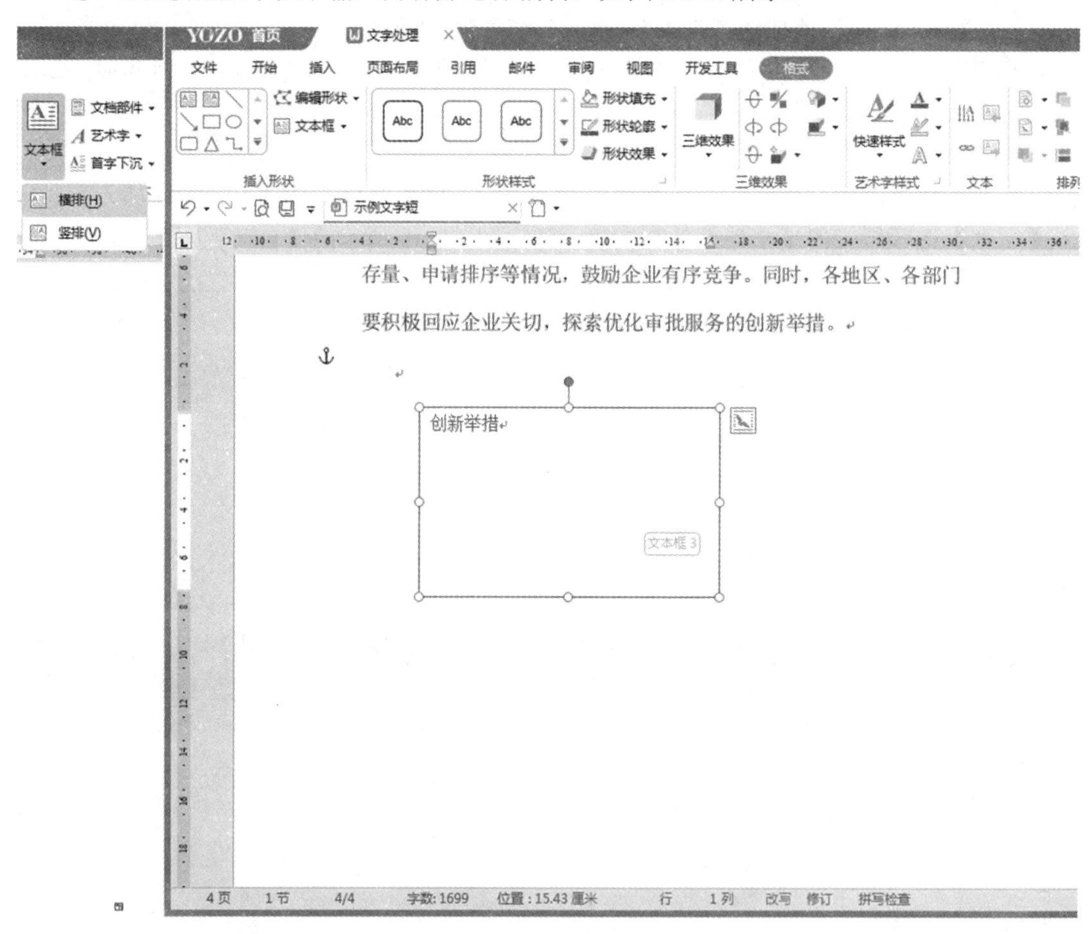

图 6-102 在文档中插入文本框

(2) 插入文档封面。

专业的文档要配以漂亮的封面才会更加完美，永中 Office 2019 内置的封面库提供了充足的选择空间，用户无须为设计漂亮的封面而大费周折。为文档添加专业封面的操作步骤如下：

① 单击【插入】选项卡【页】选项组中的【封面】下拉按钮，打开系统内置的封面库列表。

② 封面库中以图示的方式列出了许多文档封面。选择某一封面类型，如【网格】，所选封面自动插入当前文档的第一页中，现有的文档内容会自动后移，如图 6-103 所示。

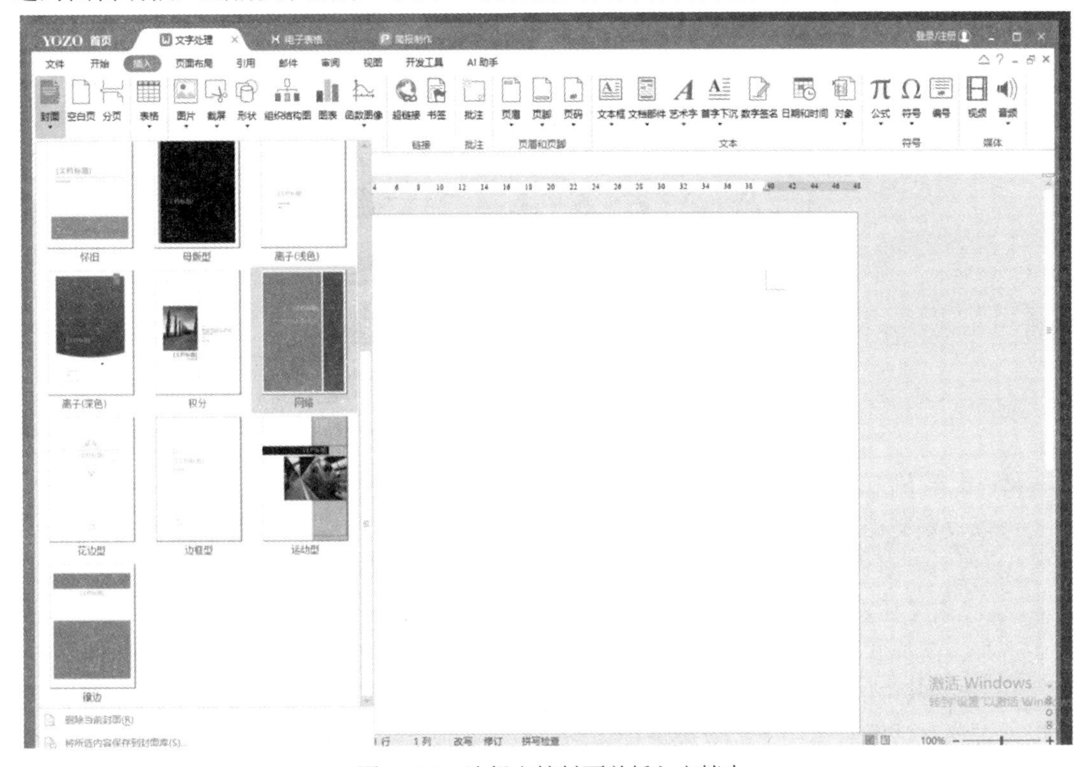

图 6-103　选择文档封面并插入文档中

③ 单击封面中的内容控件框，如【摘要】、【标题】、【作者】等，在其中输入或修改相应的文字信息并进行格式化，一个漂亮的封面即制作完成。

若要删除已插入的封面，可以单击【插入】选项卡【页】选项组中的【封面】下拉按钮，在弹出的下拉列表中选择【删除当前封面】命令。

如果自行设计了符合特定需求的封面，也可以单击【插入】选项卡【页】选项组中的【封面】下拉按钮，在弹出的下拉列表中选择【将所选内容保存到封面库】命令，将其保存到封面库中以备下次使用。

(3) 插入艺术字。

以艺术字的效果呈现文本，可以有更加亮丽的视觉效果。在文档中插入艺术字的操作步骤如下：

① 在文档中选中需要添加艺术字效果的文本，或者将光标定位于需要插入艺术字的位置。

② 单击【插入】选项卡【文本】选项组中的【艺术字】下拉按钮，弹出艺术字样式列表。

③ 从列表中选择一个艺术字样式，即可在当前位置插入艺术字文本框，如图 6-104 所示。

④ 在艺术字文本框中编辑或输入文本，通过出现的【格式】选项卡上的各项工具，可对艺术字的形状、样式、颜色、位置、三维效果等进行设置。

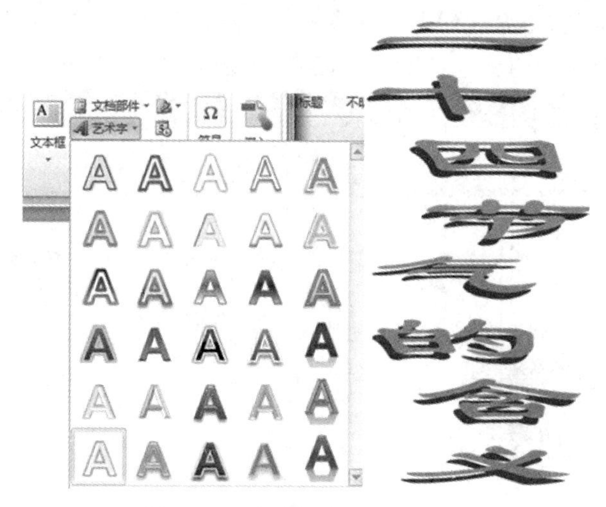

图 6-104 在文档中插入艺术字

(4) 首字下沉。

可以设置文档段落的首字下沉效果，以起到突出显示的作用。

① 选中需要设置下沉效果的文本，一般为第一段的第一个字。

② 单击【插入】选项卡【文本】选项组中的【首字下沉】下拉按钮，从弹出的下拉列表中选择下沉样式。

③ 选择其中的【首字下沉选项】命令，弹出【首字下沉】对话框，如图 6-105 所示。可以通过该对话框对首字下沉效果进行详细设置，如图 6-106 所示。

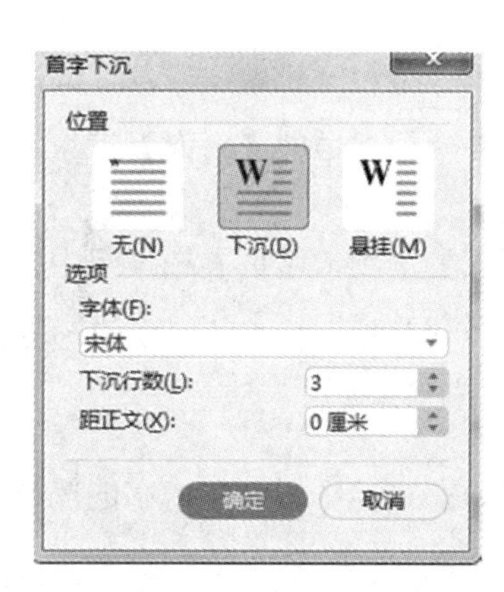

图 6-105 【首字下沉】对话框

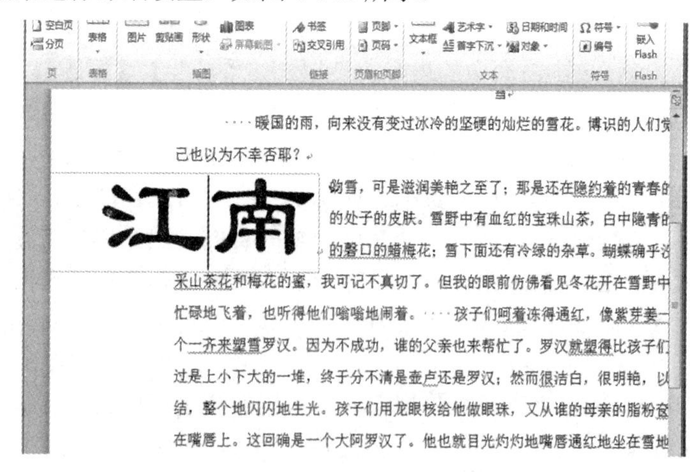

图 6-106 设置首字下沉效果

(5) 插入图表。

图表可对表格中的数据图示化，增强可读性。在文档中制作图表的操作步骤如下：

① 在文档中将光标定位于需要插入图表的位置。

② 单击【插入】选项卡【图表】选项组中的【柱形图】按钮，即可自动生成一个簇状柱形图表。同时，自动插入一个工作表表格，通过修改表格中的数据可以生成想要的图表。

③ 这时在【插入】选项卡中会增加【图表】选项组，可以在该选项组中选择其他的图表类型和样式。打开如图 6-107 所示的下拉列表，可进行图表类型和样式的修改。

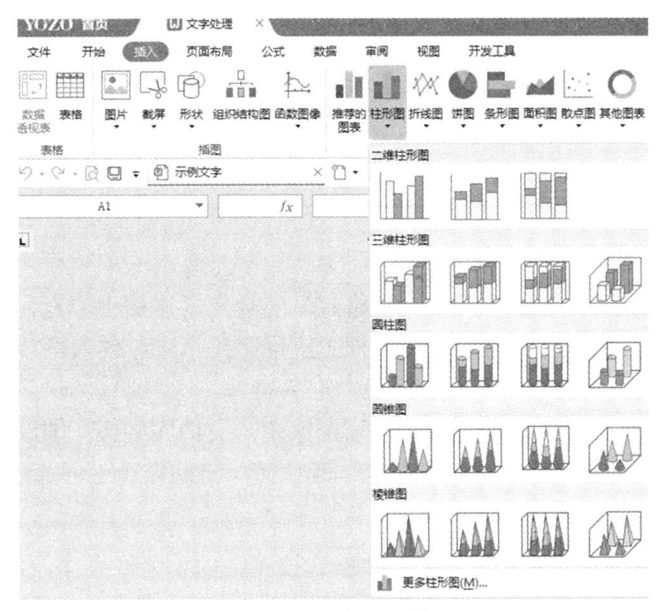

图 6-107　插入图表

④ 在产生图表时，同时在指定的数据区域中输入数据源，通过【设计】选项卡【数据组】选项组中的【选择数据】设置数据区域，拖动数据区域的右下角可以改变数据区域的大小(备注：要显示完整的数据区域，需将生成的图表先缩小或移动到其他位置，再进行数据源的具体修改)。同时，永中 Office 文档中显示相应的图表，选择图表中不同的部分，可以对不同对象进行修改。

⑤ 在【设计】、【布局】和【格式】3 个选项卡中对插入的图表进行各项设置与修改，如图 6-108 所示。

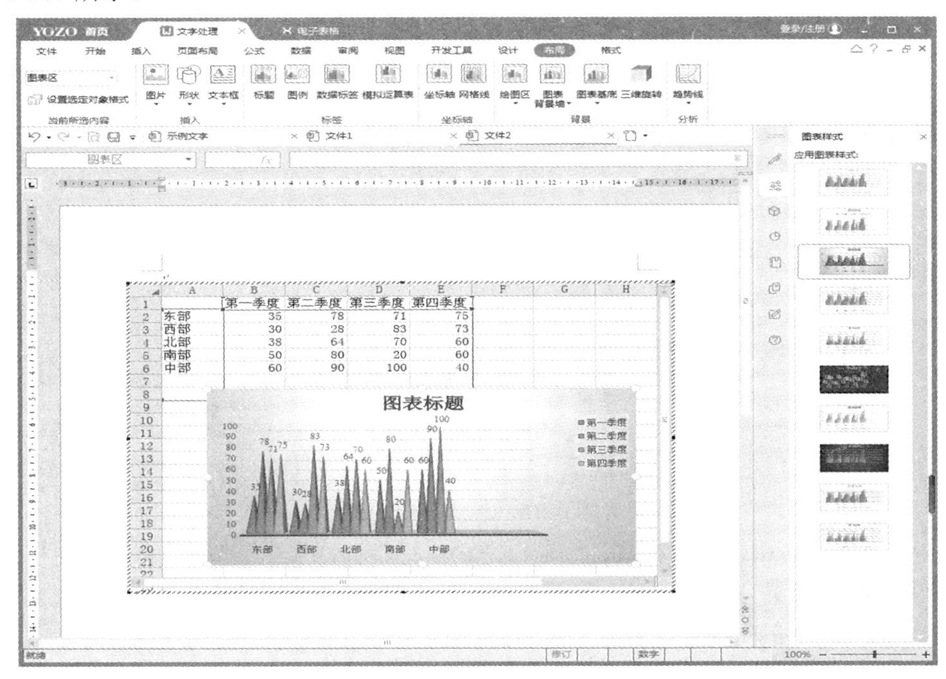

	第一季度	第二季度	第三季度	第四季度
东部	35	78	71	75
西部	30	28	83	73
北部	38	64	70	60
南部	50	80	20	60
中部	60	90	100	40

图 6-108　对插入的图表进行设置与修改

6.2.3 长文档的编辑与管理

制作专业的文档除了使用常规的页面内容和美化操作外，还需要注重文档的结构以及排版方式。永中 Office 2019 提供了诸多简便的功能，可使长文档的编辑、排版、阅读和管理更加轻松自如。

1. 定义并使用样式

样式是指一组已经命名的字符和段落格式，它规定了文档中标题、正文以及要点等各个文本元素的格式。在文档中可以将一种样式应用于某个选中的段落或字符，以使所选中的段落或字符具有这种样式所定义的格式。

通过在文档中使用样式，可以迅速、轻松地统一文档的格式；辅助构建文档大纲，以使内容更有条理；简化格式的编辑和修改操作等；另外，借助样式还可以自动生成文档目录。

1) 在文档中应用样式

在编辑文档时，使用样式可以省去一些格式设置上的重复性操作。利用永中 Office 2019 提供的快速样式库，可以为文本快速应用某种样式。

(1) 快速样式库。

利用快速样式库应用样式的操作步骤如下：

① 在文档中选中要应用样式的文本段落，或将光标定位于某一段落中。

② 单击【开始】选项卡【样式】选项组中的黑色三角按钮，弹出如图 6-109 所示的样式下拉列表。

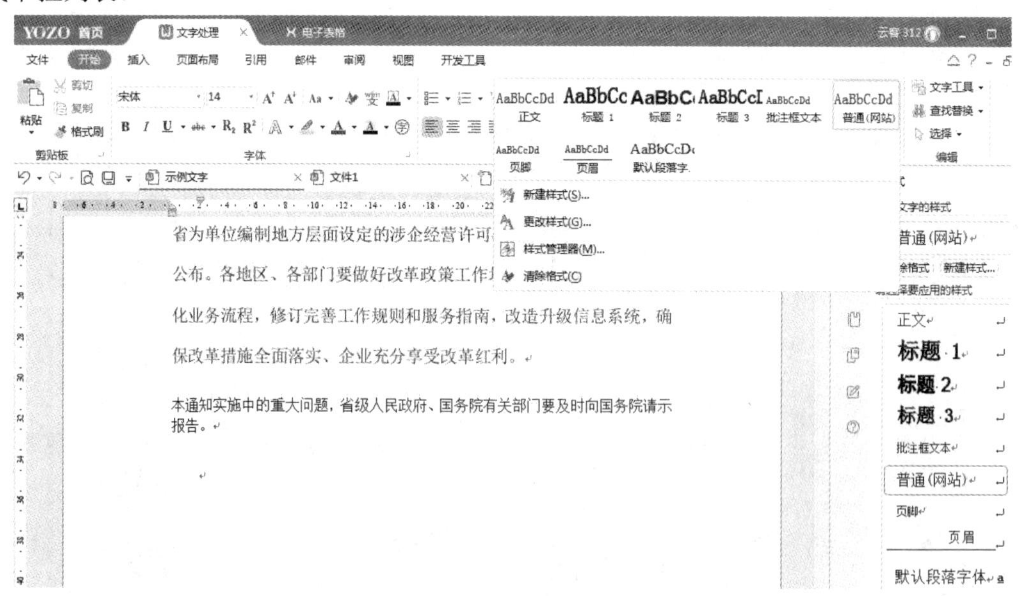

图 6-109 样式下拉列表

③ 在下拉列表中的各种样式之间轻松滑动鼠标指针，所选文本就会自动呈现出当前样式应用后的视觉效果。选择某一样式，该样式所包含的格式就会被应用到当前所选文本中。

(2) 【样式】任务窗格。

通过【样式】任务窗格也可以将样式应用于选中文本段落，操作步骤如下：

① 在文档中选中要应用样式的文本段落，或将光标定位于某一段落中。

② 单击【开始】选项卡【样式】选项组中的对话框启动器按钮，打开如图 6-110 所示的【样式】任务窗格。

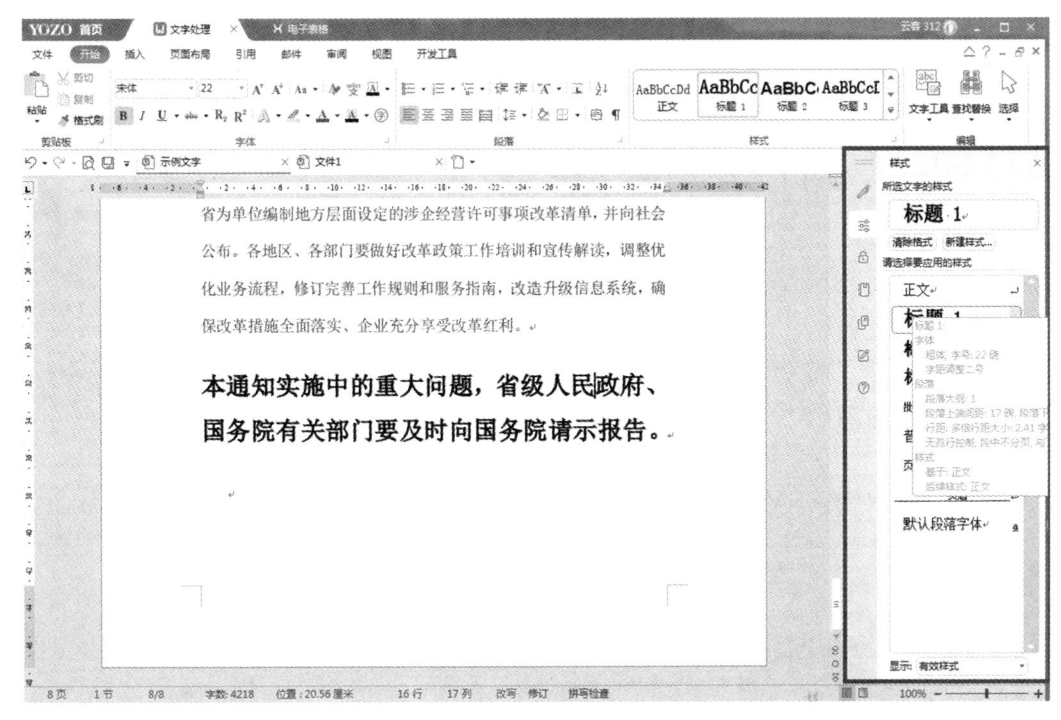

图 6-110 【样式】任务窗格

③ 在【样式】任务窗格的列表框中选择某一样式，即可将该样式应用到当前段落中。

在【样式】任务窗格中选中【显示预览】复选框，可看到样式的预览效果，否则所有样式只以文字描述的形式列举出来。

提示 在永中 Office 提供的内置样式中，标题 1、标题 2、标题 3 等标题样式在创建目录、按大纲级别组织和管理文档时非常有用。通常情况下，在编辑一篇长文档时，建议将各级标题分别赋予内置标题样式，然后可对标题样式进行适当修改，以适应格式需求。

2) 创建新样式

用户可以根据自己的需要新建样式。手动创建一个全新的样式的操作步骤如下：

(1) 单击【开始】选项卡【样式】选项组中的对话框启动器按钮，打开【样式】任务窗格。

(2) 单击【新建样式】按钮，弹出【新建样式】对话框，在【名称】文本框中输入新样式的名称，如“诗名”。单击【样式类型】右侧的下拉按钮，如要新建字符样式，则从下拉列表中选择字符；如要新建段落样式，则从下拉列表中选择段落，这里选择【段落】。单击【样式基于】右侧的下拉按钮，从弹出的下拉列表中选择创建该样式的基准样式，这里可以保持默认。

(3) 在【格式】选项区域中选择一种语言类型，这里保持默认【中文】。设置字体为【黑体】，字号为【二号】，这里可以选择加粗。设置段落样式时，可通过单击图标快速定义新样式中所要包含的段落格式，如文本对齐方式为【居中对齐】、行间距为【1.5 倍】，还有段落间距及段落缩进，这里也可以保持默认。如果需设置较复杂的字符或段落格式，可单击【格式】下拉按钮，从弹出的下拉列表中选择所需的命令，弹出相应的对话框，进行详细的格式设置，如图 6-111 所示。

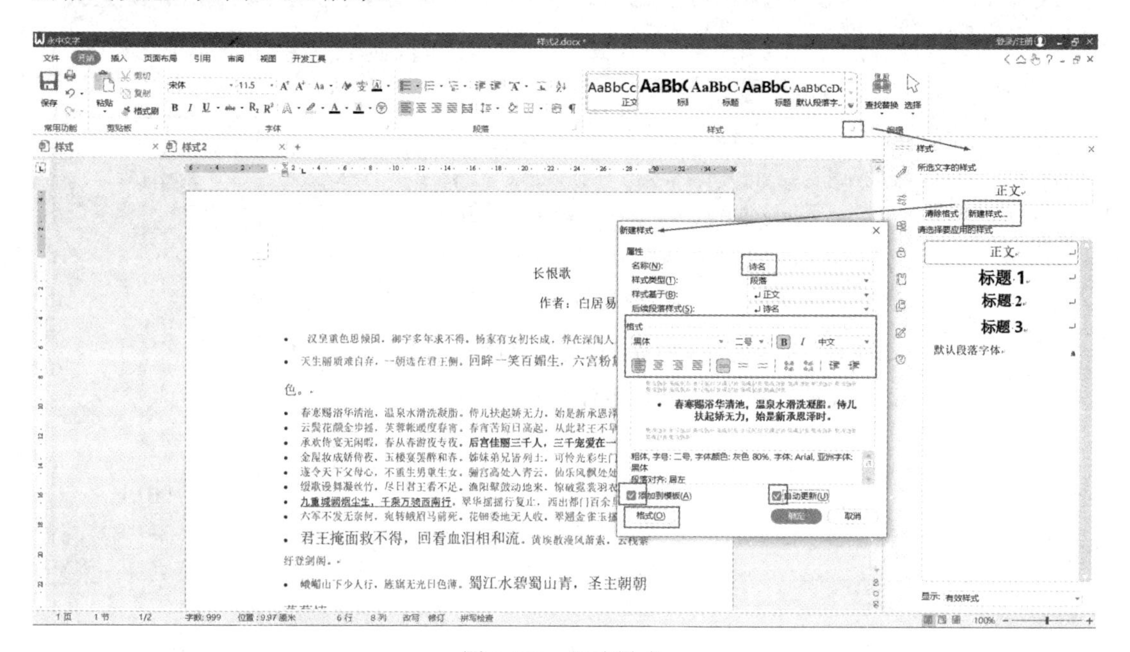

图 6-111 新建样式

(4) 如要将新样式添加至创建当前文档的模板中，可选中【添加到模板】复选框。在手动更改含有选中样式段落的格式后，如要使其他应用该样式的段落得到即时更新，可选中【自动更新】复选框，单击【确定】按钮，就可以在所有样式中看见刚刚手动添加的样式。

(5) 如果要删除新建的样式，可以右键单击，在弹出的快捷菜单中选择【删除】命令，从而删除刚刚添加的样式。

这样，用户在输入文字后，就可以直接选择使用样式。例如，选中诗名和作者，单击【诗名】样式，选中诗歌正文内容，再单击【正文】样式，此时这首诗就以较为整洁的格式呈现出来。通过提前设置样式的方法，可以减少日常工作中修改字体样式的时间和精力，非常实用方便。

3) *修改样式*

当使用样式时，有时需要进行样式的部分修改。修改样式的操作步骤如下：

方法一：在【开始】选项卡【样式】选项组中默认提供了正文、标题 1、标题 2、标题 3 等样式，用户可以右键单击相应的格式，在弹出的快捷菜单中选择【修改】命令，对样式进行修改，完成修改后单击【确定】按钮。

方法二：单击【样式】选项组右下角的对话框启动器按钮，在打开的【样式】任务窗格中选择一个需要修改的样式名称，如“正文”，单击样式右边的下拉箭头，单击【修改】按钮，弹出【修改样式】对话框，在该对话框中可以设置字体、字号、加粗、斜体、对齐方式等，如设置字体为宋体，字号为四号，不加粗、不斜体，居中对齐，单击【确定】按钮，如图 6-112 所示。

如果在【修改样式】对话框中选中【自动更新】复选框，则对应样式的修改将会立即反映到所有应用该样式的文本段落中。

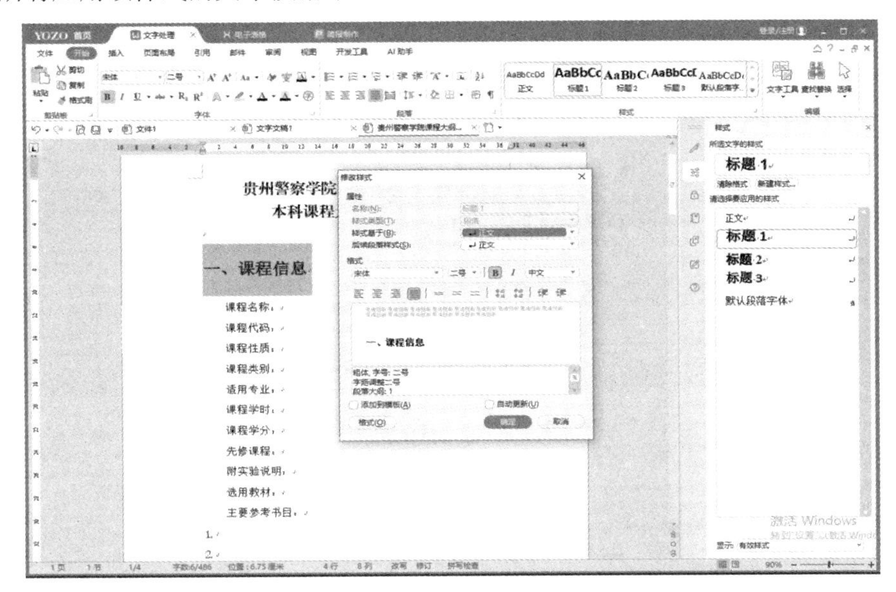

图 6-112 使用【样式】任务窗格修改样式

实例 为文档应用并修改样式。

打开案例素材文档“修改样式.eid”，为文中以红色字体标出的段落“第一章”“第二章”……“第七章”应用内置样式【标题 1】，将样式【标题 1】的格式修改为：字体为华文中宋、三号黑色；段落居中对齐、单倍行距，段前 12 磅、段后 6 磅，始终与下段同页。

操作步骤如下：

(1) 选中“第一章”“第二章”……“第七章”所在段落，即选中文档中所有红色字体段落。

(2) 单击【开始】选项卡【样式】选项组中的【快速样式】下拉按钮，在弹出的下拉列表中选择【标题 1】，将该样式应用于所选段落，如图 6-113 所示。

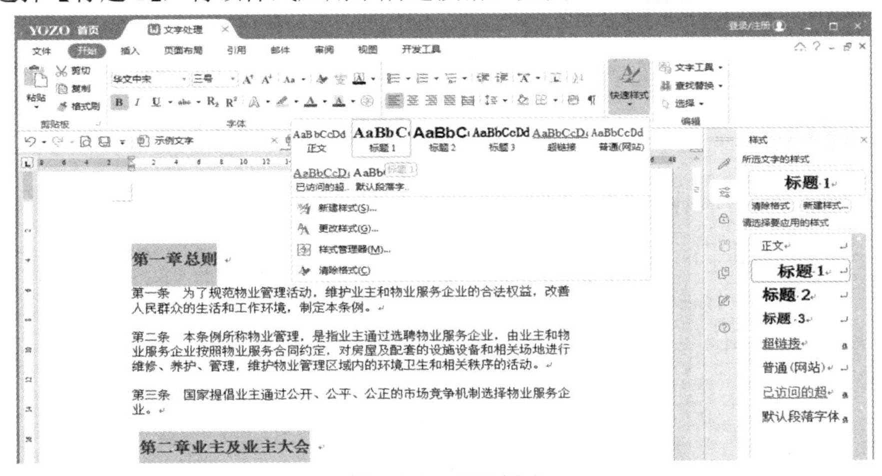

图 6-113 修改样式

(3) 在任务面板中部显示的样式中选择【标题 1】样式，单击面板上方【所选文字的样式】列表框右侧的黑色三角按钮，选择【修改】命令，弹出【修改样式】对话框，在该对话框中设置字体为华文中宋、三号。单击【修改样式】对话框中的【格式】按钮，分别选择【字体】、【段落】命令，设置其字体颜色为黑色，段落对齐方式为居中对齐，单倍行距，段前 12 磅、段后 6 磅，如图 6-114 所示。在【段落】对话框的【换行和分页】选项卡中选中【与下段同页】复选框，单击【确定】按钮，回到【修改样式】对话框，再单击【确定】按钮。

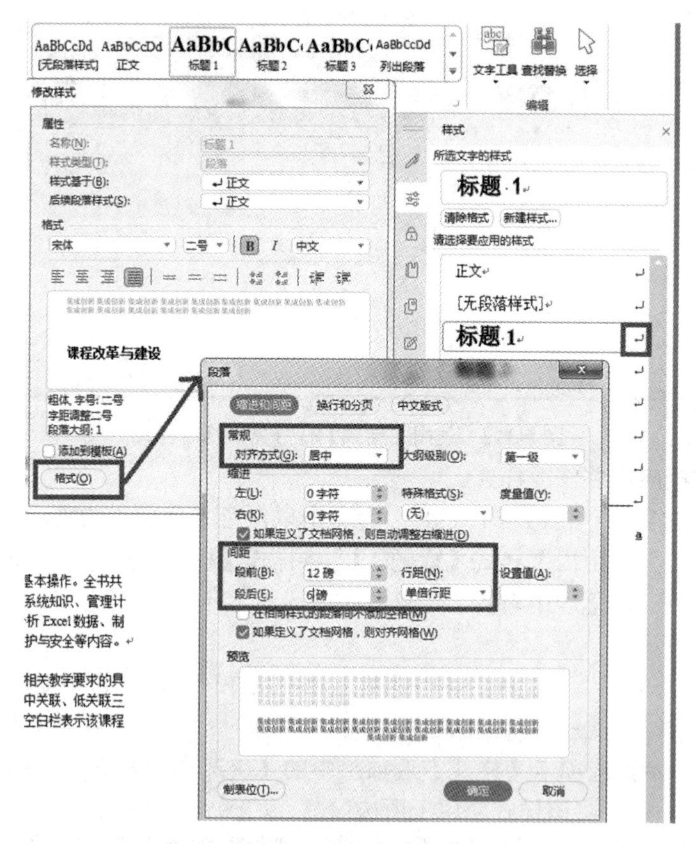

图 6-114　应用并更新样式

(4) 选中“第一章”“第二章”……“第七章”所在段落，单击【开始】选项卡【样式】选项组中的【快速样式】下拉按钮，在弹出的下拉列表中选择【标题 1】，将该样式应用于所选段落，即可将更新了的【标题 1】样式重新应用到所有相关段落。

4) *在大纲视图中管理文档*

永中 Office 提供了两种视图方式，以方便文档的编辑、阅读和管理。其中，大纲视图便于查看、组织文档的结构，更加有利于对长文档的编辑和管理。当为文档中的文本应用了内置标题样式或在段落格式中指定了大纲级别后，就可以在大纲视图中通过调整文本的大纲级别来调整文档的结构。

在大纲视图中组织和管理文档的操作步骤如下：

(1) 在文档中为各级标题应用内置的标题样式，或为文本段落指定大纲级别。

(2) 单击【视图】选项卡【文档视图】选项组中的【大纲视图】按钮，切换到大纲视图，如图 6-115 所示。

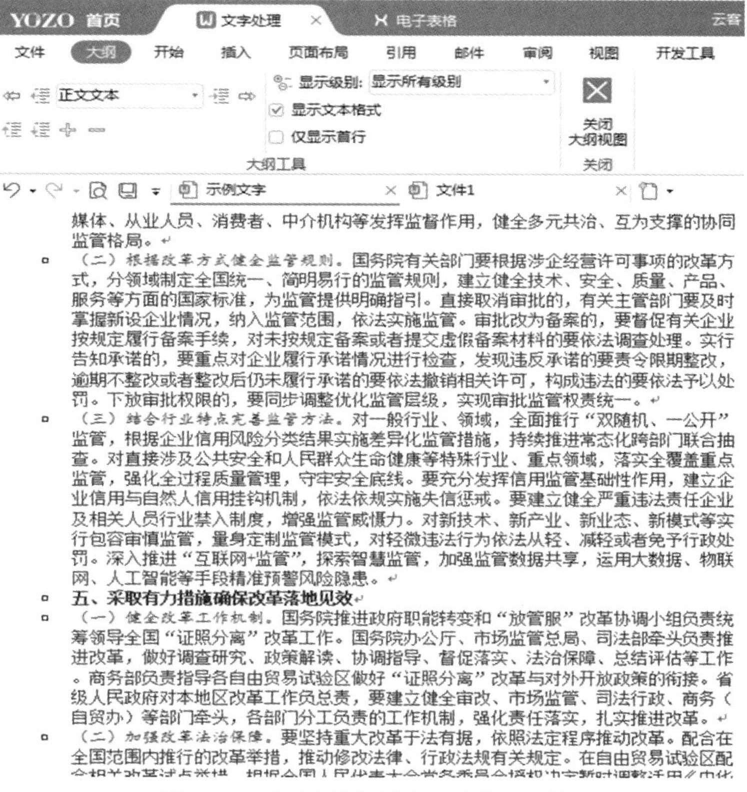

图 6-115　在大纲视图中组织和管理文档

(3) 利用【大纲】选项卡【大纲工具】选项组中的各项工具可以设置窗口中的显示级别，展开/折叠大纲项目，上移/下移大纲项目，提升/降低大纲项目的级别，也可以直接指定文本段落的大纲级别。

(4) 单击【大纲】选项卡【关闭】选项组中的【关闭大纲视图】按钮，即可返回普通编辑状态。

2. 文档分页、分节与分栏

分页、分节和分栏操作可以使文档的版面更加多样化，布局更加合理有效。

1) 分页与分节

文档的不同部分通常会另起一页开始，很多人习惯用加入多个空行的方法使新的部分另起页，这种做法会导致修改文档时重复排版，从而增加了工作量，降低了工作效率。借助永中 Office 的分页或分节操作，可以有效划分文档内容的布局，而且使文档排版工作简洁高效。

(1) 手动分页。

一般情况下，永中 Office 文档是自动分页的，文档内容到页尾时会自动排布到下一页。但如果为了排版布局需要，可能会单纯地将文档内容从中间划分为上下两页，这时可在文档中插入分页符。其操作步骤如下：

① 将光标置于需要分页的位置。

② 单击【页面布局】选项卡【页面设置】选项组中的【分隔符】下拉按钮，弹出如图6-116所示的【分隔符】下拉列表。

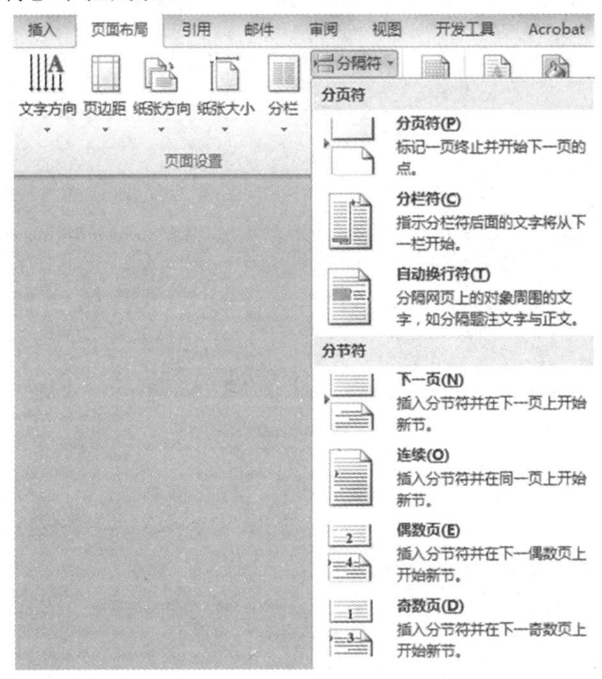

图 6-116 【分隔符】下拉列表

③ 选择【分页符】命令集中的【分页符】命令，即可将光标后的内容布局到一个新页面中，分页符前后页面设置的属性及参数均保持一致。

也可以按 Ctrl + Enter 组合键插入一个分页符，这样就可以实现快速分页任务。

(2) 文档分节。

在文档中插入分节符，不仅可以将文档内容划分为不同的页面，而且可以分别针对不同的节进行页面设置。插入分节符的操作步骤如下：

① 将光标置于需要分节的位置。

② 单击【页面布局】选项卡【页面设置】选项组中的【分隔符】下拉按钮，弹出【分隔符】下拉列表。分节符共有 4 种类型：

- 下一页：分节符后的文本从新的一页开始，即分节的同时分页。
- 连续：新节与其前面一节同处于当前页中，即只分节不同页，两节处于同一页中。
- 偶数页：分节符后面的内容转入下一个偶数页，即分节的同时分页，且下一页从偶数页码开始。
- 奇数页：分节符后面的内容转入下一个奇数页，即分节的同时分页，且下一页从奇数页码开始。

③ 选择其中一类分节符后，在当前光标位置处插入一个分节符。

分节在永中 Office 中是一个非常重要的功能，如果缺少了“节”的参与，则许多排版效果将无法实现。

默认方式下，永中 Office 将整个文档视为一节，所有对文档的设置都是应用于整篇文档的。当插入分节符将文档分成几节后，可以根据需要设置每节的页面格式。例如，当一部书稿分为不同的章节时，将每一章分为一个节后，就可以为每一章设置不同的页眉和页脚，并可使得每一章都从奇数页开始。

实例　页面方向的横纵混排。

举例来说，在一篇永中 Office 文档中，一般情况下会将所有页面均设置为横向或纵向，但有时也需要将其中的某些页面与其他页面设置为不同方向。例如，对于一个包含较大表格的文档，如果采用纵向排版，那么无法将表格完整打印，于是就需要将表格部分采取横向排版，如图 6-117 所示。

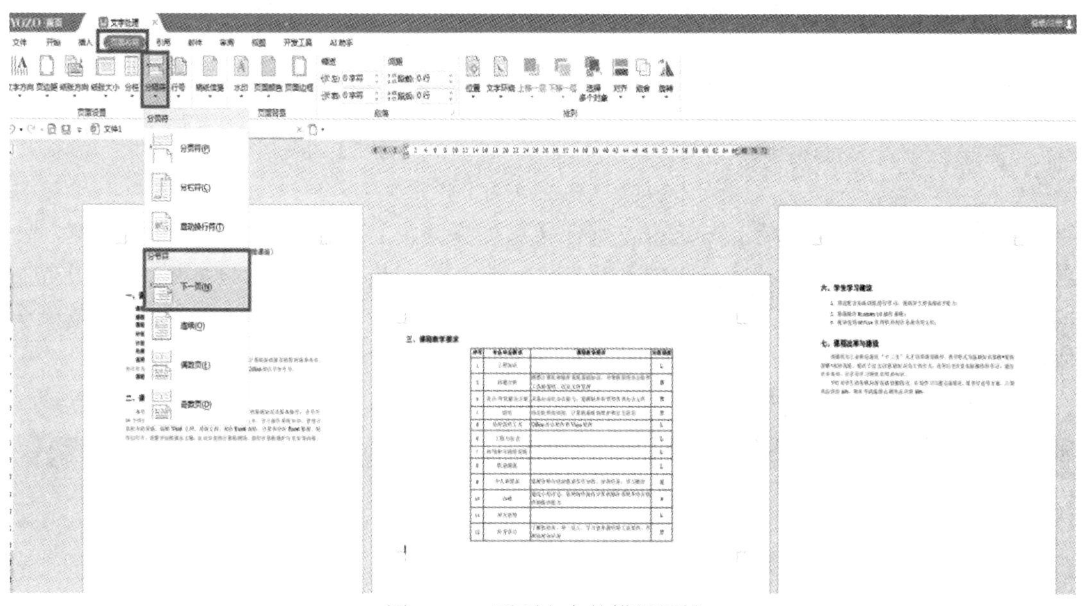

图 6-117　页面方向的横纵混排

可是，如果直接通过页面设置中的相关命令来改变其纸张方向，就会引起整个文档所有页面方向的改变。有的人会将该文档拆分为 A 和 B 两个文档。其中，文档 A 是文字部分，使用纵向排版；文档 B 用于放置表格，采用横向排版。

其实，通过分节功能就可以轻松实现页面方向的横纵混排，具体方法为：在表格所在页面的前后分别插入分节符，只将表格所在页面的纸张方向设为横向即可。

2) 分栏

有时会觉得文档一行中的文字太长，不便于阅读，此时就可以利用分栏功能将文本分为多栏排列，使版面的呈现更加生动。在文档中为内容创建多栏的操作步骤如下：

(1) 在文档中选中需要分栏的文本内容。如果不选中，将对整个文档进行分栏设置。

(2) 单击【页面布局】选项卡【页面设置】选项组中的【分栏】下拉按钮。

(3) 从弹出的下拉列表中选择一种预定义的分栏方式，以迅速实现分栏排版，如图 6-118(a)所示。

(4) 如需对分栏进行更为具体的设置，可以在弹出的下拉列表中选择【更多分栏】命令，弹出如图 6-118(b)所示的【分栏】对话框，进行以下设置。

在【栏数】微调框中设置所需的分栏数值。

在【宽度和间距】选项区域中设置栏宽和栏间的距离。只需在相应的【宽度】和【间距】微调框中输入数值，即可改变栏宽和栏间距。

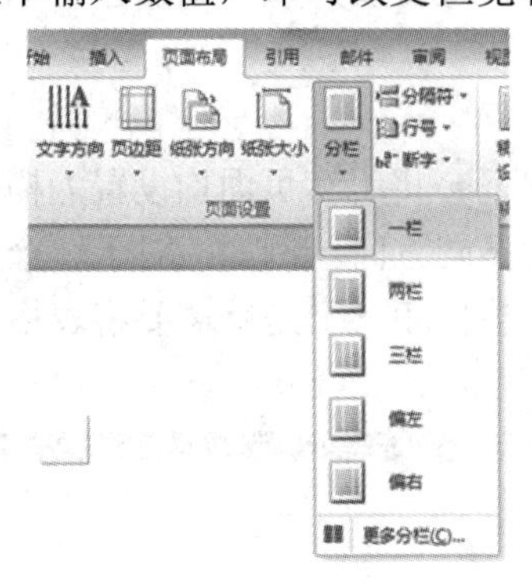

(a) 预定义分栏方式

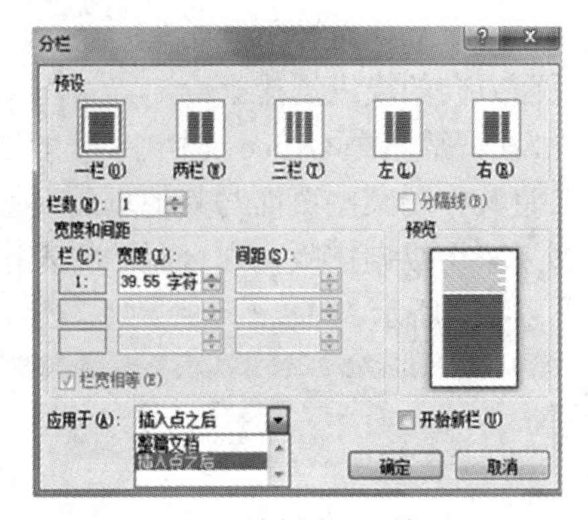

(b)【分栏】对话框

图 6-118 将文档内容分栏显示

如果选中了【栏宽相等】复选框，则在【宽度和间距】选项区域中自动计算栏宽，使各栏宽度相等；如果选中了【分隔线】复选框，则在栏间插入分隔线，使得分栏界限更加清晰、明了；若在分栏前未选中文本内容，则可在【应用于】下拉列表中设置分栏效果作用的区域。

(5) 设置完毕，单击【确定】按钮，即可完成分栏排版，如图 6-119 所示。

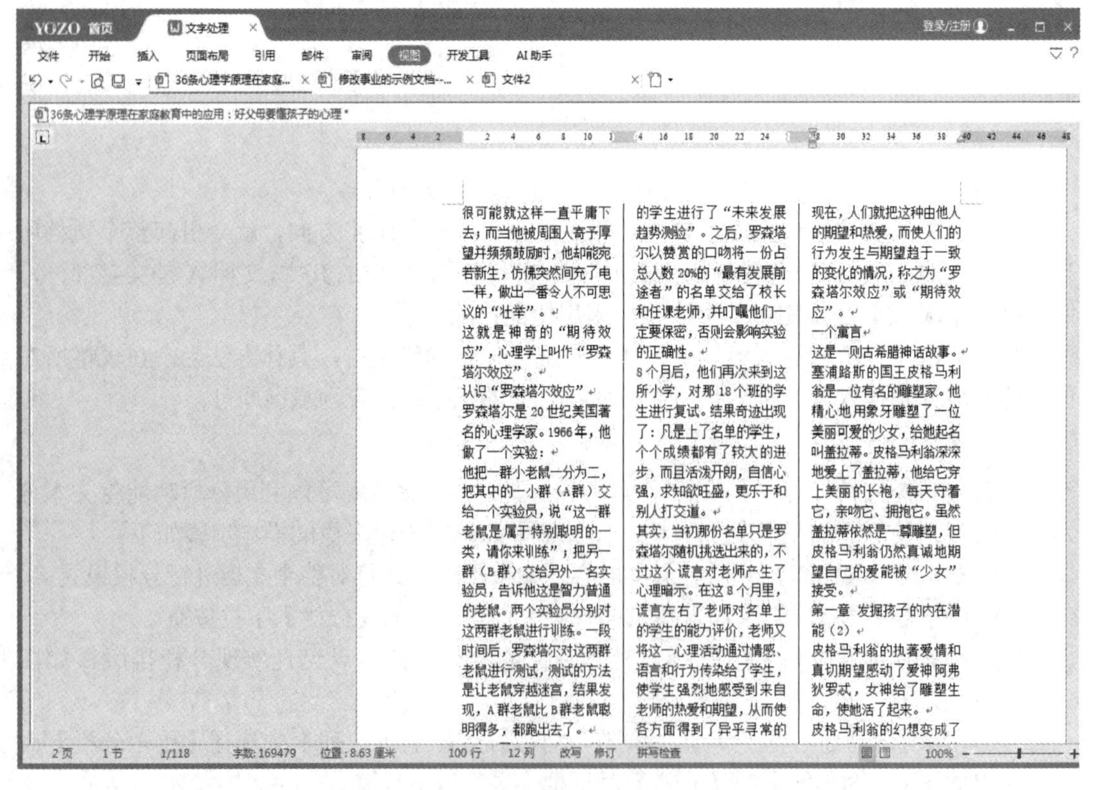

图 6-119 分栏排版效果

如果需要取消分栏布局，只需在【分栏】下拉列表中选择【一栏】命令即可。

提示　如果分栏前事先选中了分栏内容，或者在【分栏】对话框中选择了【应用于】，插入点之后，则在分栏的同时会自动插入连续分节符。可以通过单击【开始】选项卡【段落】选项组中的【显示/隐藏编辑标记】按钮来控制分节符或分页符显示与否，从而了解这些标记在文档中的位置。

3. 设置页眉、页脚与页码

页眉和页脚是文档中每个页面的顶部、底部和两侧页边距中的区域。在页眉和页脚中可以插入文本、图形图片以及文档部件，如页码、时间和日期、公司徽标、文档标题、文件名、文档路径或作者姓名等。

1) 插入页码

页码一般是插入文档的页眉和页脚位置的。当然，如果有必要，也可以将其插入文档中。永中 Office 提供了一组预设的页码格式，另外用户还可以自定义页码。利用插入页码功能插入的实际是一个域而非单纯数码，因为其可以自动变化和更新。

(1) 插入预设页码。

① 单击【插入】选项卡【页眉和页脚】选项组中的【页码】按钮，打开可选位置下拉列表。

② 从中选择某一页码格式，页码即可以指定格式插入指定位置，如插入页脚位置的右侧，如图 6-120 所示。

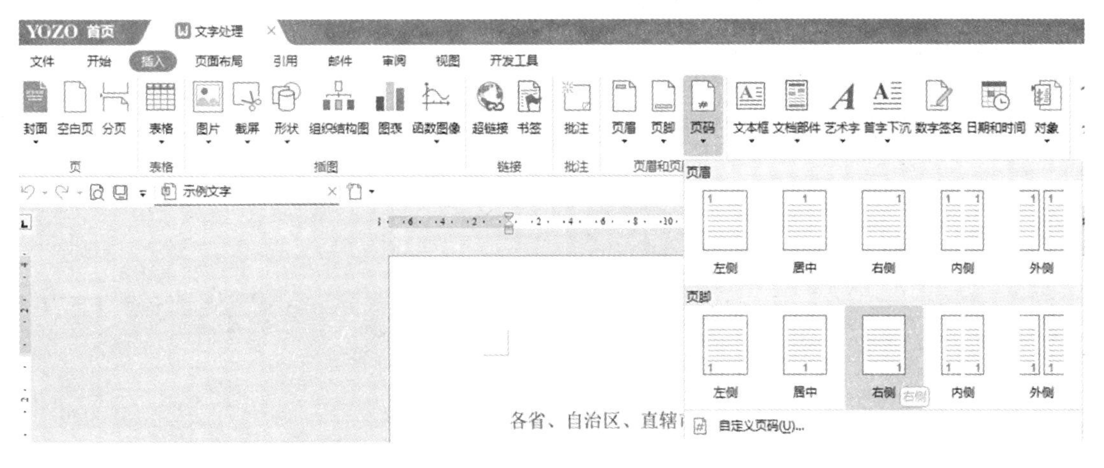

图 6-120　插入页码

(2) 自定义页码格式。

① 在文档中插入页码，将光标定位在需要修改页码格式的节中。

② 单击【插入】选项卡【页眉和页脚】选项组中的【页码】下拉按钮。

③ 在弹出的下拉列表中选择【自定义页码】命令，弹出如图 6-121 所示的【页码】对话框。

④ 单击【格式】按钮，弹出【页码格式】对话框。

⑤ 在【数字格式】下拉列表中更改页码的格式，在【页码编排】选项组中可以修改某一节的起始页码。

⑥ 设置完毕，单击【确定】按钮。

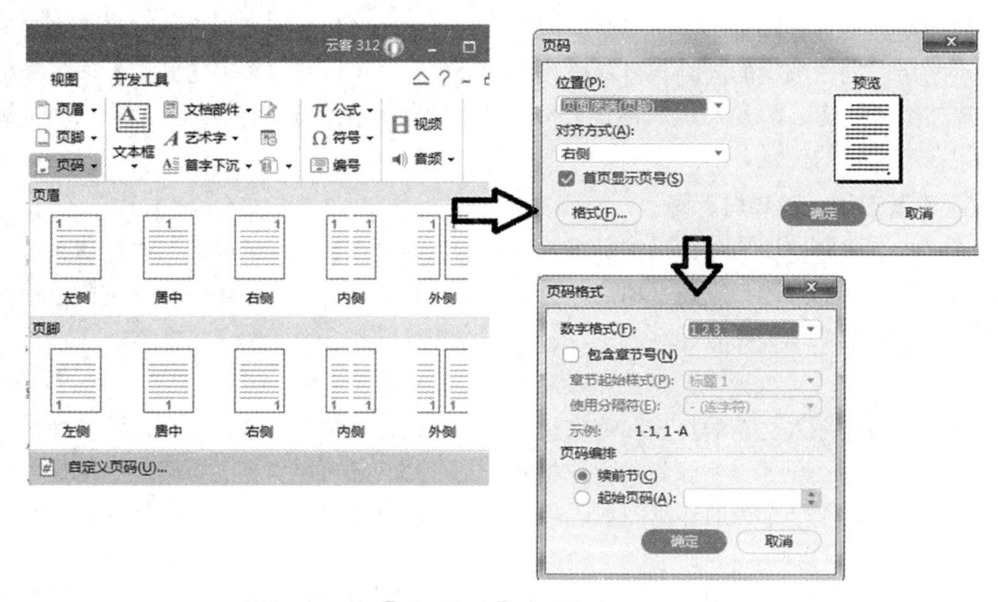

图 6-121 在【页码格式】对话框中设置页码格式

(3) 从第 3 页开始设置文档页码。

我们在编辑文档过程中，有时需要将文档的第 1 页设置为封面，第 2 页设置为目录，因此正文内容就要从第 3 页开始，如图 6-122 所示。按照普通页码设置方式，此时正文部分的页码应该是第 3 页，但是按照文档格式规定，页码应该是从正文页开始的(正文页才是第 1 页)。

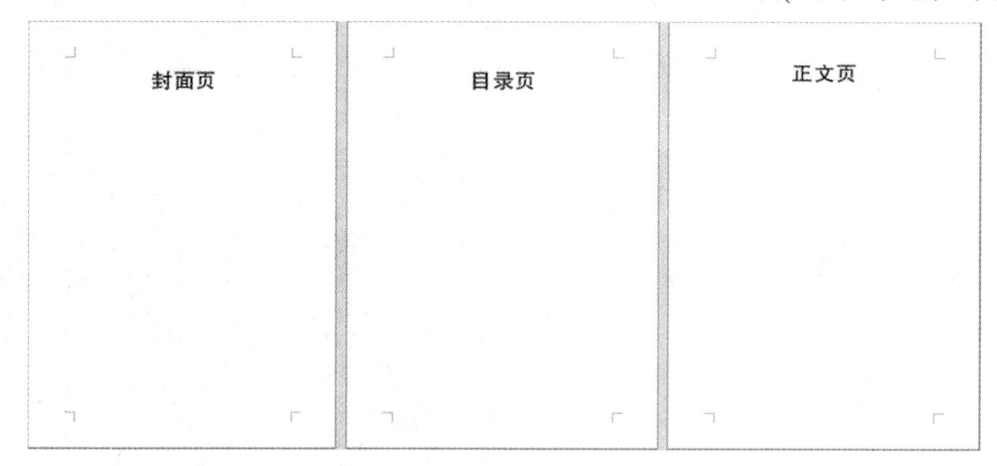

图 6-122 正文内容从第 3 页开始

因此，下面介绍页码从文档第 3 页开始的操作步骤。

① 要将页码从正文页，即第 3 页开始，先将光标置于第 2 页最后一行末尾处。

② 单击【页面布局】选项卡【页面设置】选项组中的【分隔符】下拉按钮，从弹出的下拉列表中选择【分节符】→【下一页】，文档在第 2 页最后一行末尾处分节，如图 6-123 所示。

③ 进入第 3 页页码处，双击页脚区域，进入页眉和页脚编辑状态，同时出现【页眉和页脚工具】下的【设计】选项卡。

④ 单击【设计】选项卡【导航】选项组中的【链接到前一条页眉】按钮，以断开当前节和前一节中页眉或页脚的链接。

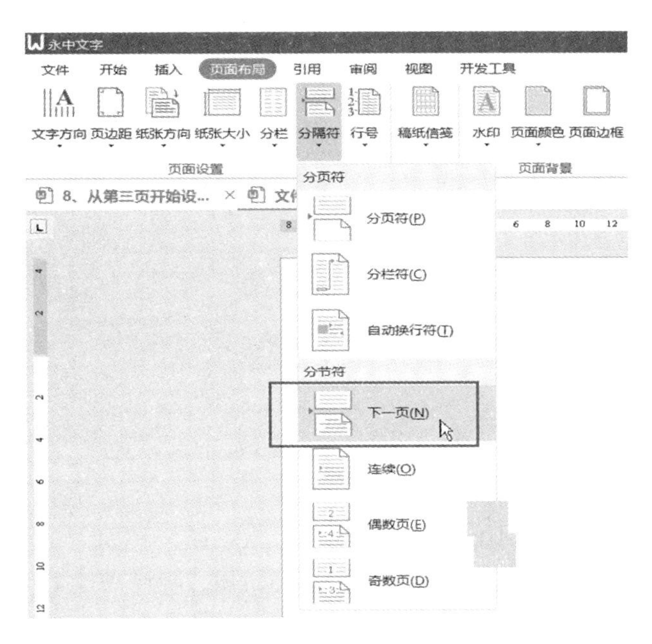

图 6-123　添加分隔符

⑤ 单击【设计】选项卡【页眉和页脚】选项组中的【页码】下拉按钮，从弹出的下拉列表中选择【设置页码格式】命令(如图 6-124 所示)，弹出【页码格式】对话框。

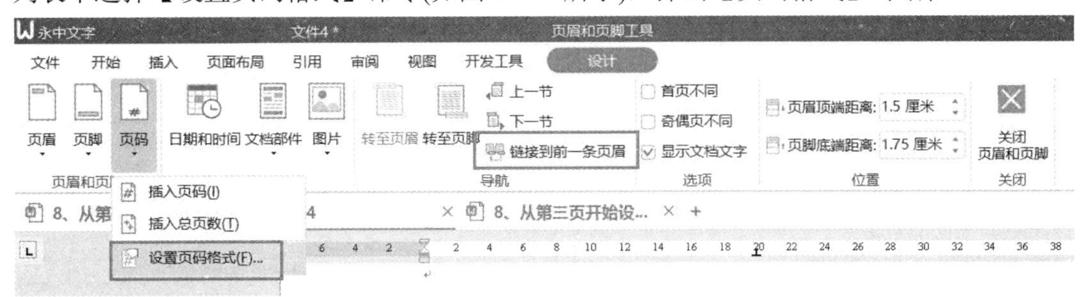

图 6-124　设置页码格式

⑥ 在【页码编排】选项区域中选中【起始页码】单选按钮，并在其右侧的文本框中输入【1】，单击【确定】按钮，如图 6-125 所示。

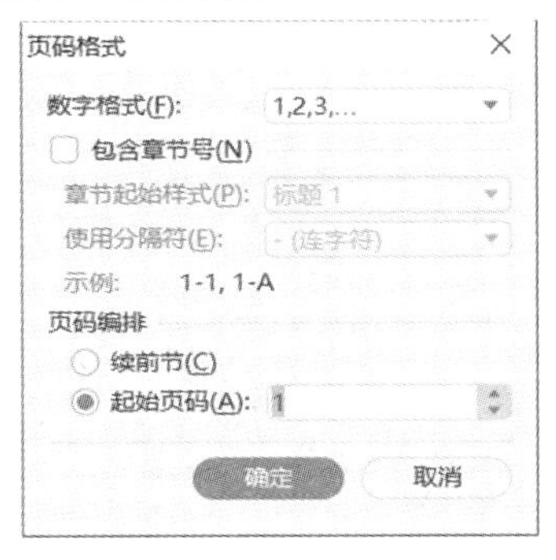

图 6-125　设置起始页码

⑦ 单击【设计】选项卡【页眉和页脚】选项组中的【页码】下拉按钮，从弹出的下拉列表中选择【插入页码】命令，即插入从 1 开始编号的页码，如图 6-126 所示。

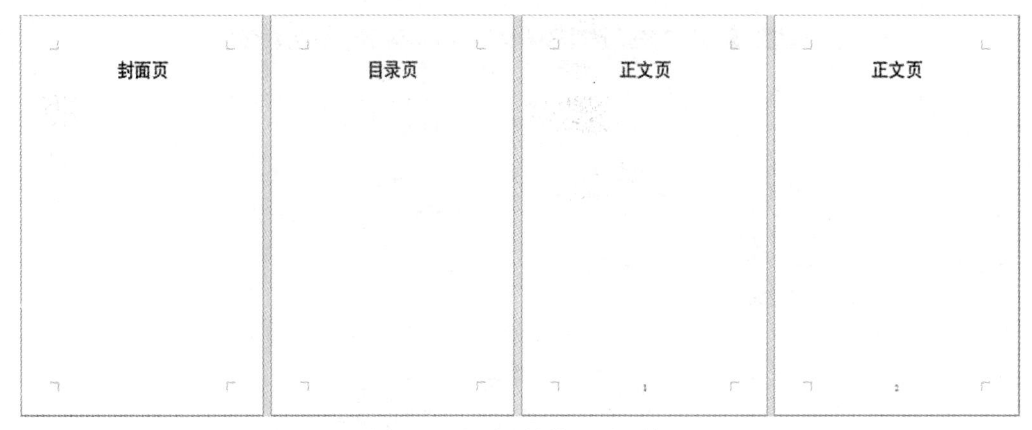

图 6-126　页码从第 3 页开始

2) *插入页眉或页脚*

在永中 Office 2019 中，不仅可以在文档中轻松地插入、修改预设的页眉或页脚样式，还可以创建自定义外观的页眉或页脚，并将新的页眉或页脚保存到样式库中，以便在其他文档中使用。

(1) 插入预设的页眉或页脚。

在整个文档中插入预设的页眉或页脚的操作方法与插入页码的操作十分相似，操作步骤如下：

① 单击【插入】选项卡【页眉和页脚】选项组中的【页眉】下拉按钮。

② 在弹出的页眉库列表中以图示方式罗列出许多内置的页眉样式，如图 6-127 所示。从中选择一个合适的页眉样式，所选页眉样式即被应用到文档中的每一页。

图 6-127　页眉库列表

③ 在页眉位置输入相关内容并进行格式化，如插入页码、图形图片等。

同样，单击【插入】选项卡【页眉和页脚】选项组中的【页眉】下拉按钮，在弹出的内置页脚库列表中可以选择合适的页脚设计，即可将其插入整个文档中。

在文档中插入页眉或页脚后，自动出现页眉和页脚对应的【设计】选项卡，通过该选项卡可对页眉或页脚进行编辑和修改。单击【设计】选项卡【关闭】选项组中的【关闭页眉和页脚】按钮，即可退出页眉和页脚编辑状态。

在页眉或页脚区域中双击，即可快速进入页眉和页脚编辑状态。

(2) 创建首页不同的页眉和页脚。

如果希望将文档首页页面的页眉和页脚设置得与众不同，可以按照如下方法操作：

① 双击文档中的页眉或页脚区域，功能区自动出现页眉和页脚对应的【设计】选项卡，如图 6-128 所示。

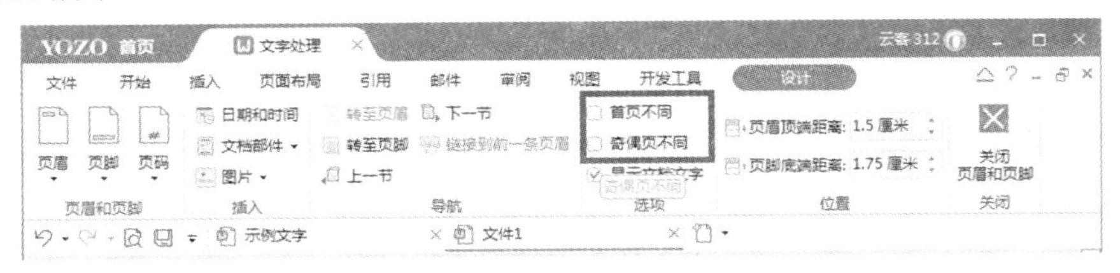

图 6-128　页眉和页脚对应的【设计】选项卡

② 选中【设计】选项卡【选项】选项组中的【首页不同】复选框，此时文档首页中原先定义的页眉和页脚即被删除，可以根据需要另行设置首页页眉或页脚。

(3) 为奇数页、偶数页创建不同的页眉或页脚。

有时一个文档中的奇偶页需要使用不同的页眉或页脚。例如，在制作书籍资料时，可选择在奇数页上显示书籍名称，而在偶数页上显示章节标题，使奇偶页具有不同的页眉或页脚。其操作步骤如下：

① 单击【插入】选项卡【页眉和页脚】选项组中的【页眉】或【页脚】下拉按钮，或双击页眉或页脚区域，进入页眉和页脚编辑状态，同时打开【页眉和页脚工具】下的【设计】选项卡。

② 选中【设计】选项卡【选项】选项组中的【奇偶页不同】复选框，如图 6-129 所示。

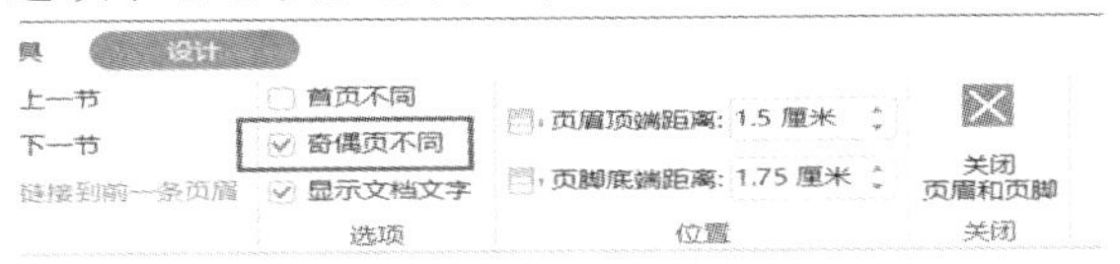

图 6-129　选中【奇偶页不同】复选框

③ 在奇数页页眉或奇数页页脚区域为奇数页创建页眉或页脚。

④ 单击【设计】选项卡【导航】选项组中的【下一节】按钮，将光标切换至文档偶数页页眉或偶数页页脚区域，为偶数页创建另一种页眉或页脚，如图 6-130 所示。

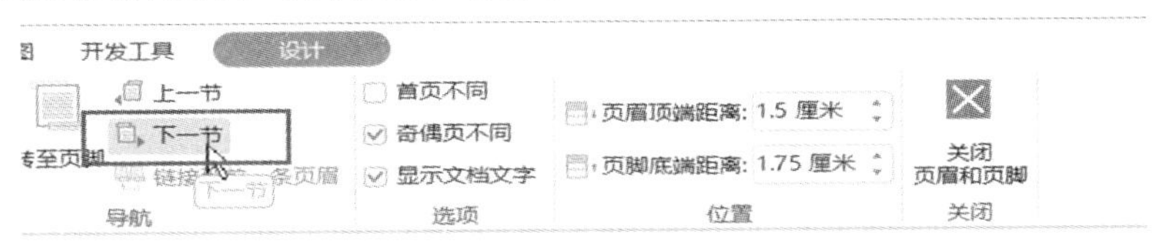

图 6-130　奇偶页间切换创建不同样式的页眉或页脚

⑤ 完毕后，单击【设计】选项卡【关闭】选项组中的【关闭页眉和页脚】按钮，或按 Esc 键，退出页眉和页脚编辑状态，效果如图 6-131 所示。

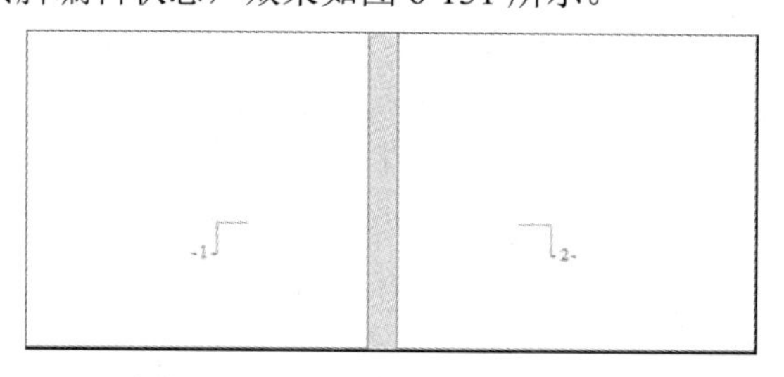

图 6-131　奇偶页不同的页眉或页脚

(4) 为文档各节创建不同的页眉或页脚。

当文档分为若干节时，可以为文档的各节创建不同的页眉或页脚，如可以在一个长篇文档的“目录”与“内容”两部分应用不同的页脚样式。为不同章节创建不同的页眉或页脚的操作步骤如下：

① 若文档没有分节，则整个文档的页眉或页脚是相同的。因此，若要使文档各部分有不同的页眉或页脚，就要先给文档分节。分节后，先将光标置于要设置不同页眉或页脚的节中，单击【插入】选项卡【页眉和页脚】选项组中的【页眉】或【页脚】下拉按钮，对应编辑页眉或页脚，如图 6-132 所示。

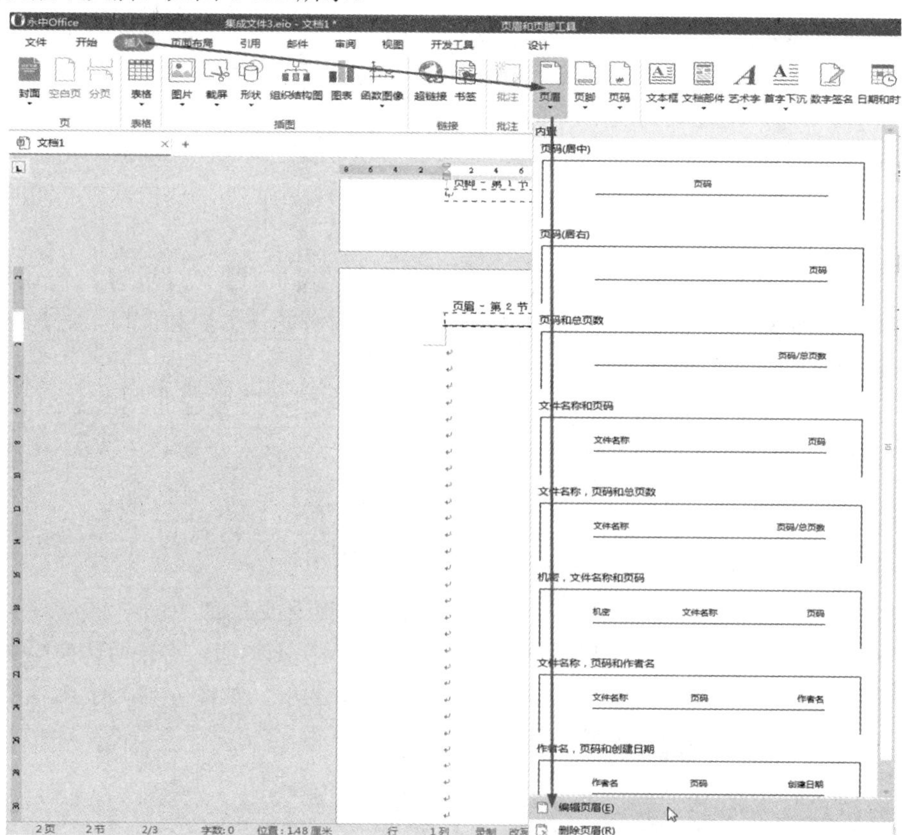

图 6-132　打开【页眉】或【页脚】下拉列表

将光标置于页眉中，单击【设计】选项卡【导航】选项组中的【链接到前一条页眉】

按钮，断开当前节和前一节中页眉之间的链接，这时页眉区域右上角【与上一节相同】字样将消失。此时，就可以在当前节中输入与前一节不同的页眉，并且不会影响前一节的页眉，如图 6-133 所示。断开当前页与前一节页脚的链接方法与此相同。

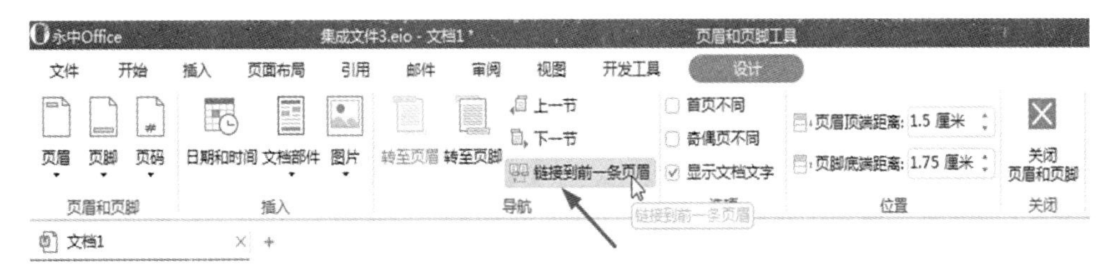

图 6-133　断开当前节与前一页页眉或页脚的链接

若要继续给下一节添加不同的页眉或页脚，则单击【设计】选项卡【导航】选项组中的【下一节】按钮，输入页眉或页脚内容，如图 6-134 所示。

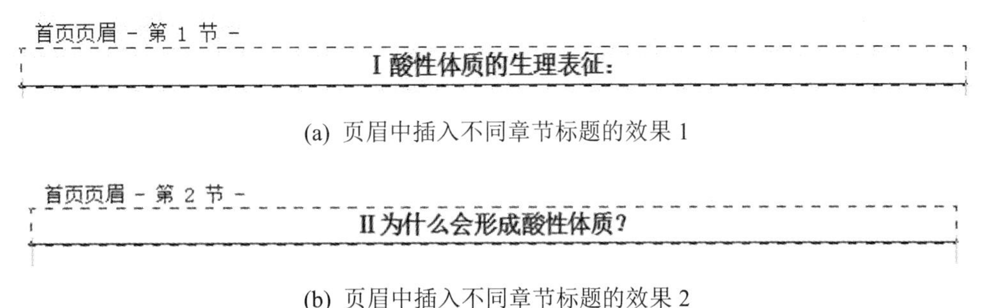

(a) 页眉中插入不同章节标题的效果 1

(b) 页眉中插入不同章节标题的效果 2

图 6-134　页眉中插入不同章节标题的效果

(5) 在页眉或页脚中插入章节号和章节标题。

若要在页眉或页脚中插入章节号和章节标题，需先给文档中的章节标题应用内置的标题样式。其操作步骤如下：

① 双击第一章页眉区域，进入页眉编辑状态，单击【引用】选项卡【题注】选项组中的【交叉引用】按钮，弹出【插入交叉引用】对话框，如图 6-135 所示。

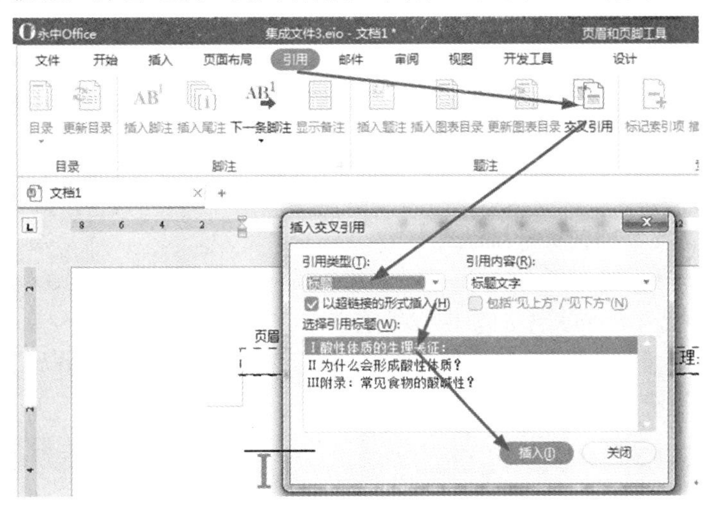

图 6-135　插入章节号和章节标题

② 在【引用类型】下拉列表中选择【标题】。

③ 选择插入章节号和章节标题所引用的标题，单击【确定】按钮。

3) 快速删除页眉下面的横线

通常在新建页眉时，在页眉的下方会出现一条横线。如果需要删除这条横线，则操作步骤如下：

(1) 双击页眉区，切换到页眉和页脚的编辑状态。

(2) 单击【页面布局】选项卡【页面背景】选项组中的【页面边框】按钮，弹出【边框和底纹】对话框。选择【边框】选项卡，在【设置】选项区域中选择【无】，单击【确定】按钮。

4) 删除页眉或页脚

删除文档中页眉或页脚的方法很简单，操作步骤如下：

(1) 单击文档中的任意位置定位光标。

(2) 单击【插入】选项卡【页眉和页脚】选项组中的【页眉】下拉按钮。

(3) 在弹出的下拉列表中选择【删除页眉】命令，即可将当前节的页眉删除。

(4) 单击【插入】选项卡【页眉和页脚】选项组的【页脚】下拉按钮，在弹出的下拉列表中选择【删除页脚】命令，即可将当前节的页脚删除。

4. 使用项目符号和编号

在文档中使用项目符号和编号，可以令文档层次分明，条理清晰，更加便于阅读。一般情况下，项目符号是图形或图片，无顺序；而编号是数字或字母，有顺序。

1) 使用项目符号

项目符号是置于文本之前以强调效果的圆点、方块或其他符号。在永中 Office 中，可以在输入文本时自动创建项目符号，也可以快速给现有文本添加项目符号。

(1) 自动创建项目符号。

在文档中输入文本的同时自动创建项目符号的方法十分简单，操作步骤如下：

① 将光标定位在文档中需要应用项目符号的位置，单击【开始】选项卡【段落】选项组中的【项目符号】下拉按钮，在弹出的下拉列表中选择对应的符号样式，即可开始应用项目符号。

② 输入文本并按 Enter 键后，将自动插入下一个项目符号。

③ 若要结束项目符号，可按两次 Enter 键或按 Enter 键后再按 Backspace 键，即删除列表中最后一个项目符号，就可结束项目符号的应用。

(2) 为现有文本添加项目符号。

可按下述操作步骤为现有文本快速添加项目符号：

① 在文档中选中要向其添加项目符号的文本。

② 将光标定位到文档中需要应用项目符号列表的位置，单击【开始】选项卡【段落】选项组中的【项目符号】下拉按钮。

③ 从弹出的项目符号库下拉列表中选择一个项目符号，应用于当前文本，如图 6-136 所示。

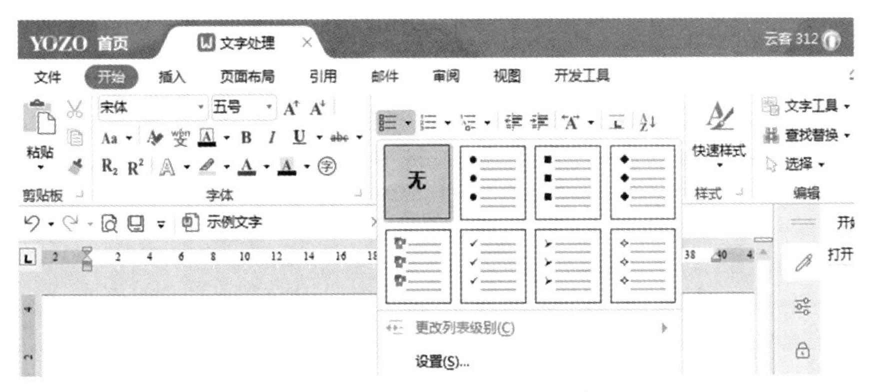

图 6-136　为文本应用项目符号

④ 如需自定义项目符号，应在项目符号库下拉列表中选择【设置】命令，弹出【项目符号和编号】对话框，单击【自定义】按钮，弹出如图 6-137 所示的【自定义项目符号列表】对话框。

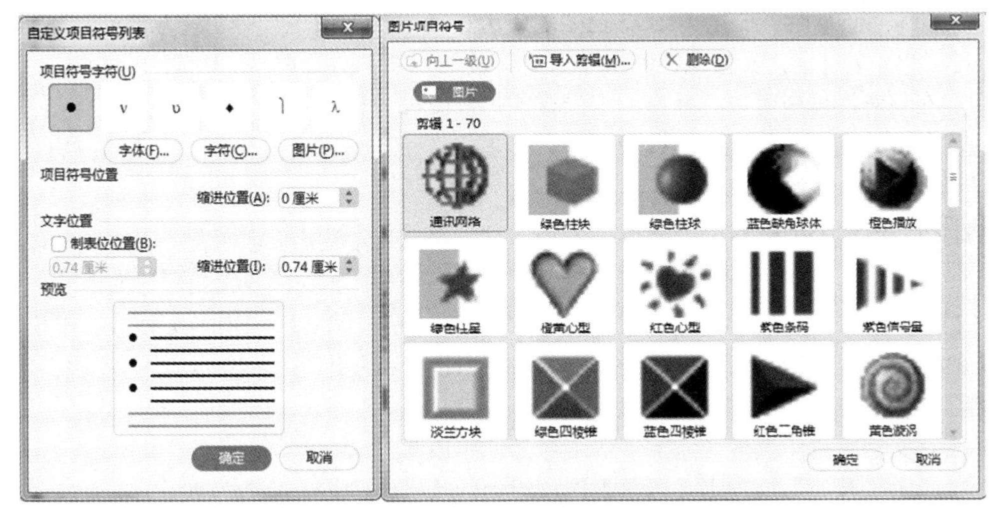

图 6-137　【自定义项目符号列表】对话框

⑤ 在该对话框中可以选择新的符号或图片作为项目符号，还可对项目符号的字体、对齐方式进行修改。

⑥ 单击【确定】按钮，完成设置。

2) 使用编号

在文本前添加编号有助于增强文本的层次感和逻辑性，尤其在编辑长篇文档时，多级编号非常有用。

(1) 应用单一编号。

创建编号与创建项目符号的方法相仿，操作步骤如下：

① 在文档中选中要向其添加编号的文本。

② 将光标定位在文档中需要应用项目符号列表的位置，单击【开始】选项卡【段落】选项组中的【编号】下拉按钮。

③ 从弹出的下拉列表中选择一类编号应用于当前文本，如图 6-138 所示。

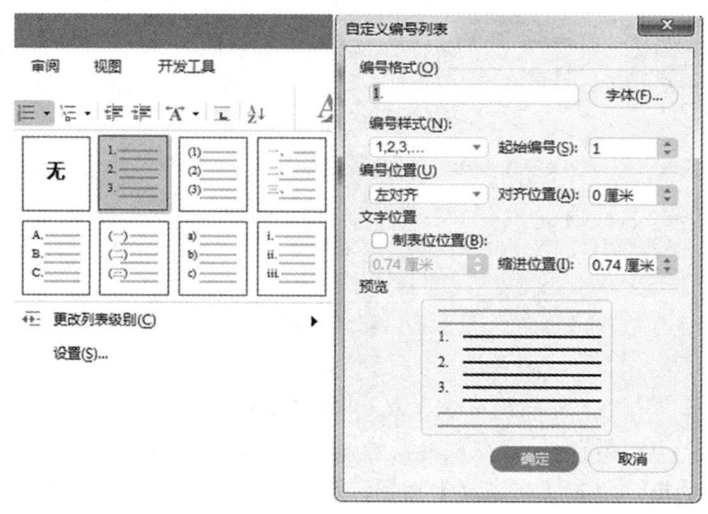

图 6-138　为文本添加编号

④ 如需修改编号格式，应在下拉列表中选择【设置】命令，弹出【项目符号和编号】对话框，单击【自定义】按钮，弹出【自定义编号列表】对话框。

⑤ 在该对话框中可以选择新的编号样式、修改编号格式等。

⑥ 单击【确定】按钮，完成设置。

(2) 应用多级编号列表。

为了使文档内容更具层次感和条理性，经常需要使用多级编号列表。例如，一篇包含多个章节的书稿，可能需要通过应用多级编号来标示各个章节。多级编号与文档的大纲级别、内置标题样式相结合时，将会快速生成分级别的章节编号。应用多级编号编排长篇文档的最大优势在于调整章节顺序、级别时，编号能够自动更新。为文本应用多级编号的操作步骤如下：

① 在文档中选中要向其添加多级编号的文本段落。

② 单击【开始】选项卡【段落】选项组中的【多级列表】下拉按钮。

③ 从弹出的下拉列表中选择一类多级编号应用于当前文本，如图 6-139 所示。

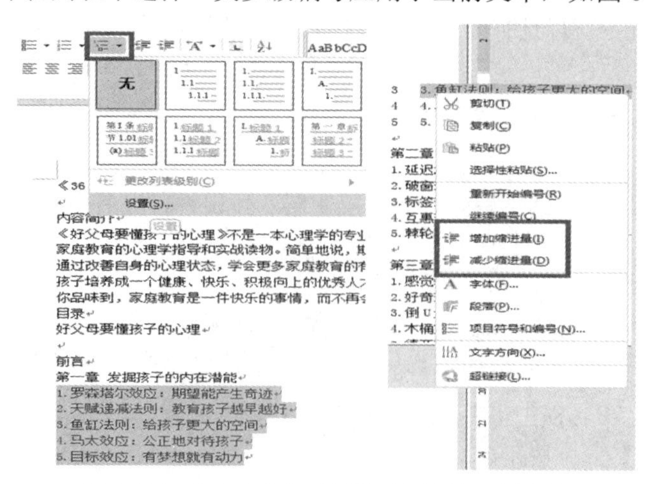

图 6-139　为文本添加多级编号并调整列表级别

④ 如需改变某一级编号的级别，可以将光标定位在该文本段落中，右键单击，从弹出的快捷菜单中选择【减少缩进量】或【增加缩进量】命令来实现(见图 6-139)。

⑤ 如需自定义多级编号列表，应在【多级列表】下拉列表中选择【设置】命令，在弹出的【项目符号和编号】对话框的【多级符号】选项卡中进行设置。

(3) 多级编号与样式的链接。

多级编号与内置标题样式进行链接之后，应用标题样式即可同时应用多级列表。其操作步骤如下：

① 单击【开始】选项卡【段落】选项组中的【多级列表】下拉按钮。

② 从弹出的下拉列表中选择【设置】命令，弹出【项目符号和编号】对话框，选择【多级符号】选项卡，选择一个列表类型，单击【自定义】按钮。

③ 在弹出的【自定义多级符号列表】对话框中单击【高级】按钮，进一步展开对话框。

④ 从左上方的【级别】列表中选择列表级别，在下方的【链接级别到样式】下拉列表中选择对应的内置标题样式，如级别 1 对应【标题 1】，如图 6-140 所示。

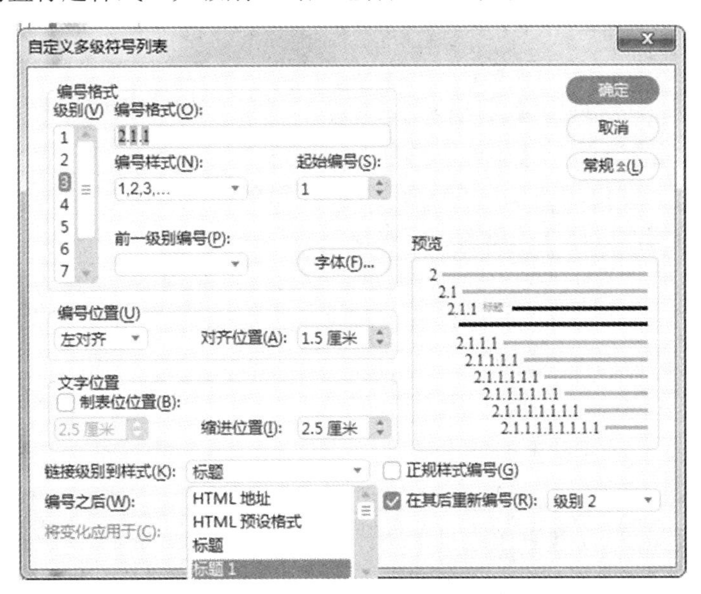

图 6-140　展开【自定义多级符号列表】对话框并进行设置

⑤ 在【编号格式】选项区域中可以修改编号的格式与样式、指定起始编号等。设置完毕后，单击【确定】按钮。

⑥ 在文档中输入标题文本或者打开已输入了标题文本的文档，为该标题应用已链接了多级编号的内置标题样式。

5. 在文档中添加引用内容

在长篇文档的编辑过程中，文档内容的索引、脚注、尾注、题注等引用信息非常重要，这类信息的添加可以使文档的引用内容和关键内容得到有效的组织，并可随着文档内容的更新而自动更新。

1) 插入脚注和尾注

脚注和尾注一般用于在文档和书籍中显示引用资料的来源，或者用于输入说明性或补充性信息。脚注位于当前页面的底部或指定文字的下方，而尾注则位于文档的结尾处或者指定节的结尾。脚注和尾注均通过一条短横线与正文分隔开。二者均包含注释文本，该注释文本位于页面的结尾处或者文档的结尾处，且都比正文文本的字号小。

在文档中插入脚注或尾注的操作步骤如下：

(1) 在文档中选中需要添加脚注或尾注的文本，或者将光标置于文本右侧。

(2) 单击【引用】选项卡【脚注】选项组中的【插入脚注】按钮，即可在该页面的底端加入脚注区域；单击【插入尾注】按钮，即可在文档的结尾加入尾注区域，如图 6-141 所示。

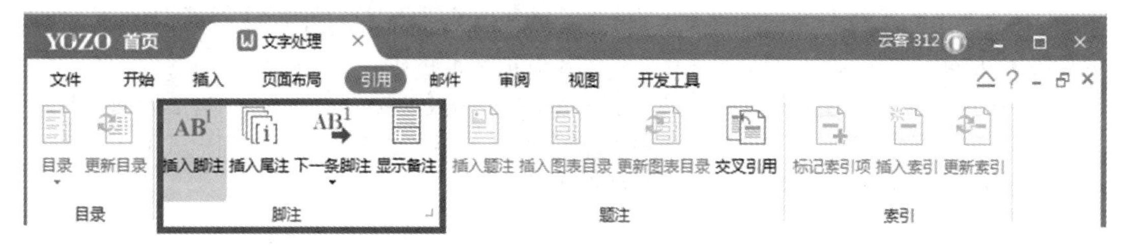

图 6-141　在文档中设置脚注或尾注

(3) 在脚注或尾注区域中输入注释文本。

(4) 单击【引用】选项卡【脚注】选项组右下角的对话框启动器按钮，弹出如图 6-142 所示的【脚注和尾注】对话框，可对脚注或尾注的位置、格式及应用范围等进行设置。

当插入脚注或尾注后，不必向下滚到页面底部或文档结尾处，只需将鼠标指针停留在文档中的脚注或尾注引用标记上，注释文本就会出现在屏幕提示中。

图 6-142　【脚注和尾注】对话框

2) 插入题注并在文中引用

题注是一种可以为文档中的图表、表格、公式或其他对象添加的编号标签。如果在文档的编辑过程中对题注执行了添加、删除或移动操作，则可以一次性更新所有题注编号，而不需要再单独进行调整。

(1) 插入题注。

在文档中定义并插入题注的操作步骤如下：

① 在文档中定位光标到需要添加题注的位置，如一张图片下方的说明文字之前。

② 单击【引用】选项卡【题注】选项组中的【插入题注】按钮，弹出如图 6-143 所示的【题注】对话框。

③ 在【标签】下拉列表中根据添加题注的不同对象选择不同的标签类型。

④ 单击【编号】按钮，弹出如图 6-144 所示的【题注编号】对话框，在【格式】下拉列表中可重新指定题注编号的格式。如果选中【包含章节号】复选框，则可以在题注前自动增加标题序号(该标题已经应用了内置的标题样式)。单击【确定】按钮，完成编号设置。

⑤ 单击【题注】对话框中的【新建标签】按钮，弹出【新建标签】对话框，在【标签】

文本框中输入新的标签名称，单击【确定】按钮。

所有的设置均完成后，单击【确定】按钮，即可将题注添加到相应的文档位置。

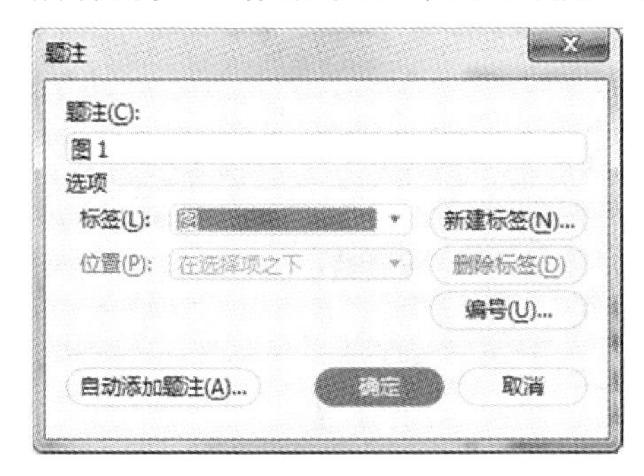

图 6-143　【题注】对话框

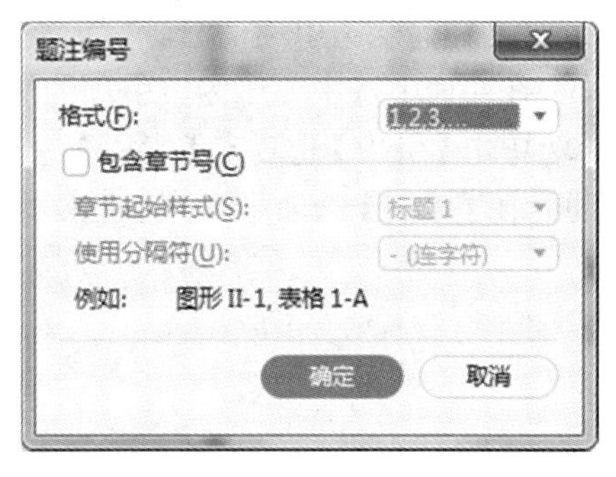

图 6-144　【题注编号】对话框

(2) 交叉引用题注。

在编辑文档过程中，经常需要引用已插入的题注。

在文档中引用题注的操作步骤如下：

① 将光标定位于需要引用题注的位置。

② 单击【引用】选项卡【题注】选项组中的【交叉引用】按钮，弹出【插入交叉引用】对话框。

③ 在该对话框中选择引用类型，设置引用内容，指定所引用的具体题注。

④ 单击【插入】按钮，在当前位置插入引用，如图 6-145 所示。单击【关闭】按钮，退出对话框。

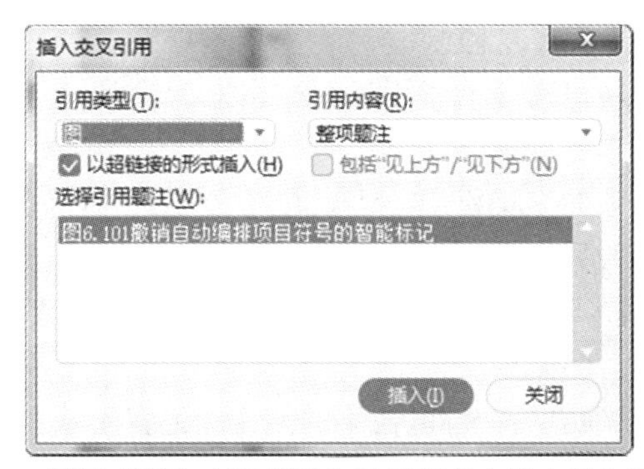

图 6-145　通过【插入交叉引用】对话框在文档中插入题注引用

交叉引用是作为域插入文档中的，当文档中的某个题注发生变化后，只需进行打印预览，文档中的其他题注序号及引用内容就会随之自动更新。

3) 标记并创建索引

索引用于列出一篇文档中讨论的术语和主题以及它们出现的页码。要创建索引，可以通过提供文档中主索引项的名称和交叉引用来标记索引项，然后生成索引。

可以为某个单词、短语或符号创建索引项，也可以为包含延续数页的主题创建索引项。除此之外，还可以创建引用其他索引项的索引。

(1) 标记索引项。

在文档中加入索引之前，应当先标记出组成文档索引的诸如单词、短语和符号之类的

全部索引项。索引项是用于标记索引中的特定文字的域代码。当选中文本并将其标记为索引项时，永中 Office 将会添加一个特殊的 XE(索引项)域，该域包括标记好了的主索引项以及所选择的任何交叉引用信息。标记索引项的操作步骤如下：

① 在文档中选中要作为索引项的文本。

② 单击【引用】选项卡【索引】选项组中的【标记索引项】按钮，弹出【标记索引项】对话框，在【索引】选项区域的【主索引项】文本框中显示已选中的文本，如图 6-146 所示。

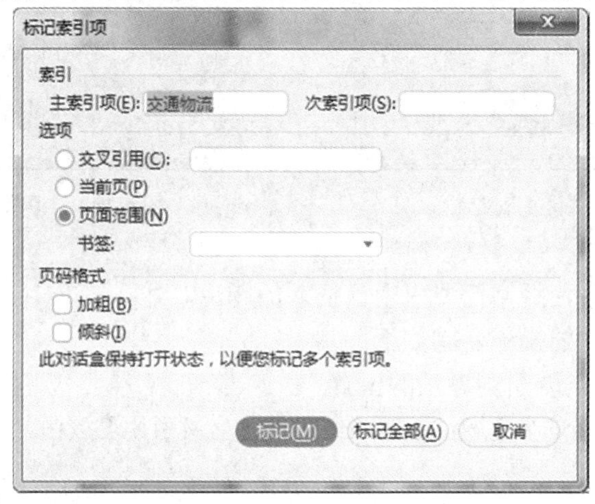

图 6-146 【标记索引项】对话框

根据需要，还可以通过创建次索引项、第三级索引项或另一个索引项的交叉引用来自定义索引项。要创建次索引项，可在【索引】选项区域的【次索引项】文本框中输入文本。次索引项是对索引对象的更深一层限制。

要包括第三级索引项，可在【次索引项】文本框后输入冒号“：”，再输入第三级索引项文本。

要创建对另一个索引项的交叉引用，可以在【选项】选项区域中选中【交叉引用】单选按钮，在其文本框中输入另一个索引项的文本。

③ 单击【标记】按钮，即可标记索引项；单击【标记全部】按钮，即可标记文档中与此文本相同的所有文本。

④ 在标记了一个索引项之后，可以在不关闭【标记索引项】对话框的情况下，继续标记其他多个索引项。

⑤ 标记索引项之后，【标记索引项】对话框中的【取消】按钮变为【关闭】按钮。单击【关闭】按钮，即可完成标记索引项的工作。

插入文档中的索引项实际上也是域代码，通常情况下该索引标记域代码只用于显示，不会被打印。

(2) 生成索引。

标记索引项之后，就可以选择一种索引设计并生成最终的索引。永中 Office 会收集索引项，并将它们按字母顺序排序，同时引用其页码，找到并删除同一页上的重复索引项，并在文档中显示该索引。

为文档中的索引项创建索引的操作步骤如下：

① 将光标定位在需要建立索引的位置，通常是文档的末尾。

② 单击【引用】选项卡【索引】选项组中的【插入索引】按钮，弹出如图 6-147 所示的【索引】对话框。

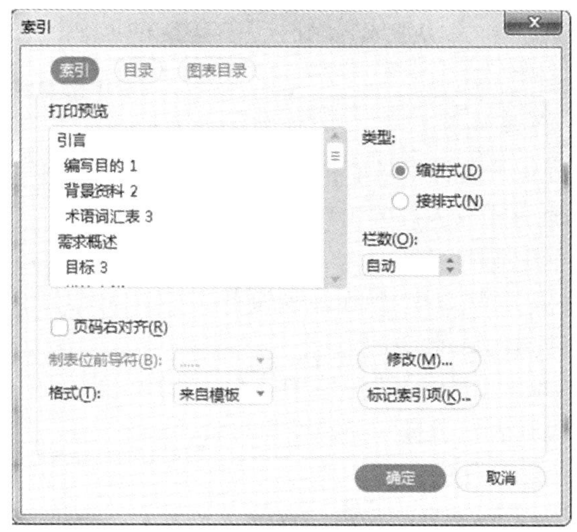

图 6-147　【索引】对话框

③ 在该对话框的【索引】选项卡中进行索引格式设置。其中，从【格式】下拉列表中选择索引的风格，选择的结果可以在【打印预览】列表框中查看。若选中【页码右对齐】复选框，索引页码将靠右排列，而不是紧跟在索引项的后面，然后可在【制表符前导符】下拉列表中选择一种页码前导符。在【类型】选项区域中有两种索引类型可供选择，分别是【缩进式】和【接排式】。如果选中【缩进式】单选按钮，则次索引项将相对于主索引项缩进；如果选中【接排式】单选按钮，则主索引项和次索引项将排在一行中。

在【栏数】文本框中指定分栏数以编排索引，如果索引比较短，一般选择两栏。

④ 设置完成后，单击【确定】按钮，创建的索引就会出现在文档中，如图 6-148 所示。

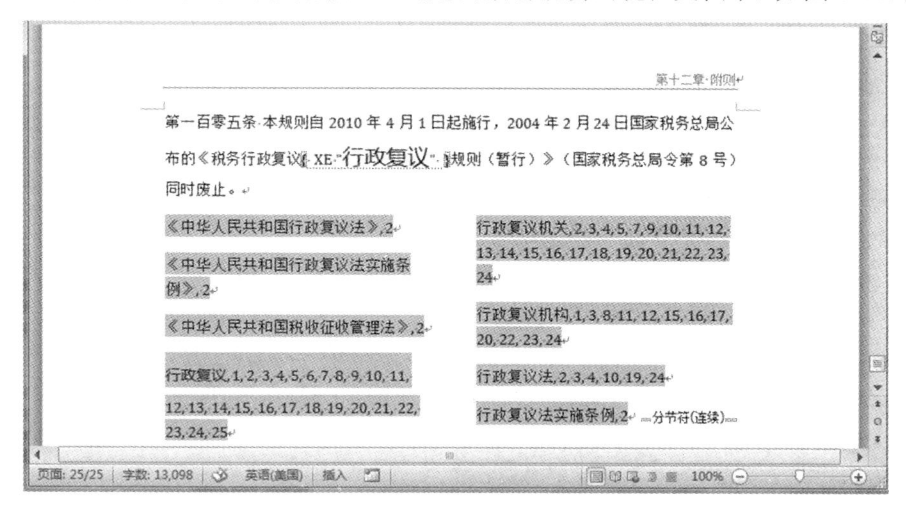

图 6-148　在文档中创建的索引

6. 创建文档目录

目录通常是长篇幅文档中不可缺少的一项内容，是文档中各级标题的列表，通常位于

正文之前。目录列出了文档中的各级标题及其所在的页码，便于文档阅读者快速检索、查阅相关内容。用户可以通过浏览目录来了解文档的大纲结构和主题，单击目录中的标题即可快速定位到感兴趣的章节。自动生成目录时，最重要的准备工作是为文档的各级标题应用样式，最好是内置标题样式。

1) 利用目录库样式创建目录

永中 Office 2019 提供的内置目录库中有多种目录样式可供选择，可代替编制者完成大部分工作，使插入目录的操作变得异常快捷、简便。

在文档中使用目录库创建目录的操作步骤如下：

(1) 将光标移至需要插入目录的位置。

(2) 单击【引用】选项卡【目录】选项组中的【目录】下拉按钮，从弹出的下拉列表中选择一种预设的目录样式，快速应用到当前文档，如图 6-149 所示；或选择【自定义目录】命令，弹出【目录】对话框，将自动选择【目录】选项卡。

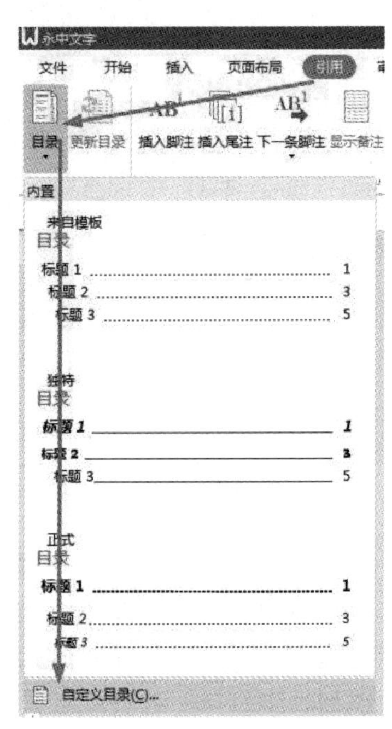

图 6-149 【目录】下拉列表

(3) 在【显示级别】下拉列表中指定显示在目录中的标题最低级别；如果要显示各目录项的页码，则选中【显示页码】复选框；如要使目录中的页码靠右对齐，则选中【页码右对齐】复选框；如要在目录项与页码之间填充制表位前导符，则在【制表位前导符】下拉列表中选择一种前导符。

(4) 在【格式】下拉列表中选择一种目录样式，如图 6-150 所示。

(5) 单击【确定】按钮，效果如图 6-151 所示。

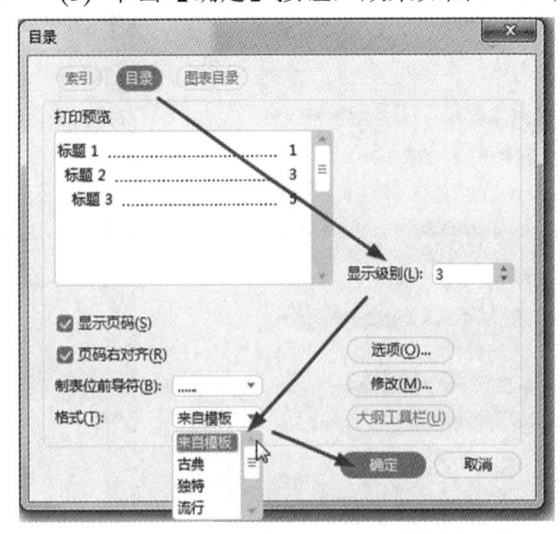

图 6-150 【目录】对话框

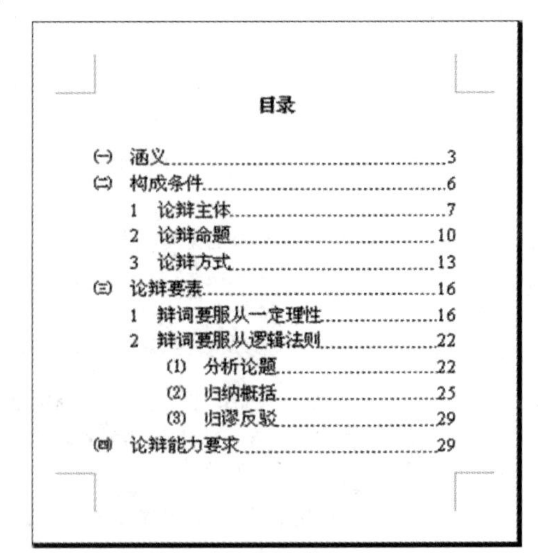

图 6-151 目录效果

2) 用自定义样式创建目录

除了直接调用目录库中的现成目录样式外，还可以自定义目录样式，特别是在文档标题应用了自定义后，自定义目录变得更加重要。若已将自定义样式应用于文档中的标题(自定义样式必须基于标题样式创建)，则应用了自定义样式的标题也可以自动创建目录。自定义目录样式的操作步骤如下：

(1) 单击【目录】对话框【目录】选项卡中的【选项】按钮，弹出【目录选项】对话框。

(2) 拖动该对话框右侧的滚动条，查找【有效样式】选项区域中应用于文档的标题样式。

(3) 在与标题名对应的【目录级别】文本框中输入数字 1～9，表示每种标题样式所代表的级别。如果希望仅使用自定义样式，则可删除内置样式的目录级别数字，如删除【标题 1】、【标题 2】、【标题 3】样式名称旁边的代表目录级别的数字。

(4) 单击【确定】按钮，如图 6-152 所示。

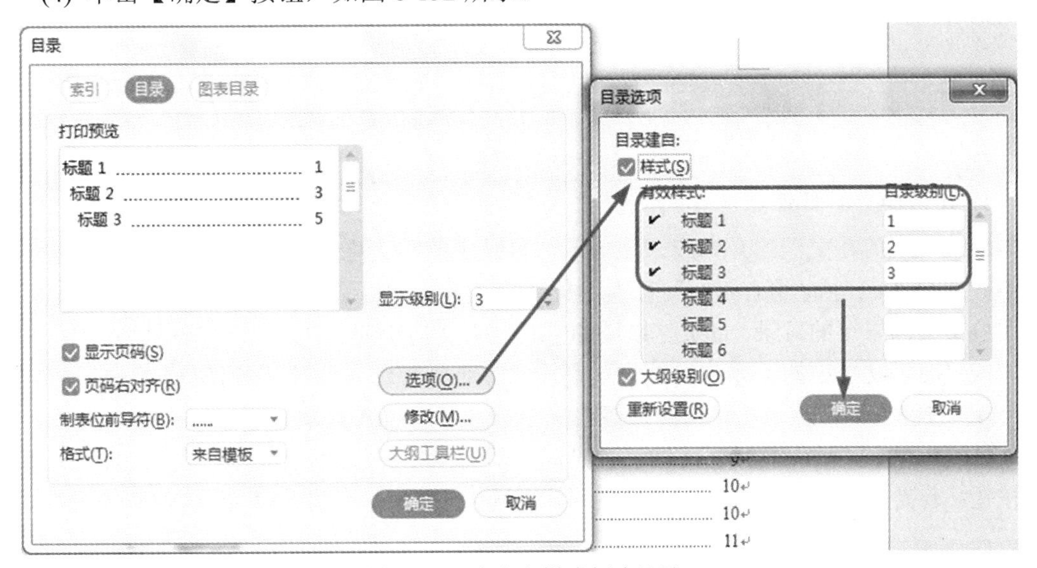

图 6-152　自定义样式创建目录

(5) 返回【目录】对话框后，可以在【打印预览】选项区域中看到创建目录时使用的新样式。如果正在创建的文档将用于在打印页上阅读，那么在创建目录时应包括标题和标题所在页面的页码，即选中【显示页码】复选框，以便快速翻到特定页面；如果创建的是用于联机阅读的文档，则可以将目录各项的格式设置为超链接。最后，单击【确定】按钮，完成所有设置。

3) 修改目录的样式

目录添加完成后，有时还需要修改目录的样式。修改目录样式的操作步骤如下：

(1) 单击【目录】对话框【目录】选项卡中的【修改】按钮，弹出【索引和目录样式】对话框。

(2) 在【样式】列表框中选择需要修改的目录样式，单击【修改】按钮，在弹出的【修改样式】对话框的【格式】下拉列表中选择格式。

(3) 修改完成后，会弹出信息框提示是否替换所选目录，单击【确定】按钮即可，如图 6-153 所示。

图 6-153　修改目录

4) 使用和更新目录

目录一般放在文档的开始或末尾，单击目录中的一个标题，可定位至文档中对应的章节中；按 Ctrl + Home 组合键，可以返回位于文档开始的目录；按 Ctrl + End 组合键，可以返回位于文档末尾的目录。目录是以域的方式插入文档中的。如果在创建目录后，又添加、删除或更改了文档中的标题或其他目录项，此时要更新目录，可以采取如下操作步骤：

(1) 右键单击目录，在弹出的快捷菜单中选择【更新域】命令。

(2) 弹出【更新目录】对话框，若只需更新目录中的页码，则选中【只更新页码】单选按钮；若需同时更新目录的内容和页码，则选中【更新整个目录】单选按钮，如图 6-154 所示。

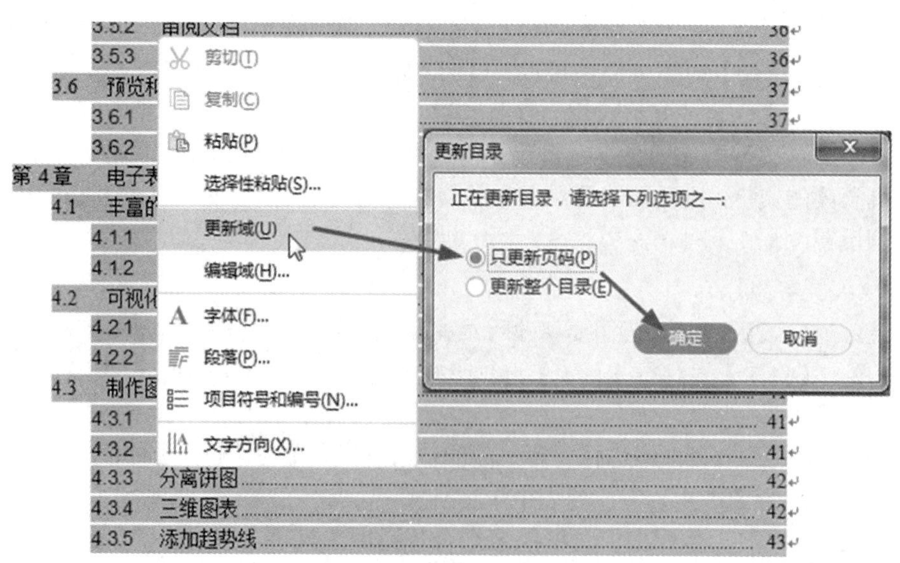

图 6-154　更新目录

实例　为案例文档创建一级标题目录。

操作步骤如下：

(1) 打开案例文档“创建目录.docx”。

(2) 将光标移动到文档的开始处，单击【插入】选项卡【页】选项组中的【空白页】按钮，在文档的最前面插入一个空白页。

(3) 将光标移动到空白页中，单击【引用】选项卡【目录】选项组中的【目录】下拉按钮，从弹出的下拉列表中选择【插入目录】命令。

(4) 弹出【目录】对话框，将【显示级别】设置为 1，单击【确定】按钮。

(5) 在目录前插入一个空行，输入标题文本【目录】并进行适当格式化，结果如图 6-155 所示。

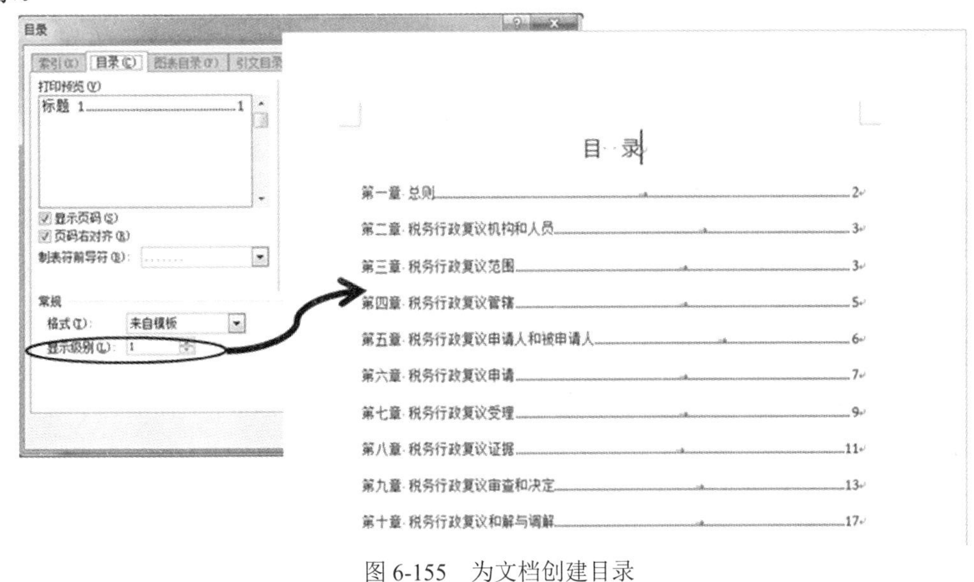

图 6-155　为文档创建目录

6.2.4　文档修订与共享

在与他人共同处理文档的过程中，审阅、跟踪文档的修订状况成为极为重要的环节之一，作者需要及时了解其他修订者更改了文档的哪些内容，以及为何要进行这些更改。这些都可以通过永中 Office 的审阅与修订功能实现。编辑完成的文档，还可以方便地以不同的方式共享给他人阅读使用。

1. 审阅与修订文档

永中 Office 2019 提供了多种方式来协助多人共同完成文档审阅的相关操作，同时文档作者还可以通过审阅窗格来快速对比、查看、合并同一文档的多个修订版本。

1) 修订文档

在修订状态下修改文档时，永中 Office 应用程序将跟踪文档中所有内容的变化状况，同时会把当前文档中修改、删除、插入的每一项内容都标记下来。

(1) 开启修订状态。

默认情况下，修订处于关闭状态。若要开启修订并标记修订过程，则有以下 3 种方法：

方法一：双击状态栏上的【修订】按钮，如图 6-156 所示。

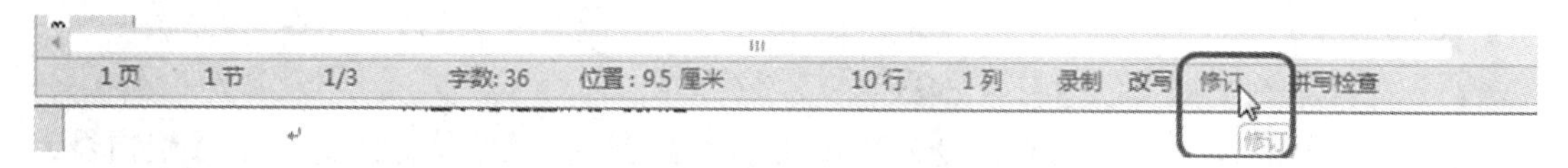

图 6-156 【修订】按钮

方法二：单击【审阅】选项卡【修订】选项组中的【修订】按钮，图 6-157 所示。

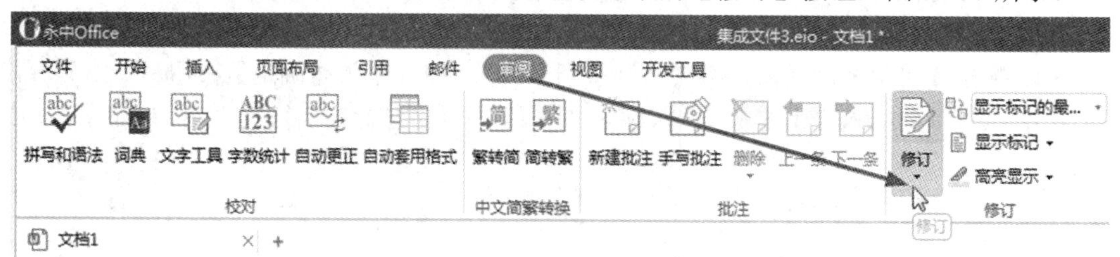

图 6-157 【修订】按钮

方法三：按 Ctrl + Shift + E 组合键。

若要关闭修订功能，同样是选择以上 3 种方法之一。

(2) 更改修订选项。

当多人同时参与对同一文档的修订时，将通过不同的颜色来区分不同修订者的修订内容，从而可以很好地避免由于多人参与文档修订而造成的混乱局面。为了更好地区分不同修订的内容，可以对修订样式进行自定义设置。其操作步骤如下:

① 单击【审阅】选项卡【修订】选项组中的【修订】下拉按钮，从弹出的下拉列表中选择【修订选项】命令，弹出【修订】对话框，如图 6-158 所示。

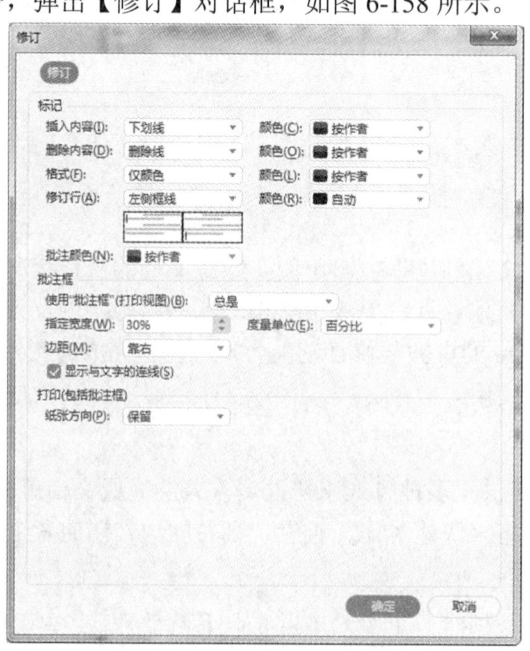

图 6-158 【修订】对话框

② 在【标记】、【批注框】、【打印】选项区域中，可以根据自己的浏览习惯和具体需求设置修订内容的显示情况，如图 6-159 所示。

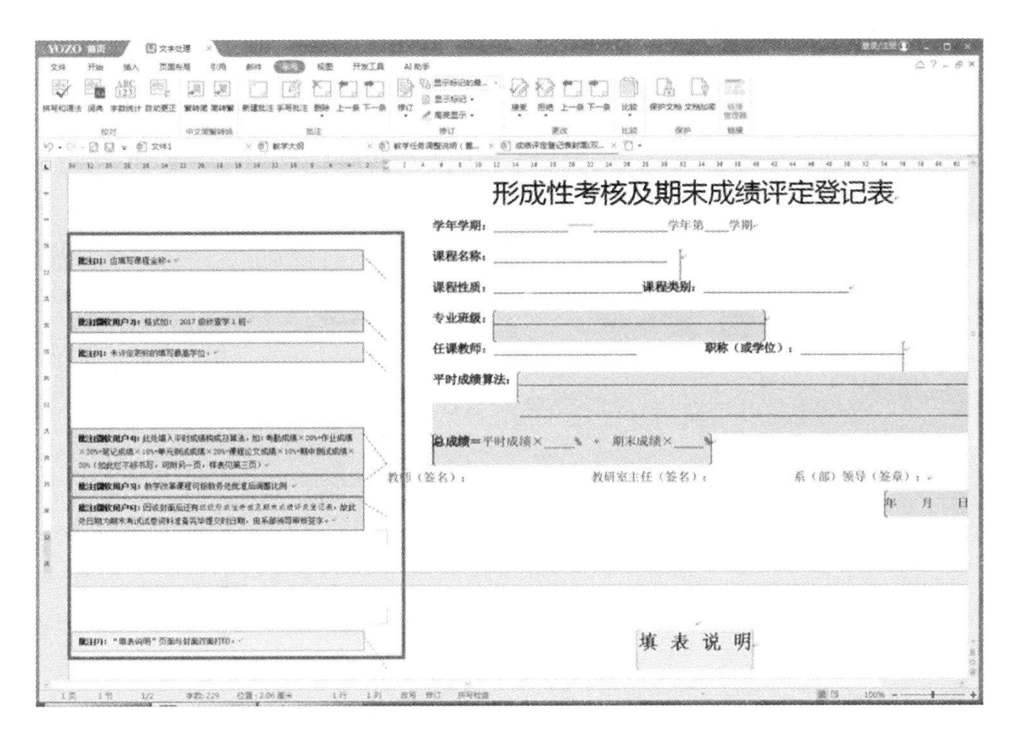

图 6-159　修订显示情况

(3) 设置修订的标记。

① 更改修订者名称：单击【审阅】选项卡【修订】选项组中的【修订】下拉按钮，从弹出的下拉列表中选择【更改用户名】命令，弹出【选项】对话框，选择【常规】选项卡，在如图 6-160 所示的【用户名】文本框中输入新名称即可。

图 6-160　更改修订者用户名

② 设置修订状态：在【审阅】选项卡【修订】选项组中的【修订】下拉列表中选择一种查看文档修订建议的方式，如图 6-161 所示。若需查看文档修订前的状态，可选择【原始状态】；若需显示文档中的所有修订标记，则选择【显示标记的原始状态】；若需显示文档修订后的内容和文本格式，则选择【显示标记的最终状态】；若需查看接受所有修订后的文档，则选择【最终状态】。

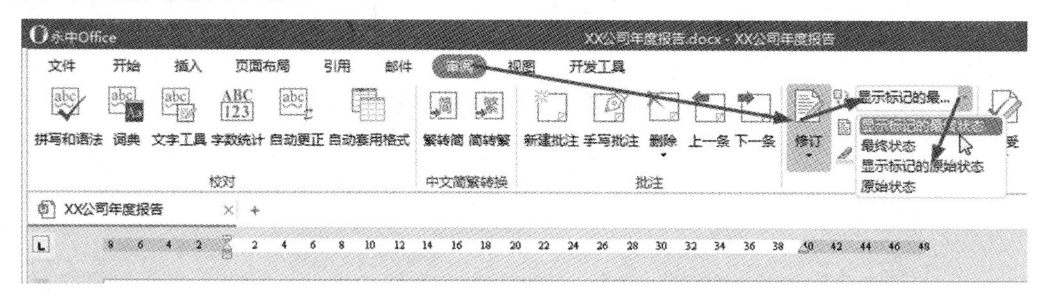

图 6-161　对修订的状态及显示标记进行设置

③ 设置显示标记：单击【审阅】选项卡【修订】选项组中的【显示标记】下拉按钮，从弹出的下拉列表中设置显示何种修订标记以及修订标记显示的方式，如图 6-162 所示。

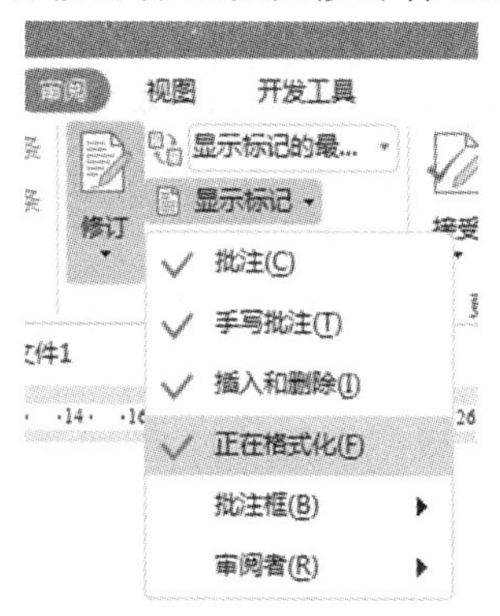

图 6-162　修订标记显示方式

(4) 了解修订人和修订时间信息。

将鼠标指针指向修订处，将出现一个屏幕提示，显示审阅者、日期、时间及修订的属性和内容，如图 6-163 所示。

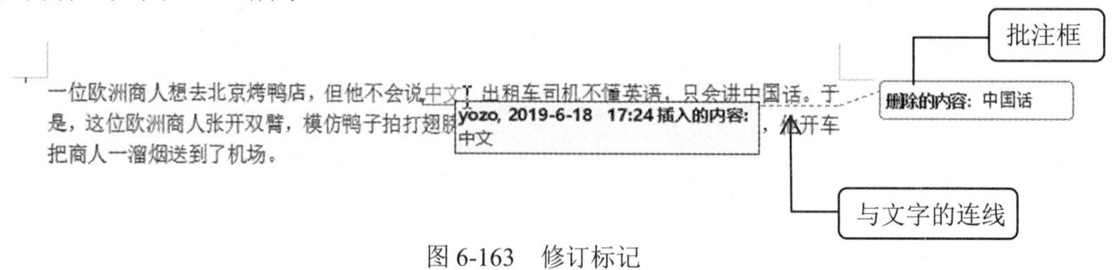

图 6-163　修订标记

修订完文档后，以保存普通文档的方式保存即可，所有修订都将被保存在文档中。

(5) 接受或拒绝修订。

当所有审阅者修订完文档并发还给文档作者时，文档作者可以接受或拒绝其中的每一处修订。

① 逐一审阅并接受或拒绝修订。单击【审阅】选项卡【更改】选项组中的【上一条】

或【下一条】按钮，可以从一处修订快速跳转至相邻的修订，再单击【审阅】选项卡【更改】选项组中的【接受】、【接受修订】或【拒绝修订】即可，如图 6-164 所示。

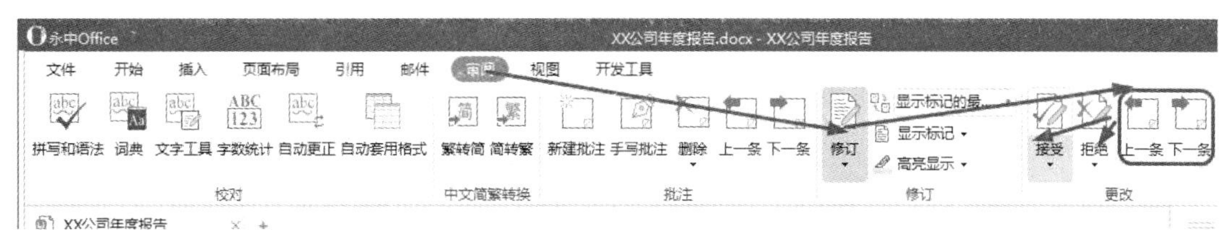

图 6-164　逐一审阅修订

② 接受或拒绝指定审阅者所做的修订。单击【审阅】选项卡【修订】选项组中的【显示标记】下拉按钮，从弹出的下拉列表中选择【审阅者】命令，在其子菜单中先取消选中【所有审阅者】复选框，再选中指定审阅者复选框。选择指定审阅者，单击【接受】或【拒绝】下拉按钮，从弹出的下拉列表中选择【接受所有显示的修订】或【拒绝所有显示的修订】命令，如图 6-165 所示。

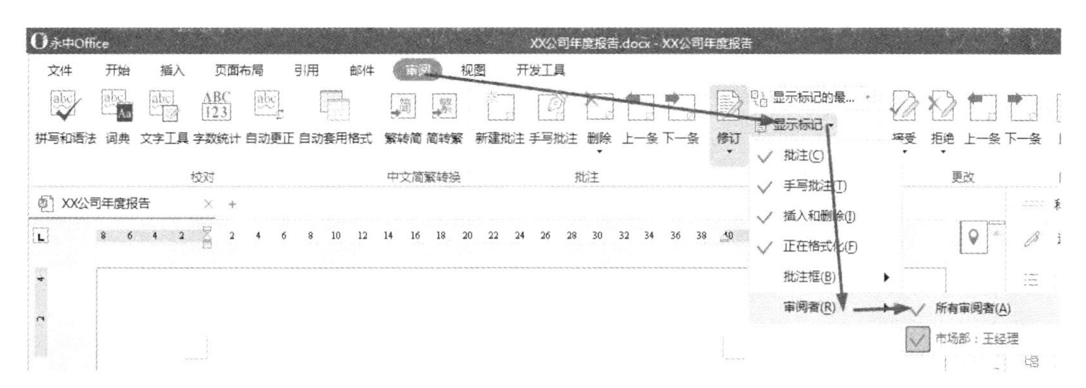

图 6-165　指定审阅者操作

③ 接受或拒绝文档中的所有修订。单击【接受】或【拒绝】下拉按钮，从弹出的下拉列表中选择【接受对文档的所有修订】或【拒绝对文档的所有修订】命令。

(6) 退出修订状态。

当文档处于修订状态时，再次单击【审阅】选项卡【修订】选项组中的【修订】按钮，使其恢复弹起状态，即可退出修订状态。

2) 为文档添加批注

在多人审阅同一文档时，可能需要彼此之间对文档内容的变更状况做一个解释，或者向文档作者询问一些问题，这时就可以在文档中插入批注信息。批注与修订的不同之处在于批注并不在原文的基础上进行修改，而是在文档页面的空白处添加相关的注释信息，并用带有颜色的方框括起来。

(1) 添加批注。

① 选中要插入批注的文本或非文本对象(包括剪贴画、图片、艺术字等)，或单击文本的末尾处。

② 单击【审阅】选项卡【批注】选项组中的【新建批注】按钮，弹出批注框。

③ 在批注框中输入批注内容。

④ 输入完毕后，单击批注框外任意处，退出编辑状态，如图 6-166 所示。

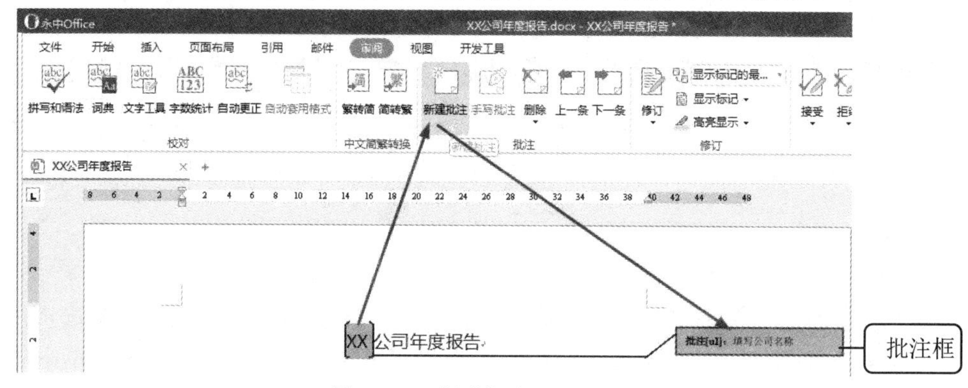

图 6-166　新建批注

(2) 编辑批注。

选中含有批注的文本或非文本对象，直接单击批注框，即可在批注框中编辑批注文本。单击批注框外任意位置，退出编辑状态。

(3) 删除批注。

① 删除单个批注。选中带批注的文本，单击【审阅】选项卡【批注】选项组中的【删除】下拉按钮，从弹出的下拉列表中选择【删除】命令，如图 6-167 所示。

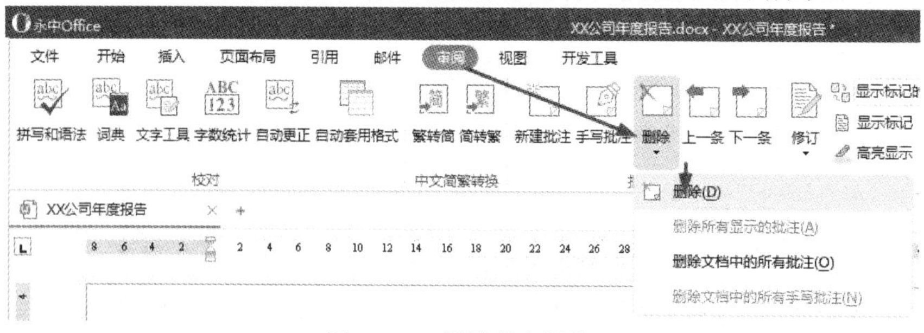

图 6-167　删除单个批注

② 删除指定审阅者添加的批注。单击【审阅】选项卡【修订】选项组中的【显示标记】按钮，将鼠标指针指向审阅者，取消选中【所有审阅者】复选框，再选中指定审阅者复选框。单击【审阅】选项卡【批注】选项组中的【删除】下拉按钮，从弹出的下拉列表中选择【删除所有显示的批注】命令。

③ 删除所有批注。单击【审阅】选项卡【批注】选项组中的【删除】下拉按钮，从弹出的下拉列表中选择【删除文档中的所有批注】命令，如图 6-168 所示。

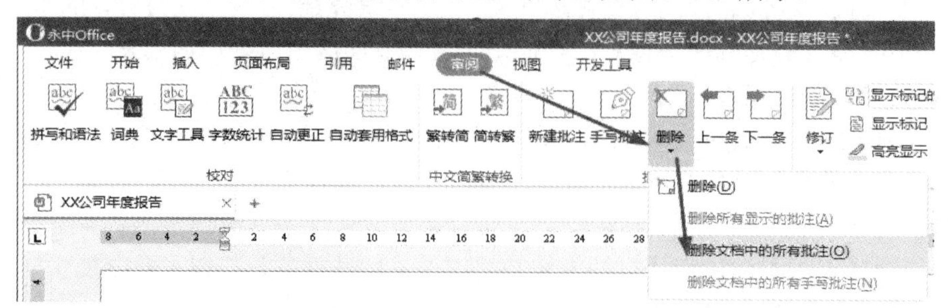

图 6-168　删除所有批注

2. 管理与共享文档

除了修订外，还可以通过【审阅】选项卡上的相关功能对文档进行一些其他常见的管理工作，如检查拼写错误、统计文档字数、在文档中检索信息、进行简单的即时翻译等。

通过【中文简繁转换】选项组，可以在中文简体和繁体之间快速转换；通过【保护】选项组，可以限制对文档格式和内容的编辑修改；【比较】选项组则是对多个版本的文档进行快速差异比对的重要工具。

1) 检查文档的拼写和语法

在编辑文档时，经常会因为疏忽而造成一些错误，因此很难保证输入文本的拼写和语法都完全正确。永中 Office 2019 的拼写和语法功能开启后，将自动在其认为有错误的字句下面加上波浪线，从而起到提醒作用。如果出现拼写错误，则用红色波浪线进行标记；如果出现语法错误，则用绿色波浪线进行标记。

开启拼写和语法检查功能的操作步骤如下：

(1) 打开永中 Office 文档，选择【文件】→【选项】命令。

(2) 弹出【选项】对话框，选择【校对】选项卡。

(3) 在【在文字处理中更正拼写和语法时】选项区域中选中【键入时检查拼写】和【同时检查中文】复选框，如图 6-169 所示。

图 6-169　设置并打开自动拼写和语法检查功能

(4) 单击【确定】按钮，拼写和语法检查功能的开启工作即完成了。

拼写和语法检查功能的使用十分简单，在永中 Office 2019 功能区中单击【审阅】选项卡【校对】选项组中的【拼写和语法】按钮，即可对拼写和语法进行校对。

2) 比较与合并文档

文档经过最终审阅以后，可能形成多个版本。如果希望能够通过对比的方式查看修订前后两个文档版本的变化情况，可通过永中 Office 提供的精确比较功能显示两个文档的差异，并将两个版本最终合并为一个。

(1) 快速比较文档。

使用比较功能对文档的不同版本进行比较的操作步骤如下：

① 单击【审阅】选项卡【比较】选项组中的【比较】下拉按钮，从弹出的下拉列表中选择【比较】命令，弹出【比较文档】对话框，如图 6-170 所示。

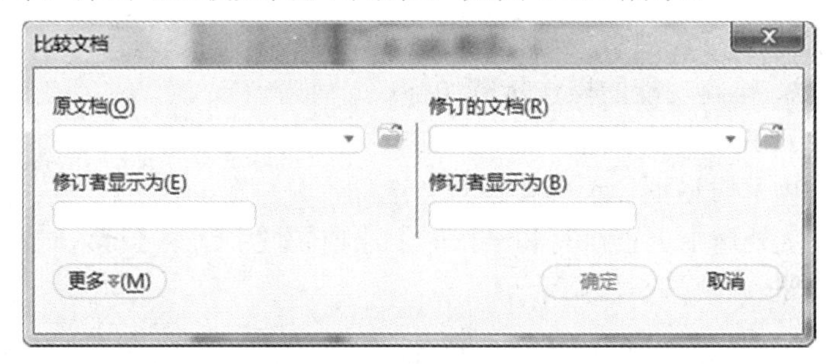

图 6-170 【比较文档】对话框

② 在【原文档】选项区域中，通过浏览找到原始文档；在【修订的文档】选项区域中，通过浏览找到修订完成的文档。

③ 单击【确定】按钮，将会新建一个比较结果文档，其中突出显示两个文档之间的不同之处，以供查阅。

(2) 合并文档。

合并文档可以将多位作者的修订内容组合到一个文档中，操作步骤如下：

① 单击【审阅】选项卡【比较】选项组中的【比较】下拉按钮，从弹出的下拉列表中选择【合并】命令，弹出【合并文档】对话框，如图 6-171 所示。

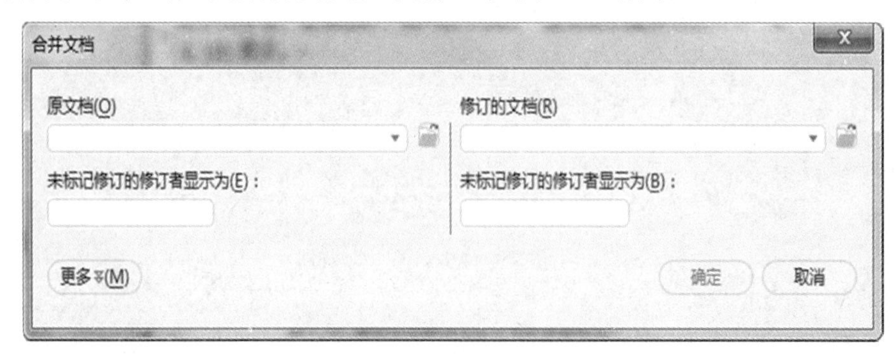

图 6-171 【合并文档】对话框

② 在【原文档】选项区域中选择原始文档，在【修订的文档】选项区域中选择修订后的文档。

③ 单击【确定】按钮，新建一个合并结果文档。

④ 在合并结果文档中审阅修订，决定接受还是拒绝相关修订内容。

⑤ 对合并结果文档进行保存。

3) 简繁体转换

随着内地与港澳地区合作交流的越发频繁，繁体字越来越频繁地出现在商务文件中，永中 Office 的简繁体转换功能越来越实用，更符合双方的阅读习惯。简繁体转换的操作步骤为：打开需要转换的文档，如订货单，如图 6-172 所示。单击【审阅】选项卡【中文简繁转换】选项组中的【繁转简】或【简转繁】按钮(如图 6-173 所示)，即可以轻松地在文档简体与繁体之间进行转换。

訂貨單

香港華漢科技有限公司

訂貨單

Tel： (852) 2147 5770
傳真： (852) 2989 6073
開戶行：花旗銀行香港分行
賬號： 5081728110001
賬戶名稱：香港華漢科技有限公司

訂貨日期＿＿年＿＿月＿＿日　　訂貨單位＿＿＿＿＿＿＿＿

單位地址＿＿＿＿＿＿＿＿＿＿＿＿＿郵編＿＿＿＿

聯系人＿＿＿＿聯系電話＿＿＿＿傳真＿＿＿＿E-mail＿＿＿＿

貨號	產品名稱	數　量	單　價	小　計	折扣	總價(元)
1	ERP2007 增強標准		0	0	無	0
合計人民幣大寫： 元整					合計小寫：￥.00	
付款日期	付款方式	開戶銀行　開票日期　開票金額				
	支、現、電匯、其它					
發票要求	公司全稱		公司賬號		公司國稅稅號	
無、普、增						
出貨方式	快遞　上門提貨　送貨上門　其它					
日期要求	于　年　月　日（發貨/到貨）					
申請人簽字：（賣方填寫）		部門主管簽字：（賣方填寫）		單位主管簽字：（賣方填寫）		

图 6-172　订货单

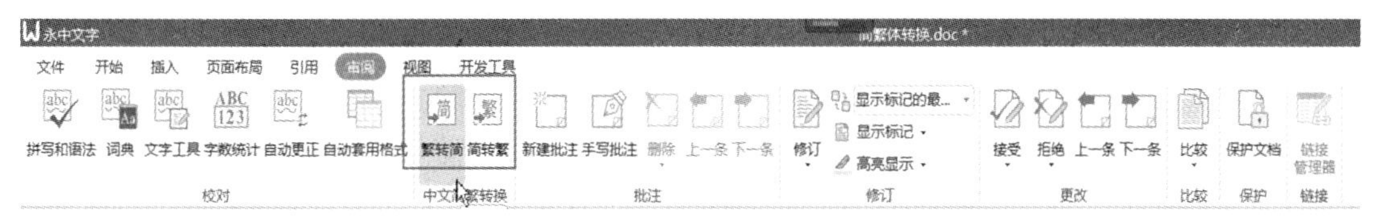

图 6-173　【繁转简】和【简转繁】按钮

对于工作中常常使用的一些标语，如何制作成繁体标语(我们通常所说的繁体的艺术字)？可以按照如下步骤来实现：先将标语字符输入文档中(这里输入简体中文“携手共进，共创辉煌”)，然后按照上面介绍的办法将其转换为繁体即可。

4) 与他人共享文档

永中 Office 文档除了可以打印出来供他人审阅外，也可以根据不同的需求通过多种电子化的方式实现共享目的。

(1) 通过电子邮件共享文档。

如果希望将编辑完成的永中 Office 文档通过电子邮件方式发送给对方，可执行下述操作步骤：选择【文件】→【发送邮件】命令，在弹出的【永中 Office】对话框中进行设置即可，如图 6-174 所示。

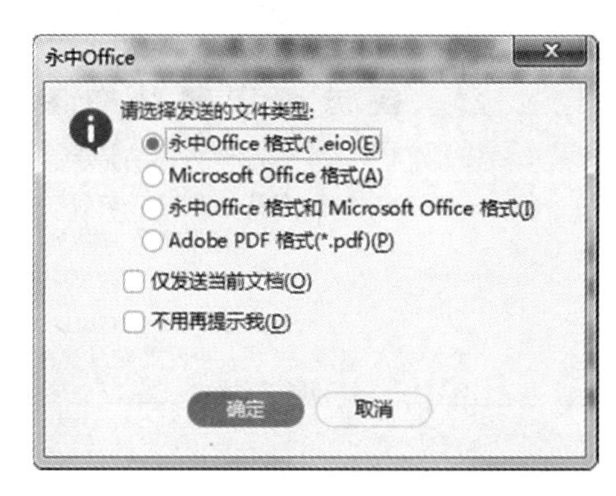

图 6-174　通过电子邮件共享文档

(2) 转换成 PDF 文档格式。

可以将编辑完成的文档保存为 PDF 格式，这样既保证了文档的只读性，同时又确保了那些没有部署永中 Office 产品的用户可以正常浏览文档内容。将文档另存为 PDF 文档的操作步骤如下：

① 选择【文件】→【输出为 PDF】命令，弹出【输出为 Adobe PDF 文件】对话框，如图 6-175 所示。

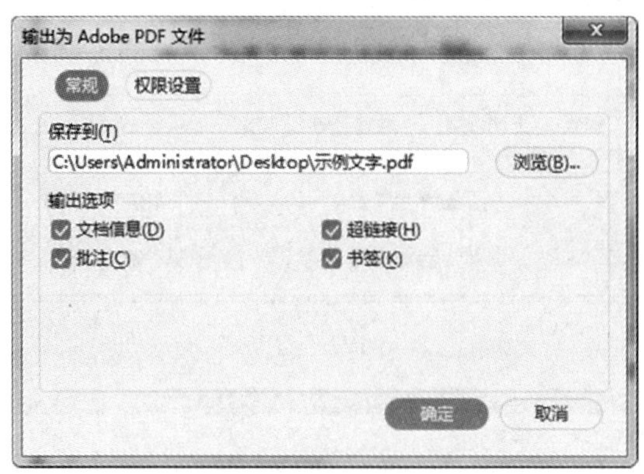

图 6-175　将文档保存为 PDF 格式

② 在该对话框中输入【保存到】的保存地址及文件名后，单击【确定】按钮。

提示　采用同样的方法，也可以将编辑好的文档输出为图片格式，图片格式支持 PNG、GIF、JPEG、BMP、TIFF 等。

第 7 章　永中电子表格应用

永中电子表格是永中软件股份有限公司旗下办公软件永中 Office 的一个重要组件。电子表格能快速制作各种表格，具有友好的界面、强大的数据计算及分析功能，广泛用于各种工程预算、财务统计等工作。永中电子表格还提供了各类模板，可方便用户创建和编辑专业电子表格文档，包括预算表、收支平衡表等，并支持自定义模板。除了具备一般电子表格的基本功能外，永中电子表格还开创了许多独特功能，如分配应用、多列合并等。

7.1　永中电子表格制表基础

永中电子表格的主要功能是计算、数据输入/输出、数据编辑与格式设置、图表图形设置、统计与数据库等。

永中电子表格的文件扩展名是 .eis，它还支持微软 Excel 文件(.xisx、 .xis)、微软 Excel 模板文件(.xit)等。

在电子表格启动状态下，可以按 F1 键打开帮助窗口，在弹出的【助手】对话框搜索栏中输入关键词，单击搜索结果中的相应条目，获取帮助信息。

电子表格窗口界面如图 7-1 所示。电子表格的主功能区与永中文字处理的大致相同，由标题栏、选项卡、功能区、状态栏、滚动条等组成。下面介绍永中电子表格中特有的常用术语。

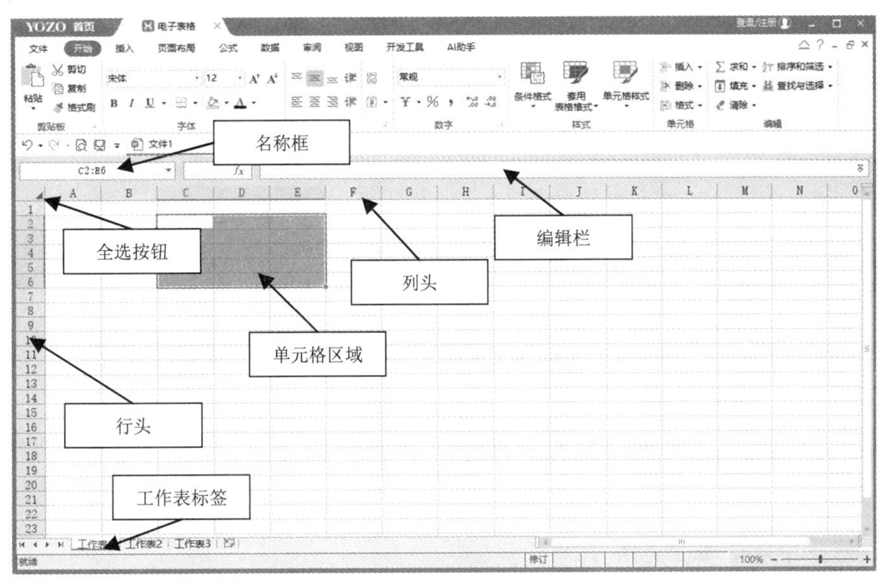

图 7-1　电子表格窗口界面

(1) 电子表格文档：集成文件中包含的一种应用文档，也称为工作簿。默认设置下，新建的一个电子表格文档中包含 3 个工作表，分别以工作表 1、工作表 2、工作表 3 命名，可以根据需要添加或删除工作表。

(2) 工作表：用于存储和处理数据的表格页。一个工作表最多可包含 10 48 576 行、16 384 列，是电子表格的一个基本文档。每个工作表都有一个唯一的名称，即工作表标签。

(3) 工作表标签：一般位于工作表的下方，用于显示工作表的名称。单击工作表标签，可以在不同的工作表间进行切换。当前可以编辑的工作表称为活动工作表。

(4) 行头：行号，以数字 1、2、3、…表示，可为 1～1 048 576，每个数字代表工作表中的一行单元格。单击行头，可以选中相应的整行。

(5) 列头：列号，以大写字母 A、B、C、…表示，可为 A～XFD 的 16 384 个字母或字母组合，每个字母代表工作表中的一列单元格。单击列头，可以选中相应的整列。

(6) 单元格：工作表中行与列相交形成的框。单元格是工作表的基本组成单位。永中 Office 电子表格中的每一个单元格就是一个数据对象储藏库，可用来存放任何类型的数据对象，如文本、数字、公式、日期、时间、逻辑值、图片、声音，甚至是其他应用文档。

(7) 单元格地址：表明单元格在工作表中的位置，用列号和行号的组合来标识。例如，A 列与第 1 行交叉处的单元格地址用 A1 表示。

(8) 活动单元格：当前选中的单元格。单元格是工作表的基本组成单位，呈小方框显示，由上、下、左、右 4 条网格线围成。单元格以所在位置的行列头标识，如单元格 A1 表示位于 A 列第 1 行的单元格。活动单元格所在的行头及列头呈高亮显示。

(9) 单元格区域：工作表中若干单元格组合形成的区域。单元格区域用其左上角单元格的地址与右下角单元格的地址(中间用英文半角冒号分隔)来标识，如单元格区域 C2:E6 表示以单元格 C2 和 E6 为对角所形成的区域。

(10) 全选按钮：行头与列头的交汇点即为全选按钮，单击可以选中当前工作表的所有单元格。

(11) 编辑栏：位于名称框右侧，用于显示、输入、编辑、修改当前活动单元格中的内容。

7.2 电子表格文档与工作表的操作

电子表格是一个功能丰富的表格处理软件，允许同时对多个工作表进行操作。默认情况下，一个电子表格文档中最多可以包含 255 张工作表，这为连续处理某项事务提供了极大的方便。例如，把单位职工一年的工资数据按月存放在同一个电子表格文档中，管理和分析数据就会非常方便。

7.2.1 电子表格文档的基本操作

电子表格文档就是保存在磁盘上的工作文件，一个电子表格文档可以同时包含多个工作表。如果把表格文档比作一本书，那么工作表就是书中的每一页。

1. 创建一个电子表格文档

默认情况下，启动电子表格时将会自动打开空白电子表格文档。自行创建一个空白电子表格文档的基本方法是：双击桌面上的永中 Office 图标，启动后选择【新建表格】选项(见图 7-2)，然后选择【新建空白表格】(见图 7-3)，即可创建一个空白电子表格文档。

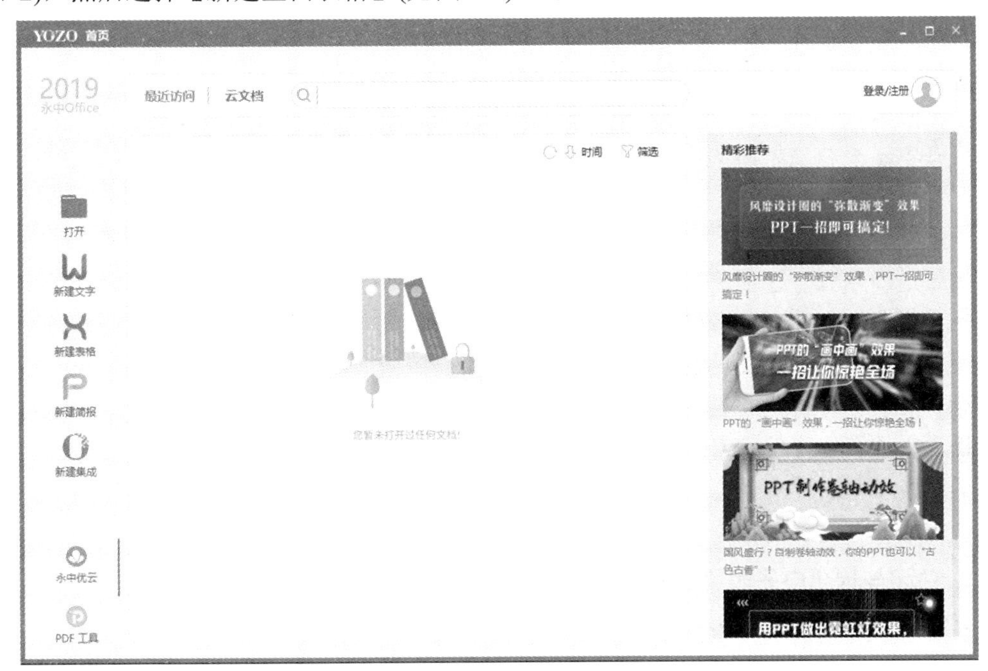

图 7-2　选择【新建表格】

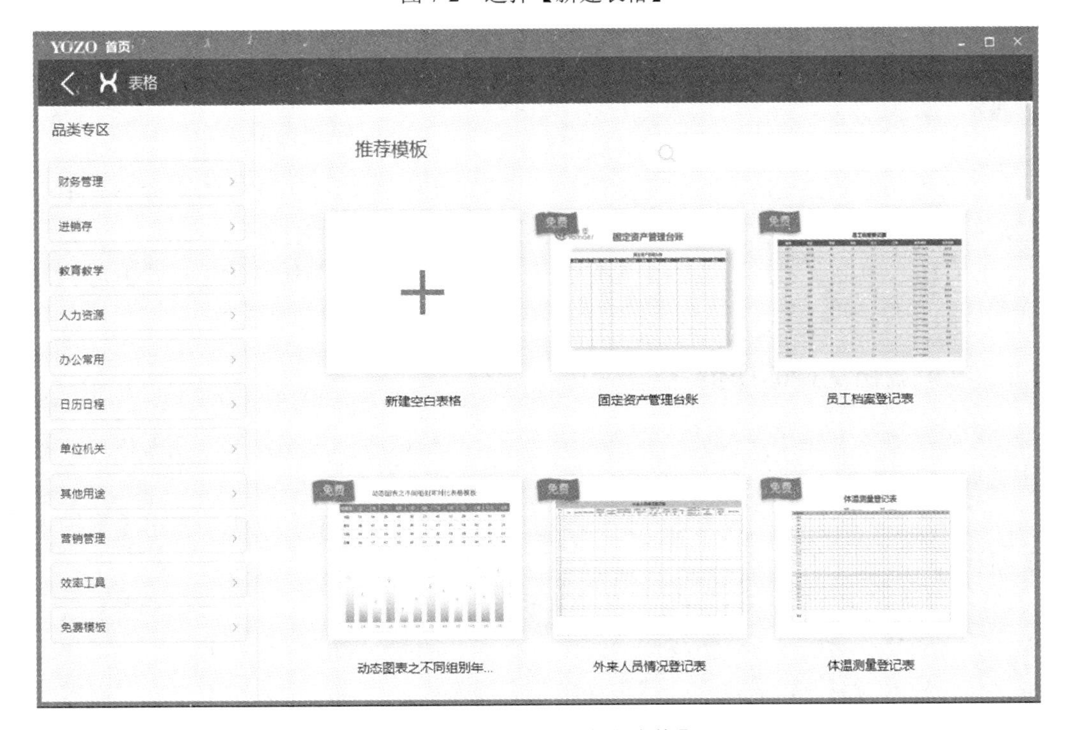

图 7-3　选择【新建空白表格】

基于模板创建：在选择【新建表格】选项后，可以选择推荐的模板或者左侧品类专区中其他合适的模板进行套用。

2. 保存电子表格文档并为其设置密码

可以在保存电子表格文档前为其设置打开或修改密码，以保证数据的安全性。其具体设置方法是：单击【审阅】选项卡【更改】选项组中的【文档加密】按钮，在弹出的【文档加密】对话框中可以选择加密方式，在文本框中输入密码，会以星号(*)显示。若设置【文件打开密码】，则再次打开电子表格文档时需要输入该密码。若设置【文件修改密码】，则再次打开电子表格文档时同样需要输入该密码；也可选择不输入文件修改密码，以只读方式打开文档。单击【确定】按钮，保存设置。如果要取消密码，只需再次进入【文档加密】对话框中删除密码即可。

如果是尚未保存过的新文档，可通过快速访问工具栏中的【保存】按钮，或者选择【文件】→【保存】命令，或者按 Ctrl＋S 组合键，弹出【另存为】对话框，依次选择保存位置、保存类型，并输入文件名，然后单击【保存】按钮即可。

对于已经保存过的文档，经过修改后再次单击快速访问工具栏中的【保存】按钮，或者选择【文件】→【保存】命令，或者按 Ctrl＋S 组合键，将不会再弹出对话框。如果需要将文档换一个文件名保存，或者重新设置密码，就需要选择【文件】→【另存为】命令，在弹出的【另存为】对话框中进行设置。

3. 关闭与退出电子表格文档

要想只关闭当前电子表格文档而不影响其他正在打开的表格文档，可以选择【文件】→【关闭】命令；要想退出 Excel 程序，可选择【文件】→【退出】命令，如果有未保存的文档，将会出现提示保存的对话框。

4. 打开电子表格文档

常用的打开电子表格文档的方法有以下几种：

(1) 直接在资源管理器的文件夹下找到相应的 Excel 文档，双击即可打开。

(2) 启动永中电子表格，选择【文件】→【最近使用】命令，右侧的文件列表中会显示最近编辑过的电子表格文档名称，单击需要的文件名即可将其打开。

(3) 启动永中电子表格，选择【文件】→【打开】命令，在弹出的【打开】对话框中选择相应的文件。

7.2.2 电子表格文档的保护

当不希望他人对电子表格文档的结构或窗口进行修改时，可以设置工作簿保护。其操作步骤如下：

(1) 单击【审阅】选项卡【更改】选项组中的【保护工作簿】按钮，弹出【保护工作簿】对话框，如图 7-4 所示。

(2) 在【保护工作薄】对话框中按照需要进行各项设置。其中，选中【结构】复选框，将阻止他人对工作簿的结构进行移动、复制、插入、删除、隐藏、重命名、更改工作表标签的字体颜色及背景颜色等操作；选中【窗口】复选框，将阻止他人对工作簿窗口进行新建、重排、拆分、冻结、并排比较、更改位置及大小等操作。

(3) 如果要防止他人取消工作簿保护，可在【密码(可选)】文本框中输入密码，单击【确定】按钮，在随后弹出的【确认密码】对话框中再次输入相同的密码后单击【确定】按钮。

如果不设置密码，则任何人都可以取消对工作簿的保护。如果使用密码，一定要牢记密码，否则一旦遗忘或丢失密码，将无法再对工作簿的结构和窗口进行设置。

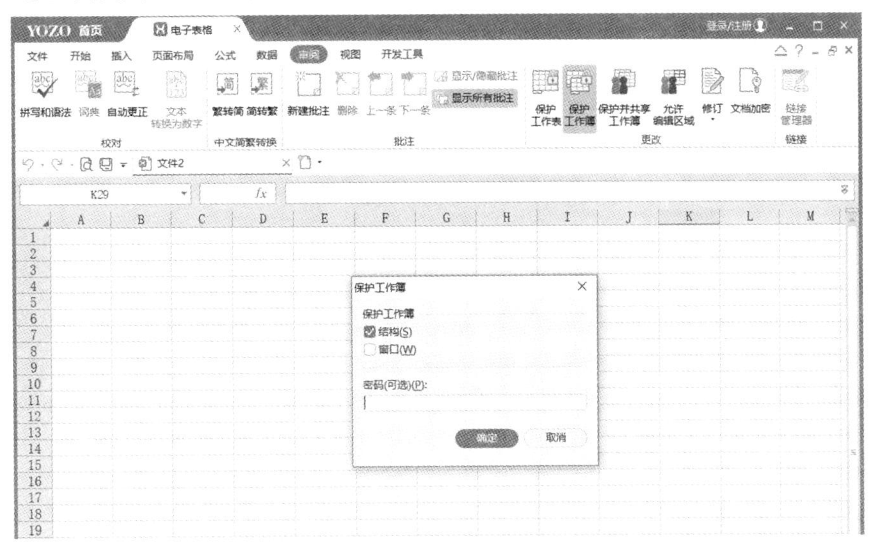

图 7-4　【保护工作簿】对话框

(4) 如要取消对工作簿的保护，只需再次单击【审阅】选项卡【更改】选项组中的【撤销工作簿保护】按钮(工作簿受保护时，【保护工作薄】按钮会变为【撤销工作薄保护】按钮)，如果设置了密码，则在弹出的对话框中输入密码即可。

工作簿保护设置不能阻止更改工作簿中数据的行为。如果要保护工作簿中的数据，需设置工作表保护，或者为电子表格文档设置打开或修改密码(文档加密)。

7.2.3　工作表的基本操作

工作表是电子表格中的基本操作对象，所有数据的加工处理均需在工作表中完成。

1. 插入工作表

默认情况下，一个空白的工作簿中包含 3 张工作表。插入工作表的几种方法如下：

(1) 单击工作表标签右侧的【插入工作表】按钮，可在最右侧插入一张空白工作表。

(2) 在工作表标签上右键单击，在弹出的快捷菜单中选择【插入】命令，弹出【插入工作表】对话框，可从中选择表格类型。双击其中的【工作表】选项，将会在当前工作表前插入一张空白工作表。

(3) 单击【开始】选项卡【单元格】选项组中的【插入】下拉按钮，从弹出的下拉列表中选择【插入工作表】命令，可在当前工作表前插入一张空白工作表。

2. 删除工作表

在需要删除的工作表标签上右键单击，从弹出的快捷菜单中选择【删除工作表】命令，即可删除当前工作表。

3. 更新工作表名称

双击需要修改名称的工作表标签，待工作表标签呈高亮显示后，即可更新工作表名称；

或者单击【开始】选项卡【单元格】选项组中的【格式】下拉按钮，从弹出的下拉列表中选择【工作表】→【重命名】命令，在弹出的【重命名】对话框中输入新的工作表名称，单击【确定】按钮，如图 7-5 所示。

图 7-5　重命名工作表

4. 设置工作表标签颜色

为突出显示工作表，可为工作表标签设置颜色。在工作表标签上右键单击，移动鼠标指针至【工作表标签背景颜色】选项，从颜色列表中选择一种颜色；或者单击【开始】选项卡【单元格】选项组中的【格式】下拉按钮，从弹出的下拉列表中选择【工作表】→【工作表标签背景颜色】选项，在其颜色列表中选择一种颜色，如图 7-6 所示。

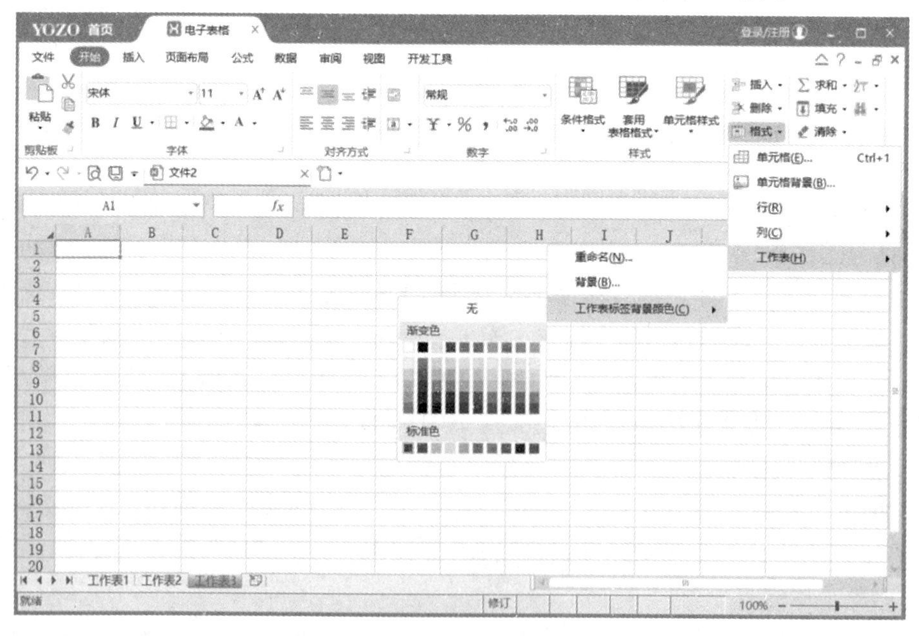

图 7-6　设置工作表标签颜色

5. 移动或复制工作表

可以通过移动操作在同一工作簿中改变工作表的位置或将工作表移动到另外一个工作簿中，或通过复制操作在同一工作簿或不同的工作簿中快速生成工作表的副本。其操作步

骤如下：

(1) 在需要移动或复制的工作表标签上右键单击，从弹出的快捷菜单中选择【移动或复制工作表】命令。

(2) 弹出【移动或复制工作表】对话框，在【电子表格文档】下拉列表中选择要移动或复制到的目标电子表格文档(目标文档必须为打开状态)，如图 7-7 所示。

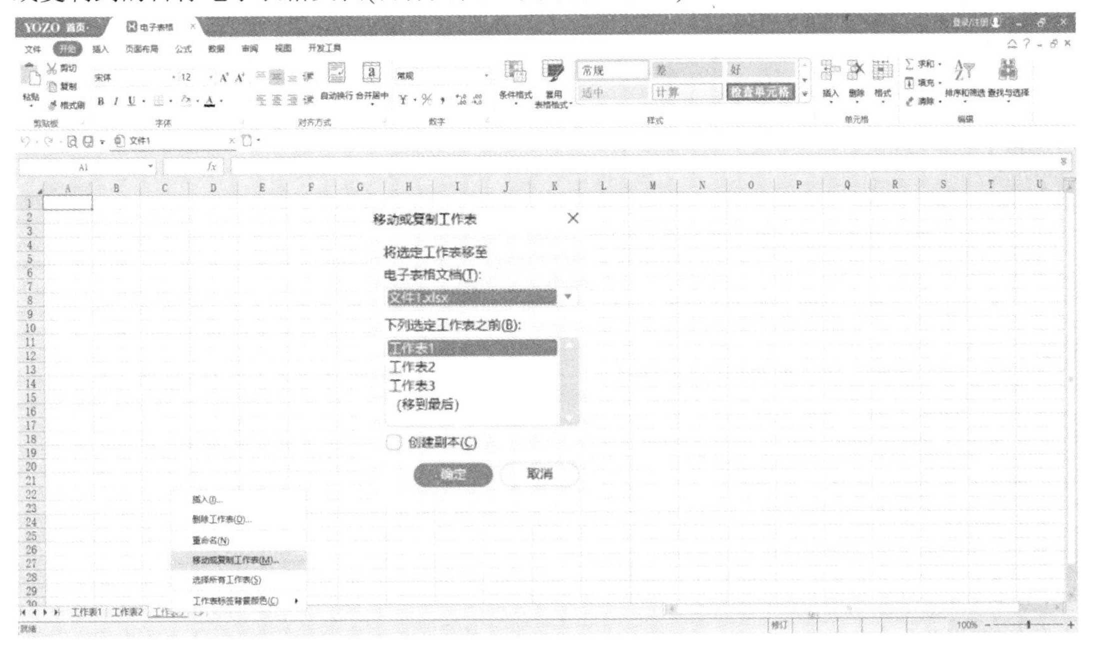

图 7-7　【移动或复制工作表】对话框

(3) 在【下列选定工作表之前】列表框中指定工作表要插入的位置。

(4) 如果要复制工作表，需要选中【创建副本】复选框，否则只会移动工作表。

(5) 单击【确定】按钮，所选工作表将被移动或复制到新的位置，同时自动切换到目标电子表格文档窗口。

还可以通过鼠标快速在同一工作簿中移动或复制工作表，方法是：用鼠标直接拖动工作表标签即可移动工作表，拖动的同时按住 Ctrl 键可复制工作表。

7.2.4　工作表的保护

为了防止他人对单元格的格式或内容进行修改，可以设置工作表保护。

默认情况下，当工作表被保护后，该工作表中的所有单元格都会被锁定，他人不能对锁定的单元格进行插入、修改、删除等数据更新或者数据格式设置等操作。

在很多时候，可以允许部分单元格被修改，这时需要在保护工作表之前，对允许在其中更改或输入数据的区域解除锁定。

1. 保护整个工作表

保护整个工作表，可使任何一个单元格都不被更改。其操作步骤如下：

(1) 打开工作簿，选择需要设置保护的工作表。

(2) 单击【审阅】选项卡【更改】选项组中的【保护工作表】按钮，弹出【保护工作表】对话框，如图 7-8 所示。

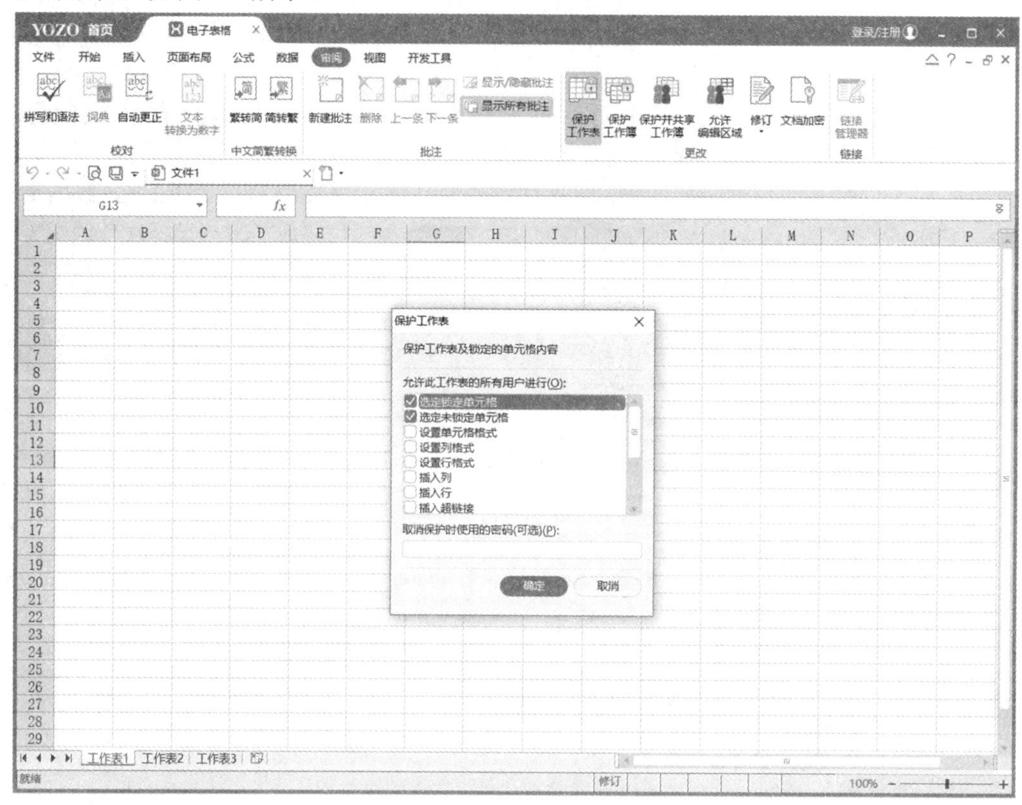

图 7-8 【保护工作表】对话框

(3) 在【允许此工作表的所有用户进行】列表框中选择允许他人能够进行的操作。

(4) 如果在【取消保护时使用的密码(可选)】文本框中输入密码，则撤销工作表保护或者更改授权范围时需要输入密码。

(5) 单击【确定】按钮，并再次确认密码，完成设置。

2. 取消工作表的保护

(1) 选择已设置保护的工作表，单击【审阅】选项卡【更改】选项组中的【撤销工作表保护】按钮，弹出【撤销工作表保护】对话框(工作表受保护时，【保护工作表】按钮会变为【撤销工作表保护】按钮)。

(2) 在【密码】文本框中输入设置保护时使用的密码，单击【确定】按钮。如果未设置密码，则会直接取消保护状态。

3. 解除对部分工作表区域的保护

保护工作表后，默认情况下所有单元格都将无法被编辑。但在实际工作中，有些单元格中的原始数据还是允许输入和编辑的，为了能够修改这些特定的单元格，可以在保护工作表之前先取消对这些单元格的锁定。

(1) 选择要设置保护的工作表。如果工作表已被保护，则需要先单击【审阅】选项卡【更改】选项组中的【撤销工作表保护】按钮，撤销保护。

(2) 在工作表中选中要解除锁定的单元格或单元格区域。

(3) 单击【开始】选项卡【单元格】选项组中的【格式】下拉按钮，从弹出的下拉列表中选择【单元格】命令，弹出【单元格格式】对话框。

(4) 选择【保护】选项卡，取消选中【锁定】复选框(如图 7-9 所示)，单击【确定】按钮，当前选中的单元格区域将会被排除在保护范围之外。

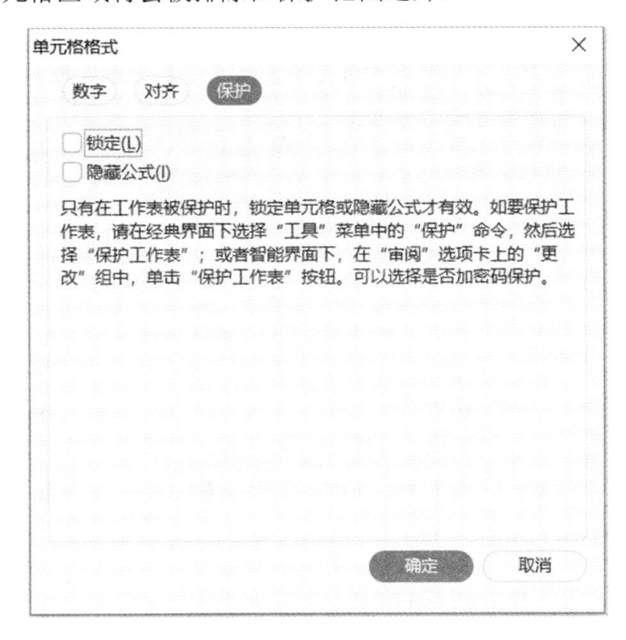

图 7-9　【保护】选项卡

(5) 设置隐藏公式。如果不希望他人看到公式或函数的构成，可以设置隐藏该公式。在工作表中选中需要隐藏的公式所在的单元格区域，再次弹出【单元格格式】对话框，选择【保护】选项卡，同时选中【锁定】复选框和【隐藏公式】复选框，单击【确定】按钮。此时，公式不但不能修改，还不能被看到。

(6) 再次单击【审阅】选项卡【更改】选项组中的【保护工作表】按钮，弹出【保护工作表】对话框。

(7) 输入保护密码，在【允许此工作表的所有用户进行】列表框中设置允许他人能够更改的项目后，单击【确定】按钮。此时，在取消锁定的单元格中即可输入数据。另外，在被隐藏的公式列中只能看到计算结果，既不能修改也无法查看公式本身。

4. 保护部分工作表区域

(1) 选中整个工作表，在【单元格格式】对话框的【保护】选项卡中取消选中【锁定】复选框。

(2) 选中需要保护的单元格区域，在【单元格格式】对话框的【保护】选项卡中选中【锁定】复选框。

(3) 单击【审阅】选项卡【更改】选项组中的【保护工作表】按钮，完成对选中单元格区域的保护。

5. 允许特定用户编辑受保护的工作表区域

如果一台计算机中有多个用户，或者在一个工作组中包括多台计算机，那么可通过该项设置允许其他用户编辑工作表中指定的单元格区域，以实现数据共享。其操作步骤如下：

(1) 选中要进行设置的工作表区域，如果已设置工作表保护，则需要先撤销保护。

(2) 单击【审阅】选项卡【更改】选项组中的【允许编辑区域】按钮，弹出【允许用户编辑区域】对话框。

(3) 单击【新建】按钮，弹出【新区域】对话框，添加一个新的可编辑区域，默认为当前选中的区域。在该对话框中为所选区域输入标题名称，并设置区域密码，如图 7-10 所示。

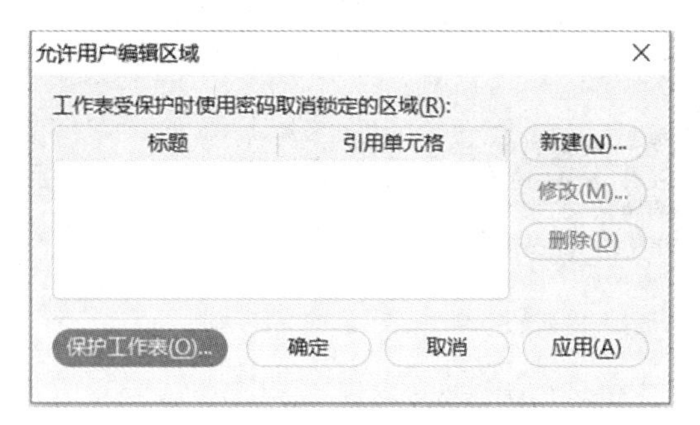

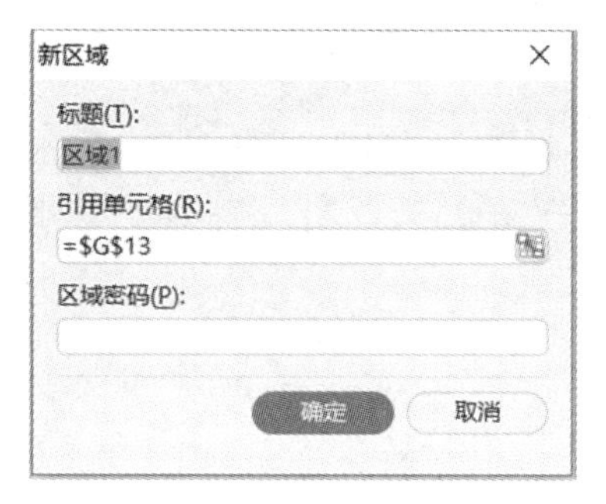

图 7-10 设置允许用户编辑区域

(4) 单击【允许用户编辑区域】对话框左下角的【保护工作表】按钮，在随后弹出的对话框中设置保护密码及可更改项目。

7.2.5 同时对多张工作表进行操作

永中电子表格允许同时对一组工作表进行相同的操作，如输入数据、修改格式等，这为快速处理一组结构和基础数据相同或相似的表格提供了极大的方便。

1. 选择并操作多张工作表

(1) 选中全部工作表。在某个工作表标签上右键单击，从弹出的快捷菜单中选择【选择所有工作表】命令，可以选中当前工作簿中的所有工作表。

(2) 选中多张工作表。按住 Shift 键不放，单击第一张和最后一张工作表标签，即可连续选中两组标签之间的所有工作表；按住 Ctrl 键不放，依次单击多个工作表标签，即可选中不连续的一组工作表。

(3) 取消工作表组合。单击组合工作表以外的任一张工作表，或者从右键快捷菜单中选择【取消组合工作表】命令，即可取消工作表组合状态。

当同时选中多张工作表形成工作表组合后，在其中一张工作表中所做的任何操作都会同步到同组的其他工作表中，这样可以快速格式化一组工作表或者在一组工作表中输入相同的数据或公式等。

2. 填充组合工作表

可以先在一张工作表中输入数据并进行格式化操作，然后将这张工作表中的内容及格式填充到同组的其他工作表中，以便快速生成一组基本结构相同的工作表。其操作步骤如下：

(1) 在一张工作表中输入基础数据，并对数据进行格式化操作。

(2) 插入多张空表。

(3) 在任一工作表中选中包含填充内容及格式的单元格区域，然后选中其他工作表，以建立工作表组。

(4) 单击【开始】选项卡【编辑】选项组中的【填充】下拉按钮，从弹出的下拉列表中选择【跨工作表】命令，弹出【跨工作表填充】对话框。其中，选中【全部】单选按钮，将复制选中单元格的数据内容及格式；选中【内容】单选按钮，将只复制选中的数据内容；选中【格式】单选按钮，将只复制选中部分的格式。单击【确定】按钮，完成操作，如图 7-11 所示。

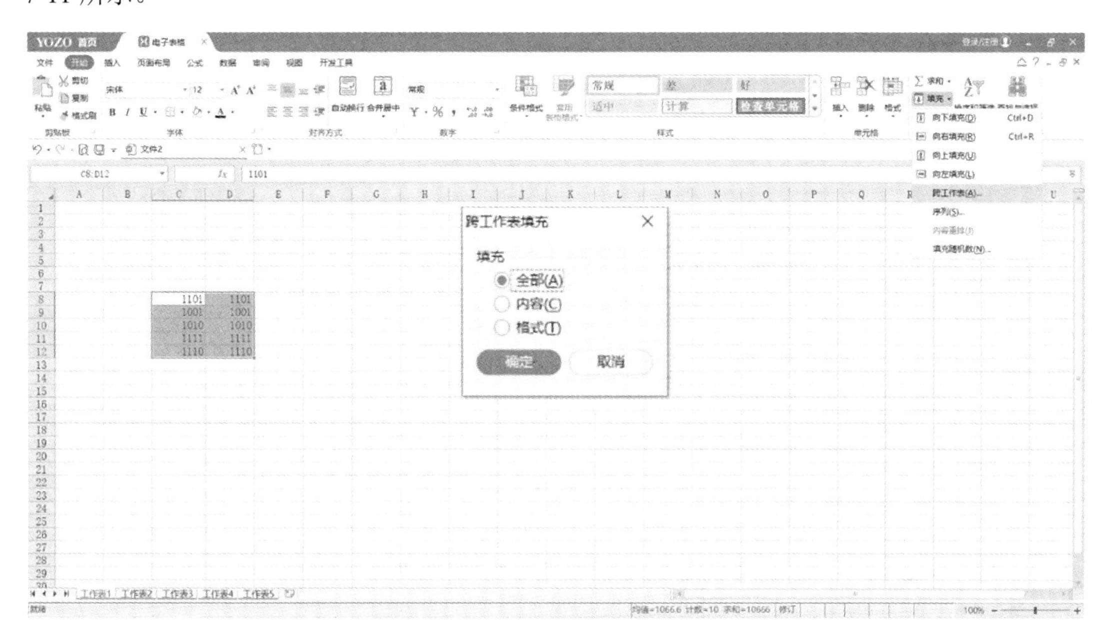

图 7-11　【跨工作表填充】对话框

(5) 此时对任一张工作表数据和格式的操作均会同步到同组的其他工作表中。

7.2.6　工作窗口的视图控制

当表格的数据量过大时，对工作窗口的视图控制就变得重要起来。灵活地控制视图显示，可以提高查看及编辑表格的效率。

1. 多窗口显示与切换

在电子表格中，可以同时打开多个工作簿。当一个工作簿中的工作表很大，大到一个窗口中很难显示出全部的行或列时，还可以将工作表划分为多个临时窗口。对这些同时打开或划分出的窗口，可以方便地进行排列及切换，以便于比较及引用。

(1) 定义窗口。打开一个工作簿，单击【视图】选项卡【窗口】选项组中的【新建窗口】按钮，整个工作簿将会被复制到一个新的工作窗口中，如图 7-12 所示。

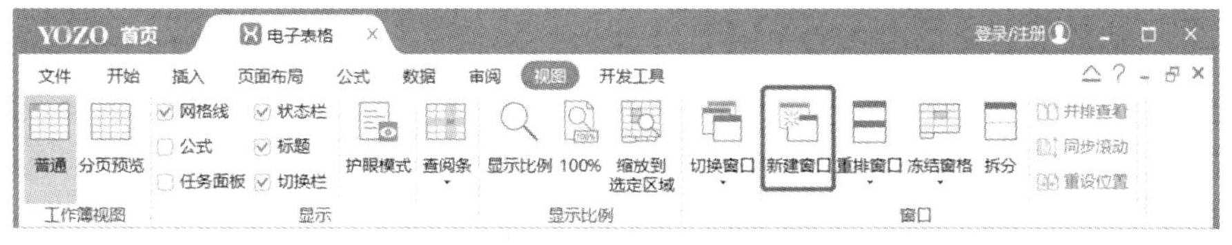

图 7-12　单击【新建窗口】按钮

(2) 切换窗口。当同时打开多个工作簿，或者在工作表中定义了多个窗口后，单击【视图】选项卡【窗口】选项组中的【切换窗口】下拉按钮，在弹出的下拉列表中将显示所有窗口名称。单击其中的窗口名称，即可切换到该窗口，如图 7-13 所示。

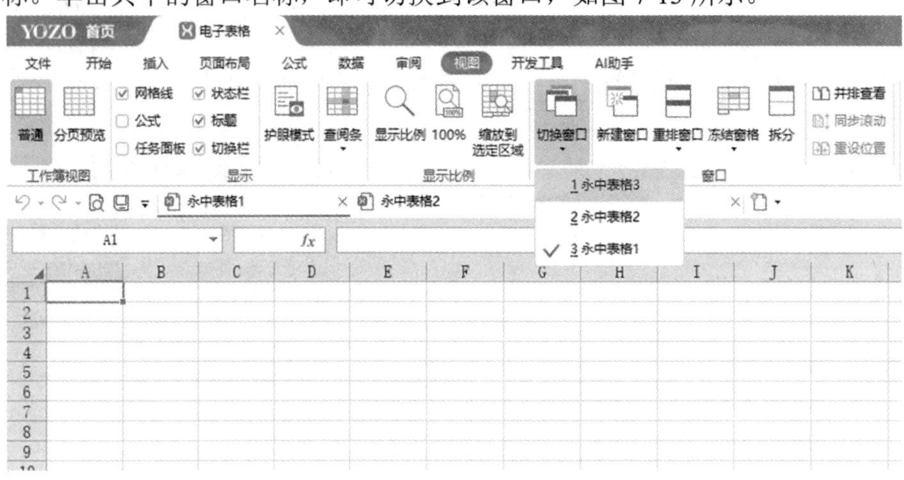

图 7-13　多窗口切换

(3) 并排查看。并排查看用于按上下排列的方式比较两个工作窗口。首先切换到一个待比较的窗口中，然后单击【视图】选项卡【窗口】选项组中的【并排查看】按钮，弹出【并排比较】对话框，从中选择一个用于比较的窗口，单击【确定】按钮，两个窗口将并排显示，如图 7-14 所示。默认情况下，操作一个窗口中的滚动条，另一个窗口将会同步滚动。取消选中【视图】选项卡【窗口】选项组中的【同步滚动】，可以取消两个窗口的联动，再次单击【并排查看】按钮，可取消并排比较。

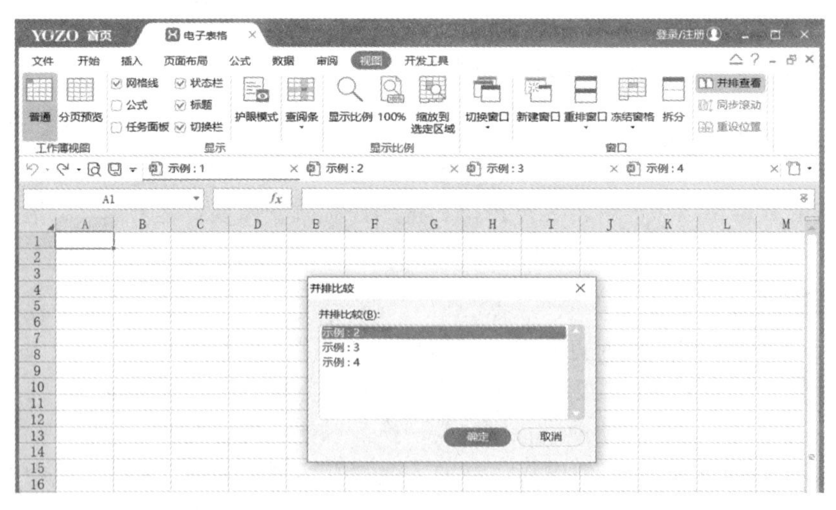

图 7-14　并排查看两个工作窗口

(4) 全部重排。要想同时查看所有打开的窗口，可单击【视图】选项卡【窗口】选项组中的【重排窗口】下拉按钮，在其下拉列表中选择排列方式；也可以选择【重排选项】命令，在弹出的【重排窗口】对话框中选择合适的排列方式，如图 7-15 所示。如果选中【当前文件的窗口】单选按钮，则只对当前工作簿中的窗口进行排列，而不涉及其他已打开的工作簿。

图 7-15　并排查看全部工作窗口

2. 冻结窗口

一个工作表由于特别大且特别宽，在操作滚动条查看超出窗口大小的数据时，看不到行列标题，所以可能无法分清楚某行或某列数据的含义，这时可以通过冻结窗口来锁定行列标题不随滚动条滚动。

冻结窗口的方法如下：

(1) 单击工作表中的某个单元格，该单元格上方的行和左侧的列将在锁定范围之内。

(2) 单击【视图】选项卡【窗口】选项组中的【冻结窗格】下拉按钮，从弹出的下拉列表中选择【冻结窗格】命令，当前单元格上方的行和左侧的列始终保持可见，不会随着操作滚动条而消失。

如果要取消窗口冻结，只需从【冻结窗格】下拉列表中选择【取消冻结窗格】命令即可。

3. 拆分窗口

单击工作表的某个单元格，再单击【视图】选项卡【窗口】选项组中的【拆分】按钮，将以当前单元格为坐标，将窗口拆分为 4 个，每个窗口中均可进行编辑；再次单击【拆分】按钮，可取消窗口拆分效果。

7.3　数据分析与处理

在工作表中输入基础数据后，需要对这些数据进行组织、整理、排列、分析，从中获取更加丰富实用的信息。为了实现这一目的，电子表格提供了丰富的数据处理功能，可以对大量、无序的原始数据资料进行深入的处理与分析。

7.3.1 合并计算

合并计算就是通过函数来汇总一个或多个数据源区域中的数据。要汇总多个单独工作表中数据的结果，可以将各个工作表中的数据合并到一个主工作表。被合并的工作表可以与合并后的主工作表位于同一工作簿，也可以位于其他工作簿中。

多表合并操作步骤如下：

(1) 打开要进行合并计算的工作簿。参与合并计算的数据区域应满足数据列表的条件且应位于单独的工作表中，不要放置在合并后的主工作表中，同时必须确保参与合并计算的数据区域都具有相同的布局。

(2) 切换到放置合并后数据的主工作表中，在要显示合并数据的单元格区域中单击左上方的单元格。

(3) 单击【数据】选项卡【数据工具】选项组中的【合并计算】按钮，弹出【合并计算】对话框，如图 7-16 所示。

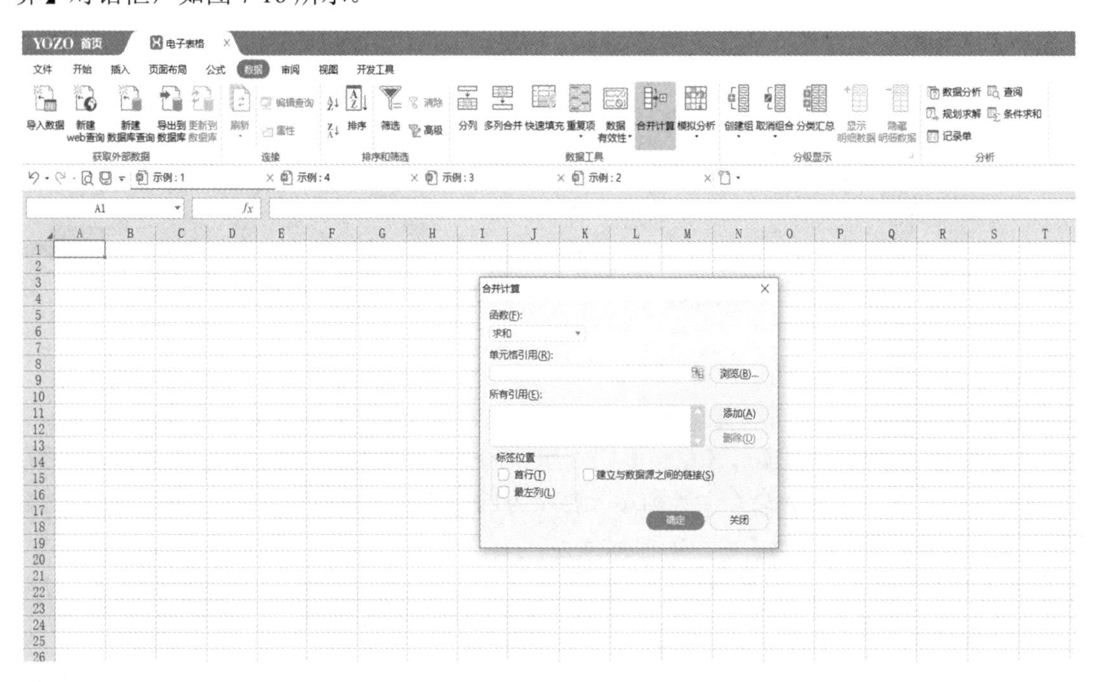

图 7-16 【合并计算】对话框

(4) 在【函数】下拉列表中选择一个汇总函数。在【单元格引用】框中单击，在包含要对其进行合并计算的数据的工作表中选择合并区域。如果包含合并计算数据的工作表位于另一个工作簿中，可单击【浏览】按钮，找到该工作簿，并选择相应的工作表区域。单击【添加】按钮，选中的合并计算区域将显示在【所有引用】列表框中。根据该方法，可以继续添加其他需要进行合并计算的数据区域。在【标签位置】选项区域中，如果选中【首行】或【最左列】复选框，电子表格将对相同的行标题或列标题中的数据进行合并计算。

当所有合并计算数据所在的源区域具有完全相同的行列标签时，无须选中【首行】或【最左列】复选框。另外，只有当包含数据的工作表位于另一个工作簿中时才选中【建立与数据源之间的链接】复选框，以便合并数据能够在另一个工作簿中的源数据发生变化时自动进行更新。

(5) 单击【确定】按钮，完成数据合并。

7.3.2　简单排序

对数据进行排序有助于快速直观地组织并查找所需数据，可以对一列或多列中的数据文本、数值、日期和时间按升序或降序的方式进行排序，还可以按自定义序列、格式(包括单元格颜色、字体颜色等)进行排序，大多数排序操作都是列排序。

简单排序的操作步骤如下：

(1) 打开需要进行排序操作的表格文件。

(2) 选中要排序的列中的某个单元格，永中电子表格自动将参与排序的区域扩展到其周围的连续区域，且指定首行为标题行。

(3) 单击【数据】选项卡【排序和筛选】选项组中的【升序】按钮，当前数据区域将按升序进行排序，单击【降序】按钮，当前数据区域将按降序进行排序，如图 7-17 所示。

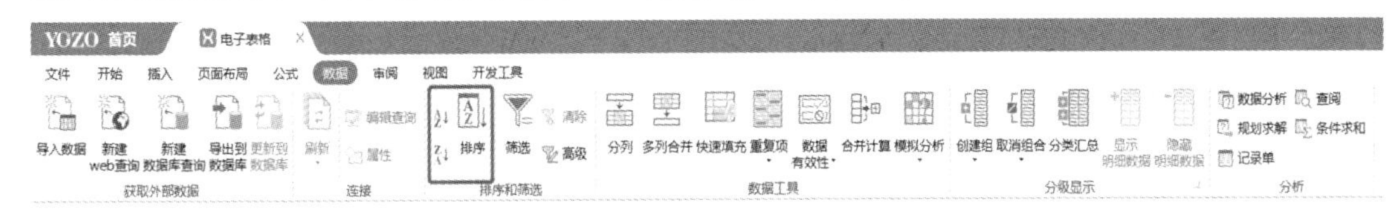

图 7-17　【升序】和【降序】排序按钮

排序所依据的数据列中的数据格式不同，排序方式也不同。其中：

(1) 如果是对文本进行排序，则按字母顺序从 A 到 Z 升序，从 Z 到 A 降序。

(2) 如果是对数据进行排序，则按数字从小到大的顺序升序，从大到小的顺序降序。

(3) 如果是对日期和时间进行排序，则按从早到晚的顺序升序，从晚到早的顺序降序。

7.3.3　多条件复杂排序

可以根据需要设置多条件排序。例如，在成绩总表中查看某个班级每学期学生成绩排名情况，就需要设置多个条件。其操作步骤如下：

(1) 选中要排序的数据区域，或者单击该数据区域中的任意一个单元格。

(2) 单击【数据】选项卡【排序和筛选】选项组中的【排序】按钮，弹出【排序】对话框。

(3) 在【排序】对话框中设置排序条件，如图 7-18 所示。

① 在【主要关键字】下拉列表中选择列标题名，作为排序的第一依据。

② 在【排序依据】下拉列表中可选择依据数值或者格式对关键词进行排序。

③ 在【次序】下拉列表中可选择以升序、降序或者自定义序列作为排序顺序。

(4) 单击【添加条件】按钮，可以继续添加次要关键字，排序依据和次序等设置同上。

(5) 单击【选项…】按钮，弹出【排序选项】对话框，在该对话框中可以对排序方向、排序方法、是否区分大小写作进一步设置。设置完毕后，单击【确定】按钮。

(6) 如果有必要，还可以增加更多的排序条件。最后单击【确定】按钮，完成排序设置。

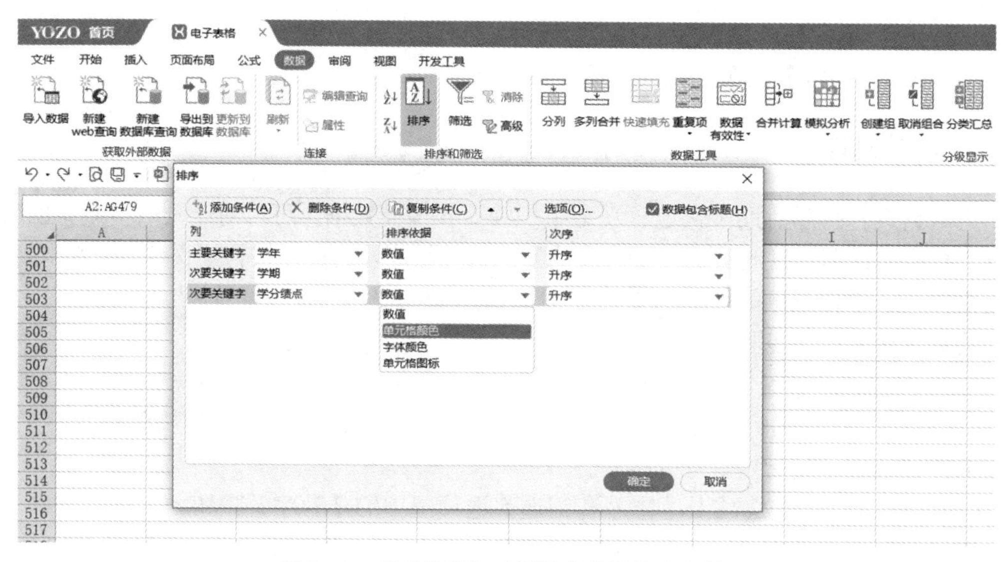

图 7-18 在【排序】对话框中设置排序条件

7.3.4 按自定义列表进行排序

在【排序】对话框的【次序】下拉列表中选择【自定义序列】，可以实现按照自定义列表的顺序进行排序。

(1) 选中要排序的数据区域，或者确保活动单元格在数据列表中。

(2) 单击【数据】选项卡【排序和筛选】选项组中的【排序】按钮，弹出【排序】对话框，在【次序】下拉列表中选择【自定义序列】。

(3) 在弹出的【自定义序列】对话框中可选择合适序列；或者选择【新序列】选项，在【输入序列】文本框中创建一个用户自定义的序列，如图 7-19 所示。依次单击【添加】、【确定】按钮，完成次序设置。

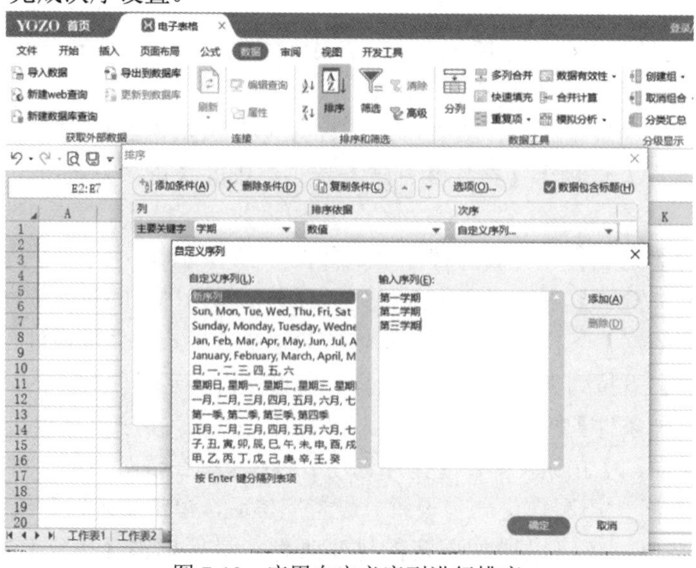

图 7-19 应用自定义序列进行排序

7.3.5　筛选数据

筛选功能可以快速从数据列表中查找符合条件的数据或者排除不符合条件的数据。筛选条件可以是数值或文本，也可以是单元格颜色，还可以根据需要构建复杂条件以实现高级筛选。

对数据列表中的数据进行筛选后，就会仅显示那些满足指定条件的行，并隐藏那些不符合条件的行。使用自动筛选来筛选数据，可以快速查找和使用数据列表中数据的子集。筛选数据的操作步骤如下：

(1) 打开工作簿，在工作表中选中要筛选的数据列，或者单击表中任一单元格。

(2) 单击【数据】选项卡【排序和筛选】选项组中的【筛选】按钮，进入自动筛选状态，当前数据列表中被选中的列标题或者每个列标题上均出现一个筛选箭头。

(3) 单击其中某个列标题中的筛选箭头，将打开一个筛选器选择列表，列表下方将显示当前列中包含的所有值，如图 7-20 所示。

图 7-20　打开筛选器选择列表

(4) 使用下列方法，在数据列表中搜索或选择要显示的数据：

① 直接在搜索框中输入要搜索的文本或数字。

② 在搜索框下方的列表中指定要搜索的数据。首先取消选中【全选】复选框，然后逐条选中希望显示的值，最后单击【确定】按钮。

③ 按指定的条件筛选数据。移动光标至【文本筛选】或【数字筛选】选项，在随后弹出的子菜单中设置筛选条件；或者选择【自定义筛选】命令，在弹出的【自定义自动筛选方式】对话框中设置筛选条件，如图 7-21 所示。

④ 在现有筛选结果的基础上，再次对另一列标题设置筛选条件，可实现多重嵌套筛选。例如，现需要筛选出班级成绩排名前 20 中的男生信息，可以先筛选出班级成绩排名前 20 的学生数据，然后在此基础上筛选出性别为男的数据。

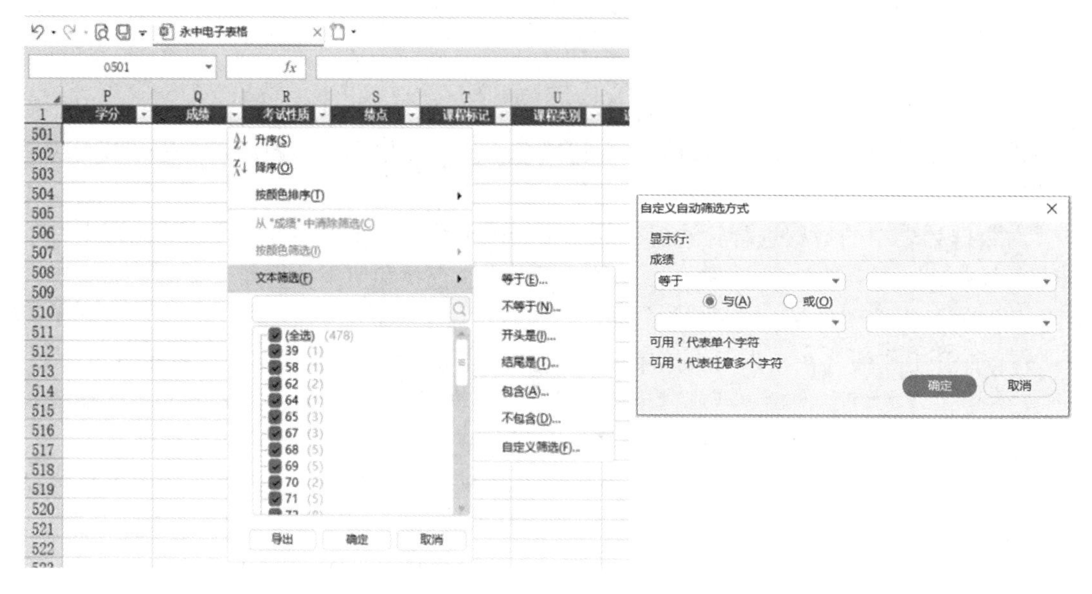

图 7-21 自定义自动筛选方式

7.3.6 高级筛选

通过构建复杂条件可以实现高级筛选。所构建的复杂条件需要放置在工作表单独的区域中，可以为该条件区域命名，以便引用。用于高级筛选的复杂条件可以像在公式中那样使用下列运算符比较两个值：=(等于)、＞(大于)、＜(小于)、＞=(大于或等于)、＜=(小于或等于)、＜＞(不等于)。

1. 构建复杂筛选条件

构建复杂筛选条件的原则：条件区域中必须有列标题，且与包含在数据列表中的列标题一致；表示“与”(and)的多个条件应位于同一行中，意味着只有这些条件同时满足的数据才会被筛选出来；表示“或”(or)的多个条件应位于不同的行中，意味着只要满足其中的一个条件的数据就会被筛选出来。

在要进行筛选的数据区域外或者在新的工作表中单击将要放置筛选条件的条件区域左上角的单元格，输入作为条件的列标题，它必须与数据表中的列标题对应一致。

2. 高级筛选的基本规则

高级筛选必须有一个条件区域，条件区域距数据清单至少一行、一列。筛选结果可以显示在源数据区，也可以在新区域显示。

筛选条件的基本输入规则：条件中用到的字段名在同一行中且连续，在下方输入条件值，“与”关系写在同一行，“或”关系写在同一列。

示例 1 条件为“班级为 1 班且成绩介于 60 分至 80 分”，如图 7-22 所示。

班级	成绩	成绩
1班	＞=60	＜80

图 7-22 高级筛选条件设置(1)

示例 2　条件为“成绩介于 60 分至 80 分，或考核方式为考查”，如图 7-23 所示。

考核方式	成绩	成绩
	>=60	<80
考查		

图 7-23　高级筛选条件设置(2)

示例 3　条件为“班级为 1 班且成绩大于或等于 90 分，或考核方式为考查”，如图 7-24 所示。

班级	考核方式	成绩
1班		>=90
	考查	

图 7-24　高级筛选条件设置(3)

高级筛选的操作步骤如下：

(1) 单击数据清单内的任意单元格。

(2) 单击【数据】选项卡【排序和筛选】选项组中的【高级】按钮，弹出【高级筛选】对话框，如图 7-25 所示。

(3) 在【方式】选项区域中选择筛选结果的存放位置；【数据区域】指向需要进行筛选操作的数据源，【条件区域】指向放置筛选条件的条件区域。

若在【方式】选项区域中选中【将筛选结果复制到其他位置】单选按钮，则在【复制到】文本框中指定结果存放区域左上角的第一个单元格。

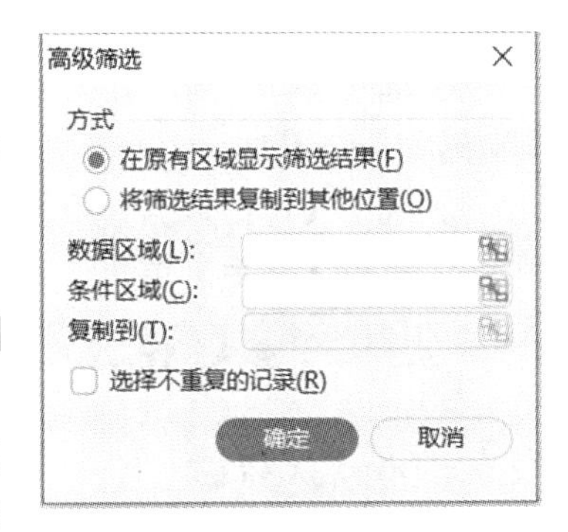

图 7-25　【高级筛选】对话框

(4) 单击【确定】按钮，筛选结果会出现在结果区域中。

3. 清除筛选

清除筛选有以下几种情况：

(1) 清除某列的筛选条件：单击已设有自动筛选条件的列标题上的筛选箭头，再单击列表中的【从“××”中清除筛选】按钮。

(2) 清除工作表中的所有筛选条件并重新显示所有行：单击【数据】选项卡【排序和筛选】选项组中的【清除】按钮。

(3) 退出自动筛选状态：在已处于自动筛选状态的数据列表中的任意位置单击，再单击【数据】选项卡【排序和筛选】选项组中的【筛选】按钮。

7.3.7　分类汇总

分类汇总就是将数据清单中的每类数据进行汇总，因此执行分类汇总前必须先将数据排序，排序关键字作为分类字段。根据“班级总成绩表”，若需要分别计算每个学生的总成绩或平均学分绩点，可以用分类汇总的方法。例如，在成绩表中，若按【学号】统计数据，应先按【学号】字段排序，再进行分类汇总。

汇总方式有计数、求和、平均值、最大值、最小值、方差等。

下面以求每个学生的平均学分绩点为例，介绍分类汇总的操作步骤。

(1) 先按【学号】字段排序。

(2) 选中数据区域内任意单元格。

(3) 单击【数据】选项卡【分级显示】选项组中的【分类汇总】按钮，弹出【分类汇总】对话框，如图 7-26 所示。

图 7-26 【分类汇总】对话框

(4) 其中：

① 在【分类字段】下拉列表中选择分类依据，本例中选择【学号】。

② 在【汇总方式】下拉列表中选择数据分类后的处理方式，本例中选择【平均值】。

③ 在【选定汇总项】列表框中选择需要进行汇总的一个或多个字段，本例中选中【学分绩点】复选框。

④ 选中【替换当前分类汇总】复选框，则只显示最新的汇总结果。

⑤ 选中【每组数据分页】复选框，则在每类数据后插入分页符。

⑥ 单击【确定】按钮，完成操作，结果如图 7-27 所示。

	A	B	C	D	E	F	G	H	I
1	学年	学期	学号	姓名	性别	课程代码	学分	绩点	学分绩点
2	2021-2022	1	201900001	张三	男	XJB034	1	4	4
3	2021-2022	1	201900001	张三	男	JKB060	2	4	8
4	2021-2022	1	201900001	张三	男	JWB013	1	2.5	2.5
5	2021-2022	1	201900001	张三	男	FLB087	2	3	6
6	2021-2022	1	201900001	张三	男	LLB064	2	4	8
7	2021-2022	1	201900001	张三	男	JKB059	3	3.7	11.1
8	2021-2022	1	201900001	张三	男	JKB061	3	4	12
9	2021-2022	1	201900001	张三	男	JTB024	3	4.1	12.3
10	2021-2022	1	201900001	张三	男	XJB058	4	4	16
11	2021-2022	1	201900001	张三	男	JKB040	2	4	8
12	2021-2022	1	201900001	张三	男	FLB120	3	4.1	12.3
13			201900001 求和						100.2
14	2021-2022	1	201900002	李四	女	XJB034	2	3	6
15	2021-2022	1	201900002	李四	女	JKB060	1	3	3
16	2021-2022	1	201900002	李四	女	JWB013	2	3	6
17	2021-2022	1	201900002	李四	女	FLB087	1	2.5	2.5
18	2021-2022	1	201900002	李四	女	LLB064	2	3	6
19	2021-2022	1	201900002	李四	女	JKB059	2	3	6
20	2021-2022	1	201900002	李四	女	JKB061	2	3	6
21	2021-2022	1	201900002	李四	女	JTB024	3	4.3	12.9
22	2021-2022	1	201900002	李四	女	XJB058	3	3	9
23	2021-2022	1	201900002	李四	女	JKB040	2	1	2
24	2021-2022	1	201900002	李四	女	FLB120	3	4.1	12.3
25			201900002 求和						71.7

图 7-27 分类汇总结果

利用左侧的显示级别按钮和折叠按钮可以隐藏或展开记录明细。单击按钮【1】，显示总汇总结果；单击按钮【2】，显示分类汇总结果和总汇总结果；单击按钮【3】，则显示全部数据明细和汇总结果。

删除分类汇总的方法：再次单击【数据】选项卡【分级显示】选项组中的【分类汇总】按钮，在弹出的【分类汇总】对话框中单击【全部删除】按钮即可。

7.3.8 数据透视表

数据透视表是一种可以从源数据列表中快速提取并汇总大量数据的交互式表格。使用数据透视表可以汇总、分析、浏览数据以及呈现汇总数据，达到深入分析数值数据，从不同的角度查看数据，并对相似数据的数值进行比较的目的。

1. 创建数据透视表

数据透视表的创建步骤如下：

(1) 打开一个空白工作簿，在工作表中创建数据透视表所依据的源数据列表。该源数据区域必须具有列标题，并且该区域中没有空行。

(2) 在用作数据源区域的任意一个单元格中单击。

(3) 单击【插入】选项卡【表格】选项组中的【数据透视表】按钮，弹出【创建数据透视表】对话框，如图 7-28 所示。

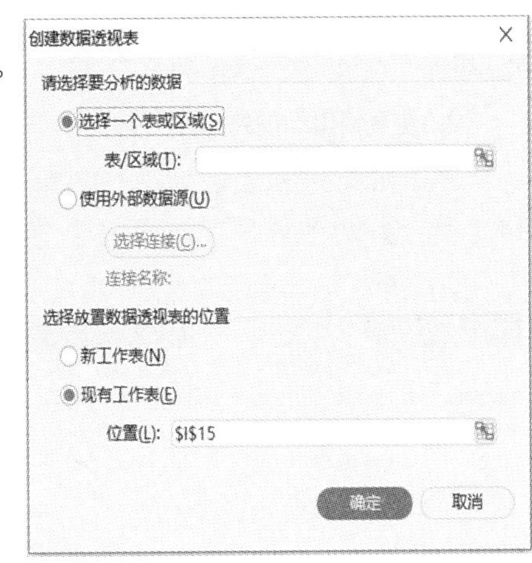

图 7-28　【创建数据透视表】对话框

(4) 指定数据来源。在【选择一个表或区域】单选按钮下的【表/区域】框中指定数据源区域；或者选中【使用外部数据源】单选按钮，单击【选择连接...】按钮，可以选择外部的数据库、文本文件等作为创建透视表的源数据。

(5) 指定数据透视表存放的位置。选中【新工作表】单选按钮，数据透视表将放置在新插入的工作表中；选中【现有工作表】单选按钮，在【位置】框中指定放置数据透视表的区域的第一个单元格，数据透视表将放置到已有工作表的指定位置。

(6) 单击【确定】按钮，空的数据透视表将会添加至指定位置，并在右侧显示【数据透视表】窗格，如图 7-29 所示。该窗口上半部分为字段列表，显示可以使用的字段名，即源数据区域的列标题；下半部分为布局部分，包含【报表筛选】区域、【列标签】区域、【行标签】区域和【数值】区域。

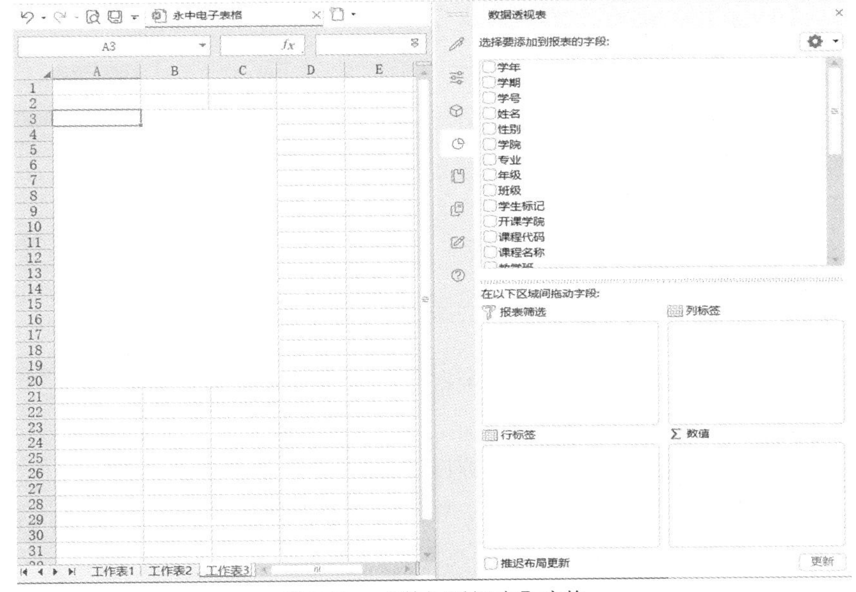

图 7-29　【数据透视表】窗格

(7) 按照下列提示向数据透视表中添加字段：

① 若要将字段放置到布局部分的默认区域中，可在字段列表中选中相应字段名复选框。

② 若要将字段放置到布局部分的特定区域中，可以直接将字段名从字段列表中拖动到

布局部分的某个区域中；也可以在字段列表的字段名称上右键单击，从弹出的快捷菜单中选择相应命令。

③ 若要删除字段，只需要在字段列表中取消选中该字段名复选框即可。

(8) 在数据透视表中筛选字段。加入数据透视表中的字段名右侧均会显示筛选箭头，通过该箭头可以对数据进行调整。

2. 更新和维护数据透视表

单击数据透视表区域中任意单元格，功能区中将出现数据透视表工具所属的【选项】和【设计】两个选项卡。通过【选项】选项卡下的命令可对数据透视表进行多种操作，如图 7-30 所示。

图 7-30 【选项】选项卡

1) *刷新数据透视表*

在创建数据透视表之后，如果对数据源中的数据进行了更改，那么需要单击【选项】选项卡【数据】选项组中的【刷新】按钮，数据源的更改才能反映到数据透视表中。

2) *更改数据源*

如果在源数据区域中添加或减少了行或列数据，则可以通过更改源数据将这些行列包含到数据透视表或剔除出数据透视表。其操作步骤如下：

(1) 单击数据透视表区域中任意单元格，在出现的【选项】选项卡中单击【数据】选项组中的【更改源数据】按钮。

(2) 弹出【更改数据透视表数据源】对话框，重新选择数据源区域，以包含新增行列数据或减少行列数据，然后单击【确定】按钮。

3) *更改数据透视表名称及布局*

在【选项】选项卡【数据透视表】选项组中可进行下列设置：

(1) 在【数据透视表名称】下方的文本框中可对当前透视表重新命名。

(2) 单击【选项】按钮，在弹出的【数据透视表选项】对话框中可对透视表的布局和格式、数据显示方式等进行设置，如图 7-31 所示。

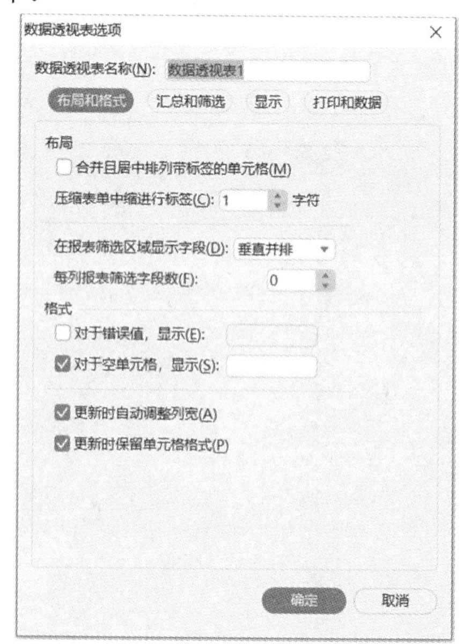

图 7-31 【数据透视表选项】对话框

4) *设置活动字段*

在【选项】选项卡【活动字段】选项组中可进行下列设置：

(1) 在【活动字段】下方的文本框中可对当前字段重新命名。

(2) 单击【字段设置】按钮，根据当前字段所在布局位置差异，弹出的对话框也会有所不同。如果是在【数值】区域，则会弹出【值字段设置】对话框，反之，则会弹出【字段设置】对话框，如图 7-32 所示。

图 7-32　【值字段设置】和【字段设置】对话框

5) 数据透视表排序和筛选

在【选项】选项卡【排序和筛选】选项组中，可对透视表按行或列进行排序。

通过行标签或列标签右侧的筛选箭头，也可对透视表中的数据按指定字段进行排序及筛选。

3. 设置数据透视表格式

通过【设计】选项卡为数据透视表快速指定预置样式，如图 7-33 所示。

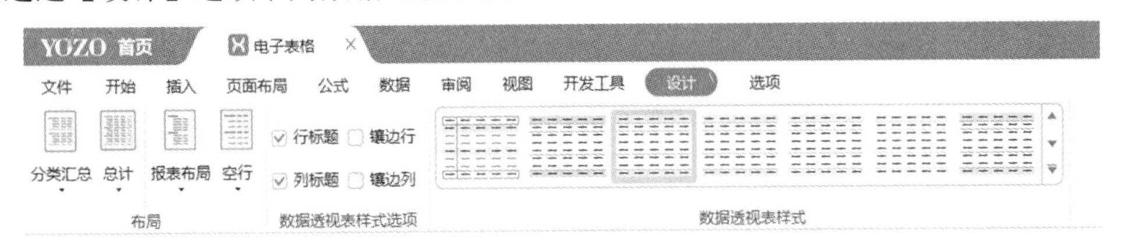

图 7-33　【设计】选项卡

单击数据透视表区域中的任意单元格，再单击【设计】选项卡【数据透视表样式】选项组中的合适样式，相应格式将被应用到当前数据透视表。

在数据透视表中选中需要进行格式设置的单元格区域，可以像对普通表格那样对数据透视表进行格式设置，因为它本来也是一个表格。

4. 创建数据透视图

数据透视图以图形方式呈现数据透视表中的汇总数据，其作用与普通图表一样，可以更形象地反映出数据的特征。为数据透视图提供源数据的是相关联的数据透视表，在相关联的数据透视表中对字段布局和数据所做的更改会立即反映在数据透视图中。数据透视图及其相关联的数据透视表必须始终位于同一个工作簿中。

除了数据源来自数据透视表以外，数据透视图与标准图表的组成元素基本相同，包括数据系列、类别、数据标记和坐标轴，以及图表标题、图例等。数据透视图与普通图表的区别在于，当创建数据透视图时，数据透视图的图表区中将显示字段筛选器，以便对基本数据进行排序和筛选。

单击数据透视表区域中任意单元格，该表将作为数据透视图的数据来源。在【插入】选项卡【图表】选项组中选择合适的图表类型。

5. 删除数据透视表

单击数据透视表区域中的任意单元格，再单击【选项】选项卡【操作】选项组中的【清除】按钮，即可删除数据透视表。

7.3.9 模拟分析和运算

模拟分析是指通过更改某个单元格中的数值来查看这些更改对工作表中引用该单元格的公式结果的影响的方法。通过使用模拟分析工具，可以在一个或多个公式中试用不同的几组值来分析所有不同的结果。永中电子表格提供了单变量求解和模拟运算表两种模拟分析工具。

1. 单变量求解

单变量求解用来解决以下问题：假定一个公式的计算结果是某个固定值，当其中引用的变量所在单元格应取值为多少时该结果才成立。

实现单变量求解的操作步骤如下：

(1) 为实现单变量求解，需在工作表中输入基础数据，构建求解公式并输入数据表中。

(2) 选中用于产生特定目标数值的公式所在的单元格。

(3) 单击【数据】选项卡【数据工具】选项组中的【模拟分析】下拉按钮，从弹出的下拉列表中选择【单变量求解】命令，弹出【单变量求解】对话框，如图 7-34 所示。

(4) 在【单变量求解】对话框中设置用于单变量求解的各项参数。其中，【目标单元格】显示目标值的单元格地址，【目标值】即希望得到的结果值，【可变单元格】能够得到目标值的可变量所在的单元格地址。

(5) 单击【确定】按钮，弹出【单变量求解状态】对话框，同时数据区域中的可变单元格中显示单变量求解值。

(6) 单击【确定】按钮，接受计算结果。

(7) 重复步骤(2)～(6)，可以重新测试其他结果。

图 7-34 【单变量求解】对话框

2. 模拟运算表

模拟运算表的结果显示在一个单元格区域中，它可以测算将某个公式中一个或两个变量替换成不同值时对公式计算结果的影响。模拟运算表最多可以处理两个变量，但可以获取与这些变量相关的众多不同的值。模拟运算表依据处理变量个数的不同，分为单变量模拟运算表和双变量模拟运算表两种类型。

1) 单变量模拟运算表

若要测试公式中一个变量的不同取值如何改变相关公式的结果，可使用单变量模拟运算表。在单列或单行中输入变量值后，不同的计算结果便会在公式所在的列或行中显示。

实现单变量模拟运算表的操作步骤如下：

(1) 选中要创建模拟运算表的单元格区域，其中第一行(或第一列)需要包含变量单元格和公式单元格。

(2) 单击【数据】选项卡【数据工具】选项组中的【模拟分析】下拉按钮，从弹出的下拉列表中选择【模拟运算表】命令，弹出【模拟运算表】对话框，如图 7-35 所示。

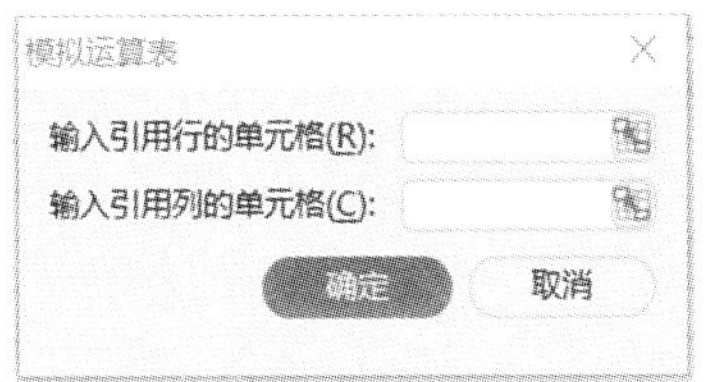

图 7-35　【模拟运算表】对话框

(3) 如果模拟运算表变量值输入在一列中，应在【输入引用列的单元格】框中选择第一个变量值所在的位置；如果模拟运算表变量值输入在一行中，应在【输入引用行的单元格】框中选择第一个变量值所在的位置。

(4) 单击【确定】按钮，选中区域中将自动生成模拟运算表。在指定的引用变量值的单元格中依次输入不同的值，右侧将根据设置公式测算不同的目标值。

2) 双变量模拟运算表

若要测试公式中两个变量的不同取值如何改变相关公式的结果，可使用双变量模拟运算表。在单列和单行中分别输入两个变量值后，计算结果便会在公式所在区域中显示。实现双变量模拟运算表的操作步骤如下：

(1) 输入变量值。在公式所在的行从左向右输入一个变量的系列值，沿公式所在的列由上向下输入另一个变量的系列值。

(2) 选中要创建模拟运算表的单元格区域，其中第一行和第一列需要包含公式单元格和变量值。公式应位于所选区域的左上角。

(3) 单击【数据】选项卡【数据工具】选项组中的【模拟分析】下拉按钮，从弹出的下拉列表中选择【模拟运算表】命令，弹出【模拟运算表】对话框。

(4) 依次指定公式中所引用的行、列变量值所在的单元格，单击【确定】按钮，选中区域中将自动生成一个模拟运算表。

7.4　公式和函数

电子表格一个更为重要的功能是可以通过公式和函数方便地进行统计、计算和分析。为此，永中电子表格提供了数量多、类型丰富的实用函数，可以通过各种运算符及函数的构造满足各类数据应用场景需要。公式和函数的运用提高了计算效率，保证了计算结果的准确性，而且计算结果在数据源更新后也能同步更新，工作效率和质量得以极大的提升。

7.4.1　公式的基本使用方法

公式就是一组由单元格引用、常量、运算符、括号组成的表达式，复杂的公式还包括函数，用于计算生成新的值。

1. 认识公式

在电子表格中，公式总是以等号“=”开始。默认情况下，公式的计算结果显示在单元

格中，公式本身则可以通过编辑栏查看。构成公式的常用要素如下：

(1) 单元格引用：单元格地址，用于表示单元格在工作表中所处的位置坐标。例如，“A6”表示处于A列和第6行相交处的单元格。公式中还可以引用经过命名的单元格或单元格区域。

(2) 常量：并非由计算得出的固定数值或文本。表达式或由表达式计算得出的值都不属于常量。

(3) 运算符：用于连接常量、单元格引用、函数等，从而构成完整的表达式。公式中常用的运算符有算术运算符(如加号“+”、减号或负号“-”、乘号“*”、除号“/”、乘方“^”)、字符连接符(如字符串连接符“&”)、关系运算符(如等于“=”、不等于“<>”、大于“>”、大于或等于“>=”、小于“<”、小于或等于“<=”)、括号等。通过运算符可以构建复杂公式，完成复杂运算。

2. 公式的输入与编辑

在电子表格中输入公式与输入普通文本不同，需要遵循一定的规则。

1) 输入公式

(1) 定位结果：在要显示公式计算结果的单元格中单击，使其成为当前活动单元格。

(2) 构建表达式：输入等号“=”，表示正在输入公式，否则系统会将其判断为文本数据，不会产生计算结果。

(3) 引用位置：直接输入常量或单元格地址，或者选中需要引用的单元格或单元格区域。

(4) 确认结果：按Enter键完成输入，计算结果显示在相应单元格中。

2) 修改公式

双击公式所在的单元格，进入编辑状态，在单元格或编辑栏中均可对公式进行修改。修改完毕，按Enter键确认即可。

3) 删除公式

选中公式所在的单元格或单元格区域，按Delete键删除即可。

3. 公式的复制与填充

输入单元格中的公式可以像普通数据一样，通过拖动单元格右下角的填充柄或者单击【开始】选项卡【编辑】选项组中的【填充】按钮进行公式的复制填充，此时自动填充的实际上不是数据本身，而是复制的公式。默认情况下，填充时公式对单元格的引用为相对引用。

4. 单元格引用

在公式中很少输入常量，最常用到的元素就是单元格引用。可以在公式中引用一个单元格、一个单元格区域，或引用另一个工作表或工作簿中的单元格或单元格区域。单元格引用方式分为相对引用、绝对引用和混合引用3类。

(1) 相对引用。公式中的相对单元格引用是根据它们与公式所在单元格的相对位置决定的，如果公式所在的单元格位置发生改变，则引用也随之改变。默认情况下，新公式使用相对引用。当复制使用相对引用的公式时，引用会自动调整。例如，将单元格A1中的公式“=B3”复制到单元格A2中，则单元格A2中的公式将变为“=B4”。

(2) 绝对引用。公式中的绝对单元格引用总是在指定位置引用单元格，如果公式所在单元格的位置改变，则绝对引用将保持不变。绝对引用使用美元符号标注：一个标注在列号前，一个标注在行号前，表示为“$列标$行号”。当复制使用绝对引用的公式时，引用将不作调整。例如，将单元格 A6 中的公式“= A3”复制到单元格 B6 中，则单元格 B6 中的公式与单元格 A6 中的一致，都是“ = A3”。

(3) 混合引用。混合引用是指行或列中一个是相对引用，另一个是绝对引用。例如，“$A1”表示对列使用绝对引用，对行使用相对引用。当复制使用混合引用的公式时，相对引用的部分会自动调整，而绝对引用的部分将保持不变。例如，将单元格 B2 中的公式“ = B$1*$A2”复制到单元格 C4 中，则单元格 C4 中的公式将变为“ = C$1*$A4”。

如需在相对引用和绝对引用之间切换，可先选择公式所在的单元格，在编辑栏中选中要改变的单元格引用部分，再按 F4 键。

7.4.2 定义与引用名称

为单元格或单元格区域指定一个名称是实现绝对引用的方法之一。可以在公式中使用定义的名称以实现绝对引用。可以定义为名称的对象包括常量、单元格或单元格区域、公式等。

1. 创建名称的语法规则

创建名称应遵循如下语法规则：

(1) 唯一性原则。名称在其适用范围内必须始终唯一，不可重复，也不能与单元格地址相同。

(2) 有效字符。名称中首个字符只能是字母或下画线“__”，名称中其余字符可以是字母、数字、句点或下画线。但是，名称中不能单独使用大小写字母或单元格引用地址，因为它们在 R1C1 应用样式中表示工作表的行、列。

(3) 不能使用空格。在名称中不允许使用空格。如果名称中需要使用分隔符，可选用下画线“__”或句点代替。

(4) 名称长度有限制。一个名称最多可以包含 255 个字符。

(5) 不区分大小写。名称可以包含大写字母和小写字母，但是名称中不区分大写字母和小写字母。例如，如果已创建了名称 HELLO，就不允许在同一工作簿中再创建另一个名称 hello，因为电子表格认为它们是同一名称，违反了唯一性原则。

2. 为单元格或单元格区域定义名称

为特定的单位格或单元格区域命名，可以方便快速地定位某一单元格或单元格区域，并可在公式和函数中进行绝对引用。

1) 快速定义名称

快速定义名称的操作步骤如下：

(1) 选中需要命名的单元格或单元格区域。

(2) 单击编辑栏的名称框。

(3) 按照命名规则输入单元格或单元格区域的名称，按 Enter 键确认。

2) 新建名称

新建名称的操作步骤如下：

(1) 选中需要命名的单元格或单元格区域。

(2) 单击【公式】选项卡【定义的名称】选项组中的【定义名称】按钮，弹出【新建名称】对话框，如图 7-36 所示。

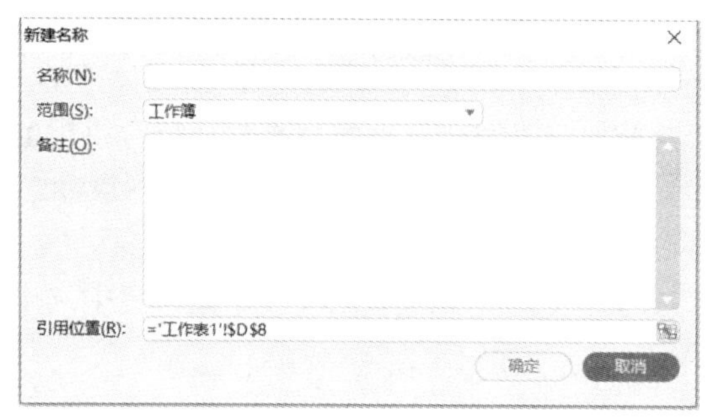

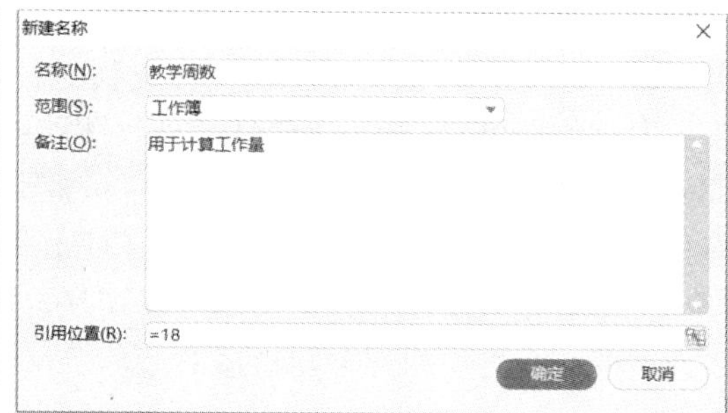

图 7-36 【新建名称】对话框

(3) 在【名称】文本框中输入单元格或单元格区域的新名称。

(4) 在【范围】下拉列表中选择名称的适用范围。

(5) 在【备注】框中输入最多 255 个字符，用于对该名称的说明性批注。

(6) 在【引用位置】框中显示当前选中的单元格或单元格区域。如果需要修改命名对象，可先在【引用位置】框单击，然后在工作表中重新选中单元格或单元格区域。若要为一个常量命名，则先输入等号“=”，然后输入常量值；若要为一个公式命名，则先输入等号“=”，然后输入公式。

(7) 单击【确定】按钮，新建名称完成。

3) 将现有行和列标题转换为名称

将现有行和列标题转换为名称的操作步骤如下：

(1) 选中要命名的单元格区域，必须包括行或列标题。

(2) 单击【公式】选项卡【定义的名称】选项组中的【根据所选内容创建】按钮，弹出【指定名称】对话框，如图 7-37 所示。

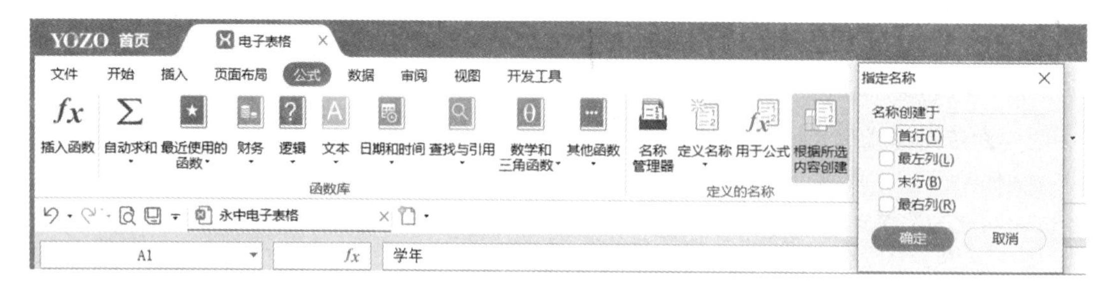

图 7-37 【指定名称】对话框

(3) 在该对话框中，通过选中【首行】、【最左列】、【末行】或【最右列】复选框来指定包含标题的位置。例如，选中【首行】复选框，则可将所选区域的首行标题设为各列数据的名称。

(4) 单击【确定】按钮，完成名称的创建。

3. 引用名称

名称可直接用来快速选中已命名的单元格或单元格区域，更重要的是可以在公式中引用名称以实现精确引用。

(1) 通过名称框引用。单击名称框右侧的下拉箭头，在弹出的下拉列表中会显示所有已被命名的单元格或单元格区域名称，但不包括常量和公式的名称。选择某一名称，使用该名称命名的所有单元格或单元格区域都将被选中。

(2) 在公式中引用。选中准备输入公式的单元格，单击【公式】选项卡【定义的名称】选项组中的【用于公式】按钮，弹出【粘贴名称】对话框，从其名称列表中选择需要引用的名称，按 Enter 键确认，该名称将出现在当前单元格的公式中。

4. 更改或删除名称

如果更改了某个已定义的名称，则工作簿中所有已引用该名称的位置均会自动随之更新。

(1) 单击【公式】选项卡【定义的名称】选项组中的【名称管理器】按钮，弹出【名称管理器】对话框，如图 7-38 所示。

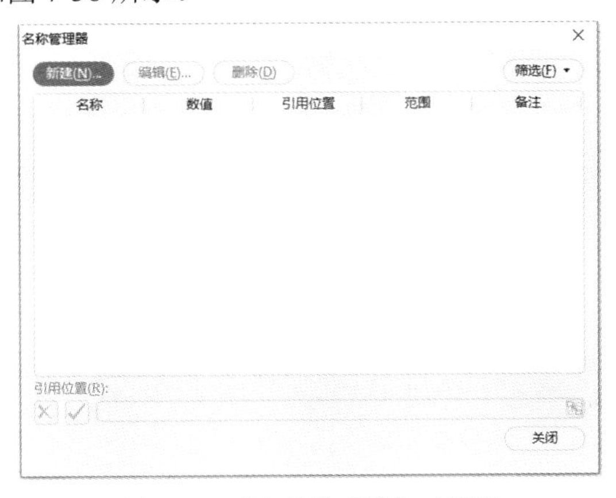

图 7-38　【名称管理器】对话框

(2) 在【名称管理器】对话框的【名称】列表中选择需要更改的名称，单击【编辑】按钮，弹出【编辑名称】对话框。

(3) 在【编辑名称】对话框中按照需要修改名称、引用位置、备注等，但是适用范围不能更改。修改完成后，单击【确定】按钮。

(4) 如果要删除某一名称，可在【名称管理器】对话框中选择该名称，单击【删除】按钮，按提示即可完成删除名称操作。如果公式中引用的某个名称被删除，则可能导致公式出错。

7.4.3　函数的基本使用方法

函数是一些预先设置的公式，通过使用一些特定数值(参数)按特定的顺序或结构计算结果。函数主要用于处理简单的四则运算不能处理的算法，是为解决那些复杂计算需求而提供的一种预置算法。

1. 认识函数

(1) 函数结构。函数通常表示为

函数名([参数 1]，[参数 2]，…)

(2) 函数名称。如要查看永中电子表格所提供的函数列表，可选中任一单元格并按 Shift + F3 组合键，在弹出的【函数】对话框中列出了所有可供使用的函数类别以及每个类别所包含的函数名称。

(3) 参数。函数的参数可以有多个，中间用逗号分隔，其中方括号“[ ]”中的参数是可选参数，而没有方括号“[]”的参数是必需参数，有的函数可以没有参数。函数中的参数可以是常量、文本、逻辑值(TRUE 或 FALSE)、数组、单元格引用、公式或其他函数等。

(4) 嵌套函数。很多情况下，需要将一个函数用作另一个函数的参数，这种在一个函数中调用另一函数的方式称为函数嵌套。

2. 函数分类

永中电子表格提供了大量的工作表函数，并按其功能进行了分类。目前永中电子表格默认提供的函数共十大类，如表 7-1 所示。

表 7-1 永中电子表格函数类别

函数类别	函 数 说 明
财务函数	用于日常财务计算。财务函数为财务分析提供了极大的便利，使用时不必理解高级财务知识，只需填写变量值即可。对于参数，所有投资的金额都以负数表示，收益以正数表示
数学与三角函数	用于代数及几何运算
统计函数	用于对数据区域进行统计分析。统计函数提供了很多属于统计学范畴的函数，但其中有些函数在日常生活中也很有用，如可用统计函数计算班级平均成绩、统计彩票中奖概率、预测产品在未来几个月的销售额等
数据库函数	用于对数据列表或数据库中的数据进行分析，包括进行简单的数据查找工作；数据库函数也可进行常规的数据计算工作。除此之外，数据库函数还可进行较为高级的样本方差计算工作
日期与时间函数	用于计算日期、时间或代表日期、时间的序列号
工程函数	用于进行基本而又复杂的工程数据分析
信息函数	用于返回指定单元格或单元格区域的信息，如单元格或单元格区域的内容、格式、个数等
逻辑函数	用于进行逻辑判断
查找函数	用于查找指定数值或单元格引用
文本函数	用于转换文本格式，查找、替换或定位字符串中的字符。例如，可将数字转换为人民币或美元货币格式的文本、可提取字符串中的前几个或后几个字符等

3. 函数的输入与编辑

函数的输入方式与公式类似，可以直接在单元格中输入“ = 函数名(参数)”，但是准确记住函数名称并正确使用是比较困难的。因此，人们通常会采用参照的方式输入函数(即在选择插入菜单的函数后弹出的对话框按提示输入函数)。

1) 通过【函数库】选项组插入函数

当能够明确地知道所需函数属于哪一类别时，可通过【函数库】选项组插入函数。其操作步骤如下：

(1) 选中要输入函数的单元格。

(2) 单击【公式】选项卡【函数库】选项组中需要输入的函数所在的函数类别按钮。

从弹出的函数列表中选择所需函数，并在弹出的【函数参数】对话框中配置函数参数，如图 7-39 所示。

图 7-39　通过【函数库】选项组插入函数

(3) 单击对话框左下角的【该函数的帮助】超链接，可以获取相关帮助信息。

(4) 输入完毕，单击【确定】按钮。

2) 通过【插入函数】按钮插入函数

当无法确定所使用的具体函数或其所属类别时，可通过【插入函数】按钮插入函数。其操作步骤如下：

(1) 选中要输入函数的单元格。

(2) 单击【公式】选项卡【函数库】选项组中的【插入函数】按钮，弹出【函数】对话框，如图 7-40 所示。

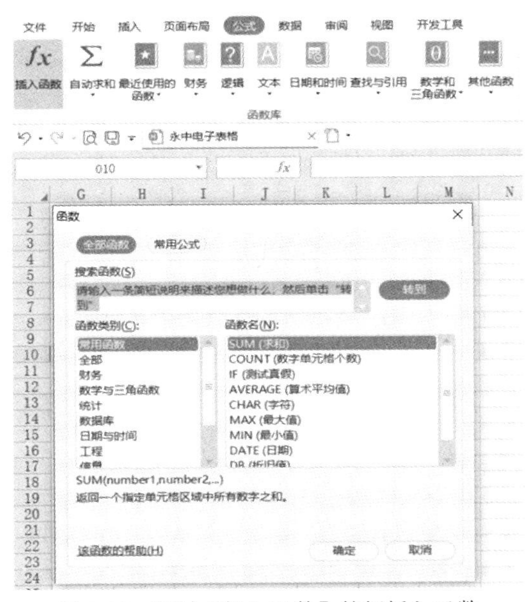

图 7-40　通过【插入函数】按钮插入函数

(3) 在【函数类别】列表框中选择函数类别。

(4) 如果无法确定具体函数，可在【搜索函数】文本框中输入函数的简单说明，单击【转到】按钮。

(5) 在【函数名】列表框中选择所需的函数名。

(6) 单击【确定】按钮，在弹出的【函数参数】对话框中配置函数参数。

3) 修改函数

在包含函数的单元格中双击，进入编辑状态，对函数及其参数进行修改后按 Enter 键确认。

7.4.4 重要函数的应用

本节主要介绍一些日常工作与生活中应该了解和掌握的函数的使用方法，读者也可以在实际应用中借助于软件的帮助功能。

1. 常用函数简介

1) 求和函数 SUM

求和函数 SUM 的语法格式为

SUM(number1, [number2], …)

功能：返回一个指定单元格区域中所有数字之和。

说明：

(1) 至少需要包含一个参数。每个参数都可以是单元格区域、单元格引用、数组、常量、公式或另一个函数的结果。

(2) 若参数为数组或引用，则只有其中的数字将被计算，数组或单元格引用中的空白单元格、逻辑值、文本或错误值将被忽略。

(3) 若参数是错误值或不能转换成数字的文本，则函数返回错误值。

2) 条件求和函数 SUMIF

条件求和函数 SUMIF 的语法格式为

(SUMIF(range, criteria, [sum_range])

功能：根据指定条件对若干单元格求和。

说明：

(1) range：用于条件判断的单元格区域。

(2) criteria：确定哪些单元格将被相加求和的条件，其形式可以为数字、表达式、文本或函数。例如，条件可以表示为 10、"10"、"> 10"、B3、"hello"。

在 criteria 参数中可以使用通配符、问号(？)和星号(*)。其中，问号匹配任意单个字符，星号匹配任意一串字符。如果要查找实际的问号或星号，应在该字符前输入波形符(~)。

在函数中，任何文本条件或任何含有逻辑或数学符号的条件都必须使用双引号("")括起来。如果条件为数字，则无须使用双引号。

(3) sum_range：实际需要进行求和的单元格。只有 range 中的单元格符合 criteria 规定的条件，sum_range 中的单元格才可以进行求和。如果忽略了 sum_range 参数，则将对用于条件判断的单元格区域中符合条件的单元格进行求和。

(4) range 与 sum_range 的单元格区域大小和形状可以有所不同。因为需要求和的实际单元格是通过以下方法确定的：以 sum_range 中左上角的单元格作为起始单元格，包括与 range 大小和形状相对应的单元格。

例如，"=SUMIF(C5:C15, "> 6")"表示对单元格区域 C5:C15 内大于 6 的数值进行相加，"=SUMIF(A6:A10, "5", D1:D5)"表示对条件判断区域 A6:A10 中等于 5 的单元格对应的实际求和区域 D1:D5 中的值进行求和。

3) 绝对值函数 ABS

绝对值函数 ABS 的语法格式为

ABS(number)

功能：返回指定数值的绝对值。

说明：number 为必需的参数。

例如，"=ABS(-3)"表示求-3 的绝对值，"=ABS(A1)"表示对单元格 A1 中的数值求取绝对值。

4) 向下取整函数 INT(number)

功能：将任意实数沿数值减小的方向舍入到最接近的整数(向下取整)。

说明：number 为必需的参数。

例如，"=INT(3.14)"表示将 3.14 向下舍入到最接近的整数，结果为 3；"=INT(-3.14)"表示将 -3.14 向下舍入到最接近的整数，结果为 -4；"=3.14-INT(3.14)"表示返回 3.14 的小数部分。

5) 四舍五入函数 ROUND(number, num_digits)

功能：返回某个数字按指定位数进行舍入后的数值。

说明：

(1) number：需要进行四舍五入的数值。

(2) num_digits：指定的位数，函数将按此位数进行四舍五入。若 num_digits>0，则四舍五入到指定的小数位；若 num_digits=0，则四舍五入到最接近的整数；若 num_digits<0，则在小数点左侧按指定位数进行四舍五入。

例如，"=ROUND(123.45.0)"表示将数值 123.45 四舍五入到整数，结果为 123；"=POUND(123.45, 1)"表示将数值 123.45 四舍五入到一位小数，结果为 123.5；"=ROUND(123.45, -1)"表示将数值 123.45 四舍五入到小数点左侧一位，结果为 120。

(3) 如果希望始终进行向上舍入，可使用 ROUNDUP 函数；如果希望始终进行向下舍入，则应使用 ROUNDDOWN 函数。其他用法同 ROUND 函数类似。

6) 取整函数 TRUNC(number, [num_digits])

功能：按指定位数截去数字的小数部分。

说明：

(1) number：需要截去小数部分的数字。

(2) num_digits：用于指定小数位数的数字。如果忽略 num_digits，则默认其值为 0。

例如，"=TRUNC(15.5)"，公式中忽略了 num_digits 参数，也就是说其默认值是 0，即无小数位数，返回整数部分 15；"=TRUNC(3.1415926, 3)"表示保留 3 位小数，结果为 3.141。

7) *垂直查询函数* VLOOKUP(lookup_value, table_array, col_index_num, [range_lookup])

功能：在表格或数组的首列查找指定值，并返回当前行中某一指定列处的值。

说明：

(1) lookup_value：需要在表格首列查找的指定值。lookup_value 可为数值、单元格引用或文本。若 lookup_value 小于 table_array 中首列的最小值，则 VLOOKUP 函数返回错误值#N/A。

(2) table_array：待返回的匹配值所在的单元格区域。可使用对单元格区域的引用或区域名。table_array 首列中的数值可为文本、数值或逻辑值。table_array 中的文本不区分字母大小写。

(3) col_index_num：table_array 中待返回的匹配值所在列的列标。若 col_index_num 等于 1，则函数返回 table_array 中的第一列的值；若 col_index_num 等于 2，则函数返回 table_array 中的第二列的值；以此类推。若 col_index_num 小于 1，则函数返回错误值"#VALUE!"；若 col_index_num 大于 table_array 中的列数，则函数返回错误值"#REF!"。

(4) range_lookup：一个逻辑值，决定 VLOOKUP 函数查找时是精确匹配还是近似匹配。若 range_lookup 等于 TRUE 或省略，则函数返回近似匹配值。近似匹配值使用小于或等于 lookup_value 的最大值。若 range_lookup 等于 FALSE，则函数返回精确匹配值，若精确匹配值不存在，则函数返回错误值"#N/A"。

如果 range_lookup 为 TRUE 或被省略，则 table_array 中首列的值必须按升序排列；否则，VLOOKUP 函数可能无法返回正确的值。如果 range_lookup 为 FALSE，则不需要对 table_array 首列中的值进行排序。

例如，如图 7-41 所示，"＝VLOOKUP(1.2, A2:C6, 3, FALSE)"表示要查找的单元格区域为 A2:C6，其中 A 列为第 1 列，B 列为第 2 列，C 列为第 3 列。使用精确匹配搜索首列(A 列)中的值 1.2，然后返回同一行中第 3 列(C 列)的值 88。

"＝VLOOKUP(1.19, A1:C5, 2, TRUE)"表示使用近似匹配搜索首列(A 列)中的值 1.19，如果 A 列中没有 1.19 这个值，则近似匹配小于或等于 1.19 的最大值 0.8，然后返回同一行中第 2 列(B 列)的值 30。

	A	B	C
1	示例		
2	0.3	10	hello
3	0.4	20	123
4	0.8	30	abc
5	1.2	40	88
6	1.3	50	100
7			
8	结果		
9	=VLOOKUP(1.2,A2:C6,3,FALSE)		88
10	=VLOOKUP(1.19,A1:C5,2,TRUE)		30
11	=VLOOKUP(0.6,A2:C6,3,FALSE)		#N/A

图 7-41 VLOOKUP 函数示例

8) *逻辑判断函数* IF(logical_test, [value_if_true], [value_if_false])

功能：判断一个值的真假，并指定在该值为真和假两种情况下返回的不同结果。

说明：

(1) logical_test：计算结果为 TRUE 或 FALSE 的值或表达式。例如，有一逻辑表达式"A1＞=60"，若单元格 A1 中的数值为 70，则表达式为 TRUE；若单元格 A1 中的数值为 40，则表达式为 FALSE。

(2) value_if_true：logical_test 为 TRUE 时返回的值。若 value_if_true 为文本串"合格"且 logical_test 检验为真，则 IF 函数返回"合格"；若 logical_test 检验为真而 value_if_true 为空，则返回 0；若希望 logical_test 检验为真时返回 TRUE，则将 value_if_true 设为 TRUE；value_if_true 也可以是公式。

(3) value_if_false：logical_test 为 FALSE 时返回的值(也可以是公式)。现假设 logical_test 检验为假，若 value_if_false 为文本串“不合格”，则 IF 函数返回“不合格”；若 value_if_false 忽略(value_if_true 后无逗号和 value_if_false 参数值)，则返回逻辑值 FALSE；若 value_if_false 为空(value_if_true 后有逗号，并紧跟着右括号)，则返回 0。

9) 当前日期和时间函数 NOW()

功能：返回当前系统的日期和时间。

说明：

(1) 该函数没有参数，所返回的是当前计算机系统的日期和时间。

(2) 日期有 3 种输入方式：带双引号的文本串("2008/01/01")、序列号、其他公式或函数的结果，如 DATEVALUE("2008/01/01")。

(3) 当从另外一个操作系统打开文件时，文件的日期系统会自动转换为当前操作系统默认的日期系统。NOW 函数不能随时更新，只有在重新计算工作表或执行含有 NOW 函数的宏时才可以改变。

(4) 当将数据格式设置为数值时，将返回当前日期和时间所对应的序列号，该序列号的整数部分表明其与 1900 年 1 月 1 日之间的天数，左边的数字表示日期。例如，序列号 20.5 表示时间为中午 12:00，而日期为 1900-1-20。

(5) 当需要在工作表上显示当前日期和时间或者需要根据当前日期和时间计算一个值并在每次打开工作表时更新该值时，该函数很有用。

10) 函数 YEAR(serial_number)

功能：返回指定日期对应的年份，返回值为 1900～9999 的整数。

说明：

serial_number：一个日期值，其中包含要查找的年份。

例如，“ = YEAR(A1)”，当在单元格 A1 中输入日期 2018/10/1 时，该函数返回年份 2018；“ = YEAR(44567)”，此为使用 1900 年日期系统时返回的结果，该函数返回年份 2022。

11) 当前日期函数 TODAY()

功能：返回当前系统的日期。

说明：

(1) 该函数没有参数，所返回的是当前计算机系统的日期。

(2) TODAY 函数和 NOW 函数相似，主要区别是 NOW 函数返回的是当前系统的日期和时间值，而 TODAY 函数仅返回当前系统的日期值。

(3) 当将数据格式设置为数值时，将返回今天日期所对应的序列号，该序列号的整数部分表明其与 1900 年 1 月 1 日之间的天数。通过该函数，可以实现无论何时打开工作簿工作表上都能显示当前日期。该函数也可以用于计算时间间隔，可以用来计算一个人的年龄。

例如，“ = YEAR(TODAY())-1980”，假设一个人出生在 1980 年，该公式使用 TODAY 函数作为 YEAR 函数的参数来获取当前年份，然后减去 1980，最终返回对方的大约年龄。

12) 平均值函数 AVERAGE(number1, [number2], …)

功能：返回一组数据的平均值(算术平均值)。

说明：

(1) number：至少需要包含一个用于计算平均值的参数。参数可以是数字，或是包含数字的名称、数组或引用，一个数字、名称、数组或引用代表一个参数。

(2) 如果数组或引用参数中包含零值，则该值也将参与计算，但文本值、逻辑值或空白单元格则不参与计算。

例如，“=AVERAGE(A1:A6)”表示对单元格区域 A1:A6 中的数值求平均值，“=AVERAGE(A1:A6, 10)”表示对单元格区域 A1:A6 中的数值与数值 10 求平均值。

13) 条件平均值函数 AVERAGEIF(range, criteria, [average_range])

功能：返回某个单元格区域内满足给定条件的所有单元格的平均值(算术平均值)。

说明：

(1) range：要计算平均值的一个或多个单元格，其中包含数字或包含数字的名称、数组或引用。

(2) criteria：形式为数字、表达式、单元格引用或文本的条件，用来定义将计算平均值的单元格。例如，条件可以表示为 32、"32"、">32"、"苹果"或 B4。

(3) average_range：计算平均值的实际单元格组。如果省略，则使用 range。

例如，“AVERAGEIF(A1:A6, “<5000”)”表示求单元格区域 A2:A6 中小于 5000 的数值的平均值，“AVERAGEIF(A1:A6,“>5000”, B1:B6)”表示对单元格区域 B1:B6 中与单元格区域 A1:A6 中大于 5000 的单元格所对应的单元格中的值求平均值。

14) 计数函数 COUNT(value1, [value2], …)

功能：统计指定区域中包含数值的个数。其只对包含数字的单元格进行计数。

说明：

(1) 可包含或引用各种类型数据的参数，但此函数只将数字类型的数据计算在内。参数也可以是名称、数组或引用。

(2) COUNT 函数将数字、日期或代表数字的文本计算在内，但忽略不计逻辑值、错误值或无法转换成数字的文本值；如果数组或引用参数中包含逻辑值、错误值、文本或空白单元格，则这些值将不参与计算。如果需要计算包含逻辑值、文本或错误值在内的单元格个数，可使用 COUNTA 函数。

15) 计数函数 COUNTA(value1, [value2], …)

功能：计算数组或单元格区域中非空单元格的个数。

说明：

(1) value：任意类型的参数，包括逻辑值、错误值和空文本("")，但不能是空白单元格。参数也可以是名称、数组或引用。

(2) 与 COUNT 函数不同的是，COUNTA 函数的参数中不仅数字参与计算，而且文本、逻辑值(如 TRUE 和 FALSE)或错误值(如“#NAME?”“#VALUE!”等)也都参与计算。

例如，“=COUNTA(A1:A6)”表示统计单元格区域 A1:A6 中非空单元格的个数。

16) 条件计数函数 COUNTIF(range, criteria)

功能：统计某一区域中符合条件的单元格数目。

说明：

(1) range：一个或多个要计数的单元格，其中可以包括数字或名称、数组或包含数字的引用，空值和文本值将被忽略。

(2) criteria：指定条件。符合条件的单元格将被计算在内，其形式可以为数字、表达式、单元格引用或文本(如 35、">70"、B3 或"苹果")。其中，数字和单元格引用直接输入，表达式和文本必须加引号。

17) 多条件计数函数 COUNTIFS(criteria_range1, criteria1, [criteria_range2, criteria2], …)

功能：统计指定区域内符合多个给定条件的单元格的数量。可以将条件应用于跨多个区域的单元格，并计算符合所有条件的次数。

说明：

(1) criteria_range1：第一个需要计算其中满足指定条件的单元格区域，简称条件区域。

(2) criteria1：第一个区域中将被计算在内的条件，简称条件。条件的形式为数字、表达式、单元格引用或文本。

(3) criteria_range2, criteria2, …：第二个条件区域和条件，以此类推。最多允许 127 个区域/条件对，最终计算结果为多个区域中满足所有条件的单元格个数。每个附加区域必须与参数 criteria_range1 具有相同的行数和列数，这些区域无须彼此相邻。

例如，"=COUNTIFS(A1:A6, ">60", B3:B8, "<70")"表示统计单元格区域 A1:A6 中包含大于 60 的数，同时在单元格区域 B3:B8 中包含小于 70 的数的个数。

18) 最大值函数 MAX(number1, [number2], …)

功能：返回数据集中的最大数值。

说明：

(1) number：需要从中找出最大值的一组参数。

(2) 直接输入参数列表中的逻辑值和代表数字的文本将被计算在内。

(3) 若参数为数组或引用，则只有数组或引用中的数字参与计算，空白单元格、逻辑值或文本将被忽略。

(4) 若在计算时要包括引用中的逻辑值和文本，可以使用 MAXA 函数。

(5) 若参数为错误值或不能转换为数字的文本，将返回错误值"#NAME"?；若参数中不包含数字，将返回 0。

19) 最小值函数 MIN(number1, [number2], …)

功能：返回数据集中的最小数值。

说明：

number：需要从中找出最小值的一组参数。

其他与 MAX 函数类似。

20) 排位函数 RANK(number, ref, [order])

功能：返回一个数值在一组数值中的排列位置。数值的排位是其大小与数据列表中其他值的比值(若数据列表已排序，则数值的排位就是其当前的位置)。

说明：

(1) number：需要计算其排列位置的数字。

(2) ref：包含一组数字的数组或引用(其中的非数值型参数将被忽略)。

(3) order：指明排位的方式。若 order 为 0 或省略，则数组或引用中的数值将基于 ref

并按照降序排列，即数据列表中的最大值排列在第一位；若 order 不为 0，则数组或引用中的数值将基于 ref 并按照升序排列，即数据列表中的最小值排列在第一位。

21) 文本合并函数 CONCATENATE(text1, [text2], …)

功能：将多个文本字符串合并成一个文本字符串。

说明：

(1) text：需要合并成单个文本字符串的文本项。这些文本项可以为文本字符串、数字或对单个单元格的引用。

(2) 还可以使用运算符“&”来代替 CONCATENATE 函数对文本项进行合并。

例如，“ = A1&B1”与“ = CONCATENATE(A1, B1)”的返回值相同。

22) 截取字符串函数 MID(text, start_num, num_chars)

功能：根据指定的字符数，返回文本字符串中从指定位置开始的特定数目的字符。MID 函数从指定字符开始算起并按由左向右的顺序提取字符。

说明：

(1) text：需要提取字符的文本字符串或包含文本的单元格引用。

(2) start_num：文本中需要提取的起始字符的位置。文本中首字符的 start_num 为 1，第 2 个字符的 start_num 为 2，以此类推。

(3) num_chars：文本中待返回的字符数。

若 start_num 大于文本长度，则 MID 函数返回空文本("")。

若 start_num 小于文本长度，但 start_num 加上 num_chars 大于文本长度，则 MID 函数从 start_num 指定的字符开始返回，直至文本末尾的所有字符。

若 start_num 小于 1，则 MID 函数返回错误值“#VALUE!”。

若 num_chars 是负数，则 MID 函数返回错误值“#VALUE!”。

例如，“= MID(A2, 6, 2)”表示从单元格 A2 中的文本字符串中的第 6 个字符开始提取 2 个字符。

23) 清除空格函数 TRIM(text)

功能：清除指定文本或区域中的空格。

说明：若单词或中文字符之间包含一个或一个以上的空格，则函数返回值中仅在单词或中文字符间保留一个空格。当从其他应用程序中带入包含不规则空格的文本时，可使用该函数清除空格。

例如，“ = TRIM("马克思主义")”表示删除中文文本的前导空格、尾部空格以及字间空格。

24) 字符个数函数 LEN(text)

功能：返回指定文本字符串中包含的字符个数。

说明：

text：需要统计字符数的文本字符串或包含文本的单元格引用。文本中的空格作为字符计算。

例如，“ = LEN(A1)”表示统计位于单元格 A1 中的字符串的长度。

7.4.5 公式返回错误值的常见问题

输入公式或函数后，电子表格有时会返回一个以“#”开始的值。“#”表示公式返回了

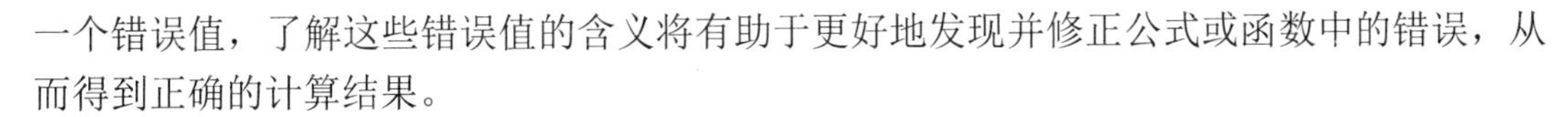

一个错误值，了解这些错误值的含义将有助于更好地发现并修正公式或函数中的错误，从而得到正确的计算结果。

1. 常见错误值

表 7-2 列举了公式或函数中的常见错误值、错误原因以及处理方法。

表 7-2　公式或函数中的常见错误值、错误原因以及处理方法

错误值	原　因	处 理 方 法
#####	单元格所含的数字、日期或时间比单元格宽，或者单元格的日期时间公式产生了一个负值	如果单元格所含的数字、日期或时间比单元格宽，可以通过拖动列表之间的宽度来修改列宽。日期和时间必须为正值，即用较晚的日期或者时间值减去较早的日期或者时间值
#DIV/0!	公式中有除数为零，或者有除数为空白单元格	把除数改为非零数值，或者用 IF 函数进行控制
#N/A	公式使用查找功能函数(VLOOKUP、HLOOKUP、LOOKUP 等)时找不到匹配的值	检查被查找的值，使之的确存在于查找的数据表中的第一列
#NAME?	公式使用了永中 Office 无法识别的文本，如函数的名称拼写错误、使用了没有被定义的单元格区域或单元格名称、引用文本时没有加引号、引用单元格区域时缺少冒号等	根据具体的公式，逐步分析出现该错误的可能，并加以改正
#NULL!	使用了不正确的区域运算符，或引用的单元格区域的交集为空，如“＝SUM(A3 C6)”	改正区域运算符使之正确，或更改引用使之相交
#NUM!	当公式需要数字型参数时，却使用了一个非数字型参数；或使用了迭代计算的工作表函数，如 irr 或 rate，并且函数不能产生有效的结果；或公式返回的值太大/太小	确认函数汇总使用的参数类型正确无误；为工作表函数使用不同的初始值；或修改公式，使其结果在有效数字范围之内
#REF!	公式中使用了无效的单元格引用。通常如下操作会导致公式引用无效的单元格：删除了被公式引用的单元格、将单元格粘贴到由其他公式引用的单元格中	避免导致引用无效的操作，如果已经出现错误，则先撤销，然后用正确的方法操作
#VALUE!	文本类型的数据参与了数值运算，函数参数的数值类型不正确；或函数的参数本应该是单一值，却提供了一个数据区域作为参数；或输入一个数组公式时，忘记按 Ctrl＋Shift＋Enter 组合键	更正相关的数据类型或参数类型；提供正确的参数；或输入数组公式时，记得按 Ctrl＋Shift＋Enter 组合键确认

2. 检查并更正常见公式错误

检查并更正常见错误的操作步骤如下：

(1) 选择要进行错误检查的工作表，选中出现错误值的单元格。

(2) 单击【公式】选项卡【公式审核】选项组中的【错误检查】按钮，永中电子表格将绘制追踪箭头，箭头由引起错误的单元格指向错误值所在的单元格，如图 7-42 所示。

	A	B	C
1	示例		
2	0.3	10	hello
3	0.4	20	123
4	0.8	30	abc
5	1.2	40	88
6	1.3	50	100
7			
8	结果		
9	=VLOOKUP(1.2,A2:C6,3,FALSE)		88
10	=VLOOKUP(1.19,A1:C5,2,TRUE)		30
11	=VLOOKUP(0.6,A2:C6,3,FALSE)		#N/A

图 7-42 通过【错误检查】按钮进行错误追踪

(3) 更正完成不再有错误值后追踪箭头将自动消失；或者单击【公式】选项卡【公式审核】选项组中的【移去箭头】按钮，也可手动删除箭头。

7.5 输入和编辑数据

7.5.1 输入简单数据

在永中电子表格中，可以方便地输入数值、文本、日期等各种类型的数据。

(1) 输入数据：在需要输入数据的单元格中单击，输入数据，然后按 Enter 键或 Tab 键或方向键。

(2) 输入数值和文本：在永中电子表格中，数值与文本是存在区别的，数值可以直接参与四则运算，而文本不可以。在单元格中直接输入数字(如“100”)或文字(如“中国”)后按 Enter 键，Excel 自动识别其为数值或文本，数值居右显示，文本居左显示。

(3) 输入文本型数值：有一类文本形式上看起来是数字，但实质上是文本，如序号 001，以及 18 位身份证号等。因为永中电子表格的数值精度只支持 15 位，无法精确输入 18 位数字，所以只能以文本方式输入身份证号。在单元格中首先输入西文撇号，再输入数字，如“001”“123456789123456789”，按 Enter 键后即显示为正确的文本型数值。

(4) 输入日期：永中电子表格支持多种日期格式，在单元格中直接输入类似 2022 年 1 月 1 日、2022/1/1、1/1、2022-1-1、2022-1 等形式的数据，按 Enter 键后均可以自动转换显示为日期型数据并居右显示。

7.5.2 自动填充数据

在永中电子表格中，利用自动填充数据功能可以有效提高输入数据的速度和质量，减少重复劳动。

1. 序列填充的基本方法

序列填充是常用的快速输入技术之一。在永中电子表格中可以通过以下方式进行数据的自动填充。

(1) 拖动填充柄：活动单元格右下角的小方块被称为填充柄。首先在活动单元格中输入序列的第一个数据，然后利用鼠标向不同方向拖动该单元格的填充柄，完成填充后释放鼠标左键，所填充单元格区域右下角显示自动填充选项，单击该图标，可从弹出的下拉列表中更改选中单元格区域的填充方式，如图 7-43 所示。

图 7-43　拖动填充柄实现自动填充

(2) 使用【填充】按钮：首先在某个单元格中输入序列的第一个数据，从该单元格开始向某一方向选中与该数据相邻的空白单元格或单元格区域(例如，准备向右填充，则选择其右侧单元格)，单击【开始】选项卡【编辑】选项组中的【填充】下拉按钮，从弹出的下拉列表中选择【序列】命令，在弹出的【数据序列】对话框中选择填充方式，如图 7-44 所示。

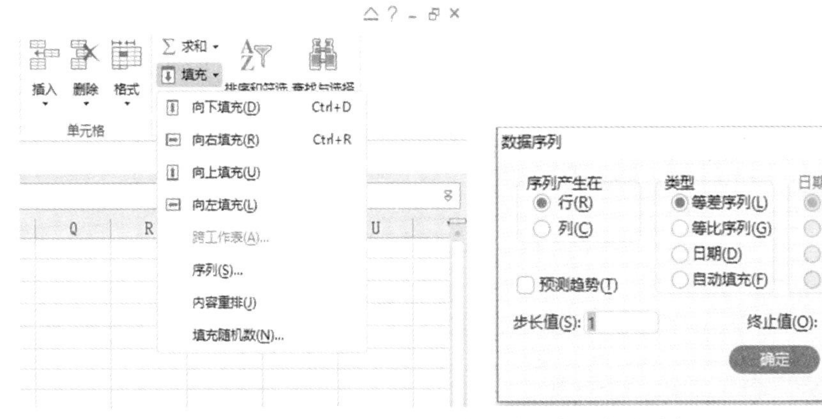

图 7-44　使用【填充】按钮实现自动填充

若要在单元格中快速填充相邻单元格的内容，可以按 Ctrl + D 组合键，向下填充上方单元格的相同内容；或按 Ctrl + R 组合键，向右填充左侧单元格的相同内容。

(3) 使用鼠标右键快捷菜单：按住鼠标右键，拖动含有第一个数据的活动单元格右下角的填充柄到最末一个单元格后松开鼠标，从弹出的快捷菜单中选择【序列填充】命令，如图 7-45 所示。

图 7-45　使用鼠标右键快捷菜单实现自动填充

2. 可以填充的内置序列

永中电子表格还提供了一些常用的内置序列，可以运用不同的方法自动填充下列数据：

(1) 数字序列，如 1、2、3、…，5、10、15、…。在前两个单元格中分别输入序列的第一、第二个数字，然后同时选中这两个单元格，再拖动填充柄，即可实现不同步长的数字序列填充。

(2) 日期序列，如 2011 年、2012 年、2013 年、…，2020/1/15、2020/1/17、2020/1/19、…，星期一、星期二、星期三、…，等等。

(3) 文本序列，如 001、002、003、…，一、二、三、…，等等。

3. 填充公式

将公式填充到相邻单元格中的方法：首先在第一个单元格中输入某个公式，然后拖动该单元格的填充柄，即可填充公式本身而不仅仅是填充公式计算结果。这在进行大量运算时非常有用，既可加快输入速度，也可减少公式输入错误。

4. 自定义序列

对于系统未内置而又经常使用的序列，用户可以创建自定义序列。

1) 基于已有项目列表的自定义填充序列

(1) 首先在工作表的单元格中依次输入一个序列的每个项目，每个项目占用一个单元格，如(一)、(二)、…、(十)；然后选择该序列所在的单元格区域。

(2) 选择【文件】→【选项】命令，在弹出的【选项】对话框中选择【自定义列表】选项卡，如图 7-46 所示。

图 7-46　基于已有项目列表创建自定义序列

(3) 检查【从单元格导入列表】框中是否为已输入序列值的单元格引用，单击【导入】

按钮。

(4) 单击【确定】按钮，退出对话框，完成自定义序列创建操作。

2) 直接定义新项目列表

(1) 选择【文件】→【选项】命令，在弹出的【选项】对话框中选择【自定义列表】选项卡。

(2) 单击左侧【自定义列表】列表框中的【新列表】条目，在右侧【列表项】列表框中依次输入各个条目，输入每个条目后按 Enter 键确认。

(3) 全部条目输入完毕后，单击【添加】按钮。

(4) 单击【确定】按钮，退出对话框，完成自定义序列创建操作。

3) 使用和删除自定义序列

创建自定义序列后，可在任意单元格中输入该序列的第一个条目，按照前面自动填充数据的方法即可进行填充。

若要删除自定义序列，只需按照前面的操作，在【选项】对话框的【自定义列表】选项卡中单击左侧【自定义列表】列表框中需要删除的序列，再单击【删除】按钮即可。其中，系统内置的序列不允许被删除。

7.5.3　修改、删除数据

1. 修改数据

修改数据的基本方法：双击单元格进入编辑状态，直接在单元格中进行修改；或者选中要修改的单元格，在编辑栏中进行修改。

2. 删除数据

删除数据的基本方法：选中数据所在的单元格或单元格区域，按 Delete 键；或者单击【开始】选项卡【编辑】选项组中的【清除】下拉按钮，从弹出的下拉列表中选择相应命令，可以指定删除格式、内容、批注等。

7.5.4　数据的有效性验证

在电子表格中，为了避免在输入数据时出现过多错误，可以通过在单元格中设置数据有效性来进行相关的控制，从而保证数据输入的准确性，提高工作效率。

数据有效性验证可以帮助定义要在单元格中输入的数据类型及数据范围，可以设置选中单元格时显示输入信息，并设置当输入无效数据时显示出错警告。当制作的表单或工作表需要由其他人来输入数据时，数据有效性验证尤为有用。

1. 可以验证的数据类型

(1) 数值：可以指定单元格中的输入项必须是整数或小数、设置最大值和最小值，或将某个数值或范围排除在外。

(2) 日期和时间：可以指定单元格中的输入项必须是日期或时间、设置起始日期(时间)和终止日期(时间)，或将某些日期或时间排除在外。

(3) 序列：可以为单元格创建一个选项列表，只允许在单元格中输入指定值。选中单元格时，单元格右侧将显示一个下拉箭头，单击下拉箭头，将显示所设置的值列表，用户可以在列表中轻松选择需要输入的序列值。当需要经常重复输入一些词组或短语时，使用此方法非常快捷、方便。

(4) 文本长度：可以限制单元格中允许输入的字符个数，或者指定输入字符的最少个数。

(5) 公式计算结果为逻辑值的数据：可以自定义一个计算结果为逻辑值的公式，该公式引用需要验证的单元格。如果单元格中的数据有效，则公式计算结果为 TRUE；如果数据无效，则计算结果为 FALSE。

2. 设置数据有效性的方法

(1) 选中需要修改数据有效性的单元格或单元格区域。

(2) 单击【数据】选项卡【数据工具】选项组中的【数据有效性】按钮，弹出【数据有效性】对话框，如图 7-47 所示。

(3) 分别在【设置】、【输入信息】、【出错警告】选项卡中进行有效性设置。

(4) 如果希望将所做的修改应用到当前工作表中其他具有相同数据有效性设置的单元格，可选中【设置】选项卡中的【对有同样设置的所有其他单元格应用这些更改】复选框。

(5) 如需取消数据有效性控制，只要在【数据有效性】对话框中单击左下角的【全部清除】按钮即可。

图 7-47 【数据有效性】对话框

7.6 整理和修饰表

为美化表格或者改进工作表的可读性，需要对输入了数据的表格进行格式化。

7.6.1 选中单元格或单元格区域

在对表格进行修饰前，需要先选中单元格或单元格区域作为修饰对象。选中单元格或单元格区域的方法多种多样，常用快捷方法如表 7-3 所示。

表 7-3　选中单元格或单元格区域的常用快捷方法

操　作	常用快捷方法
选中单元格	单击单元格
选中整行	单击行号选中一行；用鼠标在行号上拖动选中连续多行；按住 Ctrl 键并单击行号选中不相邻多行；按住 Shift 键并单击起始行和结束行，连续选中两行之间的所有行
选中整列	单击列标选中一列；用鼠标在列标上拖动选中连续多列；按住 Ctrl 键并单击列标选中不相邻多列；按住 Shift 键并单击起始列和结束列，连续选中两列之间的所有列
选中一个区域	在起始单元格中单击，按住左键不放，拖动鼠标选中一个区域；按住 Shift 键的同时按方向键，以扩展选中区域；单击该区域中的第一个单元格，在按住 Shift 键的同时单击该区域中的最后一个单元格
选中不相邻区域	先选中一个单元格或单元格区域，然后按住 Ctrl 键不放选中其他不相邻区域
选中整个表格	单击表格左上角的【全选】按钮，或者在空白区域中按 Ctrl + A 组合键
选中有数据的区域	按 Ctrl + 箭头键可移动光标到工作表中当前数据区域的边缘；按 Shift + 箭头键可将单元格的选中范围向指定方向扩大一个单元格；在数据区域中按 Ctrl + A 或者 Ctrl + Shift + *组合键，可选中当前连续的数据区域；按 Ctrl + Shift + 箭头键，可将单元格的选中范围扩展到活动单元格所在列或行中的最后一个非空单元格，或者如果下一个单元格为空，则将选中范围扩展到下一个非空单元格
快速定位	在【名称框】中直接输入单元格地址或选中已定义名称，可直接跳转到相应位置；通过【开始】选项卡【查找与选中】选项组中的各项命令，可以实现特殊定位

7.6.2　行列操作

行列操作包括调整行高、列宽，插入行或列，删除行或列，移动行或列，隐藏行或列等基本操作，如表 7-4 所示。

表 7-4　行列操作方法

操 作	基 本 方 法
调整行高	用鼠标拖动行号的下边线；或者单击【开始】选项卡【单元格】选项组中的【格式】下拉按钮，在弹出的下拉列表中选择【行】→【行高】命令，在弹出的【行高】对话框中输入精确值
调整列宽	用鼠标拖动列标的右边线；或者单击【开始】选项卡【单元格】选项组中的【格式】下拉按钮，在弹出的下拉列表中选择【列】→【列宽】命令，在弹出的【列宽】对话框中输入精确值
隐藏行	用鼠标拖动行号的下边线与上边线重合；或者单击【开始】选项卡【单元格】选项组中的【格式】下拉按钮，在弹出的下拉列表中选择【行】→【隐藏】命令
隐藏列	用鼠标拖动列标的右边线与左边线重合；或者单击【开始】选项卡【单元格】选项组中的【格式】下拉按钮，在弹出的下拉列表中选择【列】→【隐藏】命令
插入行	右键单击选中需要插入行的下方任意单元格，在弹出的快捷键菜单中选择【插入】命令，在弹出的【插入】对话框中选中【整行】单选按钮，单击【确定】按钮，完成在单元格上方插入空白行；或者单击【开始】选项卡【单元格】选项组中的【插入】下拉按钮，在弹出的下拉列表中选择【插入工作表行】命令，当前行上方将插入一个空白行

续表

操 作	基 本 方 法
插入列	右键单击选中需要插入列的右侧任意单元格，在弹出的快捷键菜单中选择【插入】命令，在弹出的【插入】对话框中选中【整列】单选按钮，单击【确定】按钮，完成在单元格左侧插入空白行；或者单击【开始】选项卡【单元格】选项组中的【插入】下拉按钮，在弹出的下拉列表中选择【插入工作表列】命令，当前行左侧将插入一个空白列
删除行或列	右键单击行头或者列头上需要删除的行或列，在弹出的快捷菜单中选择【删除】命令；或者单击【开始】选项卡【单元格】选项组中的【删除】下拉按钮，在弹出的下拉列表中选择【删除工作表行】或【删除工作表列】命令
移动行或列	选中要移动的行或列，将光标指向所选行或列的边线，当光标变为四向箭头时，按住左键拖动鼠标即可实现行或列的移动

7.6.3 设置字体及对齐方式

设置单元格格式是创建文档过程中不可缺少的一个步骤，它可以美化文档，有效显示数据，从而增强文档的阅读效果。

1. 设置字体、字号

选中需要设置字体、字号的单元格或单元格区域，单击【开始】选项卡【字体】选项组中不同的按钮，即可为数据设置字体、字号、字形、字体颜色、效果等格式。

2. 设置对齐方式

选中需要设置对齐方式的单元格或单元格区域，单击【开始】选项卡【对齐方式】选项组中不同的按钮，即可设置不同的对齐方式、缩进量，并进行自动换行和合并。

如果需要进行更多的选项设置，可单击【对齐方式】选项组右下角的对话框启动器按钮，弹出【单元格格式】对话框的【对齐】选项卡，如图 7-48 所示。其中，【水平对齐】下拉列表中的【跨列居中】可以实现无须合并单元格而使文字在选中的区域内居中显示的效果。

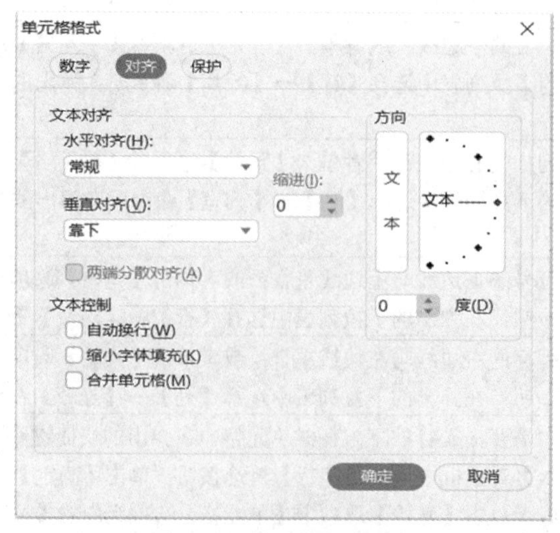

图 7-48 【对齐】选项卡

7.6.4　设置数字格式

数字格式是指表格中数据的显示形式，数字格式的改变并不影响数值本身。通常情况下，输入单元格中的数据是未经格式化的，尽管电子表格会尽量将其显示为最接近的格式，但并不能满足所有需求。例如，当试图在单元格中输入一个人的 18 位身份证号时，可能会发现直接输入一串数字后结果是错误的，这时就需要通过数字格式的设置将其指定为文本，才能正确显示。

通常来说，对表格中的数据进行格式化操作，这样不仅美观，而且更便于阅读，甚至可以提高显示精度等。

1. 永中电子表格提供的内置数字格式

单元格中的数字可以根据需要改变其格式类型及外观，分别可设为常规型、数值型、货币型、会计型、日期型、时间型、百分数、分数型、科学型、文本型、特殊型，也可以自定义数字格式。

2. 设置数字格式的基本方法

(1) 选中需要设置数据格式的单元格。

(2) 单击【开始】选项卡【数字】选项组中的【数字格式】下拉按钮，从弹出的下拉列表中选择相应的格式。利用【数字】选项组的其他按钮可进行百分数、小数位数等格式的快速设置。

(3) 如果需要其他的格式选择或调整，可单击【开始】选项卡【数字】选项组右下侧的对话框启动器按钮，或选择【数字格式】下拉列表中的【其他数字格式】命令，弹出【单元格格式】对话框，在【数字】选项卡中进行更加详细的设置，如图 7-49 所示。

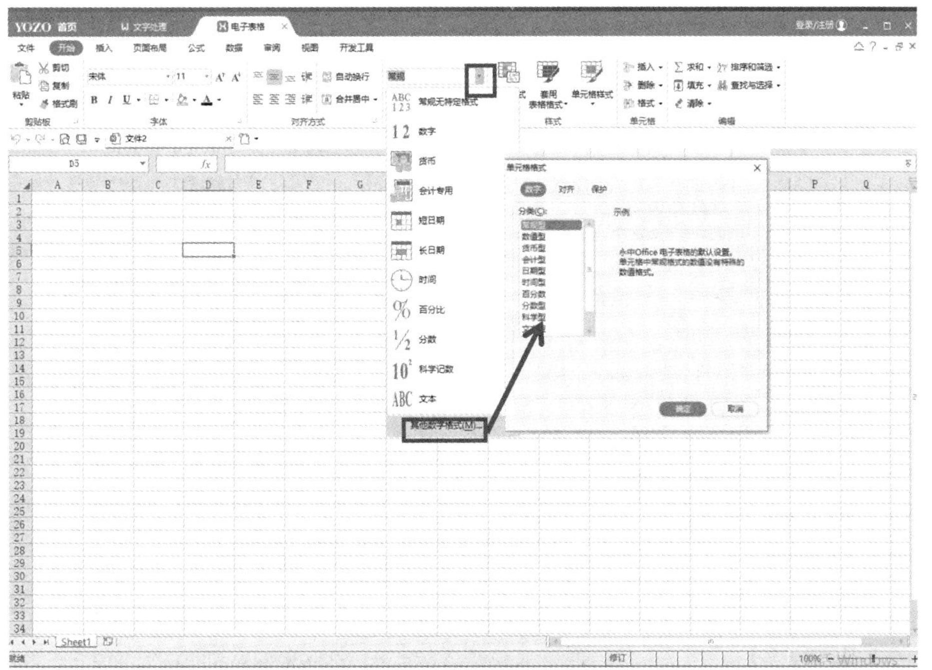

图 7-49　设置合适的数字格式

3. 自定义数字格式

有时内置的数字格式并不能满足用户的个性化需求，如数字后自动加单位、对不同数据添加颜色便于区分或强调、为某些数值设置显示条件等，这就需要用到自定义数字格式。

1) 数字格式代码的定义规则

永中电子表格自定义格式代码可以为正数、负数、零值和文本这 4 种类型的数字指定不同的格式，代码中用英文输入状态下的分号来分隔不同的区段，每个区段的代码作用于不同类型的数字。完整格式代码的组成结构如下：

正数格式；负数格式；零值格式；文本格式

例如，某单元格自定义数字格式代码为“[红色]G/通用格式；[黄色]G/通用格式；[蓝色]G/通用格式；[绿色]G/通用格式”，则当该单元格中的值为正数时字体颜色显示红色，值为负数时字体颜色显示黄色，值为零值时字体颜色显示蓝色，值为文本时字体颜色显示绿色。

并不需要严格按照 4 个区段来编写格式代码，只写 1 个或 2 个区段也是可以的。表 7-5 详细列出了各区段数相应的代码结构规则。

表 7-5 各区段数相应的代码结构规则

区段数	代码结构规则
1	格式代码作用于所有类型的数值
2	第 1 区段作用于正数和零值，第 2 区段作用于负数
3	第 1 区段作用于正数，第 2 区段作用于负数，第 3 区段作用于零值
4	第 1 区段作用于正数，第 2 区段作用于负数，第 3 区段作用于零值，第 4 区段作用于文本

2) 常用占位符

定义数字格式时需要通过占位符来构建代码模型，常用占位符如表 7-6 所示。

表 7-6 数字格式的常用占位符

占位符	说 明
0	数字占位符。如果数字长度大于占位符长度，则显示实际数字(小数点后按 0 的位数四舍五入)；如果小于占位符长度，则用 0 补足。例如，用 00.000 定义 1.2，则显示为 01.200
#	数字占位符。只显示有意义的零而不显示无意义的 0。小数点前不会补 0，小数点后数字长度若大于#的数量，则按#的位数四舍五入；小数点后数字长度若小于#的数量，则不补 0。例如，用#.##定义 0.618，则显示数字 0.62
?	数字占位符。在小数点两侧为无意义的 0 加上空格，使得小数点在列中对齐，即补位。例如，用 0.0000？定义 0.618 和 1.2，则列中数字 0.618 和 1.2 的小数点将对齐
.	在数字中显示小数点。例如，用##.00 定义 12，则显示数字 12.00
,	在数字中显示千位分隔符。例如，用#, ##定义 12300，则显示数字 12, 300
"文本"	文本占位符。显示" "中间的文本。例如，用“人民币"#, ##"元”定义 12300，则显示结果为人民币 12300 元
[颜色]	用指定颜色显示。例如，用“ [红色]0, 0.#”定义 1234.56，则显示红色数字 1, 234.6
[其他条件]	条件格式。最多可设置 3 个条件，当单元格中的数字满足指定的条件时，自动将条件格式应用于单元格。例如，［>＝10］#.##表示将大于或等于 10 的数字用#.##形式格式化

3) 创建新的数字格式

用户可以在已有的内置格式中选择一个近似的格式，在此基础上更改该格式的任意代码节，以创建自己的自定义数字格式。创建一个数字格式的操作步骤如下：

(1) 选中需要应用自定义数字格式的单元格或单元格区域。

(2) 单击【开始】选项卡【数字】选项组中的【数字】对话框启动器按钮，弹出【单元格格式】对话框。

(3) 在【数字】选项卡的【分类】列表框中选择某一内置格式作为参考，如【日期型】。

(4) 选择【分类】列表框最下方的【自定义】，右侧【类型】列表框中将会显示当前数字格式的代码。此时，还可以在下方的代码列表中选择其他的参照代码类型。

(5) 在【类型】下的文本框中更新参照代码，生成新的格式，如图 7-50 所示。

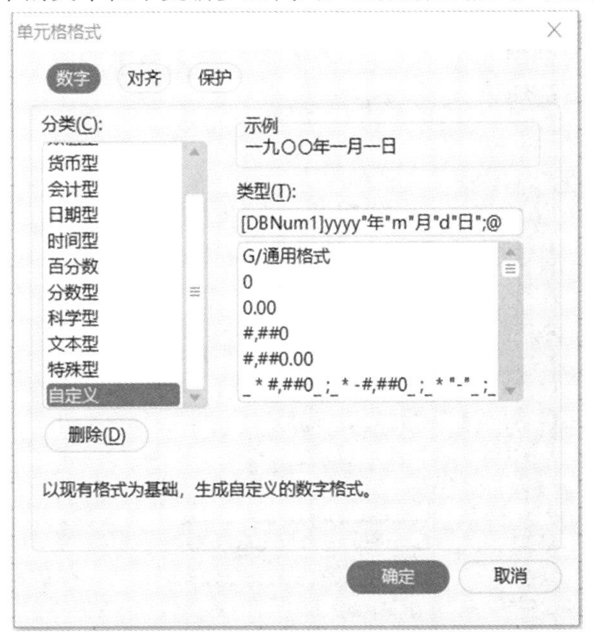

图 7-50　创建新的数字格式

(6) 单击【确定】按钮，完成设置。

7.6.5　设置边框和底纹

默认情况下，工作表中的网格线只用于显示，不会被打印。为了使表格更加美观易读，可以改变表格的边框线，还可以为需要重点突出的单元格设置底纹颜色。改变单元格边框和底纹的操作步骤如下：

(1) 选中需要设置边框或底纹的单元格或单元格区域。

(2) 单击【开始】选项卡【字体】选项组中的【边框】下拉按钮，从弹出的下拉列表中选择不同的边框类型。

(3) 单击【填充颜色】按钮右边的箭头，可为单元格填充不同的背景颜色。

如果需要进行更详细的设置，则右键单击选中单元格或单元格区域，从弹出的快捷菜单中选择【边框】命令，可以设置边框的位置、边框线条的样式及颜色，选择【设置背景格式】命令，可以指定背景色或图案，如图 7-51 所示。

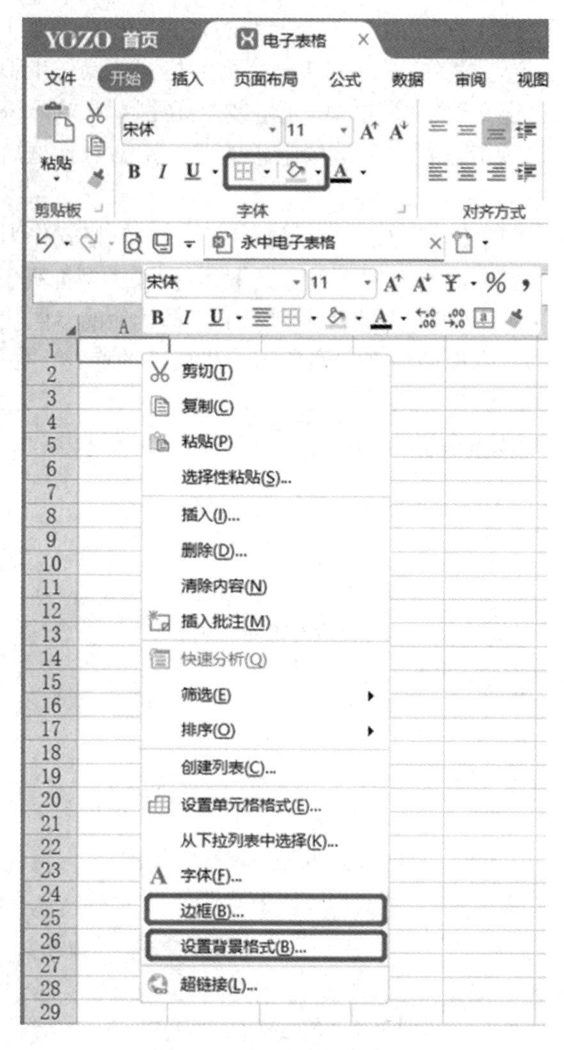

图 7-51 设置边框和底纹

7.6.6 自动套用预置样式

永中电子表格除了手动进行各种格式化操作外，还提供了各种自动格式化的高级功能，以方便快速地进行格式化操作。

1. 自动套用格式

电子表格本身提供了大量预置好的表格样式，可自动实现包括字体大小、填充图案和对齐方式等单元格格式集合的应用，可以根据实际需要为数据表格快速指定预定样式，从而快速实现报表格式化，在节省许多时间的同时产生美观统一的效果。

1) 指定单元格样式

该功能只对某个指定的单元格设置预置格式。其操作步骤如下：

(1) 选中需要应用样式的单元格或单元格区域。

(2) 单击【开始】选项卡【样式】选项组中右侧的下拉按钮，弹出预置样式列表，如图 7-52 所示。

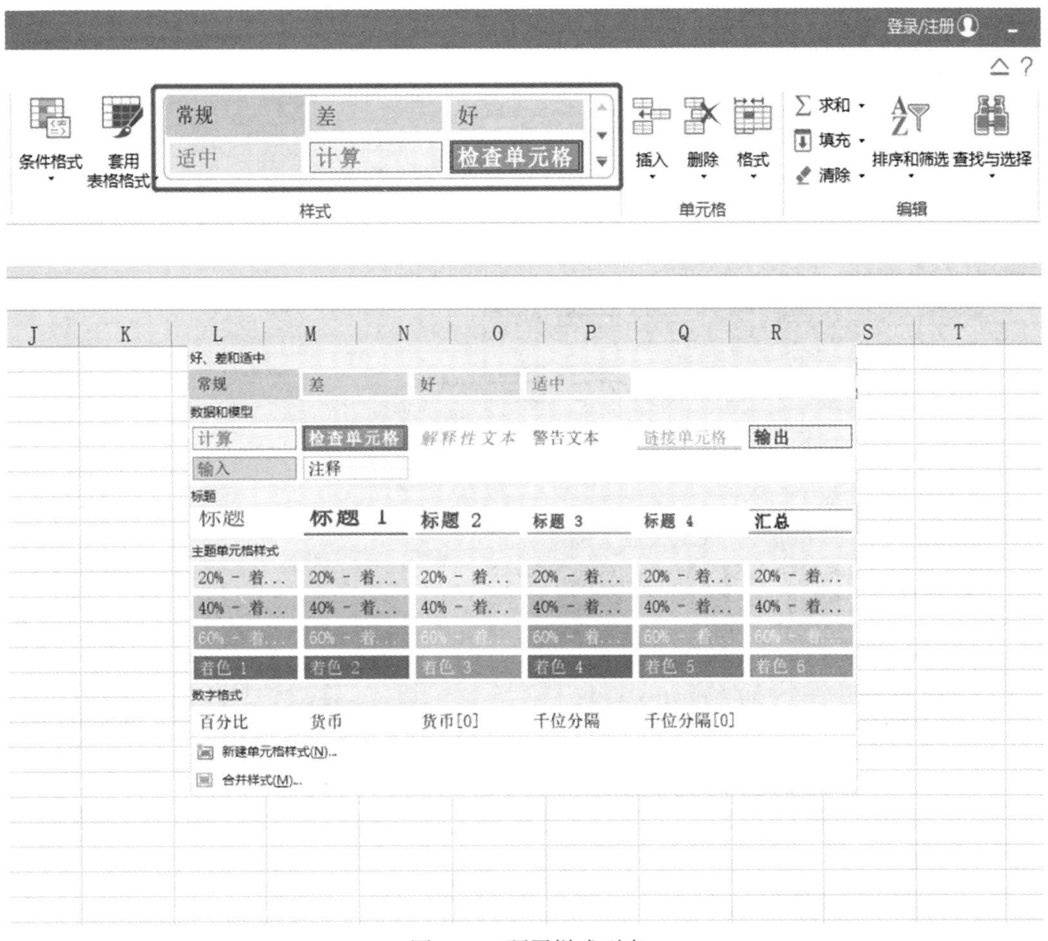

图 7-52　预置样式列表

(3) 选择某一个预定样式，即可将相应的格式应用到选中的单元格区域中。

(4) 如果需要自定义样式，可选择样式列表中的【新建单元格样式】命令。

(5) 在弹出的【样式】对话框中可以编辑样式名，单击【格式】按钮可对单元格、字体、边框、背景等进行详细设置。

2) 套用表格格式

自动套用表格格式将把格式集合应用到整个数据区域。套用表格格式的操作步骤如下：

(1) 选中需要套用格式的单元格区域。

(2) 单击【开始】选项卡【样式】选项组中的【套用表格格式】下拉按钮，弹出预置样式列表。

(3) 选择某一个预定样式，即可将相应的格式应用到选中的单元格区域中。

(4) 如果需要自定义快速样式，可选择格式列表中的【新建表格样式】命令，弹出【新建表样式】对话框，输入样式名称，指定需要设置的表元素，设置【格式】，单击【确定】按钮，新建样式将会显示在样式列表最上面的【自定义】区域中以供选择，如图 7-53 所示。

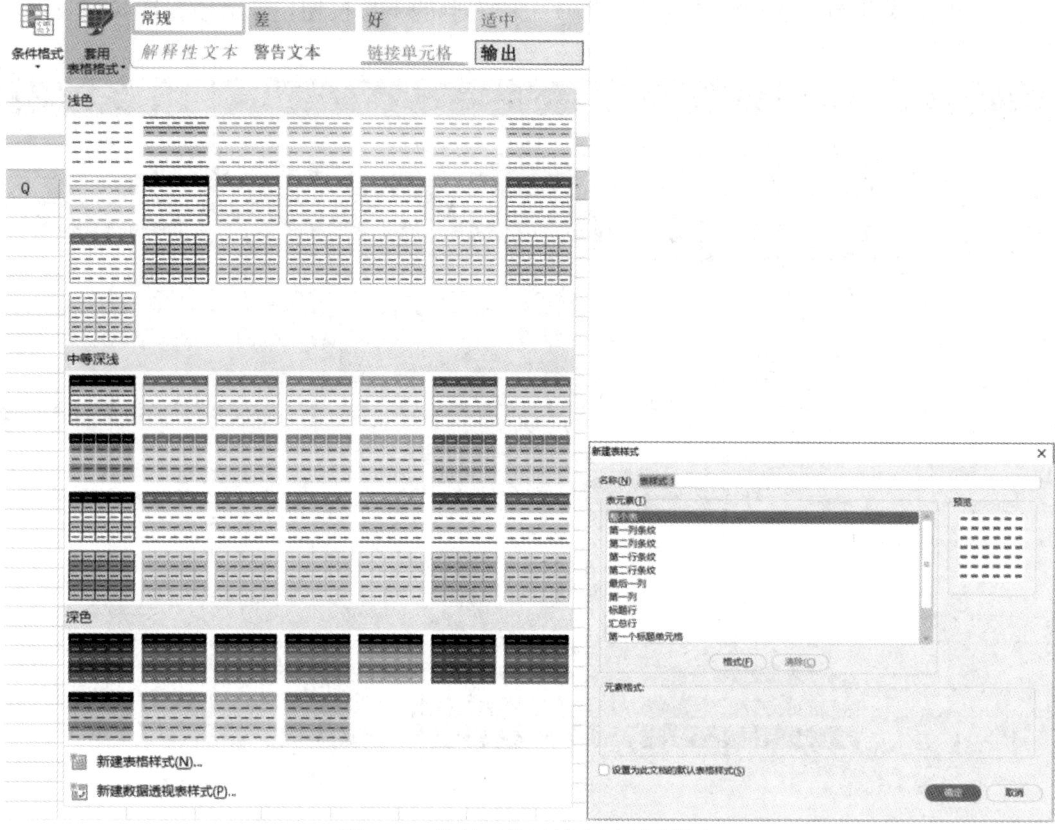

图 7-53 为单元格区域套用预置样式

(5) 如果需要取消套用格式，则将光标定位在已套用格式的单元格区域中，单击【设计】选项卡【表格样式】选项组右下角的下拉按钮，弹出样式列表，选择【清除】命令即可。

2. 在工作表中创建“表”

在对工作表中某个区域套用表格格式后，会发现所选区域的第一行自动出现了【筛选】箭头标记，这是因为永中电子表格自动将该区域定义成了一个“表”。

“表”是在电子表格工作表中创建的独立数据区域，可以看作“表中表”。“表”要求有一个标题行，以便于对“表”中的数据进行管理和分析。“表”本身以及包含的列将被自动定义名称以便引用。但被定义为“表”的区域不可以进行分类汇总，不能进行单元格合并操作，不能对带有外部连接的数据区域定义“表”。

1) 在工作表中创建“表”

方法一：通过插入表格的方式创建“表”。

(1) 在工作表中选中要插入“表”的单元格区域。

(2) 单击【插入】选项卡【表格】选项组中的【表格】按钮，弹出【创建列表】对话框。

(3) 如果需要重新选中单元格区域，可以单击数据位置右侧的按钮，在工作表中手动选中单元格区域后确定即可。

(4) 单击【确定】按钮，所选区域将自动应用默认表格样式并被定义为一个“表”，如图 7-54 所示。

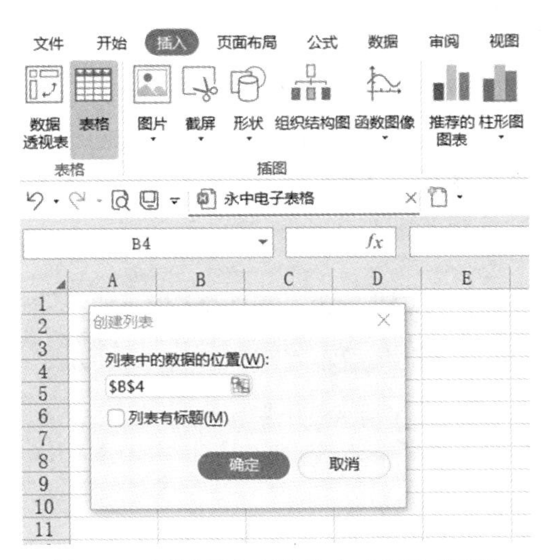

图 7-54　通过插入表格的方式创建“表”

(5) 创建“表”后，选中“表”中任意单元格，将出现【设计】选项卡，通过使用【设计】选项卡下的工具可对该“表”进行编辑或格式化操作等，如图 7-55 所示。

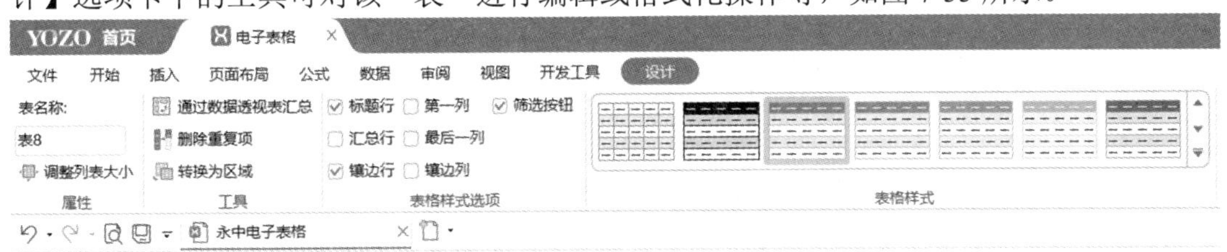

图 7-55　【设计】选项卡

方法二：通过套用表格格式生成“表”。

选中工作表中任意单元格区域，单击【开始】选项卡【样式】选项组中的【套用表格格式】按钮，选用任一表格样式的同时，所选区域被定义为一个“表”。

2) 将“表”转换为普通区域

“表”中的数据很容易进行管理和分析，但不能进行分类汇总。有时仅仅是为了快速应用一个表格样式，无须“表”功能，这就可以将“表”转换为常规数据区域，同时保留所套用的格式。其操作步骤如下：

(1) 单击“表”中的任意位置，打开【设计】选项卡。

(2) 单击【设计】选项卡【工具】选项组中的【转换为区域】按钮，在弹出的对话框中单击【是】按钮。

3) 删除“表”

选中相应的“表”区域(包括“表”标题)，按 Delete 键即可。

7.6.7　应用条件格式

永中电子表格提供的条件格式功能可以迅速为满足某些条件的单元格或单元格区域设置格式。条件格式将会基于设置的条件自动更改单元格区域的外观，可以突出显示所关注的单元格或单元格区域，强调特殊值，使用数据条、颜色刻度和图标集来直观地显示数据。

1. 利用预置条件实现快速格式化

永中电子表格提供快速使用预置条件的操作步骤如下：

(1) 选中工作表中需要设置条件格式的单元格或单元格区域。

(2) 单击【开始】选项卡【样式】选项组中的【条件格式】下拉按钮，弹出规则下拉列表，如图 7-56 所示。

图 7-56　规则下拉列表

(3) 移动鼠标指针指向任意规则，右侧将出现下级菜单，从中单击预置的条件格式，即可快速实现格式化。

各项条件规则的功能说明如下：

(1) 突出显示单元格规则：使用大于、小于、等于、包含等比较运算符限定数据范围，对属于该数据范围内的单元格设置格式。例如，在一份成绩单中，可将所有不及格的分数用红色字体突出显示。

(2) 项目选取规则：可以将选中单元格区域中的前若干个最高值或后若干个最低值、高于或低于该区域平均值的单元格设置特殊格式。例如，在一份成绩排名中，可用绿色字体标示总成绩排在后 5 名的分数。

(3) 数据条：数据条的长度代表单元格中的值，可帮助用户查看某个单元格相对于其他单元格的值。数据条越长，表示值越高；数据条越短，表示值越低。在观察大量数据(如节假日销售报表中最畅销和最滞销的商品)中的较高值和较低值时，数据条尤其有用。

(4) 色阶：使用两种或三种颜色的渐变效果帮助用户比较单元格区域，颜色的深浅一般表示值的高低。例如，在红色、黄色和绿色的三色刻度中，可以指定较高值单元格的颜色为红色，中间值单元格的颜色为黄色，而较低值单元格的颜色为绿色。

(5) 图标集：使用图标集可以对数据进行注释，并可以按临界值将数据分为 3～5 个类别，每个图标代表一个值的范围。例如，在三向箭头图标集中，绿色的上箭头代表较高值，黄色的横向箭头代表中间值，红色的下箭头代表较低值。

2. 自定义规则实现高级格式化

可以通过自定义复杂的规则方便地实现条件格式设置，操作步骤如下：

(1) 选中需要应用条件格式的单元格或单元格区域。

(2) 单击【开始】选项卡【样式】选项组中的【条件格式】下拉按钮，从弹出的下拉列表中选择【管理规则】命令，弹出【条件格式规则管理器】对话框。

(3) 单击【新建规则】按钮，弹出【新建格式规则】对话框。从【选择规则类型】列表框中选择任意规则类型，在【编辑规则说明】选项区域中设置相应规则，单击【确定】按钮退出，如图 7-57 所示。

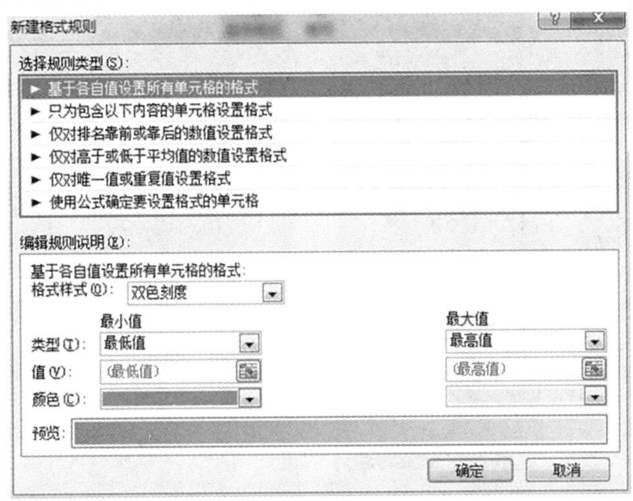

图 7-57　【新建格式规则】对话框

(4) 若要修改规则，则应在【条件格式规则管理器】对话框的规则列表中选择要修改的规则，单击【编辑规则】按钮进行修改或者单击【删除规则】按钮删除指定规则。

(5) 规则设置完毕，单击【确定】按钮即可。

7.7　创　建　图　表

图表以图形形式来显示数据，通过形象化的结果使工作表中的数据更直观，更具可比性，让用户更易分析和理解各类大量数据之间的关系。

7.7.1　绘制函数图像

函数图像是永中电子表格的特有功能，通过选择函数类型或表达式、输入自变量的值，就可以在工作表中绘制函数图像。其操作步骤如下：

(1) 单击【插入】选项卡【插图】选项组中的【函数图像】下拉按钮，从弹出的下拉列表中选择对应的函数命令。

(2) 在弹出的函数参数配置对话框中，根据函数解析式形式依次在下方表达式参数或自变量取值范围列表中输入参数值，单击【预览】按钮，即可查看当前函数图像，如图 7-58 所示。

(3) 单击【确定】按钮，将函数图像插入工作表中。

(4) 单击函数图像，在【设计】选项卡【坐标轴】选项组中可以设置 X、Y 轴属性；也

可以单击【设置坐标轴格式】按钮，在弹出的【设置坐标轴格式】对话框中设置坐标轴格式，如图 7-59 所示。

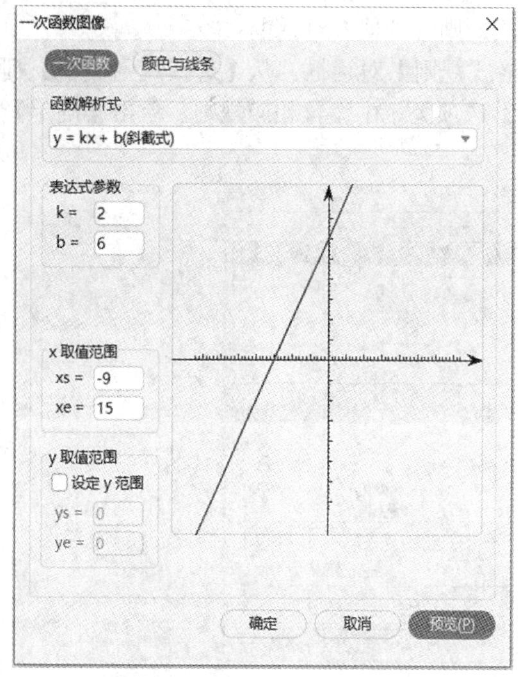

图 7-58　查看当前函数图像

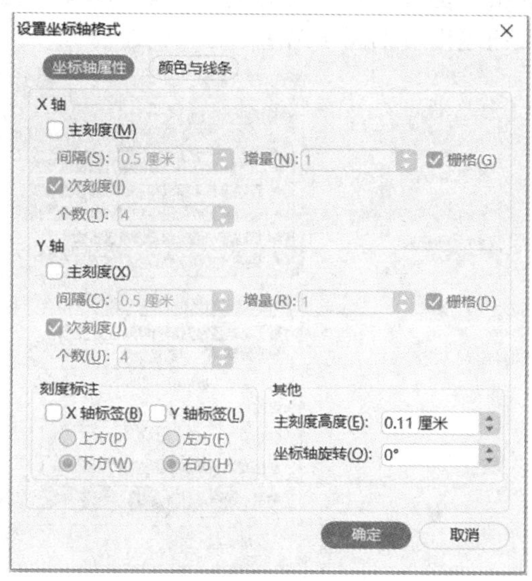

图 7-59　【设置坐标轴格式】对话框

7.7.2　创建图表

1. 图表类型

永中电子表格提供柱形图、条形图、折线图、饼图、XY 散点图、面积图等 14 种图表类型，用户可以根据需要为数据选择最合适的图表类型。表 7-7 列举了各类型所包含的子类型数目及其典型用途。

表 7-7　图表类型及其典型用途

图表类型	子类型数目	典 型 用 途
柱形图	7	用垂直柱体显示特定时间内一项或多项数据的变化情况，或者比较各项目之间的差别。通常沿横坐标轴组织类别，沿纵坐标轴组织数值
条形图	6	用水平柱体显示特定时间内一项或多项数据的变化情况，或者比较各项目之间的差别
折线图	7	显示某段时间内一项或多项数据的变化趋势。通常类别沿水平轴均匀分布，所有的数值沿垂直轴均匀分布
饼图	6	描述某组数据中每个数据与总数之间的比例关系
XY 散点图	5	描述两个变量之间的关系，与其他图表类型不同的是所有的轴线都显示数值。通常用于显示和比较数值，如科学数据、统计数据和工程数据
面积图	6	显示某段时间内一项或多项数据的变化，或者各项数据对整体的贡献度。面积图强调数量随时间变化的程度，也可用于引起人们对总值趋势的注意

续表

图表类型	子类型数目	典 型 用 途
圆环图	2	描述一组或多组数据中每个数据和其所在组数据总和之间的比例关系
雷达图	3	对于每个分类都有一个单独的轴线，轴线从图表的中心向外伸展，每个数据点的值都被绘制在相应的轴线上
曲面图	4	显示的是连接一组数据点的三维曲面，在寻找两组数据的最优组合时尤为有用
气泡图	2	在描述两个变量之间关系的同时，用气泡大小表示第 3 个变量
股价图	4	组合了柱形图和折线图，尤其适用于跟踪股票价格的变化，也可用于其他科学数据。例如，可以使用股价图来说明每天或每年温度的波动。必须按正确的顺序来组织数据才能创建股价图
圆柱图	7	综合了垂直柱形图和水平条形图的功能，不同之处是将图像显示为圆柱
圆锥图	7	圆锥图与圆柱图相似，区别仅在于显示的图形不同，前者显示为圆锥，后者显示为圆柱
棱锥图	7	棱锥图与圆柱图相似，区别仅在于显示的图形不同，前者显示为棱锥，后者显示为圆柱

2. 创建基本图表

创建图表之前，必须先在工作表中输入一些数据，这些数据即为图表的数据源，并依据数据性质确定相应图表类型。创建图表的基本方法如下：

方法一：

(1) 在工作表中按照行或列的形式组织和创建数据，并在数据的左侧和上方分别设置行标题和列标题。

(2) 选中数据源区域，单击右下角出现的快速分析按钮，如图 7-60 所示。

(3) 从弹出的下拉面板中选择【图表】选项卡，进入图表面板。图表面板根据用户所创建的数据源，提供了几种类型的图表。

(4) 单击任意类型即可在工作表中生成图表，也可单击其他图表，弹出图表类型对话框，从中选择合适的图表。

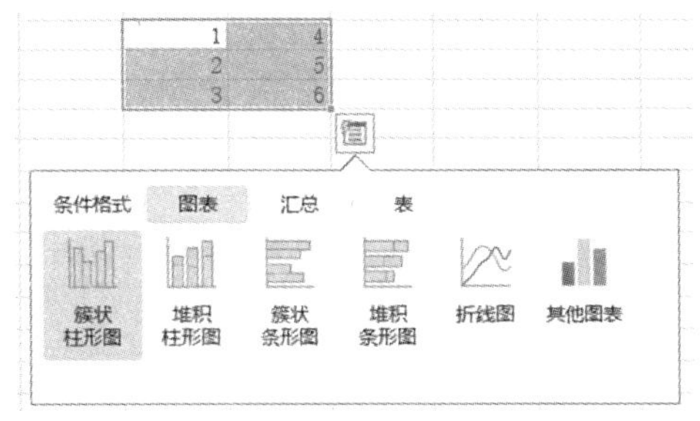

图 7-60　快速创建基本图表

方法二：

(1) 在工作表中输入并排列要绘制在图表中的数据。

(2) 选中要用于创建图表的数据所在的单元格区域，可以选中不相邻的多个单元格区域。

(3) 单击【插入】选项卡【图表】选项组中的任意图表类型，从弹出的下拉列表中选择合适的图表子类型。

(4) 单击子类型即可在工作表中生成图表；也可选择【其他图表】下拉列表中的【所有图表类型】命令，弹出【图表类型】对话框，从中选择合适的图表，如图 7-61 所示。

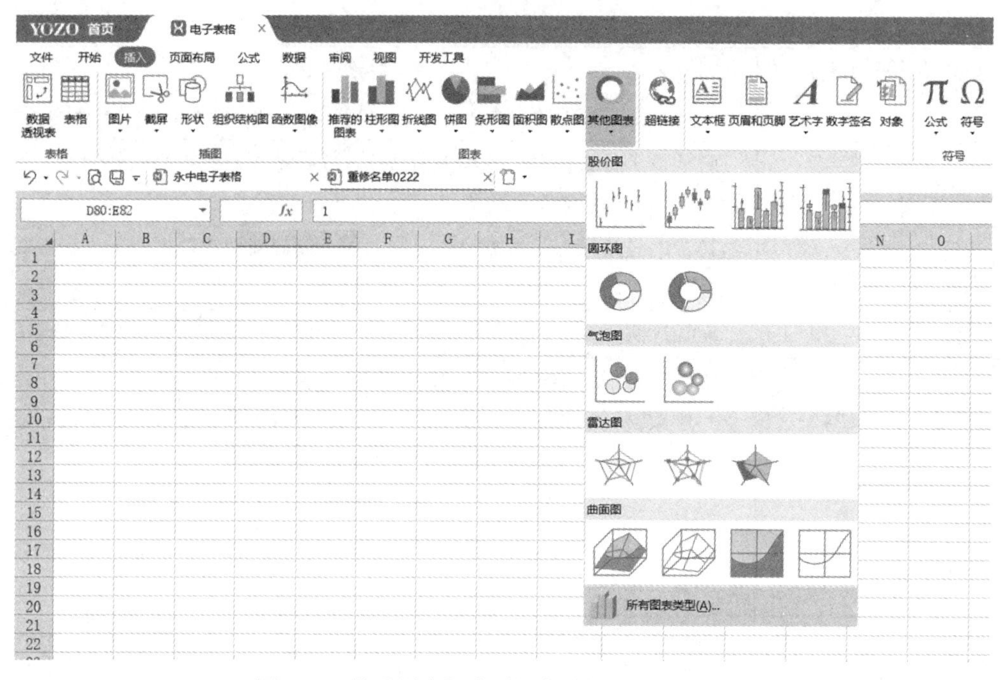

图 7-61　从【图表】选项组中选择图表类型插入

3. 移动图表

默认情况下，图表是以可移动的对象方式嵌入工作表中的。将光标指向空白的图表区，按住鼠标左键不放并拖动，即可移动图表的位置。

如果要将图表放在单独的图表工作表中，可以通过执行下列移动操作来更改其位置：

(1) 单击图表区中的任意位置，以激活【设计】选项卡。

(2) 单击【设计】选项卡【位置】选项组中的【移动图表】按钮，弹出【移动图表】对话框，如图 7-62 所示。

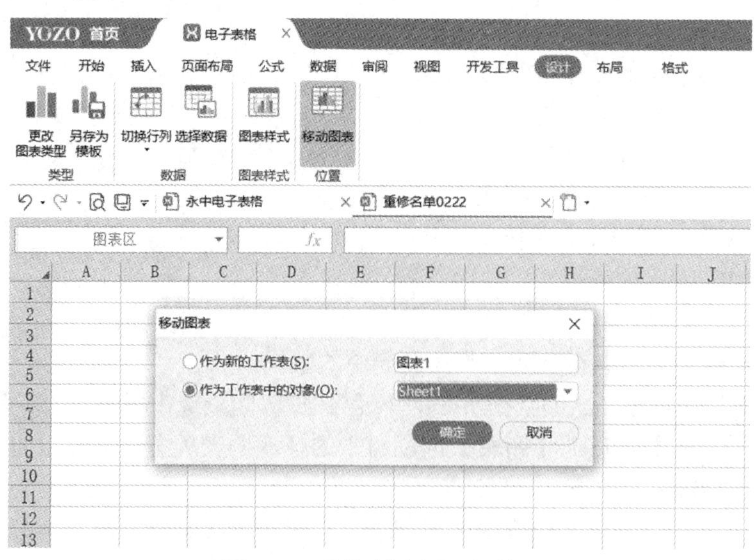

图 7-62　【移动图表】对话框

(3) 选中【作为新的工作表】单选按钮，默认的工作表名称为【图表 1】表，单击【确定】按钮，图表将被移动到一张新创建的工作表中。此时图表将自动充满新建的工作表，大小固定且不可移动。选中【作为工作表中的对象】单选按钮，从下拉列表中选择一张现有的工作表，图表将作为对象移动到指定工作表中，大小可调整且位置可移动。

4. 图表元素

图表由多种元素构成，默认情况下仅显示其中一部分元素(如数据点、数据系列、横坐标轴、纵坐标轴等)，其他元素需要添加。可将图表元素移动到图表中的其他位置，也可调整图表元素的大小、格式或者显示方式，对于不需要的图表元素还可将其删除，如图 7-63 所示。

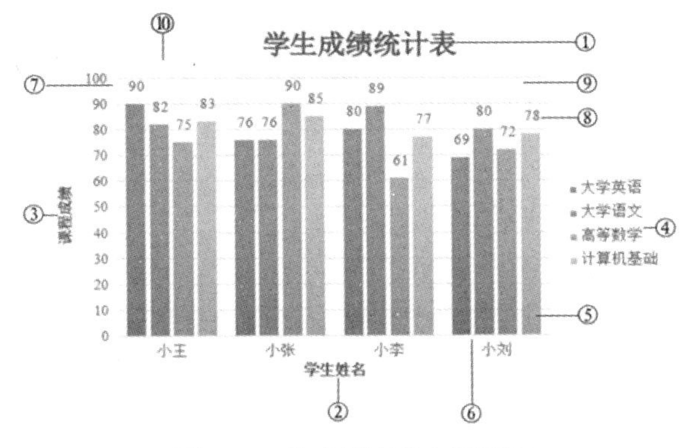

图 7-63　构成图表的主要元素

①—图表标题：对整个图表的说明性文本，可以自动在图表顶部居中，也可以移动到其他位置。

②③—坐标轴标题：对坐标轴的说明性文本，可以自动与坐标轴对齐，也可以移动到其他位置。

④—图例：一个方框，用于标识为图表中的数据系列或分类指定的图案或颜色。

⑤—在图表中绘制的数据系列的数据点：数据系列是指在图表中绘制的相关数据，这些数据源自数据表的行或列。图表中的每个数据系列具有唯一的颜色或图案并且在图表的图例中表示。相同颜色的数据标记组成一个数据系列。

⑥—横坐标轴(X 轴、分类轴)、⑦—纵坐标轴(y 轴、值轴)：坐标轴是界定图表绘图区的线条，用作度量的参照框架。Y 轴通常为垂直坐标轴并包含数据，X 轴通常为水平坐标轴并包含分类。数据沿着横坐标轴和纵坐标轴绘制在图表中。

⑧—数据标签：可以用来标识数据系列中数据点的详细信息。数据标签代表源于数据表单元格的单个数据点或数值。

⑨—绘图区：通过坐标轴来界定的区域，包括所有数据系列、分类名、刻度线标志和坐标轴标题等。

⑩—图表区：包含整个图表及其全部元素。一般在图表中的空白位置单击，即可选中整个图表区。

7.7.3　修饰与编辑图表

创建基本图表后，通过对图表进一步修饰可以使其更加美观，显示的信息更加丰富。

1. 更改图表布局

更改图表布局的操作方法如下：

(1) 单击需要更改布局的图表中的任意位置。

(2) 在【布局】选项卡下，可以根据需要分别对标签、坐标轴、背景等具体属性进行设置，如图 7-64 所示。

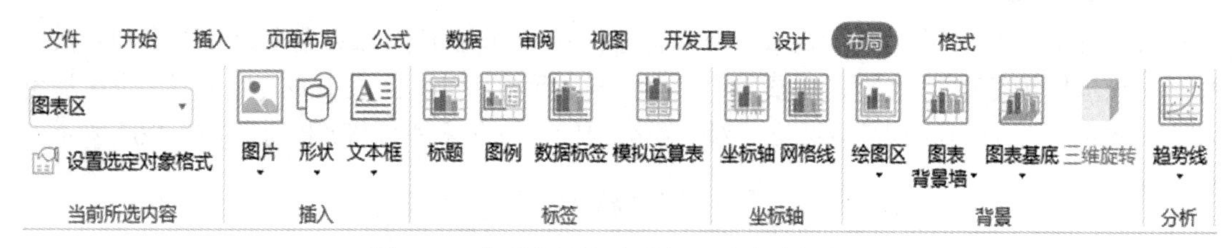

图 7-64　在【布局】选项卡下更改图表布局

2. 更改图表样式

更改图表样式的操作方法如下：

(1) 单击需要更改布局的图表中的任意位置。

(2) 单击【设计】选项卡【图表样式】选项组中的【图表样式】按钮，从右侧弹出的【应用图表样式】列表中单击合适的样式即可应用，如图 7-65 所示。

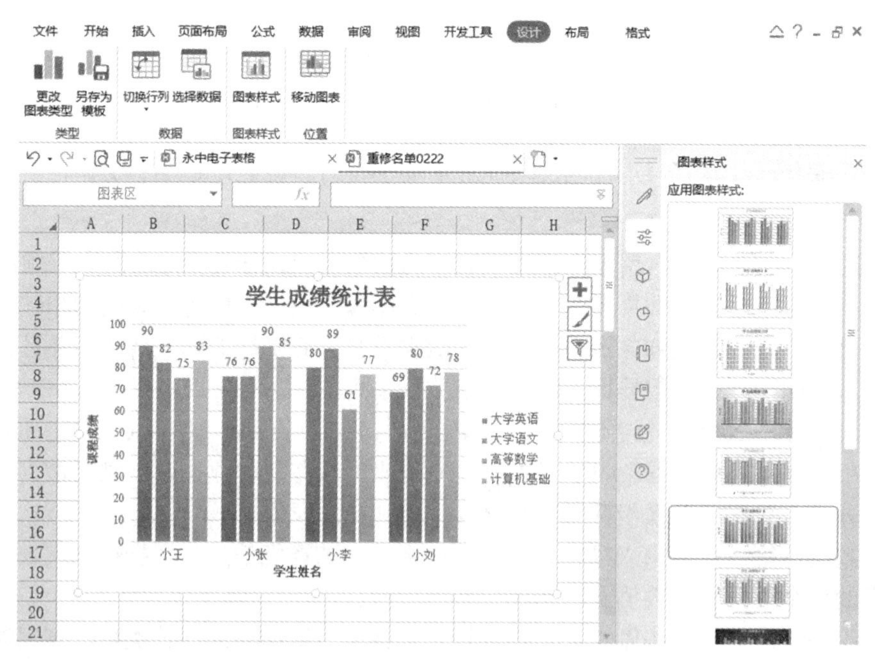

图 7-65　在【设计】选项卡下更改图表样式

3. 更改图表元素格式

更改图表元素格式的操作方法如下：

(1) 单击要更改格式的图表元素。

(2) 在【格式】选项卡下，可以根据需要对图表元素的形状样式、艺术字效果等进行设置，如图 7-66 所示。

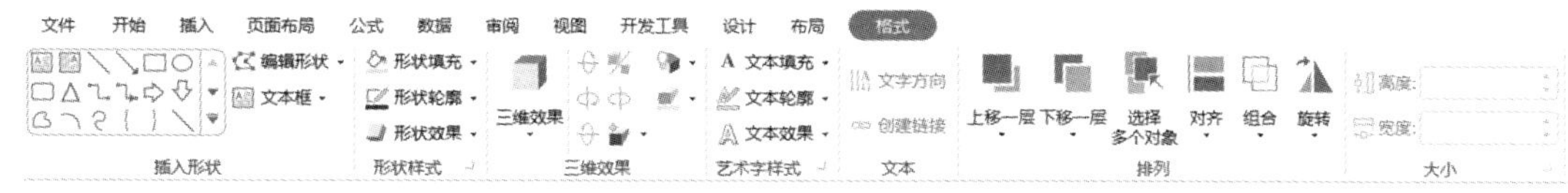

图 7-66　在【格式】选项卡下更改图表元素格式

4. 更改图表类型

更改图表类型的操作方法如下：

(1) 单击要更改类型的图表或者图表中的某一数据系列。

(2) 单击【设计】选项卡【类型】选项组中的【更改图表类型】按钮，弹出【更改图表类型】对话框。

(3) 在【所有图表】选项卡的【图表类型】列表中选择新的图表类型，单击【确定】按钮。

5. 添加标题

1) 添加图表标题

添加图表标题的操作方法如下：

(1) 单击需要添加标题的图表中的任意位置。

(2) 单击【布局】选项卡【标签】选项组中的【标题】按钮。

(3) 弹出【图表选项】对话框，选中【图表标题】复选框，并可在下方的单选框中指定标题位置，单击【关闭】按钮。

(4) 双击图表标题，看到闪烁的光标即可输入标题文字。

2) 添加坐标轴标题

添加坐标轴标题的操作方法如下：

(1) 单击需要添加标题的图表中的任意位置。

(2) 单击【布局】选项卡【标签】选项组中的【标题】按钮。

(3) 根据需要从弹出的【图表选项】对话框中选中【主要横坐标轴标题】或【主要纵坐标轴标题】复选框，并可在下方的单选框中指定标题位置，单击【关闭】按钮。

(4) 双击坐标轴标题，看到闪烁的光标即可输入标题文字。

6. 添加数据标签

要快速标识图表中的数据系列，可以向图表的数据点添加数据标签。默认情况下，数据标签链接到工作表中的数据值，在工作表中对这些值进行更改时图表中的数据标签会自动更新。其操作方法如下：

(1) 选择图表中需要添加数据标签的数据系列，可对单一数据系列添加数据标签；单击图表区空白位置，可向所有数据系列的所有数据点添加数据标签。

(2) 单击【布局】选项卡【标签】选项组中的【数据标签】按钮。

(3) 弹出【图表选项】对话框，根据需要为数据点添加系列名、类别名等，还可设置不同标签之间的分隔符类型和图例标志，单击【关闭】按钮。

双击数据标签，弹出【设置数据标签格式】对话框，可对数据标签图案、对齐方式、数据类型等属性进行设置，如图 7-67 所示。

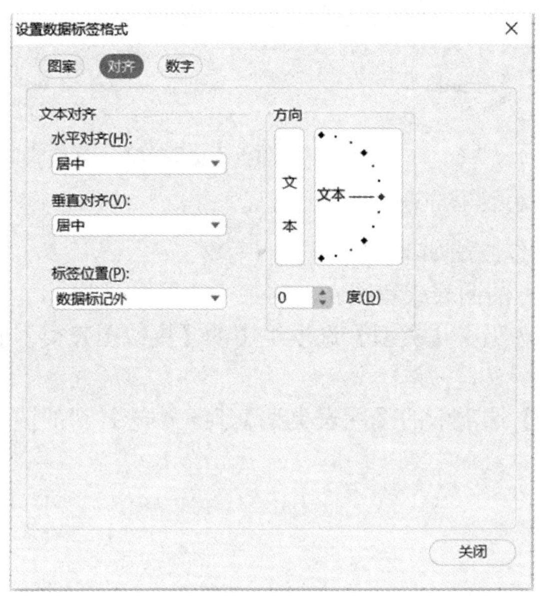

图 7-67 【设置数据标签格式】对话框

7. 设置图例

设置图例的操作方法如下：

(1) 单击需要进行图例设置的图表。

(2) 单击【布局】选项卡【标签】选项组中的【图例】按钮。

(3) 弹出【图表选项】对话框，取消选中【显示图例】复选框，即可隐藏图例。

(4) 在显示图例状态下，可以在【位置】单选列表中设置图例在图表中的显示位置，单击【关闭】按钮。

(5) 也可以双击图表中的图例，在弹出的【图例格式】对话框中对图例的图案及显示位置等属性进行设置，如图 7-68 所示。

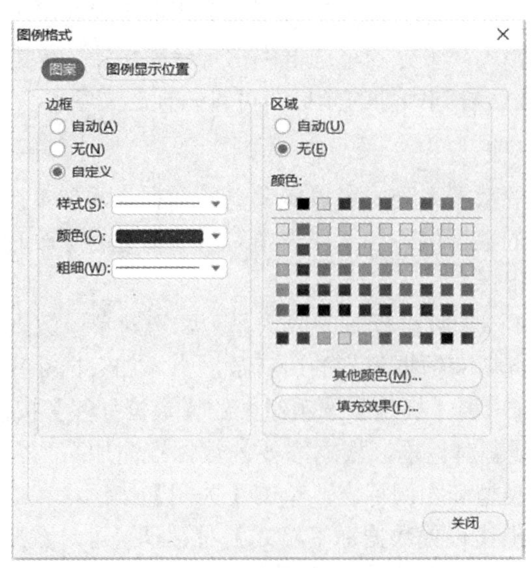

图 7-68 【图例格式】对话框

8. 设置坐标轴

设置坐标轴的操作方法如下：

(1) 单击需要设置坐标轴的图表。

(2) 单击【布局】选项卡【坐标轴】选项组中的【坐标轴】按钮，弹出【图表选项】对话框，根据需要分别选中或取消选中横纵坐标轴复选框。

如果要详细设置坐标轴显示和刻度等属性，可双击相应坐标轴，从弹出的【坐标轴格式】对话框中的【图案】、【数字】、【刻度】、【对齐】选项卡下进行设置，如图 7-69 所示。

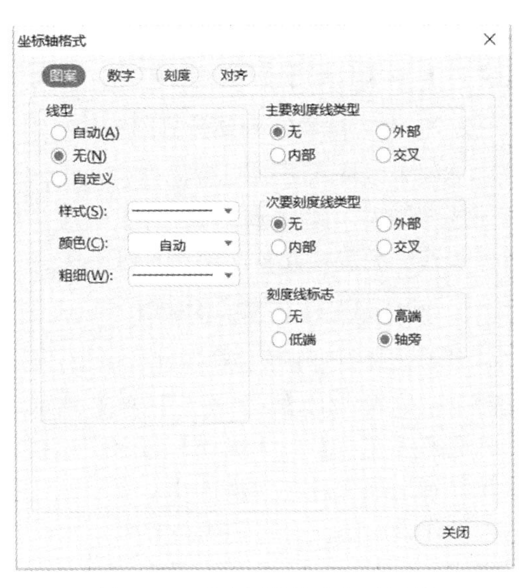

图 7-69　【坐标轴格式】对话框

9. 设置网格线

设置网格线的操作方法如下：

(1) 单击要设置网格线的图表。

(2) 单击【布局】选项卡【坐标轴】选项组中的【网格线】按钮。

(3) 从弹出的【图表选项】对话框中设置显示或隐藏坐标轴主要网格线和次要网格线。

10. 快速设置图表元素

快速设置图表元素的操作方法如下：

(1) 单击图表中的任意位置。

(2) 在图表右上角弹出 3 个快捷按钮，可以依次对图表元素、图标样式、图表数据源进行快捷设置。其中：在【图表元素】快捷按钮下，通过选中或取消选中复选框可以显示或隐藏相应图表元素，如图 7-70 所示；单击图表元素右侧的下拉箭头，可以完成进一步设置。在【图表数据源】快捷按钮下，可以实现对图表数据区域和数据序列的设置。

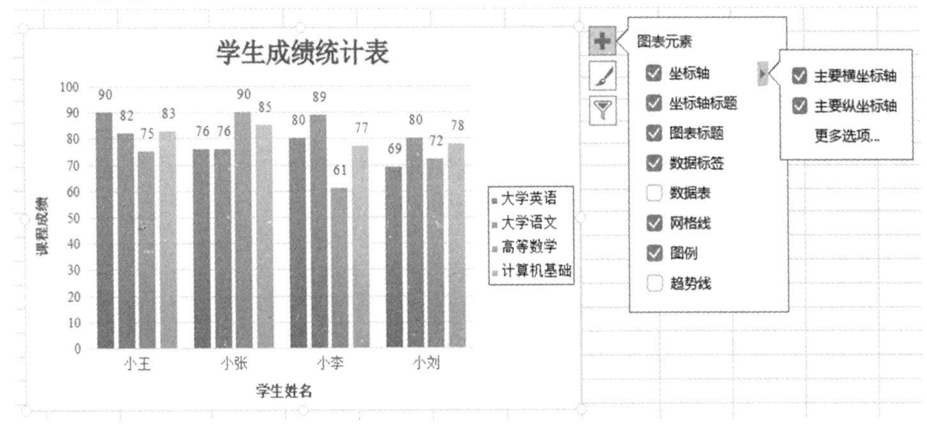

图 7-70　通过快捷按钮实现快速设置

7.7.4　打印图表

1. 整页打印图表

当图表放置于单独的工作表中时，直接打印该张工作表，即可单独打印图表到一页纸上。

当图表以嵌入方式与数据列表位于同一张工作表上时，首先选中该张图表，然后选择【文件】→【打印】命令进行打印，即可只将选中的图表输出到一页纸上。

2. 作为数据表的一部分打印

当图表以嵌入方式与数据列表位于同一张工作表中时，应选中这张工作表，保证不要单独选中图表，此时选择【文件】→【打印】命令进行打印，即可将图表作为工作表的一部分与数据列表一起打印在一页纸上。

3. 不打印工作表中的图表

设置需要打印的数据区域(不包括图表)为打印区域，选择【文件】→【打印】命令，选择下拉列表中的【打印选中区域】选项，即可不打印工作表中的图表。

选择【文件】→【选项】命令，弹出【选项】对话框，选择【高级】选项卡，在【工作簿显示选项】选项区域的【对于对象，显示：】下选中【无内容(隐藏对象)】单选按钮，嵌入工作表中的图表将被隐藏起来，如图 7-71 所示。此时选择【文件】→【打印】命令进行打印，将不会打印嵌入的图表。

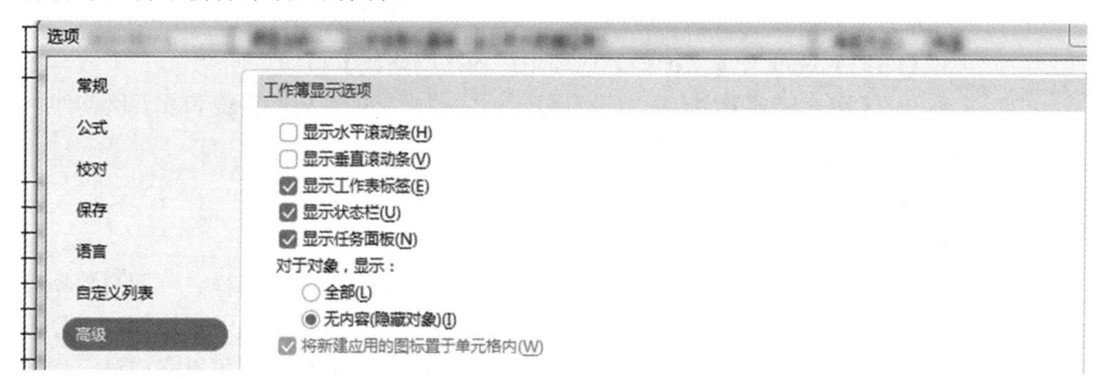

图 7-71　设置隐藏对象后将不打印图表

7.8　打印输出工作表

在输入数据并进行了适当格式化后，就可以将工作表打印输出。在输出前应对表格进行相关的打印设置，以使其达到预期的输出效果。

1. 设置打印区域

通过设置打印区域可以指定打印工作表中的特定部分。其操作步骤为：选中工作表中某一特定区域，选择【文件】→【打印】命令，在【设置】选项的下拉列表中指定打印区域。

2. 设置打印标题

通过在每一页上重复打印标题行或列，可方便多页数据的阅读。其操作步骤如下：

(1) 打开需要重复打印标题的工作表。

(2) 单击【页面布局】选项卡【页面设置】选项组中的【打印标题】按钮，弹出【页面设置】对话框，如图 7-72 所示。

图 7-72　【页面设置】对话框

(3) 单击【顶端标题行】框右侧的按钮，从工作表中选中需要重复打印的标题行(也可以选中连续多行)；或者单击【左端标题列】框右侧的按钮，设置重复标题列，单击【确定】按钮即可。

设置为重复打印的标题行或列只在打印输出时才能看到，正常编辑状态下的表格中不会重复显示标题行或列。

第8章 简报制作

永中 Office 简报制作用于简报文档的制作及演示，主要是为演讲、报告、展示等而设计的。首先要明确的是，一个成功的演示从筹划到实际展示过程中，必须要经历计划、准备、练习及展示 4 个过程，缺一不可。

(1) 计划：需要试着了解听众，预先知道他们在聆听演讲时最需要知道些什么、最渴望获得什么样的信息或技术。

(2) 准备：必须明确将要展示的主题是什么、预备在该演讲中花多长时间、准备在演讲结束后留多长时间给听众提问等。

(3) 练习：在多次练习之后，才能对将要展示的内容有一个更为清晰的了解。在练习时，最好让朋友或家人做自己的听众，根据他们的反馈来完善自己的演讲内容及方式。

(4) 展示：展示时最重要的是开门见山，单刀直入，这样才能一上场就能抓住听众的心。演讲务必简短精要，有时可以穿插一些与主题相关的话题。

8.1 新建简报及选择模板

打开永中 Office，选择【新建简报】，如图 8-1 所示。新建后可以选择合适的模板，如图 8-2 所示。选择模板以后，根据自己的需求，将要展示的内容(如文字、图片、视频等)添加在模板中即可。

图 8-1 新建简报窗口

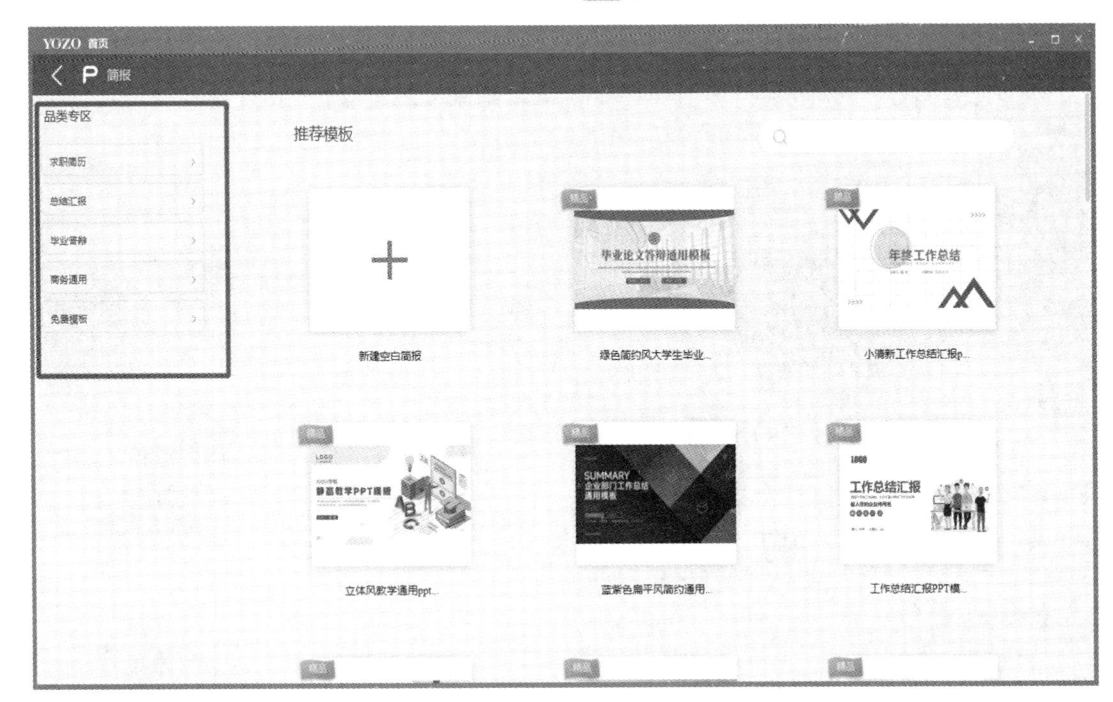

图 8-2 模板选择窗口

以选择毕业答辩中的秋冬主题模板示范，首先选择【清新教育毕业设计论文模板】，如图 8-3 所示。进入编辑页面后，可以看到该模板的所有页面，如图 8-4 所示。单击左侧的页面小图可以跳转到对应页面。

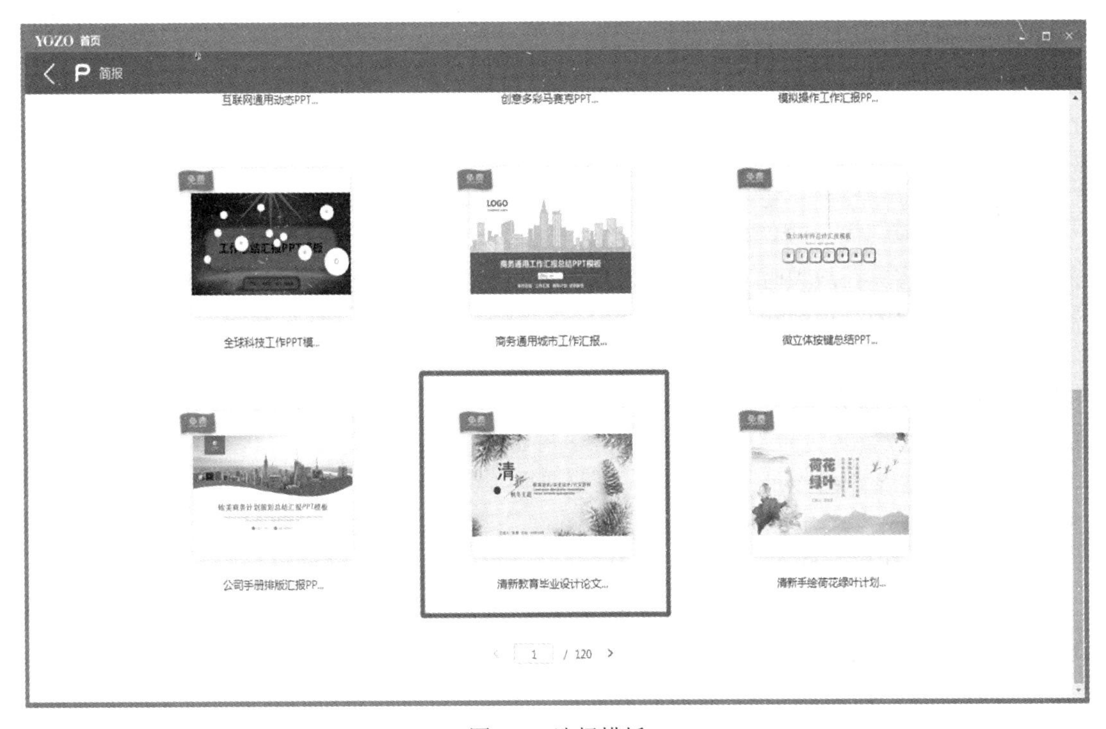

图 8-3 选择模板

图 8-4　进入模板示例图

8.2　控制简报的播放顺序

简报制作应言简意赅，在详细的介绍前，通常会有一个大纲(类似于目录)，用于列出简报的主要内容。在放映时，根据简报大纲，对一个个要点进行详细的描述。下面介绍控制简报播放顺序的几种方法。

8.2.1　使用超链接

当在操作过程中希望从某张幻灯片快速切换到另外一张不连续的幻灯片时，可以通过超链接来实现。超链接是跳转到目标位置的重要手段之一，操作步骤如下：

(1) 选中需要超链接的文字。

(2) 单击【插入】选项卡【链接】选项组中的【超链接】按钮，在弹出的【插入超链接】对话框中选择【本文档中的位置】选项卡。

(3) 在【或在这篇文档中选择位置】列表框中选择简报下的幻灯片标题，单击【确定】按钮，如图 8-5 所示。

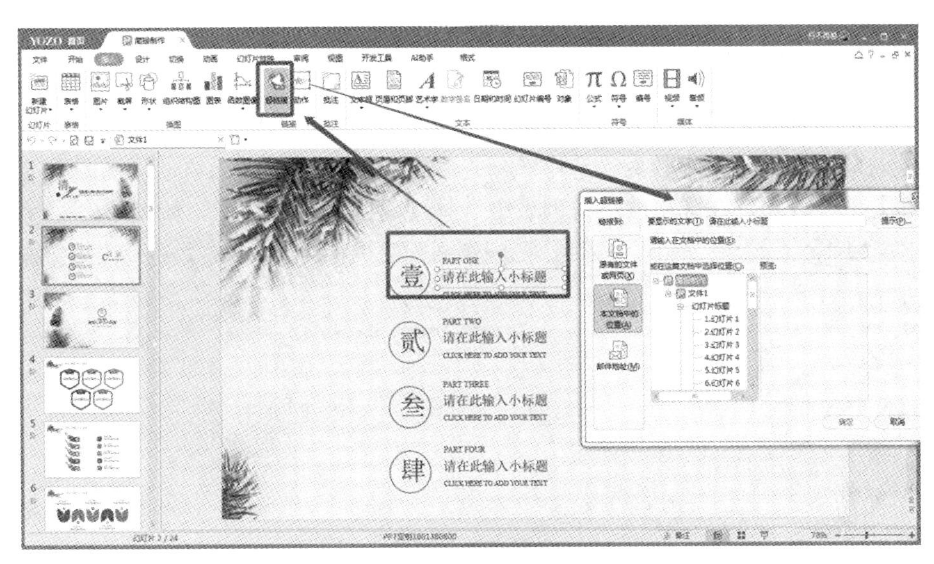

图 8-5　插入超链接

做好超链接后(如图 8-6 所示)，如在放映幻灯片时，当光标指向创建了超链接的文本或对象时，鼠标指针变为手状，单击后即可跳转至超链接的幻灯片，如图 8-7 所示。

图 8-6　超链接设置完成页面

图 8-7　转向超链接的幻灯片

8.2.2 使用动作按钮

在幻灯片中插入动作按钮后，在放映简报时，通过单击或鼠标指针移过这些按钮，可以改变放映顺序。其操作步骤为：选中该幻灯片，单击【插入】选项卡【插图】选项组中的【形状】下拉按钮，在弹出的下拉列表中选择【返回】动作按钮，如图 8-8 所示。

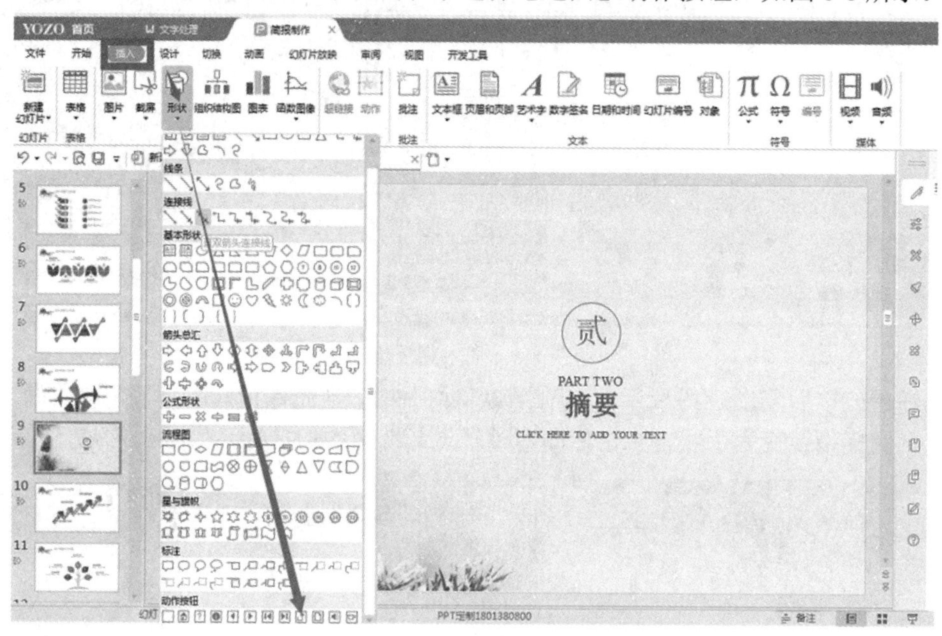

图 8-8 选择【返回】动作按钮

鼠标指针变为十字形，在幻灯片中需要插入动作按钮的位置单击，或按住鼠标左键拖动出大小合适的按钮后释放鼠标，弹出【动作设置】对话框。

若要使动作按钮在单击时产生动作，如跳转至其他幻灯片，可选择【单击鼠标】选项卡；若要使动作按钮在鼠标指针经过它时产生动作，可选择【鼠标移过】选项卡，如图 8-9 所示。

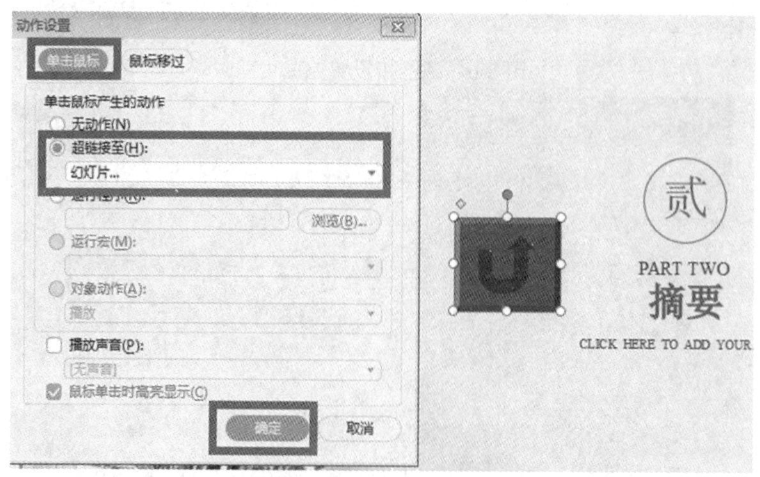

图 8-9 【动作设置】对话框

选中【超链接至】单选按钮，从其下拉列表中选择合适的选项。选择【幻灯片】，弹出

【链接至幻灯片】对话框，从列表框中选择动作按钮跳转的目标幻灯片，如图 8-10 所示。

图 8-10 【链接至幻灯片】对话框

单击【确定】按钮，返回【动作设置】对话框，再次单击【确定】按钮。

在放映时，将鼠标指针移至动作按钮并单击，即可跳转至需要的幻灯片。

提示 某些动作按钮匹配相应的动作，如将【进入下一张】按钮▷插入幻灯片中某位置后，【动作设置】对话框中的【超链接跳转的位置】自动设置为跳转至【下一张幻灯片】。

8.2.3 使用自定义播放

自定义播放功能可将简报中的多张幻灯片组合成不同的演示文档，并为它们定义不同的名称。可以将幻灯片调整为用户设想的播放顺序，一张幻灯片可以在自定义播放中重复出现。当然，用户也可以自定义播放整个简报中需要的幻灯片。

创建自定义放映前，用户需制作一份包括所有演示内容的简报，并在该简报基础上创建自定义播放。其操作步骤如下：

(1) 打开已经制作好的简报。

(2) 单击【幻灯片放映】选项卡【开始放映幻灯片】选项组中的【自定义幻灯片放映】下拉按钮，在弹出的下拉列表中选择【自定义放映】命令，弹出【自定义放映】对话框，如图 8-11 所示。

(3) 单击【新建】按钮，弹出【设置自定义放映】对话框。

(4) 在【自定义放映的名称】文本框中输入自定义播放的名称，如图 8-12 所示。

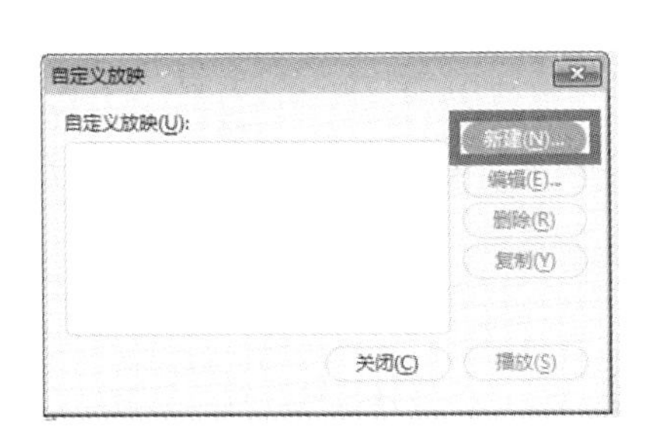

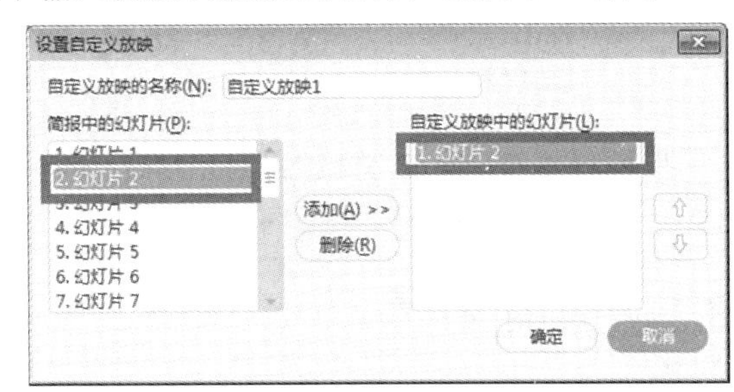

图 8-11 【自定义放映】对话框　　　　图 8-12 【设置自定义放映】对话框

(5) 在【简报中的幻灯片】列表框中选中所需幻灯片，单击【添加】按钮，所选幻灯片将显示在【自定义放映中的幻灯片】列表框中。依次添加该自定义播放中的所有幻灯片。

(6) 如需删除自定义播放中的某张幻灯片，则在【自定义放映中的幻灯片】列表框中选中该幻灯片，单击【删除】按钮，所选幻灯片将从【自定义放映中的幻灯片】列表框中删除。

(7) 如需改变自定义播放中的幻灯片播放顺序，首先在【自定义放映中的幻灯片】列表框中选中需要移动的幻灯片，然后单击【向上】或【向下】按钮来上移或下移该幻灯片。

(8) 设置完毕后，单击【确定】按钮，返回【自定义放映】对话框(如图 8-13 所示)，这时新建的自定义播放【自定义放映 1】已经添加至【自定义放映】列表框中。

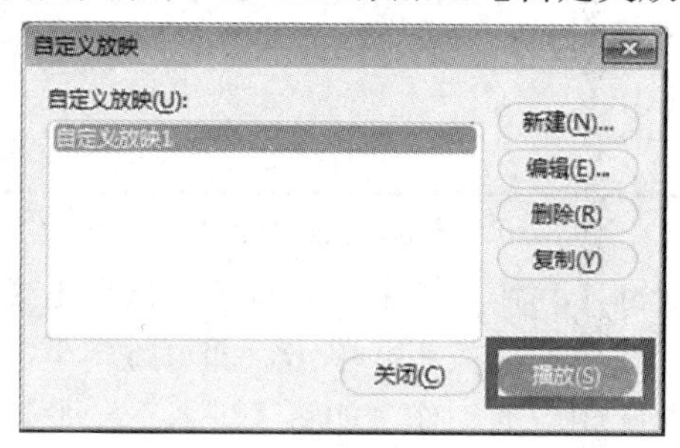

图 8-13 【自定义放映】对话框

在操作过程中，可以根据需要执行以下操作：

(1) 如果想继续创建其他自定义播放，则单击【新建】按钮，在弹出的【设置自定义放映】对话框中创建下一个自定义播放。

(2) 如果要编辑某个自定义播放，则在【自定义放映】列表框中选中该自定义放映，单击【编辑】按钮，在弹出的【设置自定义放映】对话框中进行修改。

(3) 如果要复制某个自定义播放，则在【自定义放映】列表框中选中该自定义播放，单击【复制】按钮。

(4) 如果要删除某个自定义播放，则在【自定义放映】列表框中选中该自定义播放，单击【删除】按钮。

(5) 如果要放映【自定义放映】列表框中当前选中的自定义播放，则单击【播放】按钮。

(6) 单击【关闭】按钮，关闭该对话框；或者单击【播放】按钮，放映【自定义放映 1】。

8.3 图文并茂的简报

简报通过丰富的元素将内容展示在观众面前，让简报除了有单调的文字介绍外，还可以有图片、声音和视频等，更具有吸引力。

8.3.1 应用幻灯片母版

简报中幻灯片的最初各设计元素都是基于幻灯片母版的，包括背景、字体、占位符及插入的图片、自选图形等。如果要利用母版，应在新建简报后先进入母版视图，把通用的格式或图片设置完毕，再进入常规视图对每一张幻灯片进行编辑和设置。

在演示中，通常需要制作特定的幻灯片，做更好的宣传，其中以插入公司徽标最为常见。下面以此为例，讲解如何使用母版让所有幻灯片都有公司徽标，而不需要重复设置每张幻灯片。

单击【视图】选项卡【母版视图】选项组中的【幻灯片母版】按钮，进入幻灯片母版视图，如图 8-14 所示。

图 8-14　幻灯片母版视图

可以像更改任何一张幻灯片一样更改幻灯片母版，但实际的文本，如标题、副标题、正文等应在常规视图的幻灯片中输入；而页脚文本则可以在幻灯片母版的页脚占位符中输入，也可在【页眉和页脚】对话框中输入，如图 8-15 所示。

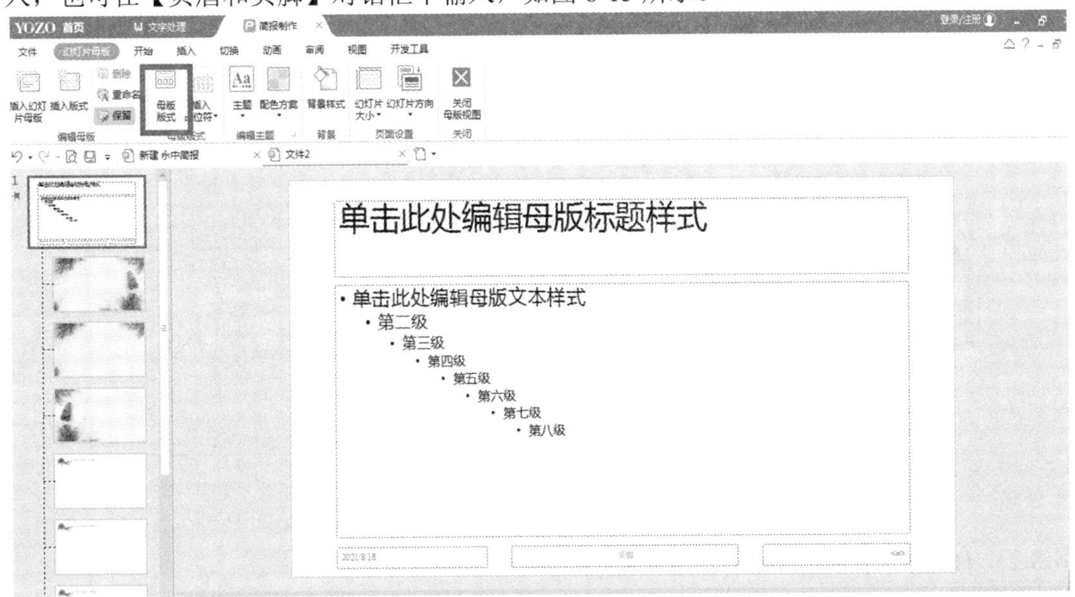

图 8-15　幻灯片母版

单击【插入】选项卡【插图】选项组中的【图片】下拉按钮，在弹出的下拉列表中选择【来自文件】命令，插入公司徽标，对图片大小进行适当调整，并将其移动到需要的位

置，如图 8-16 所示。

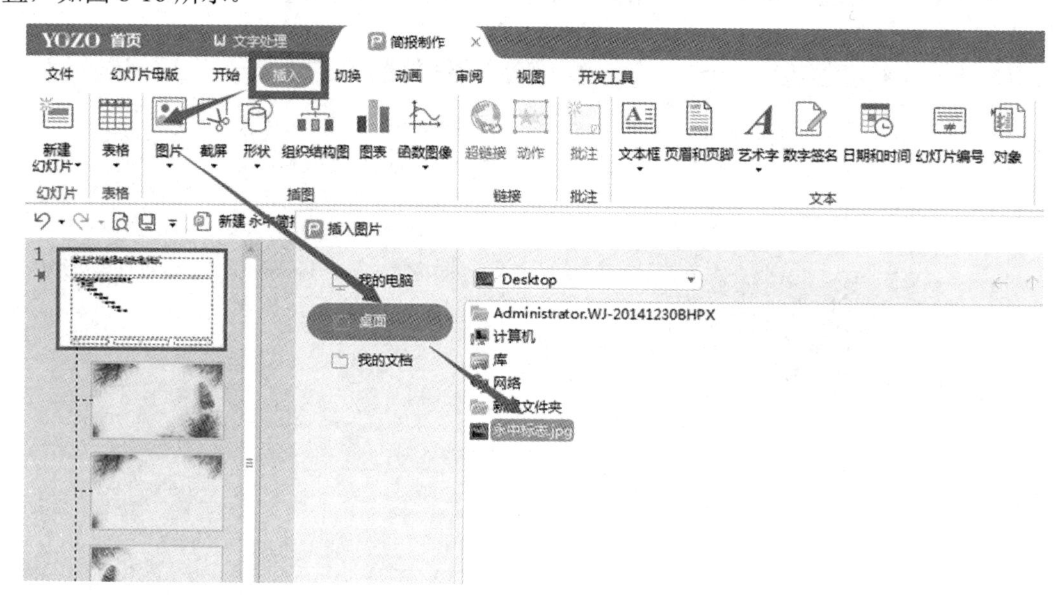

图 8-16　插入公司徽标

调整标题占位符、正文占位符的位置，并设置字体颜色、改变占位符的形状等。

删除不需要的占位符，如页脚、日期占位符等，或者移动占位符的位置。

在幻灯片母版中右键单击，从弹出的快捷菜单中选择【设置背景格式】命令，选择颜色填充或其他填充效果后，单击【应用】（操作仅对当前页有效）或【全部应用】（操作对所有幻灯片有效）按钮，母版的背景即设置完成，如图 8-17 所示。

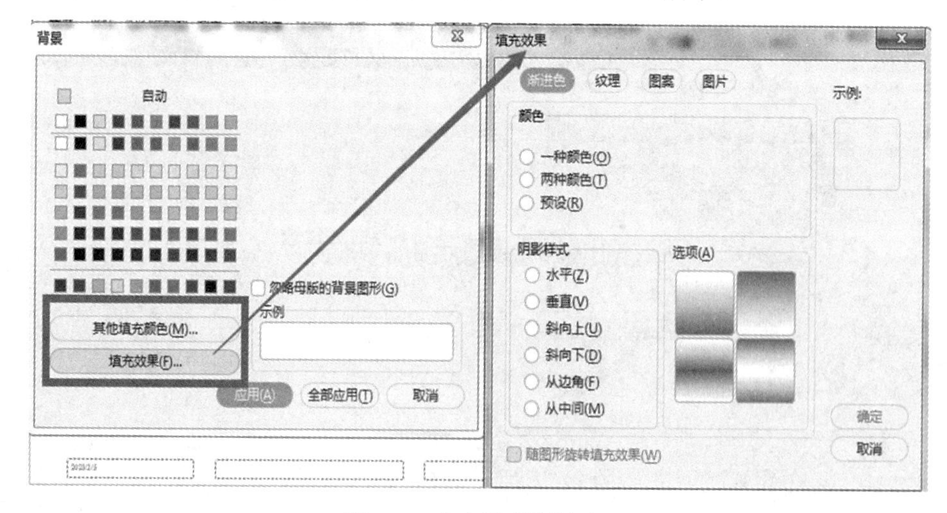

图 8-17　幻灯片母版填充

8.3.2　在幻灯片中插入图片、多媒体等对象

永中简报支持插入图片、自选图形、艺术字、视频、音频或 OLE 对象等。用户可以通过插入选项卡找到需要插入的对象，如图 8-18 和图 8-19 所示。

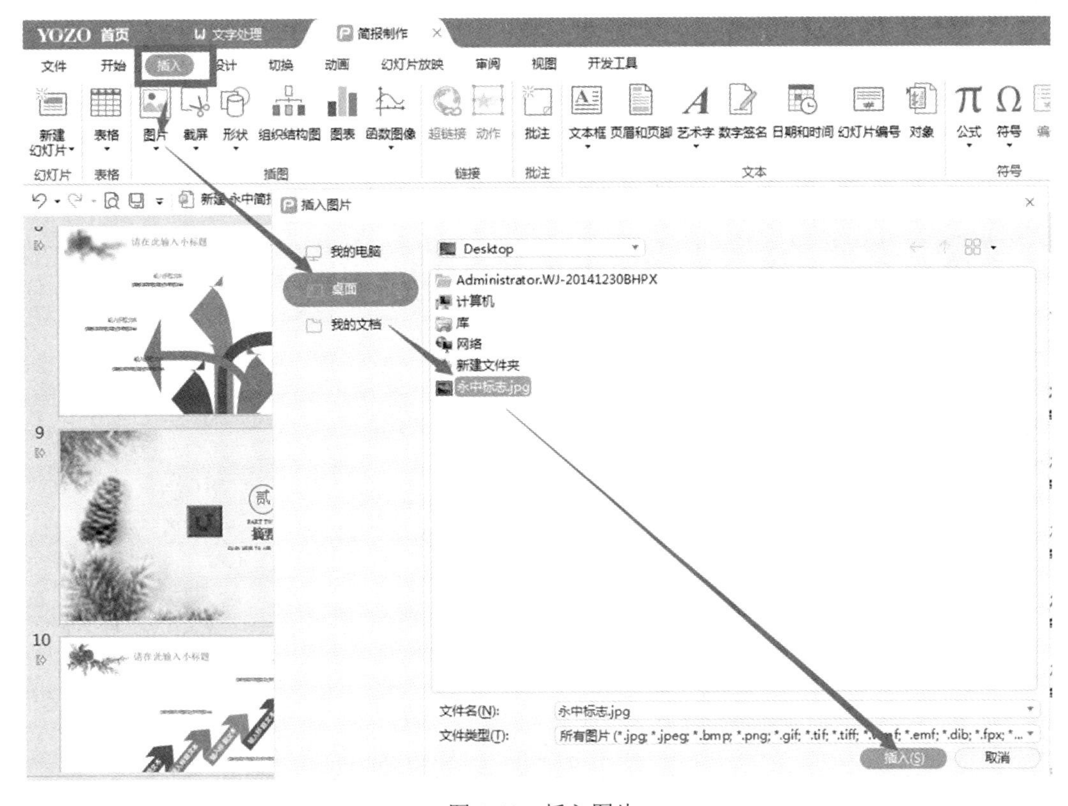

图 8-18　插入图片

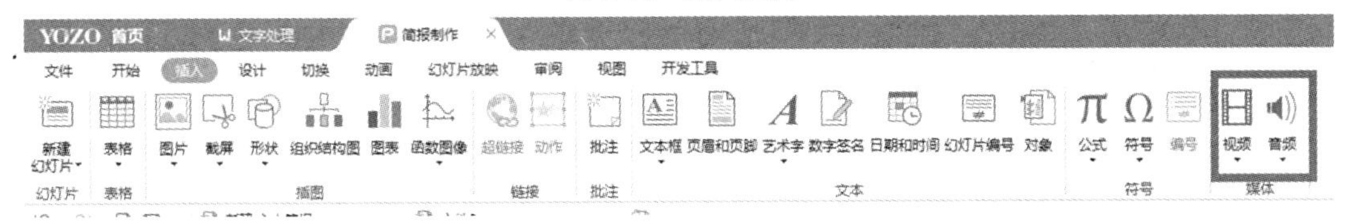

图 8-19　插入多媒体

8.4　简报的输出

8.4.1　打印幻灯片

在演示之前，为了让观众对报告有大概的了解，可将简报打印出来提供给观众，让观众心中有数，同时也方便他们做笔记。

打印简报有 4 种方式：打印幻灯片、打印讲义、打印备注页和打印大纲。这 4 种打印方式可以通过【打印】对话框进行设置。

1. 不同打印方式下的预览效果

打印之前先预览，以保证打印正确无误。选择【文件】→【打印】命令，可以查看打印预览效果，在此页面上选择所需的打印方式。

1) 幻灯片

打印幻灯片即在每一页上打印一张幻灯片，使用这种打印方式可以清楚地看到幻灯片中的各对象，如图 8-20 所示。如果需要详细了解演示内容，可采用此方式。但采用这种方式打印消耗的纸张较多，若简报中幻灯片数量很多，或者希望幻灯片打印得更紧凑些，可以使用打印讲义方式。

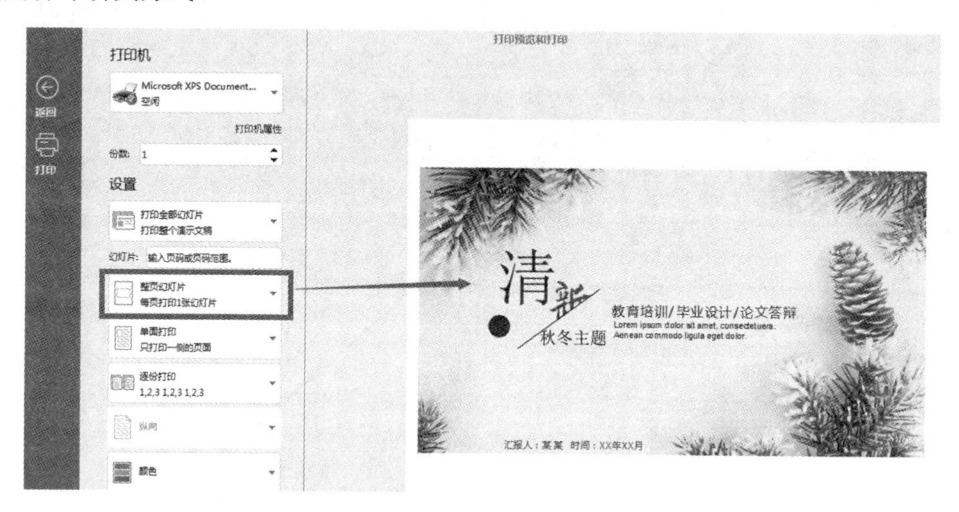

图 8-20 预览幻灯片

2) 讲义

用户可以使用讲义格式来打印简报，每一页面上可以包含 2、3、4、6 或 9 张幻灯片，如图 8-21 所示。若在打印内容框中选择的讲义版式是每页 3 张幻灯片，则在页面上除了显示 3 张幻灯片外，还会包含观众填写备注所用的空行，其他讲义版式不含有这些空行。

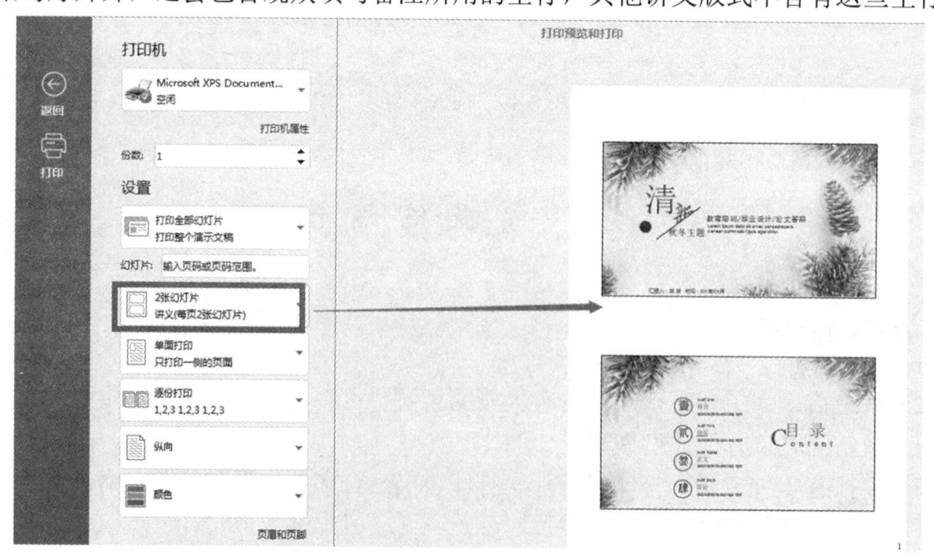

图 8-21 预览讲义

3) 备注页

使用备注页格式打印演示简报，每页将包括一张幻灯片及其备注，如图 8-22 所示。

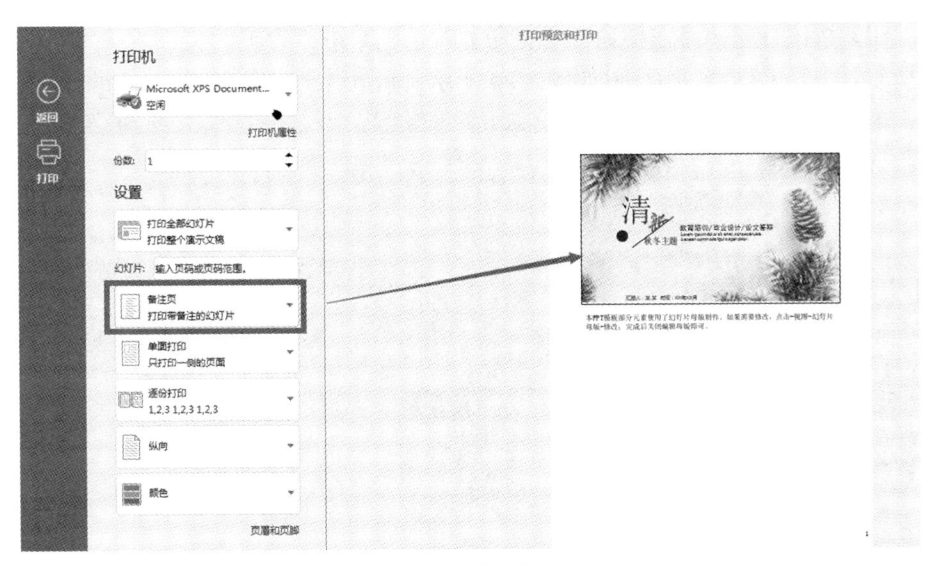

图 8-22　预览备注页

4) 大纲

打印大纲时，可以选择打印【大纲】选项卡中的所有文本或仅打印幻灯片标题，如图 8-23 所示。若大纲中包含粗体或斜体等格式，则打印输出的内容同样带有格式。

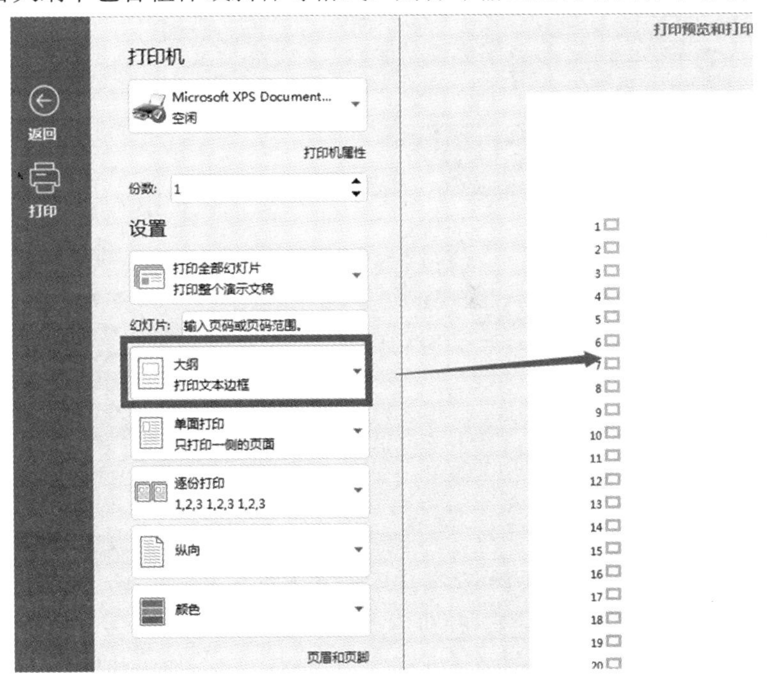

图 8-23　预览大纲

预览和设置完毕后，单击此页面上的【打印】按钮，开始打印。

2. 打印指定幻灯片

以上介绍的是通过【预览】工具栏设置简报的打印选项，使用这种方法在设置的同时可以预览，因此比较直观。但是，如果只需打印简报中的一部分幻灯片，就不能直接通过单击【打印】按钮打印，而需要通过【打印】对话框来进行设置。

选择【文件】→【打印】命令(如图 8-24 所示)，弹出【打印】对话框，如图 8-25 所示。

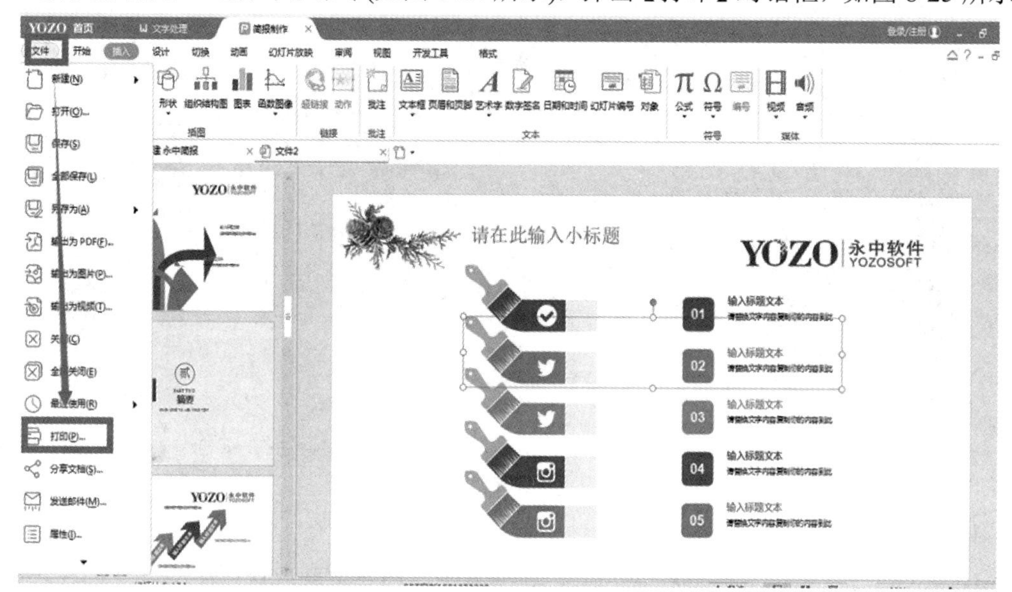

图 8-24 打印

图 8-25 【打印】对话框

在【设置】区域，根据需要进行选择：

(1) 如需打印当前简报中的所有幻灯片，则选择【打印全部幻灯片】。

(2) 如仅需打印光标当前所在的幻灯片，则选择【打印当前幻灯片】。

(3) 如需打印当前选中的幻灯片，则选择【打印选定幻灯片】。

(4) 如需指定简报中需要打印的幻灯片，则选择【自定义范围】，并在下方的幻灯片框中输入幻灯片编号或编号范围。

设置完成后，单击【打印】按钮。

8.4.2　输出为 PDF 格式文档

永中 Office 支持将永中简报输出为 PDF 格式的文档。

选择【文件】→【输出为 PDF】命令，可实现此功能，如图 8-26 所示。输出文件保存方法如图 8-27 所示，可以对输出的 PDF 文件进行修改、复制、添加注释等权限设置。

图 8-26　输出为 PDF 文件

图 8-27　输出文件保存方法

第9章 数科OFD文档处理软件

数科OFD文档处理软件是一款基于我国自主OFD标准的版式阅读软件产品，不仅支持OFD/PDF电子文件的阅读浏览、文档操作、图文注释等通用版式处理功能，还能根据公务办公特点，提供原笔迹签批、电子印章、语义应用、修订标记等公务应用扩展功能。OFD版式文件在传阅过程中不容易被篡改，可在不同软件、计算机等终端上打开，能够固化排版内容，更适合应用在严肃正式的场合。OFD支持国产加密算法，具有全面的安全保障体系，可防止信息被窃取，并且和数字签名技术结合，可防篡改，更加安全。

通过结合各行业应用的特色，数科OFD文档处理软件分为政务版、个人版、高级版、保密专用版等多个不同版本。本章以数科OFD文档处理软件V3.0(政务版)为例进行介绍。

9.1 使用入门

本节简要介绍数科OFD文档处理软件的基本使用方法，包括安装、卸载和获取帮助的方法以及界面介绍。

9.1.1 安装和卸载

1. 安装Windows版本

按照数科OFD文档处理软件安装部署手册检查软硬件环境，获取对应的安装文件。双击安装文件“suwellreaderpro-3.0.xx.xxxx-setup.exe”，按照弹出的安装向导依次执行即可，如图9-1所示。

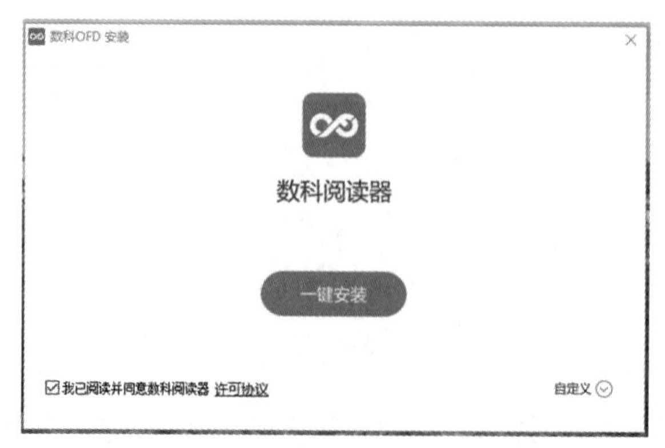

图9-1 一键安装OFD文档处理软件

注意：安装时应退出使用 OFD 软件浏览器插件的应用系统，如若进行重新安装，则需要退出当前正在使用的数科 OFD 文档处理软件。

2. 卸载 Windows 版本

如需卸载 Windows 版本的数科 OFD 文档处理软件，可以执行以下操作之一：

(1) 单击【开始】→【所有程序】→【数科 OFD 文档处理软件】→【卸载】。

(2) 单击【开始】→【控制面板】→【程序】→【卸载程序】，选择【数科 OFD 文档处理软件】执行卸载。

3. 获取帮助

数科 OFD 文档处理软件提供了一系列帮助支持服务，可帮助用户了解数科产品并熟练使用数科 OFD 文档处理软件。用户可以通过数科 OFD 文档处理软件的【帮助】菜单获取用户帮助手册，也可以通过访问其官网(www.suwell.cn)了解更多数科 OFD 文档处理软件信息。

9.1.2　界面介绍

可以通过两种方式打开数科 OFD 文档处理软件：直接使用图标打开数科 OFD 文档处理软件或在浏览器中打开数科阅读器，二者界面相似。

1. 单机程序界面

数科 OFD 文档处理软件单机程序界面由文档窗口、导览栏和工具区域构成，如图 9-2 所示。其中，文档窗口占据软件界面主体，用于显示 OFD/PDF 版式文档内容；导览栏位于软件界面左侧，便于用户以不同方式导览文档或查看内容；工具区域位于界面顶部，包括工具栏、菜单栏等，主要提供文档操作功能入口。

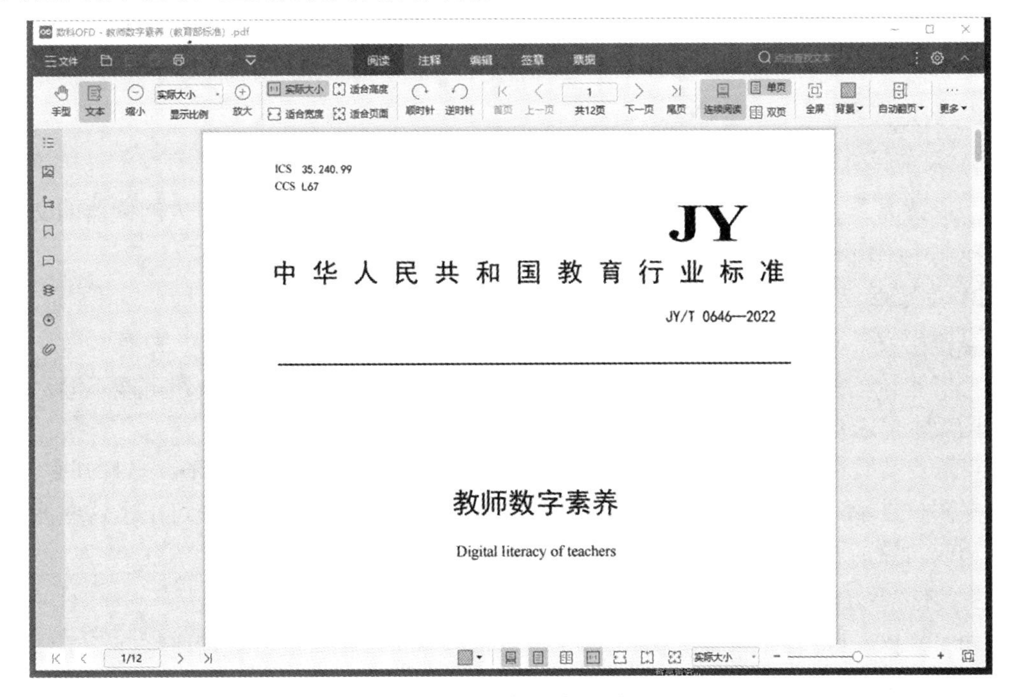

图 9-2　单机程序界面

2. 在浏览器中的界面

数科 OFD 文档处理软件支持在 IE 浏览器(6.0～11.0 版本)、火狐(Firefox)和谷歌浏览器(Chrome，需要限定版本)、UOS 浏览器(通信 UOS 浏览器)中打开 OFD 文档，如图 9-3 所示。

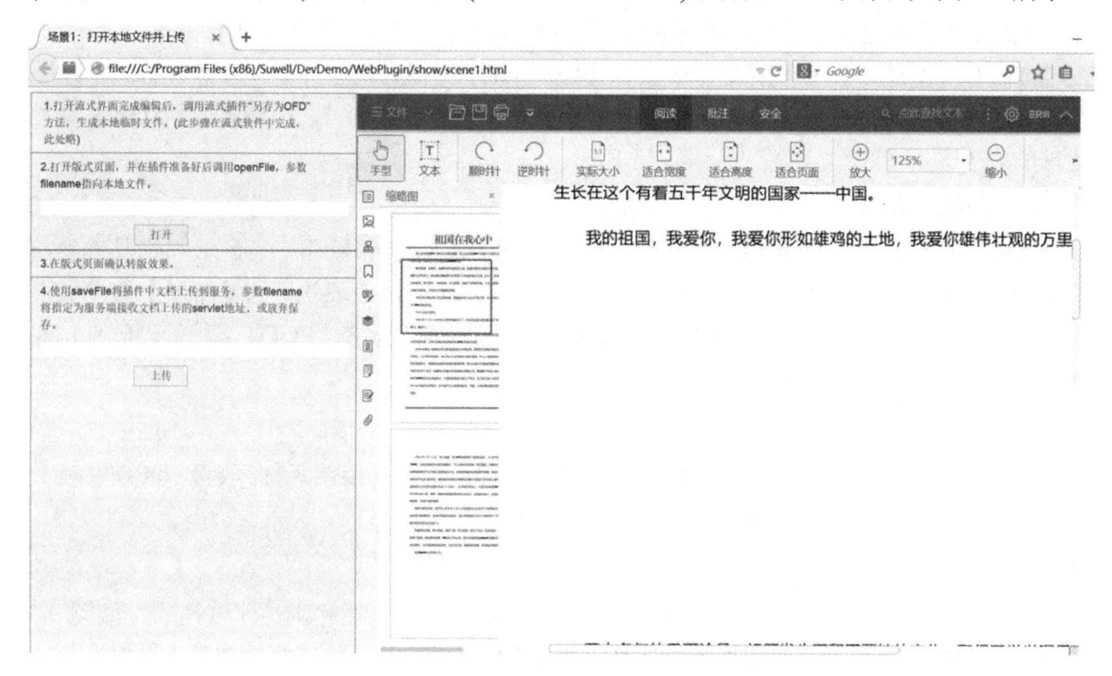

图 9-3　在浏览器中的界面

打开浏览器，找到数科 OFD 文档处理软件安装文件夹，将其中的“DevDemo/WebPlugin/WebPlugin/index.html”拖动到浏览器中即可。值得注意的是，在浏览器中，阅读器默认没有菜单栏。

3. 自定义界面

1) 菜单栏自定义设置

一般情况下，菜单栏均设置为显示状态。但是，当需要尽可能地扩大阅读器的文档显示区域时，单击右上角的【^】按钮，即可隐藏菜单栏。

2) 导览栏

导览栏位于文档区域左侧，该区域用于显示大纲导览、缩略图导览、附件导览、标引导览、书签导览和注释导览等导览视图。不同版本导览栏显示的功能按钮可能不同，可根据不同版本需求定制调整。

当只启动数科 OFD 文档处理软件，而不打开文件时，导览栏不显示；当打开文件时，导览栏同时显示。导览栏有书签、页面、内容、附件和标引等面板，用户可单击这些面板，打开相应的导览视图模式。

3) 调整导览栏

和工具栏一样，每个导览图标可停靠在导览栏中，用户可以根据需要打开、关闭或者隐藏导览图标，更改导览栏显示区域。

(1) 在导览栏中可以查看不同的面板。默认情况下，所有的导览面板都停靠在导览栏中，可以通过导览窗左侧的按钮打开相应的导览面板。要打开某一面板，只需单击左侧导览栏相应的导览按钮即可。

(2) 更改导览栏的显示区域。展开导航栏区域面板，拖动导览面板的右边框即可调整宽度；单击导览窗最右侧的【隐藏】按钮，可以关闭导览面板。

9.1.3　软件注册

数科 OFD 文档处理软件安装后如未授权，则为个人版，只能阅读版式软件，不能进行编辑和其他操作。如需要政务版的功能，需将正确单位名称、项目名称、申请人及联系方式发送邮件给数科授权申请专用邮箱 sksq@suwell.cn，经核实后，数科授权人员会发送约 6 个月的测试版授权码。

如需使用正式版，可手动申请授权。其申请方法为：在数科 OFD 文档处理软件中选择【文件】→【帮助】→【注册激活】命令(见图 9-4)，按数科提供的授权文件正确填写单位名称、项目名称、授权码，单击【确定】按钮；如提示【授权成功】，则重启阅读器，可正常使用阅读器所有功能。

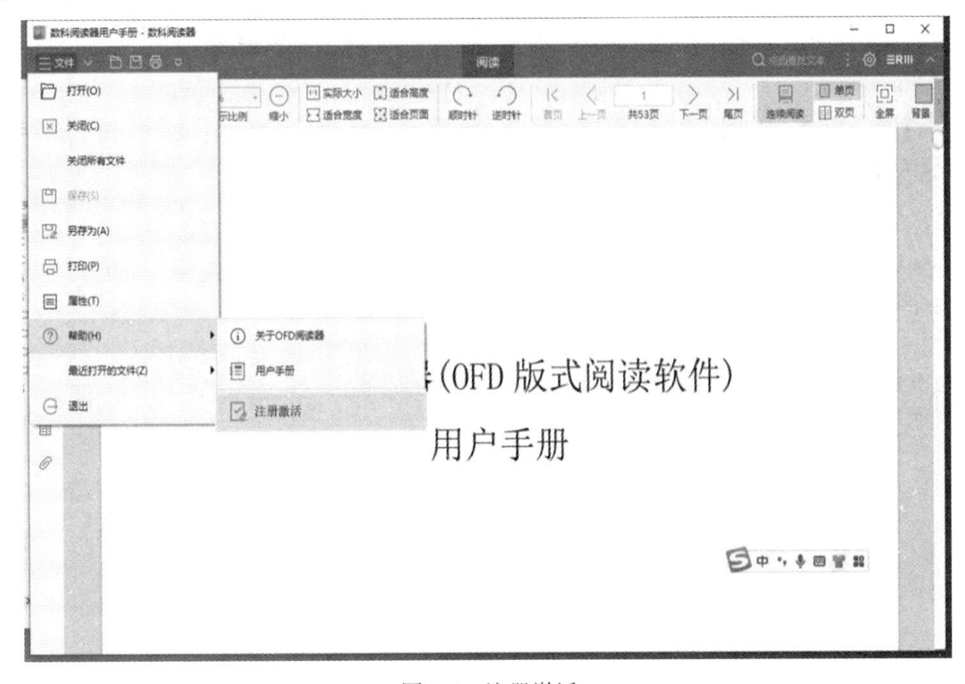

图 9-4　注册激活

9.1.4　阅读操作

正确安装数科 OFD 文档处理软件后，可以简单快速地打开并使用该软件。

属性功能模块是文档属性信息展示及设置的模块。选择【文件】→【属性】命令，弹出【文档属性】对话框。

(1) 【说明】选项卡：显示文档的名称、文档 ID、标题、作者等基本信息，可对部分信息进行重新编辑。单击【确定】按钮后，属性信息在保存文档后生效，如图 9-5 所示。

图 9-5 【说明】选项卡

(2) 【安全性】选项卡：设置针对 OFD 文档是否允许编辑、注释、签名、水印等权限，如图 9-6 所示。

图 9-6 【安全性】选项卡

(3) 【字体】选项卡：显示 OFD 文档内所引用的字体情况。以图 9-7 为例，其嵌入了方正黑体_GBK、Arial、宋体等字体库。

图 9-7　【字体】选项卡

(4) 【初始化视图】选项卡：根据用户的需求进行个性化设置，可对 OFD 文档的打开视图的页面布局、页面模式、放大率等内容进行设置，如图 9-8 所示。

图 9-8　【初始化视图】选项卡

(5) 【元数据】选项卡：可显示 OFD 文档内所引用的元数据类型、数据名称、数据值等数据基本信息，如图 9-9 所示。

图 9-9 【元数据】选项卡

(6) 【公文元数据】选项卡：可显示 OFD 文档内所引用的公文元数据，如公文标识、文种、份号、密级和保密期限、紧急程度、发文字号等信息，更加方便数据查找和统计分析，如图 9-10 所示。

图 9-10 【公文元数据】选项卡

9.1.5 保存、关闭文件及退出、导出

1. 保存文件

通过数科 OFD 文档处理软件，用户可以将 OFD 文件保存或另存为另外一个位置或名

称的 OFD 或其他格式文件，操作步骤如下：

(1) 单击工具栏上的【保存】按钮或按 Ctrl + S 组合键保存。

(2) 选择【文件】→【另存为】命令，在弹出的【另存为】对话框中选择保存路径，输入文件名，选择保存类型，可将文档另存为本地的 OFD 文档或带嵌入字体的 OFD 文档。

2. 关闭文件

要关闭文档，可执行以下操作之一：

(1) 选择【文件】→【关闭】命令。

(2) 按 Ctrl + W 组合键。

3. 退出

要退出数科 OFD 文档处理软件，可执行以下操作之一：

(1) 选择【文件】→【退出】命令。

(2) 单击数科 OFD 文档处理软件右上角的【关闭】按钮。

4. 导出

可将 OFD 文档导出为图片、纯文本、ofd、pdf 等格式。选择【文件】→【导出】命令，弹出【导出】对话框，根据实际需求选择类型、页面范围，确认保存路径，单击【导出】按钮，将文件进行导出，如图 9-11 所示。

图 9-11　【导出】对话框

9.2 查看文档

数科 OFD 文档处理软件提供了多种不同风格的视觉效果，在【阅读】选项卡中包括文本框、全屏显示、页面布局、缩放模式、放大、缩小、缩放为、顺时针旋转 90°、逆时针旋转 90°、首页、尾页、上一页、下一页、单页、双页、连续阅读、双页连续、翻页、背景等众多功能，如图 9-12 所示。

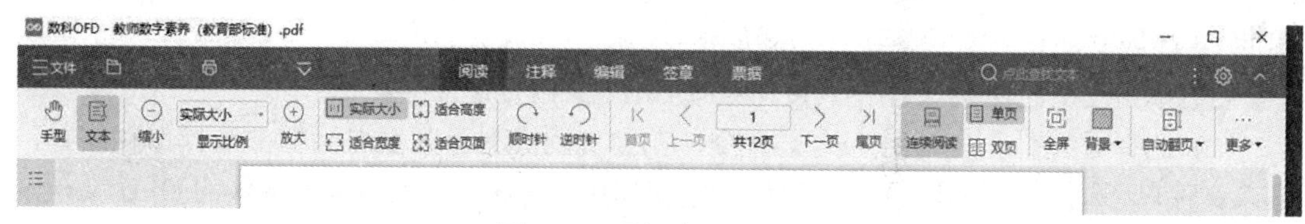

图 9-12 【阅读】选项卡

9.2.1 多文档浏览

多文档浏览功能允许在一个阅读器窗口中打开多份版式文件。多文档同时打开时，通过多页签的方式呈现。

如需打开新的文档，可执行以下操作之一：

(1) 双击 OFD 文件。

(2) 选择【文件】→【打开】命令。

(3) 单击工具栏上的【打开】按钮。

(4) 按 Ctrl + O 组合键。

如需关闭当前文档，可执行以下操作之一：

(1) 单击标签栏右上角的【关闭】按钮。

(2) 选择【文件】→【关闭】命令。

要同时关闭所有文档，可执行以下操作之一：

(1) 单击数科 OFD 文档处理软件右上角的【关闭】按钮。

(2) 选择【文件】→【关闭所有文件】命令。

9.2.2 阅读模式

在数科 OFD 文档处理软件中，可以通过左上角小箭头选择【视图】→【缩放模式】选择阅读模式或单击阅读标签下方的图标进行阅读模式调整，包括放大和缩小工具、设置显示方向等，如图 9-13 所示。

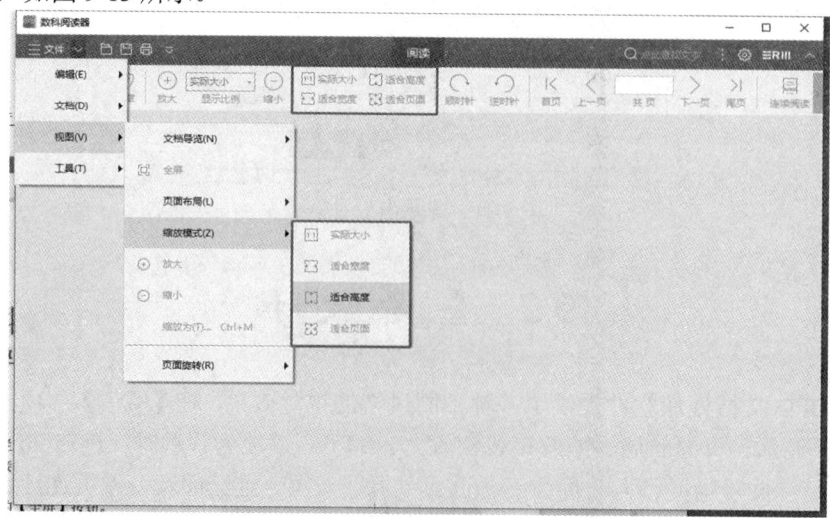

图 9-13 缩放模式

1. 全屏模式

在全屏模式中，页面布满整个屏幕，菜单栏、工具栏和导览栏均被隐藏。光标在全屏视图中处于活动状态，用户仍然可以单击文档中的超链接。要进入全屏模式，可以按以下步骤操作：

(1) 单击数科 OFD 文档处理软件【阅读】选项卡中的【全屏】按钮。

(2) 按 F11 键。

要退出全屏模式，可按 Esc 键或右键单击文档区域，在弹出的快捷菜单中选择退出全屏模式。

2. 缩放模式

数科 OFD 文档处理软件提供了 4 种缩放模式，供用户简单快速地调整页面大小。

(1) 实际大小：根据文档页面原始大小显示。单击左上方的小箭头，在弹出的下拉列表中选择【视图】→【缩放模式】→【实际大小】命令，或按 Ctrl + 1 组合键，即可按页面原始大小显示文档。

(2) 适合宽度：根据文档窗口调整页面大小。单击左上方的小箭头，在弹出的下拉列表中选择【视图】→【缩放模式】→【适合宽度】命令，或按 Ctrl + 2 组合键，即可按文档窗口自动调整页面。

(3) 适合高度：根据窗口宽度调整页面大小。单击左上方的小箭头，在弹出的下拉列表中选择【视图】→【缩放模式】→【适合高度】命令，或按 Ctrl + 3 组合键，即可按窗口宽度自动调整页面。

(4) 适合页面：按照窗口高度调整页面大小。单击左上方的小箭头，在弹出的下拉列表中选择【视图】→【缩放模式】→【适合页面】命令，或按 Ctrl + 4 组合键，即可按窗口高度自动调整页面。

3. 页面缩放

页面缩放功能可定制缩放页面的缩放。如需调整页面缩放率，可执行以下 3 种方法之一：

(1) 单击左上方的小箭头，在弹出的下拉列表中选择【视图】→【放大】或【缩小】命令。

(2) 单击工具栏上的【放大】或【缩小】按钮，在【显示比例】文本框内输入缩放率并按 Enter 键。

(3) 单击左上方的小箭头，在弹出的下拉列表中选择【视图】→【缩放为】命令，在弹出的对话框中选择缩放百分比。

4. 文本

文本主要针对 OFD 文档进行相关文本操作。单击【文本】按钮，利用鼠标左键框选所需要的内容，进行复制、选择当前页面、选择全部页面、不选、添加书签等操作，如图 9-14 所示。

5. 背景

用户可以根据实际需求设置阅读器的背景，初始化是默认状态，可以设置日间、夜间、护眼、羊皮纸等模式，如图 9-15 所示。在【阅读】选项卡中单击【背景】下拉按钮，在弹出的下拉列表中即可设置相关背景色。

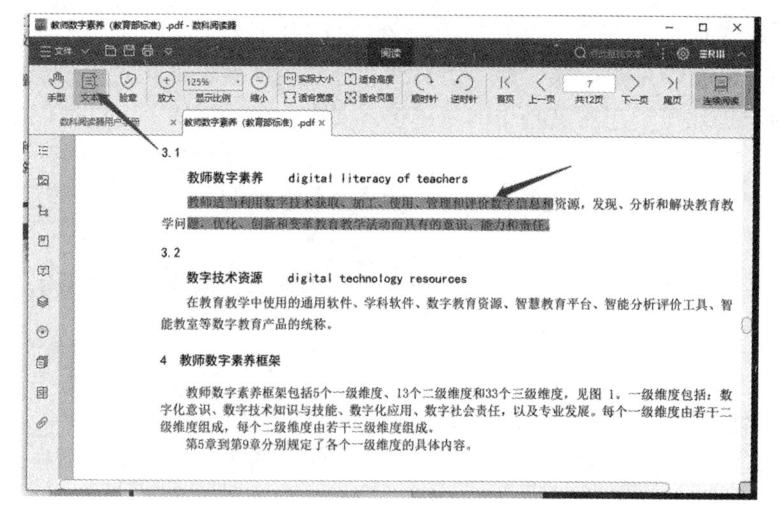

图 9-14 文本

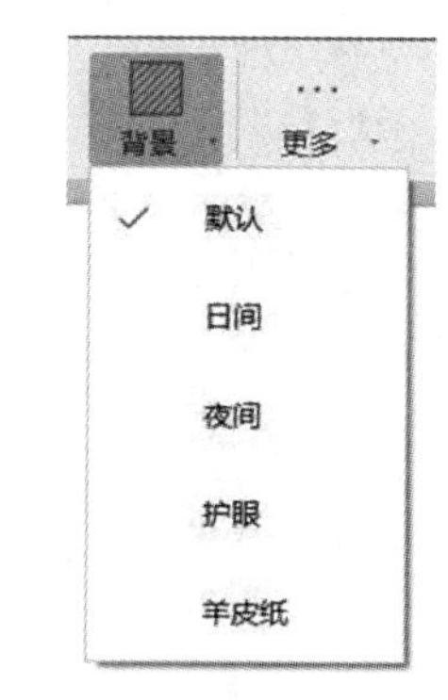

图 9-15 背景

6. 框选放大

框选放大主要提供对 OFD 文档部分内容进行放大。单击【框选放大】按钮，按住鼠标左键框选所需要的内容即可进行放大。

9.2.3 文档视图

数科 OFD 文档处理软件提供了许多工具，方便用户快速调整文档的视图，包括放大和缩小工具、设置页面布局和方向等。

1. 页面旋转

可以通过旋转工具改变页面的方向，如修改纵向页面为横向页面。如需调整页面方向，可执行以下操作之一：

(1) 单击左上方的小箭头，在弹出的下拉列表中选择【视图】→【页面旋转】→【顺时针旋转】或【逆时针旋转】命令。

(2) 右键单击文档区域，在弹出的快捷菜单中选择【顺时针旋转】或【逆时针旋转】命令。

(3) 按 Al t+ + (顺时针)或 Alt + − (逆时针)组合键。

注意 可以以 90° 的增量更改页面视图，但其只更改页面的视图，并非更改文档的实际方向。

2. 页面布局

数科 OFD 文档处理软件提供了以下几种页面布局：

(1) 单页：一次显示一页，其他部分的页面不可见。

(2) 连续阅读：以连续的垂直列来显示页面。

(3) 双页：一次并排同时显示两页，其他部分的页面不可见。

(4) 双页连续：以并排的、连续的垂直列来显示页面。

要设置页面布局，可按照以下任一步骤进行操作：单击左上方的小箭头，在弹出的下拉列表中选择【视图】→【页面布局】命令，在其子菜单中选择其中一个页面布局模式；单击工具栏上的【连续阅读】、【单页】或【双页】按钮，选择其中一个页面模式进行切换。

9.2.4　文档翻阅

数科 OFD 文档处理软件提供了友好的用户界面，方便用户阅读文档。用户可以通过翻页或是其他页面导览工具查看文档或定位到特定位置。

1. 翻阅文档

可以通过鼠标滚轮或键盘的向上或向下方向键浏览文档，也可以选择【文件】→【文档】命令翻阅文档，如图 9-16 所示。

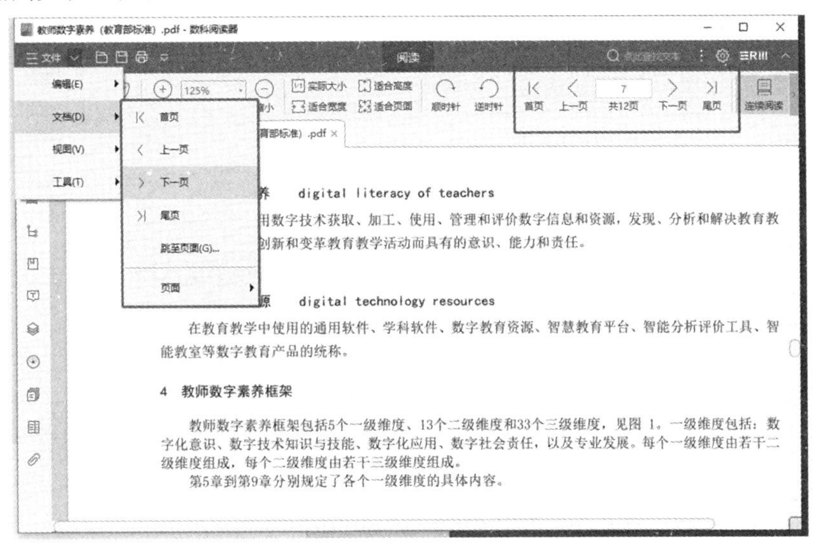

图 9-16　翻阅文档

要翻页文档，可按以下步骤进行操作：

(1) 单击左上方的小箭头，在弹出的下拉列表中选择【文档】→【上一页】或【下一页】命令。

(2) 单击工具栏上的【上一页】按钮或【下一页】按钮。

(3) 按 PgUp 或 PgDn 键。

2. 跳转页面

要跳至文档首页或尾页，可依照以下步骤进行操作：

(1) 单击左上方的小箭头，在弹出的下拉列表中选择【文档】→【首页】或【尾页】命令。

(2) 单击工具栏上的【首页】按钮或【尾页】按钮。

(3) 按 Home 或 End 键。

要跳至指定页面，可按照以下步骤进行操作：

(1) 单击左上方的小箭头，在弹出的下拉列表中选择【文档】→【跳至页面】命令，或按 Ctrl + G 组合键，在弹出的对话框的页码框内输入想要查看的页码，单击【确定】按钮。

(2) 在工具栏上的当前页码框中输入想要查看的页码，按 Enter 键。

9.2.5 文档导览

文档导览功能中的部分功能只在政务版和高级版中提供。

1. 大纲导览

用户可以打开大纲导览面板或单击 按钮查看文档包含的大纲链接。一般而言，大纲是文本章节、标题和其他代表性元素的链接，如 图 9-17 所示。

2. 缩略图导览

页面缩略图提供了文档页面的微型预览，用户可以使用【页面】面板中的缩略图或单击 按钮来更改页面显示以及跳至其他页面，如图 9-18 所示。页面缩略图中的红色页面查看框表示正在显示的页面区域。

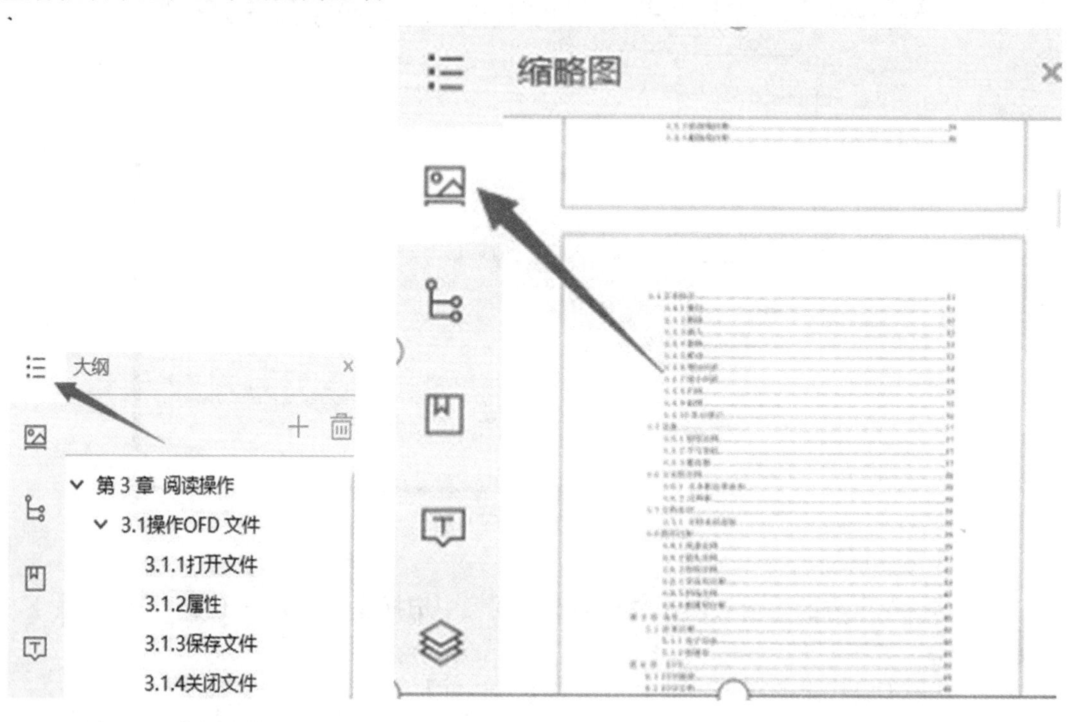

图 9-17 大纲导览　　图 9-18 缩略图导览

编辑缩略图也可达到编辑页面的功能，可采取以下操作：

(1) 删除：右键单击缩略图，在弹出的快捷菜单中选择【删除】命令，可删除缩略图对应的页面。

(2) 移动：右键单击缩略图，在弹出的快捷菜单中选择【移动】命令，当前缩略图变成可移动缩略图，将其拖至合适的位置单击，缩略图对应的页面即移至新位置。

(3) 交换：右键单击缩略图，在弹出的快捷菜单中选择【交换】命令，当前缩略图变成可移动缩略图，将其拖至想交换的缩略图位置单击，可看到两个缩略图交换位置，两个缩略图对应的页面也交换了位置。

(4) 顺时针旋转 90°：右键单击缩略图，在弹出的快捷菜单中选择【顺时针旋转 90°】命令，可看到缩略图顺时针旋转 90°，对应的内容页面也顺时针旋转 90°。

(5) 逆时针旋转 90°：右键单击缩略图，在弹出的快捷菜单中选择【逆时针旋转 90°】命令，可看到缩略图逆时针旋转 90°，对应的内容页面也逆时针旋转 90°。

3. 附件导览

数科版式文档允许用户附加其他文件到 OFD 文档，用户可以通过附件标签进行查看。如果将 OFD 文件移动到新的位置，附件会随文档自动移动相关信息。OFD 中的附件都是文档级附件，文档级附件与那些添加在文档图元的触发动作指向的文件不是同一概念，后者被认为是文档的资源，是文档内容的一部分。如果 OFD 文档包含附件，可以通过单击导览面板上的【附件】图标显示附件面板，如图 9-19 所示。

【附件】标签列出了 OFD 文档中的所有附件，包括名称、格式、创建日期和文件大小。通过该面板中的工具栏，还可以添加、删除、打开和导出文档附件。

4. 标引导览

文档标引是 OFD 区别于其他版式文件格式的主要特性，如图 9-20 所示。它允许文档在生成时添加与应用业务相关的信息，而又丝毫不影响版式文档本身的阅读显示功能。利用这一机制，可定制生成具有行业特征的 OFD 文件。这些信息既可以用来导览，也可以用来实现其他需求，如保留档案要求的前端信息等。公文结构标引专门用于显示政府公文中特定的信息，如版头、主体和版记等。用户可以通过单击导览面板上的【标引】图标来定位到文档相关内容显示标引。

图 9-19　附件导览　　　图 9-20　标引导览

用标引导览，可以执行以下操作之一：

(1) 单击标引节点。

(2) 单击任意标引节点，会跳转到与其相关联的内容区域。

如需导出标引到 XML 文件，可选择执行以下操作：

(1) 单击导览面板中的【标引】图标，打开标引面板。

(2) 单击【导出到 XML 文件】按钮。

(3) 在弹出的【导出标引到 XML 文件】对话框中选择保存路径，输入文件名，单击【保存】按钮，导出 XML 文件。

如需按标引模板补充标引信息，可以执行以下操作之一：

(1) 单击导览面板中的【标引】图标，打开标引面板。

(2) 单击【编辑】按钮，其中的导入、新增、删除按钮可依下述相应操作进行。

(3) 单击【导入】按钮，在【标引模板】对话框中选择需要的模板，单击【确定】按钮，保存文件，标引即导入文件中。

(4) 单击【新增】按钮，增加标引节点后，再次单击【新增】按钮，可以增加子节点、之后同级节点、之前同级节点。

(5) 单击【删除】按钮，可以删除增加的标引节点。

(6) 设置【工具】→【文本选择】，选中文本后，在需要对应的标引节点右键单击，在弹出的快捷菜单中选择【关联后保存】命令，即可将标引节点与公文中特定的信息关联起来。

5. 书签导览

书签也是数科 OFD 版式软件支持的注释种类之一，合理添加书签可以大大提高文档的交互性和阅读便利性，如图 9-21 所示。如需编辑标签，可将文档主视窗滚动到预定义位置，右键单击，在弹出的快捷菜单中选择【添加书签】命令，在左侧弹出对应的要求输入书签名称的标签行，单击【确定】按钮，则新增的书签节点将出现在书签导览的最后一个节点下。

选中书签面板中的节点对象，选择【文档】→【书签】→【重命名】命令，可设置该节点的标题文本。选中书签面板中的节点对象，在其面板工具栏中右键单击，在弹出的快捷菜单选择【删除】命令，可将该对象删除。

6. 注释导览

用户可以根据文档中的注释快速定位到文件位置，并可以对注释进行删除等操作。在查看注释的列表中，可以通过【清除注释】按钮清除文本域外的所有注释。

7. 图层导览

用户可以对文档中的图层进行选择，以实现对不同需求不同语种内容的分层管理，如图 9-22 所示。

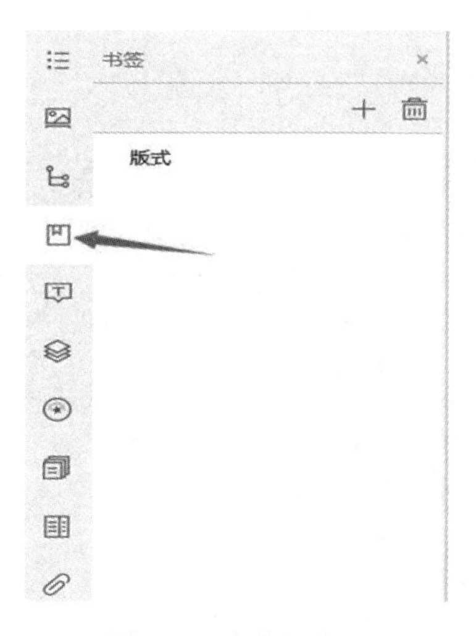

图 9-21　书签导览

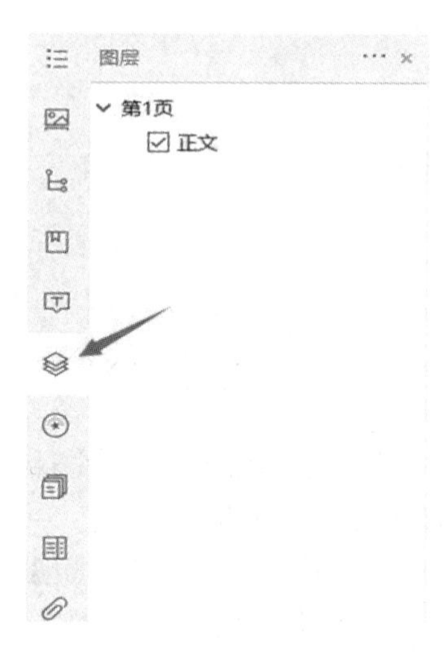

图 9-22　图层导览

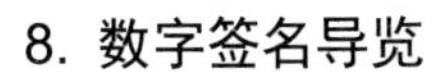

8. 数字签名导览

用户可以对文档中的数字签名或签章进行选择，以实现对文档中不同签名或签章的位置内容进行查看和管理，如图 9-23 所示。

9. 修订导览

用户可以对文档中添加的修订内容进行查看和管理。选择导览栏中的修改功能，单击【导览栏】→【修订】，按页码查看修订内容，显示已修订过的页码，如图 9-24 所示。

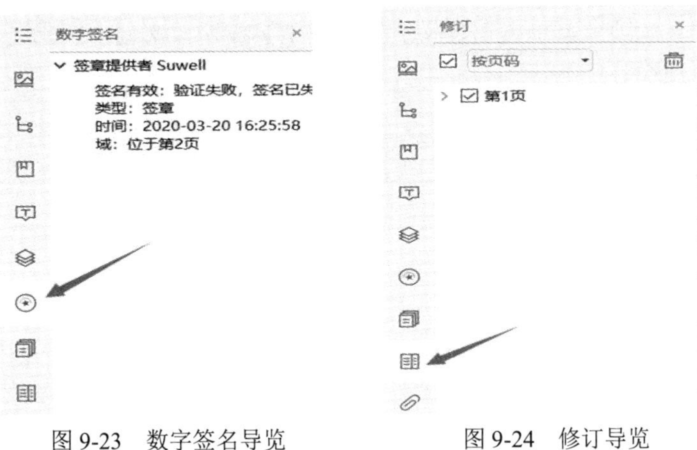

图 9-23　数字签名导览　　图 9-24　修订导览

可以按日期查看修订内容，显示某日期修订过的内容，如图 9-25 所示。

10. 多文档

在 OFD 文档中如果包含多文档，用户可以根据实际需求查看多文档信息，如图 9-26 所示。

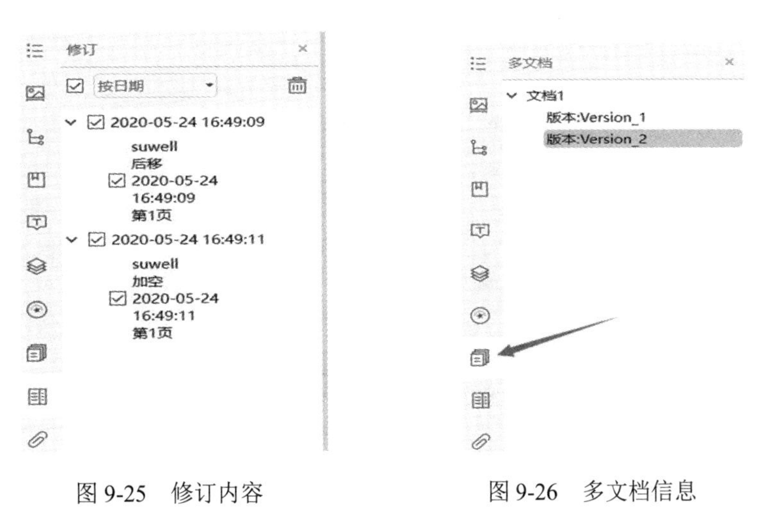

图 9-25　修订内容　　图 9-26　多文档信息

9.3　批　　注

OFD 版式文件内容不能编辑，但可对 OFD 文件附加签名签章来增强文件的安全性，附加图文注释、手写签批来突出或显示文档内容，添加高亮、调整页面方向及顺序来丰富和调整文档内容。上述系列操作也称为 OFD 文档的编辑。

9.3.1 撤销和恢复

撤销和恢复是指编辑文档后进行撤销操作或将此前操作进行恢复。

1. 撤销

选择【批注】选项卡，单击工具栏上的【撤销】按钮，文档中编辑过的注释会进行撤回，如高亮、下画线等。

2. 恢复

选择【批注】选项卡，单击工具栏上的【恢复】按钮，文档中已经被撤回的操作会进行恢复，如高亮、下画线等。

9.3.2 文本注释

文本注释是对参照文本位置进行定位的注释。该类注释可以选中，但不可移动位置和改变大小。

1. 高亮注释

选择【批注】选项卡，单击工具栏上的【高亮】按钮，光标将变为文本选中状态，在正文区选中文本内容，则选中部分将添加高亮注释。

在工具栏上单击【首选项】按钮，弹出【首选项】对话框，选择【注释】选项卡，在右侧出现的注释管理面板中选择【文本注释】选项卡，可设置高亮的呈现外观，如图 9-27 所示。

图 9-27 注释

2. 下画线注释

选择【批注】选项卡，单击工具栏上的【下画线】按钮，光标将变为文本选中状态，在正文区选中文本内容，则选中部分将添加下画线注释。在工具栏上单击【首选项】按钮，弹出【首选项】对话框，选择【注释】选项卡，在右侧出现的注释管理面板中选择下画线的颜色等，即可改变选中对象的呈现外观，如图 9-27 所示。

3. 波浪线注释

选择【批注】选项卡，单击工具栏上的【波浪线】按钮，光标将变为文本选中状态，在正文区选中文本内容，则选中部分将添加波浪线注释。在工具栏上单击【首选项】按钮，弹出【首选项】对话框，选择【注释】选项卡，在右侧出现的注释管理面板中选择波浪线的颜色等，即可改变选中对象的呈现外观，如图 9-27 所示。

4. 删除线注释

选择【批注】选项卡，单击工具栏上的【删除线】按钮，光标将变为文本选中状态，在正文区选中文本内容，则选中部分将添加删除线注释。在工具栏上单击【首选项】按钮，弹出【首选项】对话框，选择【注释】选项卡，在右侧出现的注释管理面板中选择删除线的颜色等，即可改变选中对象的呈现外观，如图 9-27 所示。

9.3.3　文本批注

文本批注可针对文档进行批注、删除、插入、替换等操作，增加文档的可操作性。

1. 批注

选择【批注】选项卡，单击工具栏上的【批注】按钮，光标将变为文本批注状态。在正文区选中文本内容，在批注框中输入批注内容，如图 9-28 所示。

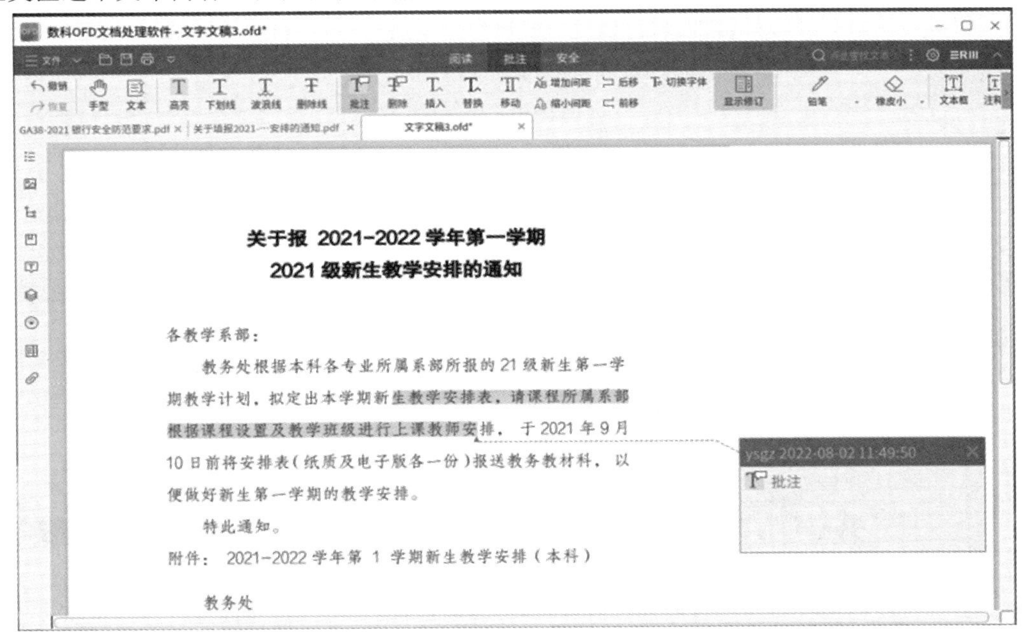

图 9-28　批注

2. 删除

选择【批注】选项卡，单击工具栏上的【删除】按钮，光标将变为文本批注状态。在正文区选中文本内容，则显示此段内容为删除内容，如图 9-29 所示。

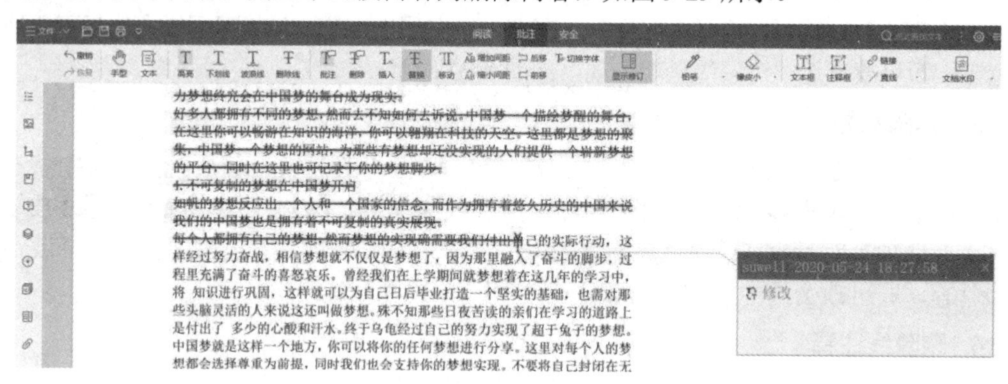

图 9-29 删除

3. 插入

选择【批注】选项卡，单击工具栏上的【插入】按钮，光标将变为文本批注状态。在正文区选中文本内容，则显示此段内容为插入内容，如图 9-30 所示。

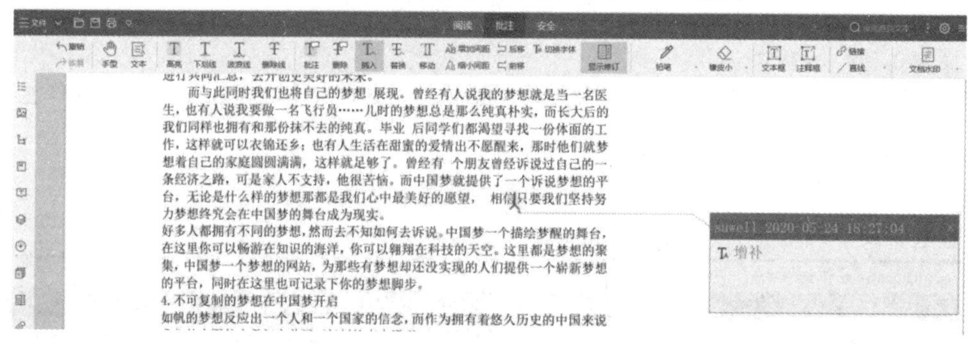

图 9-30 插入

4. 替换

选择【批注】选项卡，单击工具栏上的【替换】按钮，光标将变为文本批注状态。在正文区选中文本内容，则显示此段内容为替换内容，如图 9-31 所示。

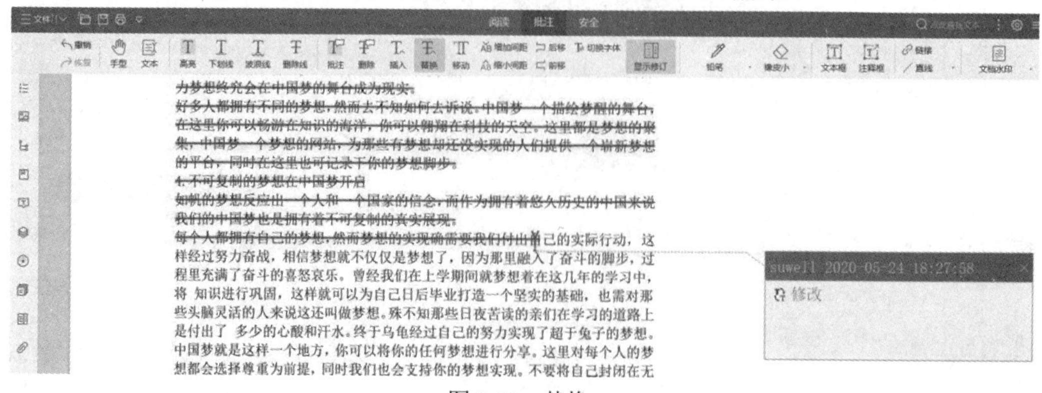

图 9-31 替换

5. 移动

选择【批注】选项卡，单击工具栏上的【移动】按钮，光标将变为文本批注状态。在正文区选中文本内容，则显示此段内容为移动内容。将当前内容移动到另一页，如图 9-32 所示。

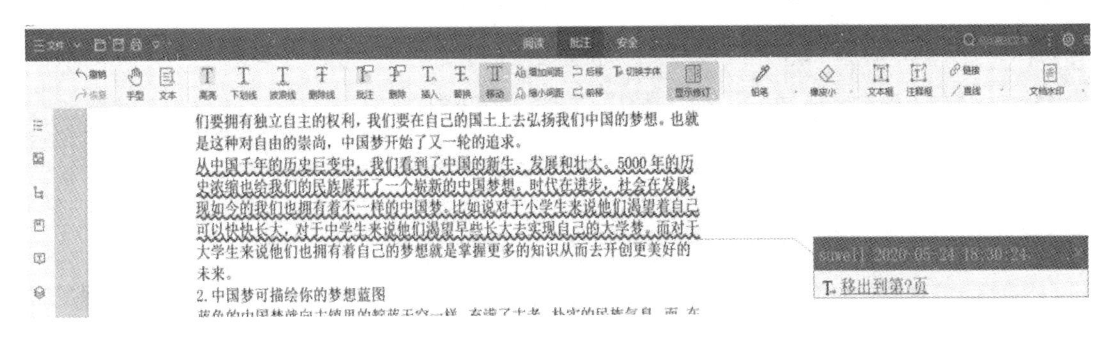

图 9-32　移动

选择要移动的具体页数，进行移动操作，在弹出的【提示】对话框中单击【是】按钮，则将内容移到此处；单击【否】按钮，则取消移动操作，如图 9-33 所示。

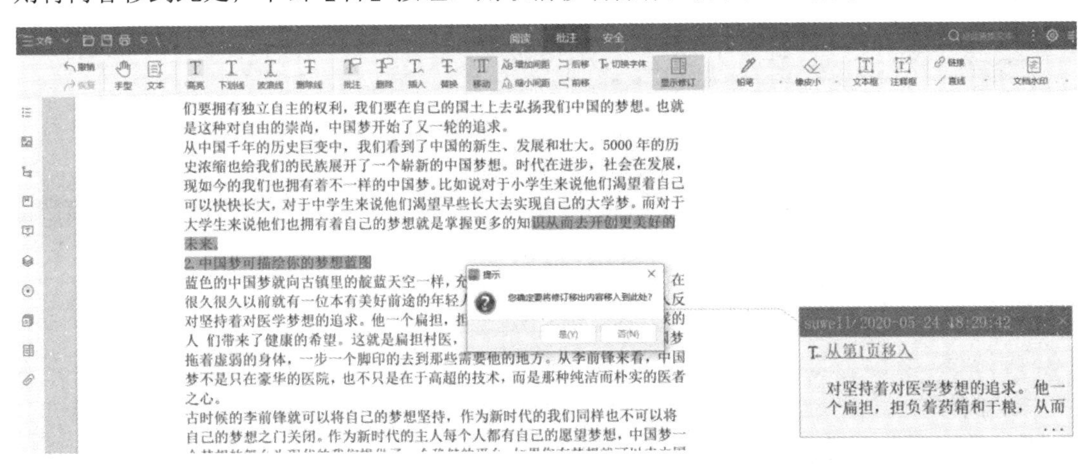

图 9-33　移动页数

6. 增加间距

选择【批注】选项卡，单击工具栏上的【增加间距】按钮，光标将变为文本批注状态。在正文区选中文本内容，则此段内容间距将增加，如图 9-34 所示。

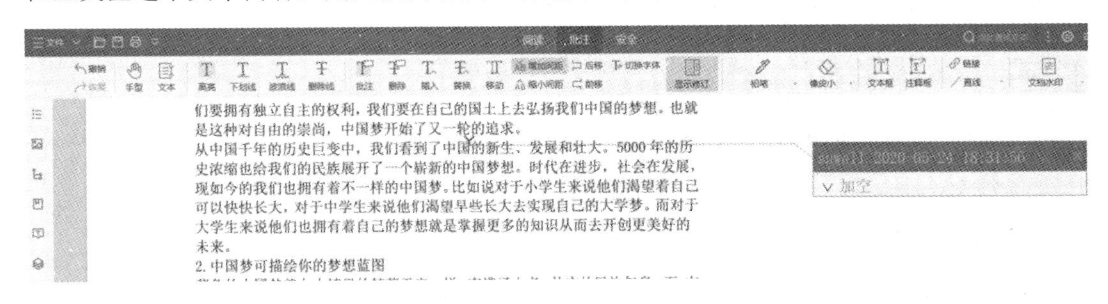

图 9-34　增加间距

7. 缩小间距

选择【批注】选项卡，单击工具栏上的【缩小间距】按钮，光标将变为文本批注状态。在正文区选中文本内容，则此段内容间距将缩小，如图 9-35 所示。

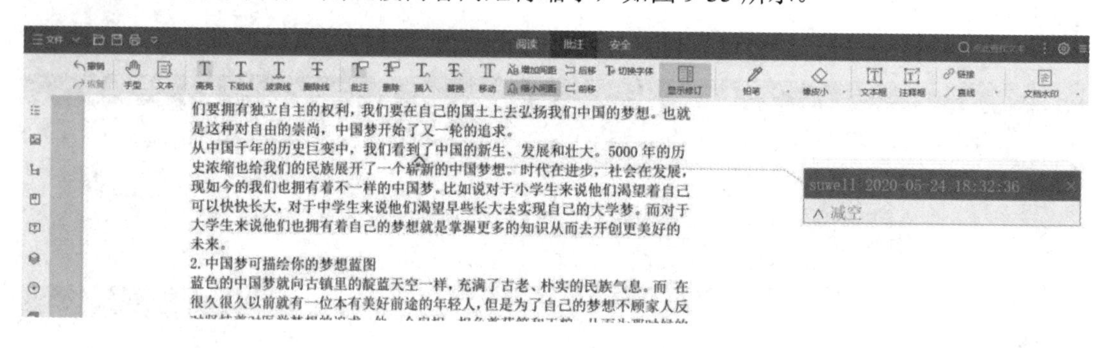

图 9-35 缩小间距

8. 后移

选择【批注】选项卡，单击工具栏上的【后移】按钮，光标将变为文本批注状态。在正文区选中文本内容，则此段内容将后移，如图 9-36 所示。

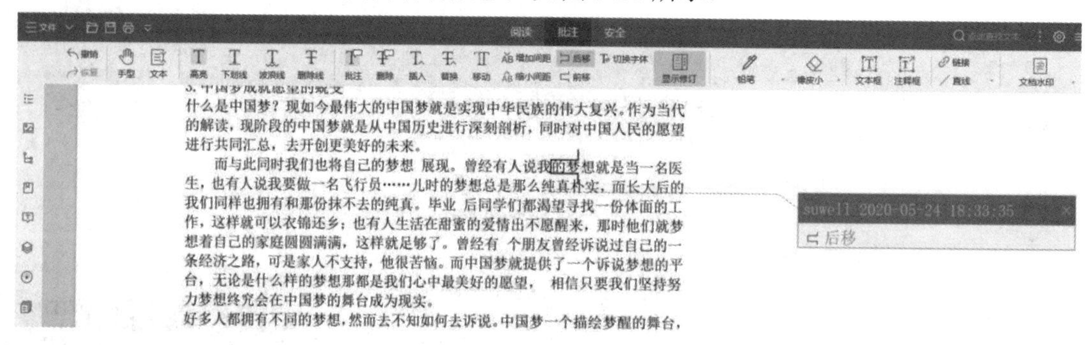

图 9-36 后移

9. 前移

选择【批注】选项卡，单击工具栏上的【前移】按钮，光标将变为文本批注状态。在正文区选中文本内容，则此段内容将前移，如图 9-37 所示。

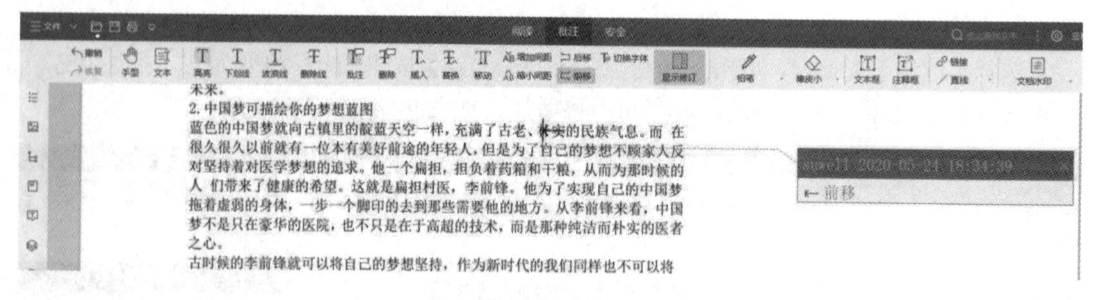

图 9-37 前移

10. 切换字体

选择【批注】选项卡，单击工具栏上的【切换字体】按钮，光标将变为文本批注状态。在正文区选中文本内容，则选中内容将进行字体切换，如图 9-38 所示。

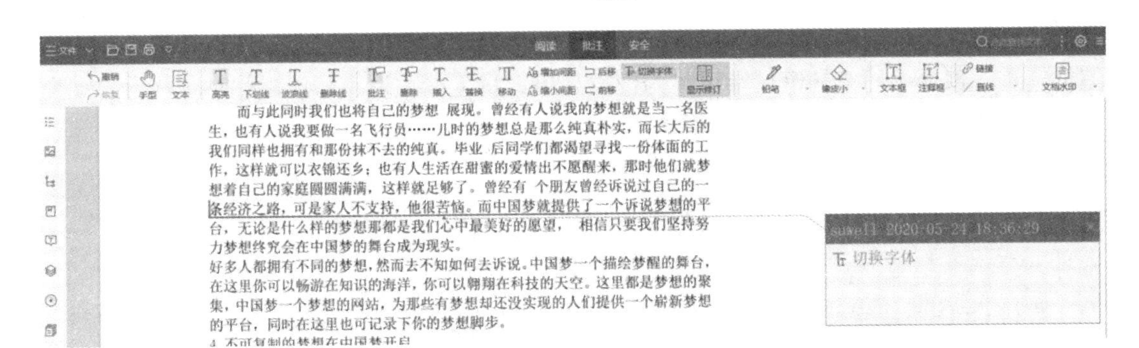

图 9-38　切换字体

11. 显示修订

选择【批注】选项卡，单击工具栏上的【显示修订】按钮，在文档中将显示所有已经修订的相关批注信息，如图 9-39 所示。

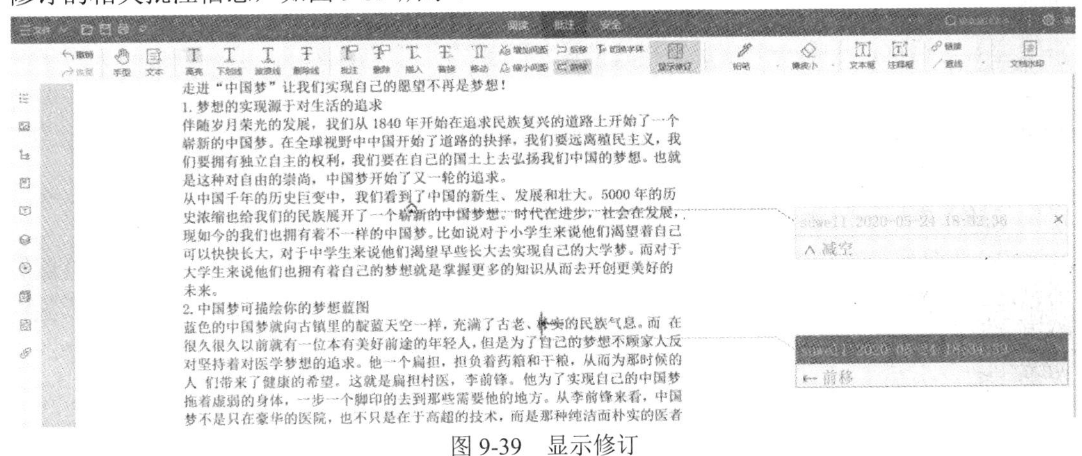

图 9-39　显示修订

9.3.4　签批

【批注】工具栏中有手写签批按钮，可根据不同手写模式需求选择相应的手写工具。如没有安装相应的驱动或没有连接设备，会弹出提示对话框；如连接正常，则可直接使用。

1. 铅笔注释

单击工具栏上对应的【铅笔】按钮，在文本文档中可以用鼠标进行滑动手写，目前不可以通过橡皮进行擦除。

2. 手写签批

单击工具栏上对应的【签字笔细】按钮，将鼠标指针移动至文档内容区，按住鼠标左键拖动可进行签批。如当前机器已安装数科可识别的手写板驱动并且设备可正常使用，则可使用手写板对应的笔进行签批。手写签批功能可通过首选项设置笔锋和笔迹颜色。

3. 橡皮擦

单击工具栏上对应的【橡皮小】按钮，文档视窗内的光标将变为橡皮。在需要删除注释的区域按住鼠标左键并拖动，鼠标指针划过的内容即可被擦除。此橡皮擦只可擦除手写签批笔迹。部分手写笔的笔尾端可作为橡皮使用。将笔端贴近手写屏，此时图标会自动变成橡皮，在预擦除的位置上反复移动即可。

9.4 安　全

数科 OFD 系统支持集成电子签章插件，在线阅览时实现电子签章与验证功能，保障文件真实性和安全有效性；支持骑缝章、文号章、预盖章、署名章、雾化章、文字定位盖章等复杂盖章功能，可自动添加时间戳；支持符合标准的电子签章之间的互认，可脱离第三方组件库直接验证签章。

1. 印章注释

(1) 电子印章。选择【安全】选项卡，单击工具栏上的【电子印章】按钮，弹出【印章管理】对话框，选择一个预定义样式的图章，单击【确定】按钮，光标则变换为电子印章的预览样式，在需要添加图章注释的位置按住鼠标左键，输入密码即可添加。选中图章对象，右键单击，在弹出的快捷菜单中选择【属性】命令，可以查看印章的验章信息。

注意： 用作图章的图片文件应提供分辨率等参数，以便根据图像像素和分辨率信息确定图像插入文档后的物理尺寸(mm)。图片支持 BMP、JPG、PNG、GIF 等格式。

(2) 骑缝章。选择【安全】选项卡，单击工具栏上的【骑缝章】按钮，弹出【骑缝章】对话框，选择一个预定义样式的图章，单击【确定】按钮，光标则变换为骑缝章的预览样式，在需要添加图章注释的位置，根据实际需求设置左骑缝、右骑缝，按住鼠标左键，输入密码即可添加。

(3) 文号章。选择【安全】选项卡，单击工具栏上的【文号章】按钮，弹出【文号章】对话框，选择一个预定义样式的图章，单击【确定】按钮，光标则变换为文号章的预览样式，在需要添加图章注释的位置，根据实际需求进行设置即可。

(4) 预盖章。选择【安全】选项卡，单击工具栏上的【预盖章】按钮，弹出【预盖章】对话框，单击【确定】按钮，光标则变换为预盖章预览样式，根据实际需求选择放置预盖章的位置，单击即可设置成功。

(5) 橡皮图章。选择【安全】选项卡，单击工具栏上的【橡皮图章】按钮，弹出【橡皮图章】对话框，选择橡皮图章模板，将其放到具体位置，单击【确定】按钮，橡皮图章即添加成功。

(6) 署名章。选择【安全】选项卡，单击工具栏上的【署名章】按钮，弹出【署名章】对话框，设置署名章的签名、部门、字体、间距、时间格式等。设置完成后显示署名章预览效果，单击已设置好署名章的模板，将其放到具体位置，单击【确定】按钮，署名章即添加成功。

(7) 签章脱密。选择要脱密的印章，选择【安全】选项卡，单击工具栏上的【签章脱密】按钮，弹出【签章脱密】对话框，根据不同的需求进行设置，如文字变黑、图片变黑、签章变黑等，也可以将脱密文档进行另存为操作。

(8) 签章撤销。选择要撤销的印章，选择【安全】选项卡，单击工具栏上的【签章撤销】按钮，弹出撤销的提示框，根据实际情况进行签章撤销。

(9) 验章。选择【安全】选项卡，单击工具栏上的【验章】按钮，数科 OFD 软件将会自动比对印章数据库，如印章正确无误，将出现 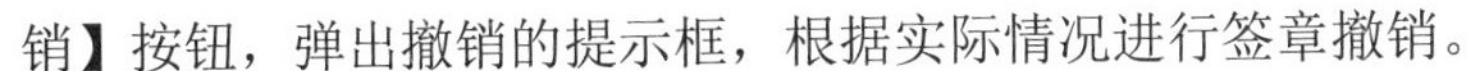

字样，说明验章通过。

2. 安全 OFD

安全 OFD 针对文档进行安全加密，防止文档篡改、文档失效自动销毁。用户可以根据实际需求对文档设置密码、证书 Ukey、机器码等。

9.5 打　　印

打印是一种文字和图像的再制造过程。当用户读完一篇实用的文档后，可能需要将其发送至喷墨或激光打印机，并自定义大小将其打印出来。本节将详细介绍数科 OFD 文档处理软件的打印功能，用户可以在【打印】对话框中设置选项，确保文件能正确打印。

1. 打印掩膜

在页面中选择一定区域，添加一种特殊的图形注释，可设置该种注释的生效场景，如在打印时生效而显示时不生效的称为打印掩膜，反之称为显示掩膜。

掩膜注释用于实现类似套打的功能，如红头文件在向预印刷的公文纸上打印时希望不输出红头(以免与预印刷内容“重影”)，但在向 A4 空白纸上打印时则希望输出全部内容。通过【打印】对话框中的【套打】设置，可实现上述功能。其操作步骤如下：

(1) 选择【安全】选项卡，单击【打印掩膜】按钮。

(2) 移动鼠标指针到要套打的内容区域左上角，按住鼠标左键，拖动出一块矩形区域。

(3) 此区域即为套打区域。如需删除，则在套打矩形框中选中套打区域，右键单击，在弹出的快捷菜单中选择【删除】命令即可。

2. 打印文档

打印文档的操作步骤如下：

(1) 确认已正确安装打印机。

(2) 单击工具栏中的【打印】按钮，或者选择【文件】→【打印】命令。

(3) 指定打印机、打印范围、打印份数及其他选项。

(4) 单击【打印】按钮。

参考文献

[1] 甘利杰. 大学计算机基础实践教程[M]. 重庆：重庆大学出版社，2018.

[2] 潘银松，颜烨. 大学计算机基础[M]. 重庆：重庆大学出版社，2017.

[3] 郭浩，赵铭伟，陈玉华，等. 计算机网络技术及应用[M]. 北京：人民邮电出版社，2017.

[4] 文海英，王凤梅，宋梅，等. Office 高级应用案例教程[M]. 北京：人民邮电出版社，2017.

[5] 李小英，谷长龙，段伟，等. 多媒体技术及应用[M]. 北京：人民邮电出版社，2016.

[6] 刘伟，张小翠，朱思斯. 信息技术实验指导[M]. 北京：人民邮电出版社，2016.

[7] 全渝娟，陈展荣，刘小丽，等. 计算机科学基础实践教程[M]. 北京：人民邮电出版社，2015.

[8] 朱立才，黄津津，李忠慧，等. 大学计算机信息技术[M]. 北京：人民邮电出版社，2017.

[9] 常志玲，赵鹏. 非计算机专业大学计算机基础教学研究[J]. 电脑知识与技术，2021，17(33)：159-160，172.

[10] 黄东波. 以就业为导向的中职计算机基础教学方法探究[J]. 科学咨询(教育科研)，2021(9)：104-105.

[11] 张华. 网络背景下高职计算机基础教学路径研究[J]. 中国新通信，2021，23(17)：163-164.

[12] 訾永所，舒望皎，邱鹏瑞，等. 基于"互联网＋联模式的大学计算机基础教学诊断与改进[J]. 昆明冶金高等专科学校学报，2021，37(4)：67-70.

[13] 宋姗姗，白文琳. 中国大数据治理研究述评[J/OL]. 农业图书情报学报，2022(4)：4-17.